SCHÄFFER
POESCHEL

Uwe Peter Kanning/Jan Henning Möller/Nikolay Kolev/Jens Pöttker

Systematische Leistungsbeurteilung

Leitfaden für die HR- und Führungspraxis

2013
Schäffer-Poeschel Verlag Stuttgart

Autoren:
Prof. Dr. phil. habil. Uwe Peter Kanning ist Professor für Wirtschaftspsychologie an der Hochschule Osnabrück. Dr. Jan Henning Möller verantwortet bei einem mittelständischen Unternehmen im Kölner Raum die Bereiche Personalauswahl und Personalentwicklung. Dr. Nikolay Kolev ist wissenschaftlicher Mitarbeiter von Uwe-Peter Kanning. Dr. Jens Pöttker ist für das Bundesfinanzministerium im Bereich Personalauswahl und -beurteilung sowie für betriebliche Weiterbildung tätig.

Bibliografische Information Der Deutschen Nationalbibliothek
Die Deutsche Nationalbibliothek verzeichnet diese Publikation in der Deutschen Nationalbibliografie; detaillierte bibliografische Daten sind im Internet über http://dnb.d-nb.de abrufbar.

ISBN 978-3-7910-3264-1

www.schaeffer-poeschel.de
info@schaeffer-poeschel.de

Einbandgestaltung: Willy Löffelhardt/Jessica Joos
Satz: Johanna Boy, Brennberg
Januar 2013

Schäffer-Poeschel Verlag Stuttgart
Ein Tochterunternehmen der Verlagsgruppe Handelsblatt

Vorwort

Die Leistungsbeurteilung ist ein zentrales Instrument der Personalführung. In vielen Unternehmen wird sie jährlich durchgeführt. Dabei bewertet die direkte Führungskraft die zurückliegende Leistung ihrer Mitarbeiter, um anschließend in Einzelgesprächen die Ergebnisse mit dem jeweiligen Mitarbeiter zu reflektieren. Die Ziele dieses Vorgehens sind vielfältig. Während es dem einen Unternehmen primär darum geht, die Basis für Bonusausschüttungen zum Jahresende zu legen, will man in einem anderen Unternehmen überprüfen, inwieweit zuvor festgelegte Leistungsziele erreicht wurden. Parallel hierzu will man in aller Regel die Selbstreflexion der Mitarbeiter stärken. Zudem liefert die Leistungsbeurteilung wichtige Informationen zur Personalentwicklung und dies sowohl im Hinblick auf einzelne Mitarbeiter als auch für ganze Abteilungen. Leistungsdefizite deuten möglicherweise darauf hin, dass die Mitarbeiter in der Entwicklung ihrer Kompetenzen noch nicht hinreichend gefördert wurden. Vergleicht man das individuelle Leistungsprofil mit den Anforderungen potenziell zukünftiger Arbeitsplätze, so erhält man zudem eine Vorstellung davon, wie stark ein Mitarbeiter noch weiterqualifiziert werden muss, um anspruchsvollere Tätigkeiten wie z. B. eine Führungsposition übernehmen zu können. Geht es schließlich um Fragen der internen Stellenbesetzung, können Leistungsbeurteilungsdaten bei der (Vor-)Auswahl der Kandidaten hilfreich sein.

Diese wichtigen Funktionen kann die Leistungsbeurteilung jedoch nur dann erfüllen, wenn sie qualitativen Mindestansprüchen genügt. Ein Blick in die Praxis vieler Leistungsbeurteilungssysteme zeigt, dass dies sehr oft nicht der Fall ist. Weder wird eindeutig definiert, worin die Leistung an einem spezifischen Arbeitsplatz besteht, noch wird festgelegt, welches Verhalten ein Mitarbeiter zeigen muss, um einen bestimmten Leistungspunkt zu erhalten. Aus der Sicht vieler Mitarbeiter ist die Leistungsbeurteilung daher oftmals ein Akt relativer Willkür. Der Vorgesetzte hat alle Fäden in der Hand und kann ohne verbindlichen Wertmaßstab beliebige Beurteilungen vornehmen. Ein und dieselbe Leistung wird weder innerhalb einer Abteilung, noch über verschiedene Abteilungen hinweg mit derselben Anzahl von Leistungspunkten bewertet. Auch manche Führungskräfte erleben diesen Zustand als unbefriedigend und hebeln gleich das gesamte System aus, indem sie bei allen Mitarbeitern eine sehr gute Beurteilung vornehmen. Hierdurch schützt man sich zwar erfolgreich vor dem Ummut der Mitarbeiter, beraubt sich aber auch eines wichtigen Steuerungsinstrumentes. Besser wäre es, ein aussagekräftiges Leistungsbeurteilungssystem zu etablieren.

Hierin liegt das Ziel des vorliegenden Buches. Vor dem Hintergrund mehrere Projekte zur Einführung von Leistungsbeurteilungssystemen, die wir in den letzten Jahren mit unterschiedlichen Kooperationspartnern aus der Praxis durchgeführt haben, ist dieses Buch entstanden. Es vermittelt explizit praxisbezogenes Wissen zur erfolgreichen Entwicklung, Einführung und Evaluation aussagekräftiger Leistungsbeurteilungssysteme. Im Downloadbereich unter www.schaeffer-poeschel.de/webcode finden die Anwender entsprechende Materialien sowie zahlreiche Beispiele für Leistungsbeurteilungsskalen. Sie können beispielsweise in einer Excel-Datei gezielt nach Beurteilungsskalen für spezifische Leistungsdimensionen suchen und diese

Vorlagen ggf. für Ihre eigenen Anwendungszwecke abändern. Wie schon in unserem Buch »Personalauswahl – Leitfaden für die Praxis« fühlen wir uns auch diesmal einem wissenschaftlichen Ansatz verpflichtet. Es geht mithin nicht darum, sich einfach etwas Plausibles auszudenken, sondern vielmehr die Erkenntnisse und Prinzipien der psychologischen Forschung für die Entwicklung effektiver Praxislösungen zu nutzen.

An dieser Stelle möchten wir Herrn Marc Ulrich Möller dafür danken, dass er unser Werk durch viele hilfreiche Hinweise zu den rechtlichen Grundlagen der Leistungsbeurteilung unterstützt hat. Herrn Bernd Klein-Hitpass gebührt unser Dank für seine Unterstützung bei der Erstellung der Arbeitshilfen im Download-Bereich.

Münster, im Januar 2013

Die Autoren

Ergänzende Unterlagen zum Download

Für dieses Buch bieten wir ergänzende Unterlagen zum Download an.

Den zum Abruf der Daten notwendigen Webcode finden Sie auf der ersten Seite des Buches.

Mit diesem Webcode können Sie sich in Kombination mit Ihrer E-Mail-Adresse einloggen und die Daten abrufen.

Folgende weiterführende Materialien und Formblätter für Ihre individuelle Leistungsbeurteilung stehen zur Verfügung:

1. Umfangreiche Beispiele konkreter Leistungsbeurteilungsskalen als Basis zur Weiterentwicklung für ein eigenes Leistungsbeurteilungssystem
2. Zwei Fragebögen zur Evaluation eines Leistungsbeurteilungssystems durch Führungskräfte bzw. Mitarbeiter (inklusive Anleitung zur Auswertung)
3. Präsentation zur Durchführung einer Führungskräfteschulung im Rahmen der Einführung eines neuen Leistungsbeurteilungssystems
4. Zwei Formblätter zur Durchführung einer Anforderungsanalyse für eine Arbeitsstelle
5. Formblatt Feedbackbogen zur strukturierten Reflexion von Feedbackgesprächen
6. Abbildungen des vorliegenden Buches, z. B. zur Illustration von Vorträgen zur Einführung eines neuen Leistungsbeuteilungssystems im Rahmen von Mitarbeiterversammlungen

Inhaltsverzeichnis

1. Einführung

Das Beobachten und darauf aufbauende Beurteilen des Verhaltens oder gar der Persönlichkeit anderer Personen gehört zu unserem tagtäglichen Routinen. Leider sind wir nicht davor gefeit, dass uns bei diesen Vorgängen systematische Fehler unterlaufen. Dies gilt nicht nur für unser Privatleben, sondern auch für die Beurteilungsprozesse im beruflichen Kontext, wie etwa einer Leistungsbeurteilung. Der erste Abschnitt dieses Kapitels widmet sich deshalb einer Darstellung besonders häufig auftretender Beurteilerfehler und verdeutlicht deren Bedeutung für eine professionelle Leistungsbeurteilung. Auch wenn die Beurteilung anderer Menschen nie gänzlich frei von subjektiven Anteilen sein kann, ist es wichtig, diese Subjektivität so weit wie möglich zu begrenzen.

Der zweite Abschnitt rückt verschiedene Varianten der Leistungsbeurteilung in den Vordergrund. Mit dem 360°-Feedback, der Setzung von Zielen zur Mitarbeitermotivierung und der Teambewertung werden wir drei Nutzungsmöglichkeiten der Leistungsbeurteilung herausgreifen und näher vorstellen. Im letzten Abschnitt soll schließlich verdeutlicht werden, welche Vorteile Unternehmen sowie deren Mitarbeiter aus einer professionellen Leistungsbeurteilung ziehen können. Es wird sich zeigen, dass beide Seiten auf vielfältige Art und Weise profitieren und dass die Einführung systematischer Leistungsbeurteilungen zum wirtschaftlichen Erfolg eines Unternehmens beitragen kann.

1.1 Leistungsbeurteilung im Alltag

Im Sommer 2010 ereignete sich im Rahmen der FIFA Fußball-Weltmeisterschaft das (wiederkehrende) Phänomen, dass sich nahezu jeder zweite Deutsche zum Bundestrainer berufen fühlte. Das Amt des heimlichen Bundestrainers, mit welchem wir uns in den Sommermonaten so gerne schmücken, beinhaltet eine Beurteilung der Leistungen, welche von den elf Feldspielern in rund 90 Minuten auf dem Platz erbracht werden. Verfehlte Spieler X das freie Tor unbedrängt aus eigentlich einschusssicherer Distanz, so ging ein kollektives Raunen durch die Biergärten und über die Public-Viewing-Plätze. Es entluden sich vernichtende Bemerkungen wie »*Der Spieler ist unfähig!*« oder »*Das ist eine Gurke.*« Vollendete ein Spieler Y hingegen eine das komplette Spielfeld überbrückende Passkombination mit einem Hackentrick aus scheinbar aussichtsloser Position, kehrte sich das Bild um. Nach Abklingen des ohrenbetäubenden Jubels erntete dieser Spieler anerkennende Worte wie »*Der trifft aus jeder Position!*« oder »*Das ist der Beste!*«. All die genannten Bemerkungen haben gemeinsam, dass sie eine Beurteilung der Leistung ausdrücken.

Sind unsere Beurteilungen der Spielerleistung denn aber fehlerfrei? Sicherlich nicht. Vielleicht hat der Spieler X das Tor ja gar nicht aufgrund mangelnder Kompetenz verfehlt, sondern weil ihn just in dem Moment des Torsschusses die Sonne blendete oder weil an seinem »Standort« ein verirrter Maulwurf einen Hügel hinterlassen hat.

Somit ist ein wahrgenommenes Handlungsergebnis, das wir zur Beurteilung einer Leistung heranziehen, nicht immer problem- oder nahtlos auf die Fähigkeiten oder Kompetenzen einer Person zurückzuführen. Alle Menschen unterliegen bei der Beurteilung der Leistung anderer Personen vielmehr bestimmten *Beurteilerfehlern*. Im weiteren Verlauf werden wir einige typische Fehlerarten herausgreifen und näher vorstellen (ausführlicher: Kanning, Hofer & Schulze-Willbrenning, 2004).

Der oben angesprochene Maulwurfshügel weist bereits auf ein grundsätzliches Problem bei der Beurteilung von Leistungen hin: In jeder Sekunde prasseln auf uns extrem viele *Reizinformationen* nieder, die unmöglich von uns vollständig verarbeitet werden können. Eine Auseinandersetzung mit all diesen Informationen würde uns schlichtweg überfordern und in unserem Handeln lähmen.

Legen Sie doch bitte einmal bei Gelegenheit an Ihrem Arbeitsplatz kurz alles beiseite. Achten Sie dann bitte darauf, wie viele verschiedene Reize Sie in jenem Moment umgeben und um eine weiterführende Verarbeitung durch Sie konkurrieren!

Um das Problem zu lösen, filtern wir ganz einfach die meisten Informationen, die auf uns einwirken heraus und nehmen sie nicht bewusst zu Kenntnis. In der Psychologie wird dieses Phänomen mit *Flaschenhalsmodell der Wahrnehmung* (siehe Abbildung 1-1) verdeutlicht: Es wird ausschließlich einer verhältnismäßig winzigen Menge an Reizen, welche auf uns einströmt, gestattet, in unser Bewusstsein einzuziehen.

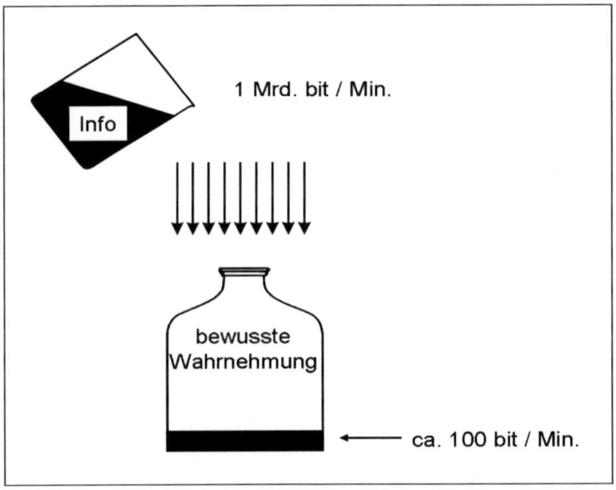

Abbildung 1-1: Flaschenhalsmodell der Wahrnehmung

Wie der Abbildung 1-1 entnommen werden kann, wird von uns nur ein stark begrenzter Anteil an Informationen bearbeitet. Der Rest fließt oder strömt an uns vorbei, da wir nur eine begrenzte Aufnahme- und Verarbeitungskapazität (dargestellt durch den Flaschenhals) besitzen. Dabei sind die in der Abbildung 1-1 aufgeführten Verhältnismäßigkeiten, welche der Computersprache entnommen wurden, nicht wörtlich zu nehmen. Sie symbolisieren vielmehr nur die gewaltige Differenz zwischen der riesigen Menge an Reizen, welche uns umgibt, und der verhältnismäßig winzigen Menge an Reizen, welche wir bewusst wahrnehmen.

Der Zugang zur bewussten Wahrnehmung, d. h. die Frage, welche Reize »unseren« Flaschenhals passieren dürfen, wird ähnlich wie beim Türsteher eines Nachtklubs über Selektions- und Filterprozesse geregelt. Verdeutlichen wir uns diese Prozesse am Beispiel des vielfach untersuchten *Cocktail-Party-Effektes* (z. B. Cherry, 1953): Stellen Sie sich bitte vor, Sie befänden sich auf einer ausgelassenen Party. Trotz der enormen Geräuschkulisse ist es uns möglich, dass wir uns auf eine einzige Unterhaltung mit einer interessanten Person einlassen. Erwähnt aber jemand in unserer unmittelbaren Umgebung unseren Namen, so horchen wir sofort auf. Die Erklärung liegt in der *selektiven Aufmerksamkeit,* welche wir diesen Dingen zukommen lassen. Wir widmen uns voll und ganz für uns bedeutsamen Dingen, während wir alles andere ausblenden.

Die Tatsache, dass unsere Wahrnehmung vielfältigen Selektions- und Filterprozessen unterworfen ist, hat weitreichende Implikationen für die Leistungsbeurteilung in der Praxis. Muss eine Führungskraft z. B. die Leistung von mehr als 30 Mitarbeitern beurteilen, so stellt sich die Frage, welche Informationen sie zur Kenntnis nimmt und welche unberücksichtigt bleiben?

Begeben wir uns nochmals in den Bereich des Fußballs und erinnern uns an unsere Weltmeisterelf von 1954, die in unserer Rückschau als »*Helden von Bern*« verehrt werden. Ist diese Glorifizierung uneingeschränkt richtig? Hat diese Elf jeden Gegner mit Leichtigkeit vom Platz gefegt und jedes Spiel mit mindestens 5-0 für sich entscheiden können? Eine Analyse der Dokumente zeigt sehr schnell, dass die Leistung dieser Elf mitnichten durchgängig hervorragend war. So wurde z. B. das erste Turnierspiel sang- und klanglos mit 3-8 gegen Ungarn aus der Hand gegeben. Gäbe es keine Dokumente mehr aus dieser Zeit, wäre dies wohl leicht in Vergessenheit geraten. Übertragen auf die Leistungsbeurteilung bedeutet dies: Je länger der Zeitraum zwischen Informationssammlung und Leistungsbeurteilung ist, desto leichter können sich *Gedächtniseffekte* wie Vergessen oder *verzerrte Erinnerungen* einschleichen. Dieser Punkt gewinnt besonders dann an Bedeutung, wenn wir uns vor Augen führen, dass die in vielen Unternehmen durchgeführten Regelbeurteilungen nur einmal oder zweimal jährlich stattfinden.

Überlegen Sie doch bitte an dieser Stelle kurz, wie leicht bzw. schwer es Ihnen fällt, sich ad hoc an Geschehnisse zu erinnern, welche zehn oder elf Monate zurückliegen. Sie werden feststellen, dass Sie das Meiste überhaupt nicht mehr erinnern können.

Es lassen sich nach Kanning (2004) verschiedene Faktoren benennen, welche die Qualität und die Abrufmöglichkeit unserer Erinnerungen beeinflussen. Beispielsweise lassen sich solche Informationen besser rekonstruieren, die wir häufig bewusst wahrgenommen haben oder mit welchen wir uns sehr intensiv beschäftigt haben. Im Bereich der Regelbeurteilung in Unternehmen könnte sich z. B. ein besonders schwerwiegender Fauxpas eines Mitarbeiters als nachhaltige Gedächtnisspur eingebrannt haben. Im Umkehrschluss impliziert dies jedoch auch, dass Informationen, welche uns alltäglich begegnen und damit als »normal« erscheinen, kaum noch Zugang zu unserer bewussten Wahrnehmung bzw. unserem Gedächtnis erhalten. Derartige Informationen werden damit auch nicht mehr als Grundlage für Beurteilungen herangezogen. Hier wäre z. B. an einen Mitarbeiter zu denken, der beständig qualitativ hochwertige Leistungen erbringt. Aufgrund dieser Regelmäßigkeit nimmt seine Führungskraft diese Leistungen als Normalität an. Bewusst wahrgenommen wird dann erst wieder ein Abfall des Mitarbeiters vom hohen Leistungsniveau.

Ein empirisch gut belegter Erinnerungsfehler ist der sog. *Recency-Effekt* (z. B. Pinto & Baddeley, 1991). Im Rahmen klassischer Experimente zur Wiedergabe soeben gehörter Wortlisten zeigte sich, dass Wörter, welche am Ende der Liste präsentiert wurden, unter bestimmten Bedingungen deutlich besser erinnert wurden als solche Wörter, die sich am Anfang der Liste befanden. Crowder (1976) zog eine schöne Analogie zur Illustration dieses Effekts heran: Rufen Sie sich hierzu das Bild frei stehender Telefonmasten in der Landschaft vor Augen. Je weiter entfernt sich ein Telefonmast von Ihrem Standpunkt befindet, desto schwieriger wird es Ihnen gelingen, diesen Masten von seinem »Nachbarn« zu unterscheiden!

Welche Implikation hat der Recency-Effekt aber für die Regelbeurteilung? Er könnte sich beispielsweise darin manifestieren, dass ein Vorgesetzter vor allem solche Ereignisse erinnert, welche sich zeitlich nah (engl.: recently) vor der anstehenden Regelbeurteilung zugetragen haben. Währenddessen wären ihm Sachverhalte, welche sich kurz nach der letzten Regelbeurteilung ereignet haben und somit zeitlich länger zurückliegen, kaum noch präsent. Vielleicht haben Sie bei Ihren eigenen Kindern schon bemerkt, dass diese sich umso tadelloser benehmen, je näher Weihnachten rückt. Ihre Kinder machen sich (unbewusst) den Recency-Effekt zunutze, da sie mögliche frühere Fehltritte im Jahr durch vorbildliches Verhalten überlagern möchten. Aufgrund des geschilderten weihnachtlichen Kontextes firmiert der Recency-Effekt oft auch unter dem Namen Nikolaus-Effekt.

Unsere selektive Aufmerksamkeit sowie unsere limitierte Gedächtniskapazität, die zudem Vergessens- und Verzerrungsprozessen unterworfen ist, bilden den Nährboden für das Auftreten einer Vielzahl typischer Beurteilungsfehler. Diese sollen im weiteren Verlauf des Kapitels samt ihrer praktischen Implikationen für die Leistungsbeurteilung in Unternehmen dargestellt werden.

Als wäre die Leistungsbeurteilung aufgrund der geschilderten Phänomene nicht schon schwierig genug, so müssen wir uns nun auch noch vor Augen führen, dass *nonverbale Informationen* einen nicht geringen Einfluss auf unsere Urteilsfähigkeit nehmen. Ein umfassender Überblick zu diesem Thema findet sich z. B. bei Argyle (1996). So wird Brillenträgern beispielsweise eine höhere Zuverlässigkeit, Intelligenz sowie mehr Fleiß zugeschrieben als Nicht-Brillenträgern. Personen, die den regelmäßigen Blickkontakt zu ihrem Gegenüber suchen, wird eine stärkere Überzeugungsfähigkeit attestiert als solchen Personen, welche sich eher dem Fußboden oder der Tischkante zuwenden. Den genannten Aspekten ist gemeinsam, dass wir aufgrund nonverbaler Informationen wie der Körperhaltung, der Mimik oder auch Gestik einer Person auf deren Persönlichkeitseigenschaften oder kognitive Leistungsfähigkeit schließen. Doch warum lassen wir uns zu Schlussfolgerungen solcher Tragweite verleiten? Nonverbale Informationen werden von uns verglichen mit verbalen Informationen im Nu verarbeitet. Diese Informationen springen uns wortwörtlich ins Auge. Dabei sagt die schnelle Zugänglichkeit dieser Informationsquellen jedoch leider nichts über die Qualität der sich anschließenden Beurteilungen aus.

Ein Beurteilungsfehler, der besonders häufig durch nonverbale Informationen hervorgerufen wird, ist der sogenannte *Halo-Effekt* (»halo« = engl. »Heiligenschein«). Auch wenn Personen über viele verschiedene Merkmale und Persönlichkeitseigenschaften verfügen, picken wir uns zur Beurteilung der Person oftmals nur dasjenige Merkmal heraus, das besonders hervorsticht und damit alle andere Eigenschaften in seiner Bedeutung wie ein Heiligenschein (s. o.) überschattet (vgl. Abbildung 1-2). So gab z. B. eine Vielzahl der Opfer des umtriebigen Finanzjongleurs Madoff an, dass sie sein gepflegtes, attraktives Äußeres wortwörtlich geblendet habe und ihn als gewissenhaft sowie vertrauenswürdig habe erscheinen lassen. Die physische Attraktivität einer Person hat sich in der Forschung als dasjenige Merkmal erwiesen, welches alle anderen besonders leicht in den Hintergrund rückt. Dabei gilt: Gut aussehende Menschen werden in Bezug auf vielen Eigenschaften, die eigentlich nichts mit dem Aussehen zu tun haben (z. B. Intelligenz oder Teamfähigkeit), systematisch überschätzt.

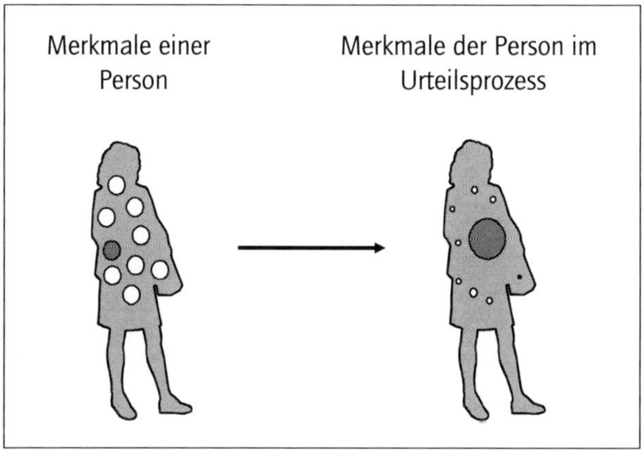

Abbildung 1-2: Prinzip des Halo-Effekts

Neben der geringen Verarbeitungszeit bedingt auch der geringe Aufwand bei der Verarbeitung nonverbaler Informationen ihren Einfluss auf unsere Urteile. Um in unserer komplexen Welt nicht überfordert zu werden, verlassen wir uns gerne auf sogenannte *Faustregeln* (z. B. Tversky & Kahneman, 1973). Faustregeln bieten uns eine schnelle Orientierung und damit Sicherheit. Eine Faustregel wäre z. B., dass wir – wie oben dargestellt – jede Person mit Brille als intelligent einstufen. Dies mag erklären, warum nahezu jeder männliche Minister unserer aktuellen Regierungskoalition zumindest bei öffentlichen Auftritten eine Brille trägt. Auch die vom Beurteiler wahrgenommene *Ähnlichkeit* zwischen sich und dem Beurteilten kann eine Faustregel nach dem Motto »*Wer so ist wie ich, muss gut sein*« aktivieren. Dabei kann sich Ähnlichkeit auf unterschiedliche Art und Weise äußern, z. B. auf Basis des Aussehens oder des beruflichen Hintergrundes.

Eine vergleichbare Funktion haben *Stereotype* (z. B. Jonas, Stroebe & Hewstone, 2007). Stereotype lassen sich als Bündel von Überzeugungen oder Erwartungen beschreiben, die wir hinsichtlich einer bestimmten Gruppe von Personen hegen. Ähnlich wie Faustregeln ermöglichen sie uns eine schnelle, aber keinesfalls immer zutreffende Einschätzung von Personen mit einem bestimmten Ausbildungshintergrund oder aus einer bestimmten Abteilung des Unternehmens. Für das Thema Leistungsbeurteilung besitzen Stereotype vor allem in Hinblick auf Überzeugungen gegenüber dem anderen Geschlecht eine hervorgehobene Bedeutung. So werden Vertreter des weiblichen Geschlechts womöglich eher als sozial kompetent, fürsorglich, aber auch sicherheitsbedürftig wahrgenommen. Hingegen werden männliche Personen eher als dominant, selbstbewusst oder auch durchsetzungsstark beschrieben.

Auch *Erwartungen* können unsere Beurteilungen anderer Personen unbewusst beeinflussen. Es zeigte sich z. B. in Experimenten mit erfahrenen Personalern, dass die Art von Vorinformation, welche sie über Bewerber erhalten, zu divergierenden Bewertungen ein und derselben Leistung führen kann. Erhielten die Personaler positive Vorinformationen über den Bewerber, z. B. ein tadelloses Ausbildungszeugnis oder ein Abiturzeugnis mit Einser-Schnitt, so bewerteten sie die Leistung eines Bewerbers positiver als wenn sie negative Informationen vorab erhielten (Kanning & Klinge, 2005). Aufgrund von Vorinformationen bauen wir bestimmte Erwartungen auf, an denen wir uns bei der Beurteilung von Leistungen orientieren. Übertragen auf den Kontext der Leistungsbeurteilung könnte dies z. B. bedeuten, dass Führungskräfte Mitarbeitern, die aufgrund sehr guter Leistungen in ihre Abteilung gekommen sind, sehr viel positivere Erwartungen entgegenbringen als den übrigen Mitarbeitern. In der Folge wird man Erstere bei der nächsten Leistungsbeurteilung auch positiver einschätzen. Eine Vorinformation, die besonders häufig einen Erwartungs-Effekt auslösen kann, ist die *Hierarchieebene*, auf der sich der zu beurteilende Mitarbeiter befindet. Von Mitarbeitern auf höheren Hierarchieebenen wird dabei zumeist (fälschlicherweise) erwartet, dass sie per se bessere Leistungen erbringen als Mitarbeiter auf niedrigeren Ebenen.

Bislang widmete sich dieses Kapitel vor allem der Darstellung von Beurteilungsfehlern, welche uns unbewusst, d. h. ohne dass wir es bemerken, ereilen. Auf der anderen Seite gibt es jedoch auch bestimmte Beurteilungsfehler, die wir bewusst und kontrolliert begehen, da sie scheinbar positive Konsequenzen mit sich führen oder auf den ersten Blick negative Konsequenzen vermeiden. Lohaus (2009) nennt in diesem Zusammenhang zwei Arten willentlich begangener Beurteilungsfehler: Zum einen können Beurteiler dazu neigen, die Leistung der zu beurteilenden Person sehr viel besser einzustufen als sie tatsächlich ist. In diesem Fall sprechen wir vom *Milde-Effekt*. Genauso gut ist jedoch der konträre Prozess vorstellbar. In diesem Fall wird die Leistung einer Person sehr viel schlechter beurteilt als sie in Wirklichkeit ist. Bei diesem Szenario liegt der *Strenge-Effekt* vor.

Wie kommt es jedoch zu diesen Effekten? Wird die Leistung eines Mitarbeiters überzogen positiv bewertet (Milde-Effekt), so mag die Führungskraft das Ziel verfolgen, einen unliebsamen Mitarbeiter »wegzuloben«. Es sei in diesem Zusammenhang an den früheren Ministerpräsidenten von Baden-Württemberg, Günter Oettinger, erinnert. Über dessen Weggang nach Brüssel zur Europäischen Kommission wurde viel spekuliert, dies sei ein Fall des Weglobens. Eine weitere positive Konsequenz, durch welche der Milde-Effekt erklärt werden kann, ist die Protektion geschätzter Mitarbeiter. Diese Mitarbeiter möchte man entgegen ihrer tatsächlichen Leistungsfähigkeit fördern oder geradezu pushen, da sie dem Beurteilenden vielleicht sehr sympathisch sind. Der Milde-Effekt kann jedoch auch zur Vermeidung negativer Konsequenzen dienen. In diesem Fall wird die Leistung eines Mitarbeiters zu positiv bewertet, da der Beurteilende diesen nicht demotivieren möchte, ein lautstarkes Aufbegehren verbunden mit einem mühsamen Mitarbeitergespräch fürchtet oder aber insgesamt das Arbeitsklima nicht verderben möchte.

Ähnlich wie für den Milde-Effekt sind auch für das Zustandekommen des Strenge-Effekts unterschiedliche Erklärungsmuster vorstellbar. Hier ist es beispielsweise denkbar, dass ein Beurteilender die Leistung eines eigentlich leistungsstarken Mitarbeiters bewusst negativ bewertet, da er diesen nicht an andere Abteilungen im Haus abgeben möchte. Natürlich kann sich aber auch ein Szenario ergeben, in welchem die Leistung eines Mitarbeiters schlecht beurteilt wird, da dieser bei seiner Führungskraft in Ungnade gefallen oder ihr schlichtweg unsympathisch ist. Bei dieser Gegebenheit wird der Strenge-Effekt als Form der Sanktion oder gar Bestrafung instrumentalisiert. Für eine dritte Erklärung des Strenge-Effekts sei zunächst daran erinnert, dass die meisten Führungskräfte auch selbst eine Leistungsbeurteilung durch ihre jeweiligen Vorgesetzten erfahren. Schneiden sie in dieser Beurteilung schlechter als von ihnen erwartet ab, sehen sich bestimmte Führungskräfte vielleicht dazu veranlasst ihrerseits sehr streng zu bewerten, denn ihre Mitarbeiter dürfen keinesfalls besser beurteilt werden als sie selbst. Dementsprechend dient eine sehr strenge Beurteilung in diesem Fall der Festigung des eigenen Status und Selbstwerts.

Im weiteren Verlauf des Buches werden wir ausführlicher auf Maßnahmen zur Reduzierung von Beurteilungsfehlern eingehen. An dieser Stelle nur einige erste Anregungen (vgl. Box 1-1): Eine Möglichkeit, Beurteilungsfehlern entgegenzuwirken, besteht darin, den Beurteilern *Anreize* (engl.: incentives) oder Belohnungen in Aussicht zu stellen, wenn sie eine sehr ausführliche und gründliche Leistungsbeurteilung ihrer Mitarbeiter vornehmen (Marcus & Schuler, 2006). Damit soll erreicht werden, dass sie sich für die Leistungsbeurteilung ihrer Mitarbeiter genügend Zeit nehmen und um Objektivität bemühen. Neben der Anreizgestaltung ist besonders ein *Beurteilertraining* (vgl. Kapitel 5 und 9) als unabdingbar zu erachten. In diesen Trainings sollen die Führungskräfte zum Beispiel für Beurteilungsfehler sensibilisiert werden. Eine weitere Möglichkeit, die Auftretensmöglichkeit von Beurteilerfehlern zu minimieren, bietet sich in Form der verpflichtenden Durchführung von *Feedbackgesprächen* (vgl. Kapitel 10). Im Rahmen eines solchen Gespräches teilt eine Führungskraft ihrem Mitarbeiter das Ergebnis der Leistungsbeurteilung mit und muss das Zustandekommen der Beurteilungen erklären und mit konkreten Beobachtungen unterfüttern. Das wiederum bedeutet, dass die betroffenen Führungskräfte ihre Urteile im Vorhinein sehr sorgfältig überlegen müssen.

- Schaffung von Anreizen für Führungskräfte
- Durchführung von Beurteilertrainings
- Durchführung von Feedbackgesprächen zwischen dem Mitarbeiter und der Führungskraft

Box 1-1: Vermeidung von Beurteilerfehlern

An dieser Stelle ist es wichtig herauszustellen, dass die Beurteilung anderer Personen nie gänzlich von subjektiven Anteilen befreit sein kann. Dennoch ist es sinnvoll, alle Chancen zu nutzen, um das Ausmaß an Verzerrung auf ein Minimum zu reduzieren. Die Ausführungen in den nachfolgenden Kapiteln werden dabei helfen.

1.2 Varianten professioneller Leistungsbeurteilung

In diesem Abschnitt werden drei Varianten der Leistungsbeurteilung – 360°-Feedback, Zielsetzung und Teambewertung – im Überblick vorgestellt. Bei der Beschreibung der Verfahren werden jeweils die wichtigsten Prinzipien der Durchführung genannt.

1.2.1 360°-Feedback

Das *360°-Feedback* stellt eine aus mehreren Blickwinkeln erfolgende, also multiperspektivische, Beurteilung der Leistung einer Person dar (Scherm & Sarges, 2002). Dabei werden neben der Selbsteinschätzung der Person zusätzliche Einschätzungen von verschiedenen Personen aus der Arbeitsumgebung – meist sind es die Vorgesetzten, Kollegen, Mitarbeiter und eher seltener Kunden – eingeholt. Natürlich ist es unerlässlich, dass diese Personen so ausgewählt werden, dass sie dazu in der Lage sind, die Leistung der zu beurteilenden Person einschätzen zu können. Jemand, der die zu beurteilende Person nur aus der Kantine oder dem Fahrstuhl kennt, wäre dementsprechend keine angemessene Informationsquelle für das 360°-Feedback. Die Abbildung 1-3 illustriert das Grundprinzip des 360°-Feedbacks.

Greifen wir zur Verdeutlichung des 360°-Feedbacks wieder auf »König Fußball« zurück. Im Grunde sind die meisten Fußballspieler nach Abpfiff einer Begegnung einem 360°-Feedback ausgesetzt. Ihr Trainer (Vorgesetzter) beurteilt ihre Leistung direkt nach dem Spiel vor den Fernsehkameras oder wenige Tage später in einschlägigen Tageszeitungen. Die Mitspieler (Kollegen/Mitarbeiter) nehmen einen in der Kabine oder noch auf dem Spielfeld zur Seite. Zuletzt äußern sich die Fans (Kunden) noch im Stadion lautstark oder schreiben ihre Kommentare später anonym in Internetforen nieder. Natürlich handelt es sich hierbei jedoch *nicht* um ein professionelles 360°-Feedback.

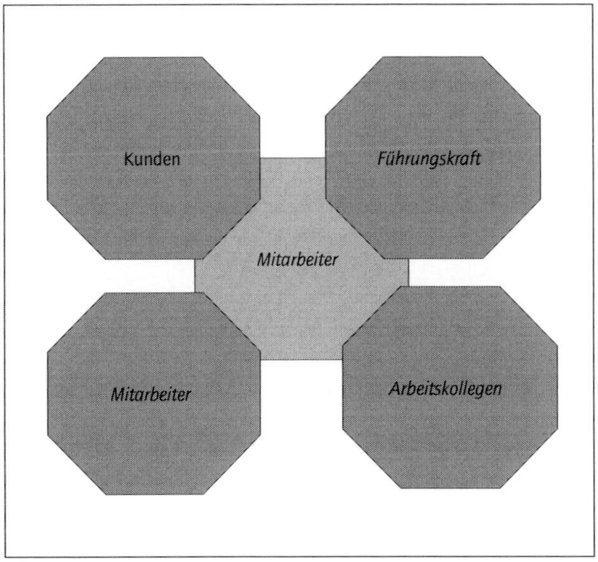

Abbildung 1-3: Grundprinzip des 360°-Feedbacks

Im Blickpunkt des 360°-Feedbacks im beruflichen Kontext stehen tätigkeitsbezogene Kompetenzen, Fähigkeiten oder Verhaltensstile der zu beurteilenden Person. Die verschiedenen Beurteilungen werden mithilfe von schriftlichen, standardisierten und größtenteils anonymisierten Fragebögen eingeholt. Konkret bedeutet dies, dass die Beurteiler zunächst die Leistung anhand verschiedener vorgegebener Verhaltensbeschreibungen einschätzen, z. B. »*...behandelt Kunden auch bei großem Druck freundlich*«. Dabei sind sie dazu aufgefordert, anzugeben, in welchem Ausmaß oder mit welcher Häufigkeit die betreffende Person das beschriebene Verhalten zeigt. Die einzelnen Einschätzungen werden abschließend getrennt nach Beurteilergruppen, z. B. Kunden vs. Arbeitskollegen, zu einzelnen Kompetenzdimensionen, z. B. Belastbarkeit oder Kundenorientierung, verrechnet. Die Ergebnisse für die unterschiedlichen Kompetenzdimensionen sollten dann in Form eines Kompetenzprofils grafisch dargestellt und in Form eines Feedbackberichtes schriftlich aufbereitet werden. In der Abbildung 1-4 wird ein Kompetenzprofil skizziert.

Streng genommen dürften nur solche Verfahren als 360°-Feedback bezeichnet werden, welche tatsächlich alle oben genannten Perspektiven berücksichtigen. Jedoch werden zumeist auch Verfahren, bei denen eine Perspektive ausgespart wird, z. B. die Kundensicht, als 360°-Feedback und nicht als 270°-Feedback tituliert. Aus ökonomischer Sicht (Zeit, personeller Aufwand) ist es oftmals auch kaum möglich alle Perspektiven abzudecken.

Aufbauend auf dem Feedback kann eine individuelle Entwicklungsplanung für die beurteilte Person erfolgen. Empfehlenswert ist die anschließende Durchführung von Workshops mit dem Mitarbeiter und Vertretern der Beurteilergruppen. In diesen werden dann die Ergebnisse gemeinsam diskutiert und Veränderungsmaßnahmen im Zuge der Personalentwicklung abgeleitet. Eine weiterführende Verwendung der Feed-

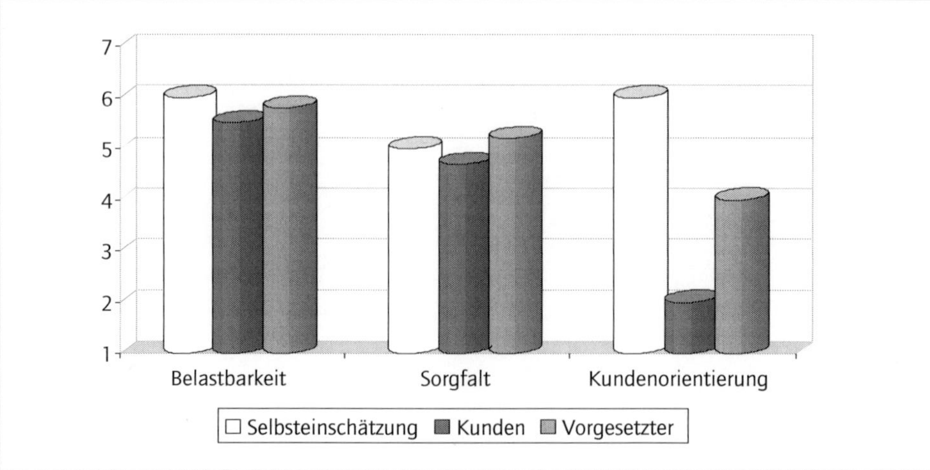

Abbildung 1-4: Ausschnitt eines Feedbackprofils im 360°-Feedback

backergebnisse bietet sich durch die mögliche Koppelung des Feedbacks an administrative Entscheidungen, z. B. über eine mögliche Beförderung (s. u.).

Welche Vorteile ergeben sich aus der Durchführung eines 360°-Feedbacks für das Unternehmen sowie die Mitarbeiter?

Aufgrund der Tatsache, dass neben der Führungskraft relevante Dritte (z. B. Kollegen oder Kunden) und schließlich die zu beurteilende Person selbst ihre Einschätzungen abgeben, ermöglicht das 360°-Feedback, den Informationsgewinn der jeweiligen Perspektive zu nutzen und dabei die Grenzen der jeweils anderen Perspektiven entsprechend zu ergänzen. So erleben Führungskräfte ihre Mitarbeiter vielleicht nur unregelmäßig im Umgang mit Kunden oder gar Streitgesprächen mit diesen. Dieser »Blinde Fleck« könnte durch die Befragung von Kunden verkleinert werden. Auf der anderen Seite sind wahrscheinlich weder Führungskräfte noch Kunden Zeugen, wie ein Mitarbeiter mit seinen Arbeitskollegen zusammenarbeitet. Hier verspricht die Einbeziehung von Kollegen einen detaillierten Einblick. Tatsächlich belegen Studien erstens, dass Vorgesetzte, Mitarbeiter und Kunden unterschiedliche Aspekte der Leistung einer Person einschätzen und dass zweitens, auch wenn sie ähnliche Aspekte beurteilen, ihre Beurteilungen durchaus voneinander abweichen können (Scherm & Sarges, 2002). Zudem kann durch die Berücksichtigung mehrerer Quellen das Auftreten von Beobachterfehlern (s. o.) aufseiten einzelner Personen ausgeglichen werden.

Diejenige Person, welche ein 360°-Feedback erhält, kann ihre Selbsteinschätzung der eigenen Leistung mit einer Vielzahl an Fremdeinschätzungen vergleichen. Aufbauend auf diesem Vergleichsprozess sind nach Scherm und Sarges (2002) drei verschiedene Szenarien unterscheidbar:

- Eine Person schätzt sich nahezu genauso ein wie sein Vorgesetzter, seine Arbeitskollegen etc. (akkurate Selbsteinschätzung).

- Eine Person bewertet die eigene Leistung viel besser als seine Feedbackgeber (Selbstüberschätzer)
- Eine Person sieht sich deutlich negativer als andere befragte Quellen (Selbstunterschätzer).

Hier zeigt die Forschung, dass vor allem solche Personen von einem ausführlichen Feedback profitieren, die ohnehin das stetige Feedback von anderen suchen, offen sind für Kritik und Verbesserungsvorschläge sowie sich nicht scheuen, die gewonnenen Rückmeldungen für die weitere persönliche Entwicklung zu nutzen. Eine Zusammenfassung der Vorteile des 360°-Feedbacks bietet die Box 1-2.

- Perspektivenvielfalt
- Reduktion einzelner Beurteilerfehler
- Systematischer Abgleich zwischen Selbst- und Fremdeinschätzungen

Box 1-2: Vorteile des 360°-Feedbacks

1.2.2 Zielsetzung

Im Unternehmenskontext beziehen sich Ziele auf zukünftige, angestrebte Handlungsergebnisse, die innerhalb eines eng umgrenzten Aufgabenfeldes erbracht werden sollen (Schmidt & Kleinbeck, 2006). Mitarbeiter verfolgen Ziele, da das Erreichen für sie einen individuellen Wert (z. B. Stärkung des Selbstbewussteins) darstellt oder einen oftmals finanziellen Nutzen hat. Verfolgen Mitarbeiter Ziele, so richten sie ihr Handeln daran aus und vergleichen den derzeitigen Zustand mit dem angestrebten Leistungsergebnis. Dabei können Ziele von Mitarbeitern selbst gesetzt, durch Führungskräfte vorgegeben oder aber gemeinsam vereinbart werden. Entscheidend ist stets die Passung zu den übergeordneten Unternehmenszielen. So werden z. B. im Rahmen des »*Management by Objectives*«-Ansatzes in einem ersten Schritt recht abstrakte Ziele auf der höchsten Hierarchieebene vorgegeben (z. B. Steigerung der Kundenzufriedenheit). Diese übergeordneten Unternehmensziele müssen dann in weiteren Teilschritten in den konkreten Arbeitsalltag des einzelnen Mitarbeiters übersetzt werden. Dieses »Runterbrechen« der abstrakten Unternehmensziele auf präzise Ziele für die Mitarbeiter geschieht zumeist in Form von *Zielvereinbarungen* zwischen dem jeweiligen Mitarbeiter und seiner Führungskraft.

Das Setzen von Zielen fällt vor allem dann auf fruchtbaren Boden, wenn Ziele bestimmte Merkmale aufweisen (vgl. Box 1-3). Zunächst sollten sie nicht allzu leicht zu erreichen, dafür aber umso konkreter ausformuliert sein. Ein Ziel wie »*Tun Sie was, damit es im Unternehmen besser läuft!*« dürfte zwar sinngemäß in vielen Unternehmen oft gesetzt werden, ist jedoch sehr diffus und nicht konkret fassbar für den Einzelnen. Hinsichtlich des Schwierigkeitsgrades eines Ziels ist zu ergänzen, dass Mitarbeiter natürlich über verschiedene Leistungsvoraussetzungen verfügen. Daher verfehlen zu schwierige Ziele ihren leistungsfördernden Effekt! Effektive Ziele liegen moderat über dem derzeitigen Leistungsniveau und stellen somit eine Herausforderung dar.

Neben dem Anspruchsniveau und der Spezifität eines Ziels spielt der zeitliche Rahmen, in dem das Ziel erreicht werden soll, eine gewichtige Rolle. Es empfiehlt sich, eher überschaubare Zeiträume zu wählen – z. B. ein Kalenderjahr oder ein Geschäftsquartal. Sind komplexe Ziele unvermeidlich, so sollten sie in mehrere Teilziele aufgeteilt werden, welche dann Schritt für Schritt zu erreichen sind.

Damit sich Mitarbeiter der Zielerreichung in gewisser Weise verpflichtet fühlen, erweist es sich als nützlich, solche Ziele zu setzen, welche Mitarbeiter als wertvoll akzeptieren und als erreichbar wahrnehmen. Ein Mitarbeiter betrachtet ein Ziel z. B. dann als wertvoll, wenn er das Gefühlt hat, etwas Wichtiges zum Erfolg des Unternehmens beizutragen. Die subjektive Einschätzung, das Ziel auch tatsächlich durch eigene Anstrengung erreichen zu können, wird beeinflusst von verschiedenen Faktoren wie dem Selbstbewusstsein oder dem Vertrauen in eigene Fähigkeiten seitens des Mitarbeiters.

Vor zentraler Bedeutung ist zudem, dass die Führungskraft dem Mitarbeiter immer wieder im Verlaufe des Zielerreichungsprozesses ein Feedback darüber gibt wie nahe er der Zielerreichung bereits gekommen ist. Dies ähnelt Hinweisschildern, welche Bergsteigern anzeigen, welche Höhe sie noch zu erklimmen haben, um den ersehnten Gipfel zu erreichen. Dabei ist es keinesfalls unerheblich, wie die Führungskraft ihrem Mitarbeiter Feedback gibt und welche Sachverhalte zurückgemeldet werden (vgl. Kapitel 10). Zunächst ist es wichtig, dass ein Mitarbeiter das Gefühl hat, dass seine Führungskraft ihm überhaupt ein hilfreiches Feedback geben kann. Schaut eine Führungskraft den Mitarbeiter z. B. nur einmal im Jahr über die Schulter, ergeht sich aber bei der Rückmeldung in einer großen Abhandlung über sein Sozialverhalten, so wird der Mitarbeiter sich dies kaum zu Herzen nehmen. Ebenso ungünstig ist es, wenn eine Führungskraft Gerüchte oder Informationen, welche sie von Dritten erhalten hat, rückmeldet. Hingegen werden Informationen, welche Führungskräfte selbst in Erfahrung gebracht haben und mit konkreten Beispielen belegen können, von Mitarbeitern als authentisch betrachtet.

Zudem ist es wichtig, dass eine Führungskraft nur solche Dinge rückmeldet, bei denen der Mitarbeiter davon überzeugt ist, dass er diese auch hat beeinflussen können. Wirft eine Führungskraft seinem Mitarbeiter beispielsweise vor, er hätte Produkte zu spät geliefert, für deren Herstellung externe Lieferanten wichtige Teile nicht bereitgestellt haben, wird der Mitarbeiter diese Kritik kaum akzeptieren.

Weiterhin sollten Führungskräfte bei ihrem Feedback nicht nur negative Punkte aufgreifen, sondern auch positive Aspekte einfließen lassen. Nach unserer Erfahrung bewährt sich in diesem Zusammenhang vor allem die sogenannte *Sandwich-Methode*. Hier beginnt eine Führungskraft ihre Rückmeldung an den Mitarbeiter zunächst mit einer positiven Information. Es schließt sich die Rückmeldung negativer Elemente an. Zum Abschluss erhält das Feedback dann aber wieder positive Aspekte. Die negativen Informationen werden also in positive Informationen eingebettet. Wir werden auf diesen Punkt später noch ausführlicher zurückkommen. Zuletzt ist zu betonen, dass Mitarbeiter nicht über jeden noch so unbedeutsamen Teilschritt ihres Handelns ein

Feedback erhalten müssen. Eine zu detailreiche Rückmeldung wird wohl eher ein Gefühl der Überwachung auslösen.

- Schwierigkeitsgrad
- Spezifität
- Erreichbarkeit
- Bedeutung für den Mitarbeiter
- Feedback durch die Führungskraft

Box 1-3: Zentrale Merkmale von Zielen

Weisen die gesetzten oder vereinbarten Ziele die in der Box 1-3 genannten Merkmale auf, so entwickeln Mitarbeiter nach einem Modell der Zielsetzung von Locke und Latham (2002) erhöhte Anstrengungsbereitschaft und Ausdauer, um das Ziel zu erreichen. Zudem zeigen Studien, dass Zielvereinbarungen, welche das gesamte Unternehmen betreffen und unter Einbeziehung/Partizipation der verschiedenen Unternehmensebenen entwickelt wurden, bis zu 56,5 % an Produktivitätssteigerung herbeiführen können (Rodgers & Hunter, 1991).

1.2.3 Teambewertung

Bei der Teambewertung steht im Gegensatz zum 360°-Feedback und der Zielsetzung nicht die Leistung eines *einzelnen* Mitarbeiters im Vordergrund, sondern die von mehreren Mitarbeitern gemeinsam erbrachte Leistung. Da die Team- oder Gruppenarbeit aus der zeitgenössischen Arbeitswelt nicht mehr wegzudenken ist, erscheint eine Beschäftigung mit der Frage, wie die Leistung eines Teams zu bewerten ist, umso bedeutsamer. Dabei ist davon auszugehen, dass sich die Teams zumeist nicht freiwillig zusammenfinden, sondern als *aufgabenorientierte* Gruppe gebildet werden. Dementsprechend verfolgen die Teammitglieder ein gemeinsames Ziel, z. B. die Produktion eines Autos. In diesen Teams zeigen sich dann vielfältige Prozesse der *Interaktion*, d. h. der gegenseitigen Beeinflussung der Teammitglieder, sowie der *Kooperation* (z. B. der Austausch von Informationen oder das gemeinsame Planen und Entscheiden).

Aus der sozialpsychologischen Forschung sind bezogen auf die Arbeitsgruppen verschiedene Phänomene bekannt und für die Praxis bedeutsam. Zunächst einmal kann es innerhalb eines Teams zu Motivationsverlusten oder aber Motivationsgewinnen kommen (z. B. Schulz-Hardt & Brodbeck, 2007).

Bei *Motivationsverlusten* bleibt die Gruppenleistung weiter hinter derjenigen Leistung zurück, welche man bei Berücksichtigung der individuellen Leistungsfähigkeit der Teammitglieder erwartet hätte. Hier ist zu z. B. an ein Fußballteam zu denken, welches sich ausschließlich aus Nationalspielern verschiedener Länder zusammensetzt. Wenn das Team trotz dieser individuellen Klasse gegen den Abstieg spielt oder im Niemandsland der Tabelle herumdümpelt, liegen wahrscheinlich Motivationsverluste vor. Für das Entstehen von Motivationsverlusten sind verschiedene Gründe anzuführen. Erstens können Teammitglieder das Gefühl haben, ihr individueller Beitrag zur Teamleistung sei unwichtig oder am Ende kaum zu identifizieren. Denken Sie z. B. an einen großen Chor, bei dem aufgrund der Vielzahl an Sängern kaum mehr auszumachen ist, ob Einzelne nur die Lippen zur Musik bewegen oder tatsächlich mitsingen. Zweitens kann die Leistung einzelner Teammitglieder nachlassen, weil ihnen das Ergebnis der Teamarbeit nicht besonders wichtig ist. Hier ist an einen Mitarbeiter zu denken, der an einem Projekt mitarbeitet, von dem er genau weiß, dass er es nicht mehr beenden wird, da er in Kürze zu einer anderen Firma wechselt. Drittens verringern manche Teammitglieder ihre Anstrengungen, weil sie sich mit anderen Teammitgliedern vergleichen und dann vielleicht das Gefühl haben, sie würden sich »aufopfern«, während andere eher die Seele bei der Arbeit baumeln lassen. Haben Teammitglieder diese Vorstellung von der Arbeitseinstellung ihrer Kollegen, so fühlen sie sich ausgenutzt.

Bei *Motivationsgewinnen* erbringen die Teammitglieder eine gemeinsame Leistung, welche aufgrund der individuellen Leistungsfähigkeit der Mitglieder nicht zu erwarten war. Das Ganze ist hier mehr als die Summe der Teile. So könnte z. B. ein Fußballteam, das sich den Namen nach eher aus zweit- oder gar drittklassigen Spielern zusammensetzt, plötzlich beim Rennen um die Meisterschaft wiederfinden. Motivationsgewinne treten zum einen dann auf, wenn sich die Teammitglieder gegenseitig zu Höchstleistungen anstacheln. Das passiert vor allem, wenn sich sehr wettbewerbsorientierte Personen zusammenfinden oder wenn die Teammitglieder über einen vergleichbaren Status oder ein ähnliches Leistungsniveau verfügen. Zum anderen kann es zu Motivationsgewinnen kommen, wenn sich einzelne sehr leistungsfähige Teammitglieder besonders ins Zeug legen, um die Defizite weniger leistungsstarker Kollegen auszugleichen. Ferner können sich Motivationsgewinne zeigen, wenn sich eigentlich leistungsschwache Teammitglieder auf einmal stark anstrengen, weil sie befürchten, für ein mögliches negatives Teamergebnis verantwortlich gemacht zu werden.

Neben der Unterscheidung zwischen Motivationsgewinnen und -verlusten ist es wichtig, *Koordinationsverluste* zu berücksichtigen. Koordinationsverluste treten auf, wenn ein Team die individuellen Leistungen seiner Mitglieder nicht optimal zu einer Teamleistung zusammenführen kann. Als Beispiel könnte z. B. die gemeinsame Errichtung eines Messestandes herhalten, bei dem aufgrund der Fähigkeiten der einzelnen Mitglieder ein prima Ergebnis zu erwarten wäre. Da sich die Mitglieder aber untereinander nicht absprechen oder einigen können, fällt das Ergebnis viel schlechter als erwartet aus.

Aus den soeben dargestellten sozialpsychologischen Forschungsergebnissen können wir an dieser Stelle bereits diejenige Erkenntnis ziehen, dass die Teamleistung wachsen kann, wenn Teams nicht zu groß sind, sodass die Leistung einzelner Mitglieder eindeutig zu identifizieren ist, und wenn sich die einzelnen Teammitglieder für das gemeinsame Teamergebnis begeistern können. Eine Führungskraft sollte sich dieser Prozesse bewusst sein und schon bei der Teamzusammenstellung berücksichtigen. Zudem erleichtern ein kleineres Team und die Möglichkeit, die Leistung einzelner Mitglieder einschätzen zu können, die Teambewertung.

Wie können Führungskräfte denn nun aber die Leistung ihres Teams bewerten? Nach dem Modell von Muck, Schuler, Becker & Diemand (2004) sind Gruppenleistungen entlang von vier unterschiedlichen Dimensionen bewertbar: Die Dimensionen Aufgabenbezogene Zusammenarbeit und Sozioemotionales Gruppenverhalten rücken Teamprozesse in den Fokus, während die Dimensionen Leistung und Qualität der Beziehungen vorrangig auf Teamergebnisse abzielen.

Die Dimension *Aufgabenbezogene Zusammenarbeit* umfasst Aspekte wie die Aufgabenverteilung innerhalb des Teams, den Informationsfluss innerhalb des Teams sowie die Bewältigung arbeitsbezogener Prozesse insgesamt. Hingegen befasst sich die Dimension *Sozioemotionales Gruppenverhalten* stärker mit Punkten wie dem Arbeitsklima innerhalb des Teams, dem Umgang mit teaminternen Konflikten oder dem Hilfeverhalten der Teammitglieder. Die Dimension *Leistung* enthält eher harte Erfolgsmaße wie die Erreichung der angestrebten Produktqualität oder die Einhaltung der Frist zur Projektfertigstellung. Zudem erfasst sie Aspekte wie mögliche Leistungsfortschritte oder Kompetenzgewinne der Mitglieder, die durch die Teamarbeit bedingt sind. Unter der Dimension *Qualität der Beziehungen* wird z. B. die Zufriedenheit der Mitglieder mit der Teamarbeit, das Vertrauen der Mitglieder untereinander oder die Motivation, in dem Team zu arbeiten, zusammengefasst.

Teams können sich entlang der vier genannten Dimensionen selbst bewerten oder aber von Dritten eingestuft werden. Wichtig ist, dass zur Beurteilung der verschiedenen Dimensionen, wie oben beim 360°-Feedback bereits beschrieben, beobachtbare Verhaltensweisen oder -ergebnisse herangezogen werden. Dies soll anhand eines Beispiels erläutert werden. Zur Einschätzung des Sozioemotionalen Gruppenverhaltens könnte u. a. beurteilt werden, ob auftretende Konflikte sinnvoll oder für alle beteiligten Teammitglieder zufriedenstellend gelöst wurden. Diese Beurteilung könnte unter Zuhilfenahme einer Skala geschehen, bei der dann eingetragen werden kann, ob auftretende Konflikte nie, manchmal, meistens oder immer gelöst wurden (siehe Abbildung 1-5).

Dimension: *Sozioemotionales Gruppenverhalten*	*nie*	*manchmal*	*meistens (mehr als 50 % der Fälle)*	*Immer*
Im Team auftretende Konflikte wurden sinnvoll, d. h. für alle beteiligten Teammitglieder zufriedenstellend, gelöst.	☐	☐	☐	☐

Abbildung 1-5: Beispiel für eine Bewertungsskala im Rahmen der Teambewertung

1.3 Nutzen der Leistungsbeurteilung für das Unternehmen

Unternehmen setzen Leistungsbeurteilungen zur Verfolgung unterschiedlicher Ziele und mit der Aussicht auf einen unternehmensspezifischen Nutzen ein (siehe Kapitel 3). In diesem Abschnitt wird dargestellt, auf welch vielfältige Art und Weise ein Unternehmen von der Ein- und Durchführung von Leistungsbeurteilungen profitieren kann.

Zunächst können systematisch gesammelte Leistungsbeurteilungen der Mitarbeiter eines Unternehmens als Basis für *kollektive* oder *interindividuelle Entscheidungen* herangezogen werden (ausführlicher: Schuler, 2004). Um kollektive Entscheidungen treffen zu können, ist ein Vergleich der Mitarbeiterleistungen auf Basis eines einheitlichen absoluten Bewertungsmaßstabes (vgl. Kapitel 5) unabdingbar. Ein einheitlicher absoluter Bewertungsmaßstab ermöglicht eine transparente Rechtfertigung kollektiver Entscheidungen und verhindert das Aufkommen möglicher Missgunst oder eventueller Missverständnisse innerhalb der Mitarbeiterschaft. Zu den kollektiven Entscheidungen zählen Gehaltsentscheidungen, die Frage, ob ein Mitarbeiter befördert, versetzt oder im schlimmsten Fall entlassen wird, die mögliche Auszahlung eines Bonus sowie die Belohnung besonders hervorstechender Mitarbeiter(-leistungen) in Form von Incentives. So wurden z. B. die als sehr leistungsstark identifizierten Mitarbeiter einer deutschen Versicherungsgruppe im Jahr 2010 mit freien Tickets für Spiele der FIFA-Fußball WM 2010 prämiert.

Im Vergleich zu interpersonalen Entscheidungen erfordern *individuelle Entscheidungen* keinen Vergleich der Leistungen unterschiedlicher Mitarbeiter. Hier befindet sich vielmehr die Leistung eines einzelnen Mitarbeiters im Fokus.

Unter individuellen Entscheidungen wird vor allem die Feststellung des Personalentwicklungsbedarfs für den jeweiligen Mitarbeiter verstanden. Dabei ist natürlich zunächst zu klären, ob überhaupt Personalentwicklungsmaßnahmen für einen Mitarbeiter vonnöten sind. Zudem ist zu überprüfen, welche Maßnahmen eingesetzt werden sollten, um die Leistung des Mitarbeiters zu verbessern. Leistungsbeurteilungen können in diesem Zusammenhang der Führungskraft einen differenzierten Überblick über die Stärken und Schwächen eines Mitarbeiters geben, sodass sich für jeden Mitarbeiter ein spezifisches Leistungsprofil ergibt. Dieses Profil wiederum kann eine solide Grundlage für weiterführende Personalentwicklungsmaßnahmen darstellen. Wie bei den kollektiven Entscheidungen muss die Führungskraft auch hier vorab einen Vergleich zwischen der erbrachten Mitarbeiterleistung und einem absoluten Bewertungsmaßstab ziehen. Neben der Analyse des Personalentwicklungsbedarfs können Leistungsbeurteilungen Führungskräfte dabei unterstützen, Mitarbeiter hinsichtlich ihrer möglichen zukünftigen Laufbahn im Unternehmen zu beraten. Gerade wenn für zentrale Stellen im Unternehmen sorgfältig empirisch erstellte Anforderungsprofile (vgl. Kapitel 5 und 6) vorliegen und die Leistungsprofile von Mitarbeitern damit verglichen werden können, erleichtert dies die Laufbahnberatung erheblich.

Zusätzlich zu der bereits besprochenen Unterstützung kollektiver bzw. individueller Entscheidungen können die anhand von Leistungsbeurteilungen gewonnenen Einblicke in die Fähigkeiten der Mitarbeiter eine *unternehmensstützende Funktion* haben.

Führungskräfte können anhand vorliegender Leistungsdaten ihrer Mitarbeiter zum Beispiel einen generellen Personalentwicklungsbedarf feststellen. Es könnte sich beispielsweise zeigen, dass alle Mitarbeiter einer Abteilung hinsichtlich einer bestimmten Leistungsdimension Defizite oder Schwächen aufweisen, sodass sich ein Training für die gesamte Abteilung empfehlen würde. Denkbar wäre es auch, dass sich für nahezu das gesamte Unternehmen flächendeckend Nachholbedarf in Bezug auf eine wichtige Leistungsdimension ergibt. In diesem Fall wäre die Leistungsbeurteilung der Startpunkt für Maßnahmen der Organisationsentwicklung. Zudem kann sich in der Entwicklung eines Leistungsbeurteilungssystems die Unternehmensphilosophie oder die Unternehmenskultur widerspiegeln. Durch die Ausformulierung dessen, was ein Unternehmen unter einer sehr guten Leistung versteht, wird den Mitarbeitern verdeutlicht, welches konkrete Verhalten z. B. im Umgang mit schwierigen Kunden oder bei der Zusammenarbeit im Team erwartet wird.

Als vierter Nutzen von Leistungsbeurteilungen soll die Erleichterung der unternehmensinternen *Dokumentation* angeführt werden. Eine systematische Erfassung der Mitarbeiterleistungen stellt eine Momentaufnahme der innerhalb eines Unternehmens vorhandenen Stärken und Schwächen dar. Darauf aufbauend kann die zukünftige Personalplanung ansetzen, welche folgende exemplarische Fragen zu beantworten hat: Welche Mitarbeiter haben das Zeug, in den nächsten Jahren eine Führungsposition einzunehmen? Welches Fähigkeitsprofil müssen Bewerber besitzen, um bestimmte Positionen im Unternehmen erfolgreich zu besetzen? Die Frage, ob sich ein vor anderthalb Jahren eingestellter Mitarbeiter bereits bewährt hat, kann ebenfalls mithilfe einer Leistungsbeurteilung beantwortet werden. Dementsprechend dienen Leistungsbeurteilungen auch der Überprüfung getroffener Personalentscheidungen und damit verbunden der Evaluation eingesetzter Personalauswahlinstrumente. Ein aus arbeitsrechtlicher Sicht (siehe auch Kapitel 13) besonders wichtiger Punkt betrifft die im Zusammenhang mit kollektiven Entscheidungen bereits angesprochene Bereitstellung von Informationen, warum bestimmte Mitarbeiter befördert oder entlassen wurden. Insbesondere im Falle einer Kündigung, wo der Arbeitgeber ggf. den Nachweis von Leistungsmängeln zu erbringen hat, erleichtert eine systematische und detaillierte Leistungsbeurteilung die Argumentation und Begründung.

Eine Zusammenfassung der vier genannten Verwendungszwecke von Leistungsbeurteilungen aus Unternehmenssicht bietet die Tabelle 1-1.

Nutzen der Leistungsbeurteilung	Beispiele
Kollektive Entscheidungen	Gehaltsentscheidungen, Versetzungen, Entlassungen, Beförderungen
Individuelle Entscheidungen	Identifikation des Personalentwicklungsbedarfs, Unterstützung der Laufbahnberatung
Unternehmensstützende Funktion	Identifikation des unternehmensübergreifenden Personalentwicklungsbedarfs, Verdeutlichung der Unternehmenskultur
Dokumentation	Personalplanung, Evaluation der Personalauswahl, Begründung von Personalentscheidungen

Tabelle 1-1: Nutzen der Leistungsbeurteilung für Unternehmen

1.4 Nutzen der Leistungsbeurteilung für die Arbeitnehmer

Der Nutzen, welcher sich aus einer systematischen Leistungsbeurteilung für den einzelnen Mitarbeiter ergibt, wird oftmals unterschätzt oder überhaupt nicht erkannt. In Trainings argumentieren Führungskräfte oft damit, dass sie ihren Mitarbeitern im Alltag ständig eine knappe Rückmeldung über ihre Leistung geben. So stellen sie heraus, dass insbesondere ein Fehlverhalten von Mitarbeitern sofort sanktioniert werden müsste und nicht erst in der alljährlichen Leistungsbeurteilung. Dabei ist eine Leistungsbeurteilung, die nahezu zwischen »Tür und Angel« abläuft, keinesfalls gleichzusetzen mit einer systematischen Leistungsbeurteilung, die im vorliegenden Buch behandelt wird.

Damit Arbeitnehmer eine systematische Leistungsbeurteilung als sinn- und wertvoll erachten können, sind zwei wichtige Bedingungen zu erfüllen (vgl. Kapitel 5 und 8): Zum einen ist es wichtig, Arbeitnehmer im Vorfeld transparent über die Entwicklung eines Leistungsbeurteilungssystems aufzuklären und darzulegen, was sich durch die Einführung dieses Systems für ihren Arbeitsalltag ändert. Zum anderen ist es von Vorteil, einige Mitarbeiter, z.B. in Gestalt einer Projektgruppe, aktiv an der Entwicklung des Leistungsbeurteilungssystems partizipieren zu lassen. Insbesondere im Rahmen einer empirischen Anforderungsanalyse sind Arbeitnehmer als Informationsquelle über den eigenen Arbeitsplatz unerlässlich. Durch eine starke Einbeziehung der Mitarbeiter wird gewährleistet, dass in dem Leistungsbeurteilungssystem auch tatsächlich Merkmale und Anforderungen im Mittelpunkt stehen, welche die Arbeitsplätze kennzeichnen. Dies erhöht die Akzeptanz bei den Mitarbeitern.

Der größte Nutzen, der sich für Arbeitnehmer ergibt, ist der einer umfassenden Rückmeldung über eigene Stärken und Schwächen in verschiedenen Leistungsbereichen. Durch eine differenzierte Einsicht in das eigene Leistungsprofil ergeben sich für den Arbeitnehmer konkrete Ansatzpunkte, eigene Defizite zu beheben oder besondere Kompetenzen noch weiter auszubauen. An dieser Stelle könnten Mitarbeiter eigene Ideen einfließen lassen, welche Weiterbildungsmaßnahmen sie gerne ergreifen würden. Da die Leistungsbeurteilung eine Fremdwahrnehmung darstellt, ist es dem Arbeitnehmer selbstverständlich auch möglich, der Führungskraft die eigene Wahrnehmung der Leistung darzustellen. Dadurch ergibt sich die Chance, mögliche Missverständnisse abzubauen und die Kommunikationskultur innerhalb eines Unternehmens wird insgesamt gefördert. Der Mitarbeiter hat das Gefühl, dass seine Einschätzung als wichtig und wertvoll erlebt wird. Zudem fördert diese Art der Selbstwahrnehmung auf der einen Seite die Reflexion über das eigene Verhalten und verdeutlicht den Mitarbeitern auf der anderen Seite, welch anspruchsvolle Aufgabe die Leistungsbeurteilung für Führungskräfte darstellt. Gibt eine Führungskraft ihren Mitarbeitern eine umfassende Rückmeldung über Stärken und Schwächen, so erhöht sich deren Akzeptanz, warum sie womöglich nicht befördert worden sind oder warum sie keine Gehaltserhöhungen erhalten haben. Durch die Rückmeldung wird aber deutlich, auf welcher Grundlage Entscheidungen über Beförderungen oder Bezahlungen getroffen werden. Dadurch wird abermals die Transparenz innerhalb eines Unternehmens erhöht.

Ein Einblick in die eigenen Stärken und Schwächen wiederum erlaubt es dem Mitarbeiter, mögliche weitere berufliche Stationen innerhalb des Unternehmens für sich zu erkennen und eigene Karrierewege realistisch einzuschätzen. So wird z. B. ein Mitarbeiter, welchem seine Führungskraft eine noch zu geringe Durchsetzungsfähigkeit bescheinigt, davor zurückschrecken, in nächster Zeit alle wichtigen Verhandlungen mit Kunden führen zu wollen. Eine systematische Leistungsbeurteilung kann Mitarbeitern viel mehr aufzeigen, welches Potenzial noch in ihnen schlummert, z. B. eines Tages Abteilungsleiter zu werden, um dann gleichzeitig auch deutlich zu machen, was noch fehlt, um dieses Potenzial voll entfalten zu können, z. B. die Leitung einer Projektgruppe oder Fortbildungen zum effektiven Führen etc.. Die Box 1-4 fasst den Nutzen einer systematischen Leistungsbeurteilung für Mitarbeiter zusammen.

- Umfassende Rückmeldung über eigene Stärken und Schwächen
- Möglichkeit zur Selbstreflektion
- Genauer Einblick in unternehmensinterne Entscheidungsprozesse, z. B. zur Beförderung oder Bezahlung
- Realistische Laufbahnberatung und Aufdeckung von Karrieremöglichkeiten
- Einsicht in notwendige Personalentwicklungsmaßnahmen

Box 1-4: Nutzen der Leistungsbeurteilung für den Arbeitnehmer

1.5 Fazit

Das vorliegende Kapitel diente allein der Einführung. Dem Leser sollte deutlich geworden sein, dass unsere Beurteilung des Verhaltens anderer Personen starke subjektive Anteile in sich trägt, nicht frei von Fehlern oder Verzerrungen ist und auch nicht sein kann. Ziel einer professionellen Leistungsbeurteilung ist es, diese Fehler und Verzerrungen auf ein Minimum zu begrenzen.

Die anhand von Leistungsbeurteilungen gewonnenen Daten können die Basis für verschiedene Verfahren wie das 360°-Feedback, die Zielsetzung oder eine Teambewertung bilden. Alle genannten Verfahren entfalten ihr Potenzial umso mehr, je transparenter man die Prozesse gegenüber den Mitarbeitern gestalten und die Mitarbeiter bestmöglich in die Entwicklung der Verfahren einbezieht.

Die systematische Leistungsbeurteilung ist ohne Frage ein aufwendiger Prozess, der vor allem zu Beginn sowohl bei Führungskräften als auch Mitarbeitern nicht selten Unbehagen auslösen mag. Wir haben schon in dieser Einleitung gesehen, dass sich der Aufwand jedoch für beide Seiten – für Arbeitgeber und Arbeitnehmer – lohnt, sofern man sich darum bemüht, ein professionelles Leistungsbeurteilungssystem auf die Beine zu stellen. Die nachfolgenden Kapitel sollen dabei helfen, dass dies gelingt.

1.6 Vertiefende Literatur

Argyle, M. (1996). Körpersprache und Kommunikation. Paderborn: Jungfernmann
Kanning, U. P., Hofer, S. & Schulze Willbrenning, B. (2004). Professionelle Personenbeurteilung: Ein Trainingsmanual. Göttingen: Hogrefe.
Lohaus, D. (2009). Leistungsbeurteilung. Göttingen: Hogrefe.
Rodgers, R. & Hunter, J. E. (1991). Impact of management by objectives on organizational productivity. In: Journal of Applied Psychology, 76, S. 322–336.
Schuler, H. (Hrsg.). (2004). Beurteilung und Förderung beruflicher Leistung (2. Aufl.). Göttingen: Hogrefe.
Scherm, M. & Sarges, W. (2002). 360°-Feedback. Göttingen: Hogrefe.
Schmidt, K.-H. & Kleinbeck, U. (2006). Führen mit Zielvereinbarung. Göttingen: Hogrefe.
Schulz-Hardt, S. & Brodbeck, F. C. (2007). Gruppenleistung und Führung. In: K. Jonas, W. Stroebe & M. Hewstone (Hrsg.), Sozialpsychologie – Eine Einführung. Berlin: Springer, S. 443–486.

2. Methoden der Leistungsbeurteilung: Vor- und Nachteile

Die Wahl der richtigen Methode zur Leistungsbeurteilung ist von entscheidender Bedeutung, da die Leistungsbeurteilung die Grundlage für die Personalentwicklung, das Festsetzen von Leistungszielen, Fragen der Beförderung sowie der Kündigung bilden kann. Leider werden in der Praxis oft Methoden angewandt, die kostengünstig zu entwickeln und anzuwenden sind, dafür jedoch einen mangelnden Arbeitsplatzbezug und fehlende Transparenz aufweisen (vgl. Kanning, Rustige, Möller & Kolev, 2011, oder Kapitel 4 in diesem Buch). So wird z. B. regelmäßig für alle Mitarbeiter eines Unternehmens ungeachtet unterschiedlicher Anforderungen dieselbe Leistungsbeurteilungsskala eingesetzt. Oder aber es ist nicht klar, wie sich die Punktwerte in der Leistungsbeurteilung ergeben, sodass Mitarbeiter den Eindruck haben, ihre Führungskraft hätte quasi gewürfelt. Um diesem Missstand vorzubeugen, widmen wir dieses Kapitel der Darstellung einer Vielzahl von Methoden, welche bei richtiger und konsequenter Anwendung eine arbeitsplatzspezifische, transparente und damit auch gerechtere Leistungsbeurteilung ermöglichen. Bevor wir jedoch auf einzelne Methoden genauer eingehen, stellen wir Kriterien vor, anhand derer sich die Qualität der verschiedenen Methoden abwägen lässt.

2.1 Qualitätskriterien: Objektivität, Reliabilität und Validität

In diesem Abschnitt werden zentrale Qualitätskriterien eingeführt, anhand derer die sogenannte *psychometrische Güte* verschiedener Methoden der Leistungsbeurteilung eingeschätzt und verglichen werden kann. Dabei orientiert sich die Darstellung an den drei wichtigsten Qualitätskriterien: *Objektivität*, *Reliabilität* und *Validität*. Ähnlich wie man sich bei der Neuanschaffung eines Autos vorab über z. B. den Benzinverbrauch oder die »Pferdestärke« informiert, so ist es auch ratsam, sich *vor* der Entscheidung für oder gegen eine bestimmte Methode der Leistungsbeurteilung deren Qualitätskriterien zu überdenken.

2.1.1 Objektivität

Eine Leistungsbeurteilung wäre nach Schuler (2004) dann objektiv, wenn zwei oder mehrere Beurteiler zu derselben Einschätzung einer Mitarbeiterleistung kommen, d. h. wenn eine hohe *Beurteiler-Übereinstimmung* vorliegt. Es leuchtet auf Anhieb ein, dass verschiedene Beurteiler zu demselben oder zumindest einem sehr ähnlichen Urteil kommen sollten, wenn die Mitarbeiterleistung z. B. über die Stückzahl hergestellter Produkte in einem bestimmten Zeitraum festgestellt wird. In diesem Fall liegen eindeutige *Leistungsergebnisse* vor. Sehr viel schwieriger gestaltet sich jedoch die Wahrung der Objektivität, wenn das Verhalten eines Mitarbeiters oder die Ausprägung bestimmter Leistungsdimensionen bewertet werden soll. Hier zeigen Studien (z. B. Conway & Huffcutt, 1997) stark schwankende Übereinstimmungen zwischen mehreren Beurteilern. Geringe Übereinstimmungen ergeben sich vor allem dann, wenn neben der Beurteilung der Führungskraft eine Selbstbeurteilung durch den Mitarbeiter vorliegt, wie etwa im Falle einer 360°-Beurteilung (z. B. Conway & Huffcut, 1997).

Zudem ist zu beachten dass die *Durchführung* der Leistungsbeurteilung objektiv erfolgt. Um dies zu gewährleisten ist es ratsam, die Beurteilung nicht in einem Zustand großer Belastung, sondern in Ruhe vorzunehmen, sich Zeit zu nehmen und möglichst auf Notizen zum Arbeitsverhalten der Mitarbeiter zurückzugreifen.

2.1.2 Reliabilität

Die Reliabilität gibt Auskunft über die Messgenauigkeit und damit die Fehlerfreiheit der Leistungsbeurteilung. Dabei ist eine völlige Fehlerfreiheit der Leistungsbeurteilung ein unerreichbares Ideal, da bei Urteilen über andere Menschen immer mit mehr oder minder schwerwiegenden Ungenauigkeiten oder Irrtümern zu rechnen ist (s. o.). Dennoch existieren Möglichkeiten, die Reliabilität der Leistungsbeurteilung zu erhöhen. Dazu zählt erstens, dass unterschiedliche Leistungsdimensionen, z. B. Teamfähigkeit oder Gewissenhaftigkeit, über mehrere unabhängige Beurteilungen erfasst werden. Hier ein sehr einfaches, fiktives Beispiel zur Bewertung der Gewissenhaftigkeit:

- »Der Mitarbeiter hält seinen Arbeitsplatz sauber.«
- »Der Mitarbeiter verlässt das Büro erst, nachdem er seinen Tisch aufgeräumt hat.«
- »Der Mitarbeiter geht sorgfältig mit seinen Arbeitsmaterialien um.«

Eine zweite Strategie, zur Steigerung der Reliabilität besteht darin, dass eine Führungskraft ein und denselben Mitarbeiter mehrfach innerhalb eines Zeitraumes, z. B. im Abstand von 2-3 Monaten beurteilt. Die Gesamtbewertung ergibt sich dann zum Ende des Beurteilungszeitraums aus dem mathematischen Mittelwert der Einzelbewertungen.

2.1.3 Validität

Die Validität einer Leistungsbeurteilung bezieht sich auf die Frage, inwieweit tatsächlich die berufliche Leistung eines Mitarbeiters beurteilt wird oder nicht beispielsweise die Sympathie der Führungskraft für den Mitarbeiter einen zentralen Einfluss hat.

Im Vorfeld einer Leistungsbeurteilung muss man Kriterien oder »Indikatoren« festlegen, anhand derer die Leistung für einen bestimmten Arbeitsplatz definiert wird (Marcus & Schuler, 2005). Denken wir zur Veranschaulichung einmal die Leistung im Fußball. Hier dient z. B. die Anzahl der erzielten Tore als Indikator für die Leistung eines Stürmers. Für einen Torwart wäre es hingegen die Anzahl gelungener Rettungsaktionen. An dieser Stelle tritt ein gewichtiges Problem zutage: Ein Leistungsindikator erfasst stets auch Aspekte, die *nicht* durch den Mitarbeiter zu beeinflussen sind: Ein Stürmer im Fußball ist z. B. von Pässen und Hereingaben der Mitspieler abhängig. Ein Verkäufer kann noch so großes Verhandlungstalent besitzen und dennoch nicht viele Versicherungspolicen abschließen, wenn gerade eine Rezession ausgebrochen ist. Hinzu kommt das Problem, dass die berufliche Leistung meist aus sehr vielen verschiedenen Aspekten besteht (s. o.). Mithilfe eines einzelnen Indikators wird man der Brandbreite der tatsächlichen Leistung in der Regel nicht gerecht werden. Dementsprechend sind mehrere Indikatoren vonnöten – bei einem Versicherungsvertreter etwa die Anzahl der Kundenbeschwerden oder die Anzahl erfolgreich abgeschlossener Weiterbildungsmaßnahmen. Um diejenigen Leistungskriterien zu ermitteln, die für einen Arbeitsplatz tatsächlich von Bedeutung sind, muss man eine Anforderungsanalyse durchführen (siehe Kapitel 5 und 6).

Nach der Vorstellung der Qualitätskriterien Objektivität, Reliabilität und Validität wollen wir nun mit der Praktikabilität und der Akzeptabilität zwei weitere Qualitätsmerkmale genauer unter die Lupe nehmen (vgl. Marcus & Schuler, 2005).

Unter *Praktikabilität* können in Bezug auf die Leistungsbeurteilung gänzlich verschiedene Aspekte verstanden werden:

- Wie lange dauert die Entwicklung des Leistungsbeurteilungssystems?
- Wie viel kostet die Entwicklung?
- Wie leicht fällt den Führungskräften die Anwendung der Methode?

Wie sich im späteren Verlauf dieses Kapitels zeigen wird, unterscheidet sich der Aufwand bei der Entwicklung verschiedener Methoden z. T. erheblich, so ist z. B. die Konstruktion eines Verfahrens mit starkem Anforderungsbezug äußerst zeitintensiv. Diesen Punkt sollten sich Entscheidungsträger vor der Einführung einer bestimmten Methode bewusst machen und abschätzen, ob sie ausreichende personelle oder finanzielle Kapazitäten besitzen.

Um Führungskräften den Umgang mit der Leistungsbeurteilung vertraut zu machen, sollte man stets vor Einführung einer solchen Methode Führungskräftetrainings durchführen, in denen der Umgang mit dem Verfahren intensiv praktisch eingeübt wird (siehe Kapitel 9).

Ob eine Leistungsbeurteilung *Akzeptabilität* aufweist, lässt sich vor allem an den Reaktionen der Mitarbeiter auf die Leistungsbeurteilung ablesen. Aus diesem Grund ist eine Evaluation der Leistungsbeurteilung unerlässlich (siehe Kapitel 11). Damit Mitarbeiter eine Leistungsbeurteilung akzeptieren, müssen bestimmte Bedingungen erfüllt sein:

- Es ist förderlich, wenn die Mitarbeiterschaft in Form einer Projektgruppe o. Ä. an der Entwicklung und Einführung der Methode beteiligt ist.
- Die Mitarbeiter müssen den Prozess der Beurteilung als fair und gerecht erleben. Dies kann durch die Anwendung einer formalen und systematischen Methode erreicht werden.
- Haben Mitarbeiter das Gefühl, Führungskräfte beherrschen und verstehen die Methode, fällt ihnen die Akzeptanz leichter.

Der nicht unerhebliche Punkt des (finanziellen) Nutzens von Methoden der Leistungsbeurteilung – dies wäre ein weiteres Qualitätskriterium – wird gesondert in Kapitel 3 behandelt. Nachfolgend stellen wir verschiedene Methoden der Leistungsbeurteilung vor: Einfache Bewertungsskalen, Rangordnungsverfahren und abschließend Auswahlverfahren. Am Ende dieses Kapitels werden die Methoden in Bezug auf die soeben dargelegten Qualitätskriterien verglichen.

2.2 Einfache Bewertungsskalen

Einfache Bewertungsskalen (z. B. Cascio, 1987) sind die am häufigsten angewandte Methode der systematischen Leistungsbeurteilung (Marcus & Schuler, 2005; Schuler, 2004; Schuler & Höft, 2007). Andere geläufige Bezeichnungen für diese Methode sind Bewertungsverfahren oder Ratingverfahren. Das Grundprinzip dieser Methode besteht aus der Zuordnung einer festen Bewertungsskala zu einer arbeitsplatzbezogenen Frage oder Aussage (Abbildung 2-1).

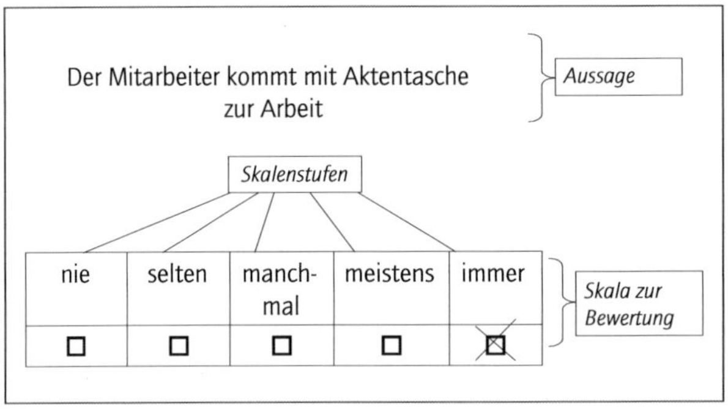

Abbildung 2-1: Beispiel für eine einfache Bewertungsskala

Mithilfe der Bewertungsskala kann eine Führungskraft angeben, wie oft ein Mitarbeiter bestimmte Verhaltensweisen an den Tag legt oder wie stark bzw. schwach eine bestimmte Leistungsdimension ausgeprägt ist. Die Skala repräsentiert dabei einen *absoluten Bewertungsmaßstab*. Jeder Mitarbeiter wird individuell in Hinblick auf diesen Maßstab eingeschätzt. Ein Vergleich zwischen Mitarbeitern ist zunächst nicht vorgesehen (vgl. Kapitel 4). Dabei enthält die Bewertungsskala mehrere *Skalenstufen*, in der Regel fünf bis maximal neun (Marcus & Schuler, 2005). Den Skalenstufen sind entweder Zahlenwerte, einfache Eigenschaftswörter oder aber kurze, prägnante Verhaltensbeschreibungen zugeordnet. Einfache Bewertungsskalen können grundsätzlich für jede Tätigkeit und jede Hierarchieebene entwickelt werden (Schuler, 2004). Zudem können sie ganz unterschiedliche Aspekte in den Fokus rücken, z. B. konkretes Verhalten eines Mitarbeiters oder aber die Ausprägung wichtiger Persönlichkeitsmerkmale.

Gerade Verhaltensbeschreibungen schaffen eine einheitliche Bewertungsgrundlage für Beurteiler und gewährleisten bei sorgsamer Konstruktion eine eindeutige Differenzierung und ausreichende inhaltliche Trennschärfe zwischen den Skalenstufen. Auf diesem Wege kann einerseits das Auftreten von Urteilstendenzen wie dem Milde- oder Strengeeffekt (vgl. Kapitel 1) eingedämmt und andererseits die Reliabilität der Leistungsbeurteilung entschieden erhöht werden.

Zur Beurteilung der Leistung eines Mitarbeiters ist es unabdingbar, mehrere Bewertungsskalen einzusetzen, da sich die Mitarbeiterleistung aus vielen unterschiedlichen Verhaltensweisen und Merkmalen zusammensetzt (s. o.). In diesem Zusammenhang ist darauf hinzuweisen, dass es unmöglich ist, die Leistung eines Mitarbeiters in all ihren Details oder Facetten zu erfassen. Dagegen sprechen erstens ökonomische Gründe und zweitens die Tatsache, dass eine Führungskraft keinen umfassenden Einblick in jeden Tätigkeitsbereich seines Mitarbeiters haben kann (siehe Kapitel 1).

Natürlich wäre es auch möglich, eine Art Gesamtbewertung der Leistung eines Mitarbeiters vorzunehmen (siehe Abbildung 2-2). Jedoch steht diesem Vorgehen vor allem ein gewichtiger Einwand entgegen: Der Mitarbeiter erhält keinen differenzierten Einblick in seine Stärken und Schwächen, sondern nur eine sehr globale Einschätzung, was den Nutzen der Leistungsbeurteilung für den einzelnen Mitarbeiter deutlich verringert (vgl. Kapitel 1). Hinzu kommt das Problem mangelnder Klarheit des Kriteriums für die Führungskraft sowie eine reduzierte Reliabilität, da die Leistung nur einmal bewertet wird (s. o.).

	erfüllt die Anforderungen nicht	**erfüllt die Anforderungen mit Einschränkungen**	**erfüllt die Anforderungen**	**übertrifft die Anforderungen**	**übertrifft die Anforderungen erheblich und dauerhaft**
Gesamtleistung des Mitarbeiters	1	2	3	4	5

Abbildung 2-2: Beispiel für eine nicht sinnvolle Gesamtbewertung der Mitarbeiterleistung

Hinsichtlich der Konstruktion und Gestaltung von einfachen Bewertungsskalen sind verschiedene Herangehensweisen zu unterscheiden. Vier Alternativen – *einfache Bewertungsskalen*, *Verhaltensverankerte Bewertungsskalen*, *Verhaltensbeobachtungsskalen* und *Mixed Standard Scales* – werden im Folgenden genauer vorgestellt. Vorab ist festzustellen, dass sich der Aufwand bei der Konstruktion der unterschiedlichen Verfahren z. T. deutlich unterscheidet: Während z. B. einfache Bewertungsskalen mit verhältnismäßig geringem Aufwand entwickelt werden können, ist die Konstruktion von Verhaltensverankerten Bewertungsskalen weitaus zeit- und personalaufwendiger.

2.2.1 Einfache Bewertungsskala

Die einfache Bewertungsskala (z. B. Brandstätter, 1970) ist als eine Methode anzusehen, die mit vergleichsweise geringem Zeitaufwand zu realisieren ist (Schuler, 2004). Im Fokus der Beurteilung stehen Kriterien, die vorab von den Beurteilern als relevant und wichtig für einen Arbeitsplatz eingeschätzt wurden (etwa Kundenorientierung und Verhandlungsfähigkeit für einen Bankangestellten). Demzufolge werden die Merkmale stark nach *Augenschein* gewählt und sind recht abstrakter Natur. Zwei Beurteiler können mit dem Begriff »Kundenorientierung« daher unterschiedliche Definitionen verbinden. Dies wiederum reduziert die Objektivität der Leistungsbeurteilung.

Den Skalenstufen werden in der Regel knappe verbale Bezeichnungen zugewiesen, was ähnlich wie die Auswahl der Leistungsdimensionen nicht empirisch, sondern *intuitiv* geschieht. Dabei werden in der Regel nur den Endpunkten der Skala sowie der mittleren Skalenstufe verbale Beschreibungen zugewiesen. Aufgrund der intuitiven Herangehensweise ist die Frage, ob den Skalenstufen tatsächlich passende und adäquate Benennungen zugeordnet werden, als größter Kritikpunkt an dieser Methode zu betrachten. Die Abbildung 2-3 präsentiert eine exemplarische einfache Bewertungsskala.

Aufgrund der skizzierten Probleme sollten einfache Bewertungsskalen bestenfalls dann zur Anwendung kommen, wenn konkretes Verhalten nicht beobachtbar ist (Nerdinger, Blicke & Schaper, 2011).

	sehr gering		**angemessen**		**überragend**
Kundenorientierung (gegenüber internen/externen Kunden; am Telefon/face-to-face)	1	2	3	4	5

Abbildung 2-3: Beispiel für eine einfache Bewertungsskala

2.2.2 Verhaltensverankerte Bewertungsskalen (VVB)

Die Verhaltensverankerte Bewertungsskala (VVB, Smith & Kendall, 1963) stellt im Gegensatz zur einfachen Bewertungsskala eine verhaltensorientierte Bewertung dar. Da die Entwicklung von VVB mit erheblich mehr Aufwand verbunden ist, werfen wir einen genaueren Blick auf die verschiedenen Schritte der Konstruktion (detaillierte Darstellungen finden sich z. B. bei Domsch & Gerpott, 1985 oder Staufenbiel, 2010).

1. Ähnlich wie bei Einfachen Bewertungsskalen bestimmt eine Expertengruppe I zunächst die für einen Arbeitsplatz zentralen Leistungsdimensionen. Nun legt diese Gruppe von Experten aber auch noch genau fest, was unter einer Dimension wie z. B. »Teamfähigkeit« in Hinblick auf den jeweiligen Arbeitsplatz zu verstehen ist. Dadurch wird im Vergleich zur Einfachen Bewertungsskala vermieden, dass Führungskräfte diese Dimensionen unterschiedlich auslegen und deuten. Wichtig ist, dass die Leistungsdimensionen bestenfalls keine oder wenn nur geringe inhaltliche Überlappungen aufweisen. Um dies zu gewährleisten, sollte die Anzahl der Leistungsdimensionen beschränkt werden, z. B. auf 5-7 pro Arbeitsplatz. Neben der inhaltlichen Definition der Leistungsdimensionen hält die Expertengruppe I fest, was eine unterdurchschnittliche, durchschnittliche und überdurchschnittliche Leistung in den verschiedenen Leistungsdimensionen ausmacht.
2. Eine weitere Expertengruppe II überlegt sich konkrete und vor allem realistische Verhaltensbeispiele für eine unterdurchschnittliche, durchschnittliche und über-

durchschnittliche Leistung in den verschiedenen Leistungsdimensionen. Dieses Vorgehen könnte sich beispielhaft an der *Methode der kritischen Ereignisse* nach Flanagan (1954) orientieren (vgl. Kapitel 6).
3. Die unter Punkt 2 gesammelten Verhaltensbeispiele werden einer bislang nicht involvierten Expertengruppe III vorgelegt. Diese soll die Verhaltensbeispiele einer der Leistungsdimensionen zuordnen. In die weitere Konstruktion werden nur noch solche Verhaltensbeispiele einbezogen, welche von den Experten *eindeutig* zugewiesen werden konnten.
4. Alle Verhaltensbeispiele aus Punkt 3 werden von einer vierten Expertengruppe IV hinsichtlich ihrer Passung zu einem der drei Leistungsniveaus (unterdurchschnittlich, durchschnittlich und überdurchschnittlich) eingeschätzt. Diese Einschätzung wird anhand von Ratingskalen vorgenommen. Als besonders anspruchsvoll erweist sich zumeist die Zuweisung von Verhaltensbeispielen zum durchschnittlichen Leistungsniveau (Hauenstein, Brown & Sinclair, 2010).
5. Anhand der Ergebnisse aus Punkt 4 werden nur solche Verhaltensbeispiele in die Endform der VVB aufgenommen, bei denen sich einerseits die Experten einig waren, welches Leistungsniveau sie repräsentieren, und welche sich über das gesamte Spektrum der Leistungsdimension verteilen.

Diese knappe Skizzierung des Entwicklungsprozesses einer VVB verdeutlicht, mit welch hohem, insbesondere personalem Aufwand die Konstruktion einhergeht. Allerdings ist dieser Aufwand gerechtfertigt, da er eine Unabhängigkeit der Schritte und eine starke inhaltliche Verankerung am Arbeitsplatz mit seinen spezifischen Anforderungen gewährleistet (Schuler, 2004). Zudem ist es nicht zwingend vonnöten, tatsächlich vier unabhängige Expertengruppen einzubeziehen. So könnte die Expertengruppe I z. B. schon wieder bei Punkt 3 in Erscheinung treten. Wie eine VVB in der Praxis aussieht, verdeutlicht die Abbildung 2-4. Im weiteren Verlauf unseres Buches werden wir auch mit Verhaltensverankerten Beurteilungsskalen operieren, wählen allerdings einen Entwicklungsweg, der weniger aufwendig ist (vgl. Kapitel 5 und 7).

Da Begriffe wie *»fast nie«* oder *»fast immer«* Führungskräften einen Interpretationsspielraum lassen und die Zahlen 2, 3 und 4 gar keine verbale Beschreibung tragen, schlagen Latham und Wexley (1977) folgende Entscheidungshilfe zur Deutung der Zahlen vor:
1. 0-19 % aller Fälle oder Situationen
2. 20-39 % aller Fälle oder Situationen
3. 40-59 % aller Fälle oder Situationen
4. 60-79 % aller Fälle oder Situationen
5. 80-100 % aller Fälle oder Situationen

An dieser Stelle ist natürlich anzumerken, dass eine Führungskraft nie alle Situationen bei allen Mitarbeitern erfassen kann! Demnach bezieht sich die Entscheidungshilfe auf alle tatsächlich beobachteten Situationen.

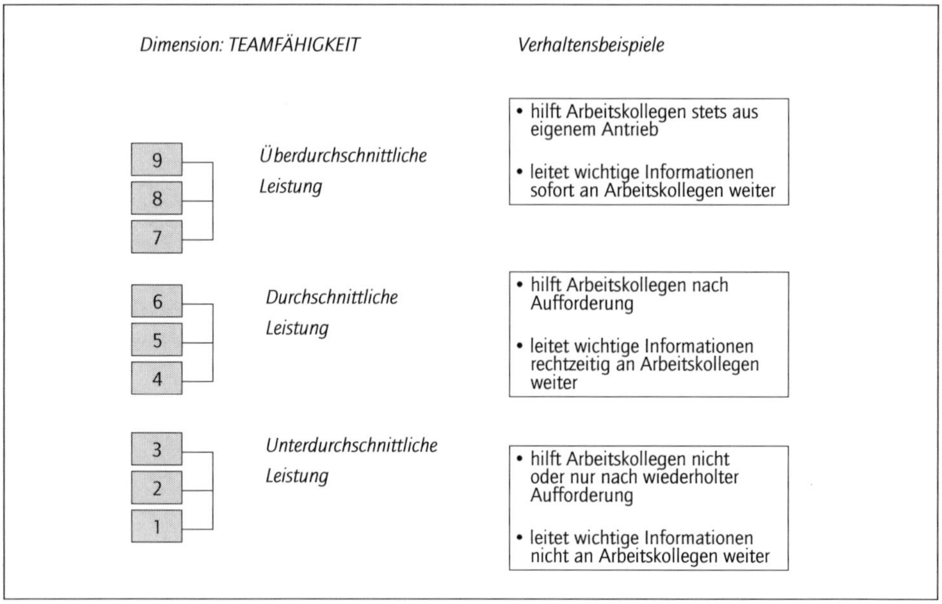

Abbildung 2-4: Beispiel für eine Verhaltensverankerte Bewertungsskal

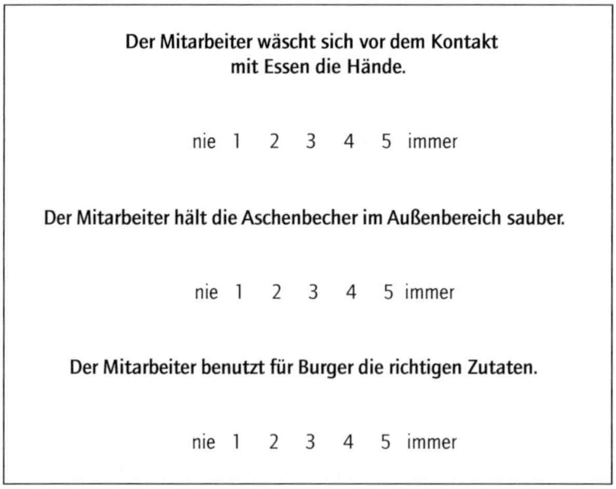

Abbildung 2-5: Beispiel für eine Verhaltensbeobachtungsskala

2.2.3 Mixed Standard Scale (MSS)

Bei ihrer Konstruktion durchläuft die Mixed Standard Scale (MSS; Blanz & Ghiselli, 1972) zunächst dieselben Schritte wie die weiter oben beschriebene VVB. Blanz und Ghiselli (1972) verfolgten mit der MSS explizit das Ziel, sowohl das Auftreten des Halo-Effekts als auch von Urteilstendenzen zu reduzieren (vgl. Kapitel 1).

Zu jeder Leistungsdimension werden im Rahmen der MSS drei Aussagen gebildet. Eine Aussage repräsentiert eine schwache Ausprägung, eine zweite Aussage ein durchschnittliches Ausprägungsniveau und eine dritte Aussage wiederum eine hohe Ausprägung (vgl. Abbildung 2-6). Diese drei Aussagen werden als Standards bezeichnet, da sie die Leistungsbreite einer Dimension abdecken sollen (Hughes & Prien, 1986).

Es ist wichtig, dass Aussagen zu verschiedenen Leistungsdimensionen miteinander vermischt (engl.: mixed) werden und dass den Beurteilern nicht bekannt ist, welche Leistungsdimension sich hinter einer Aussage verbirgt. Die Aufgabe der Führungskraft ist es nun, jede Aussage unabhängig voneinander einzuschätzen. Dabei soll sie entweder angeben, ob die beurteilte Person schlechter agiert als in der Aussage beschrieben (Symbol: –), genauso gut agiert wie in der Aussage beschrieben (Symbol: =) oder aber sogar besser agiert als in der Aussage gekennzeichnet (Symbol: +).

Ausprägung der Leistungsdimension	Aussage
Schwach	Der Ausbilder weicht täglich vom Lehrplan ab.
Durchschnittlich	Der Ausbilder weicht einmal im Monat vom Lehrplan ab.
Hoch	Der Ausbilder weicht einmal im Quartal vom Lehrplan ab.

Abbildung 2-6: Grundprinzip der Mixed Standard Scale

Anhand des oben beschriebenen Vorgehens bei der MSS lassen sich inkonsistente oder unlogische Beurteilungen aufdecken (Dickinson & Glebocki, 1990). In Abbildung 2-7 wird eine konsistente (linke Spalte) mit einer inkonsistenten (mittlere Spalte) Bewertung verglichen.

Bewertung (konsistent)	Bewertung (inkonsistent)	Aussage
+	+	Der Ausbilder verliert täglich seinen Lehrplan aus den Augen.
+	–	Der Ausbilder verliert einmal im Monat den Lehrplan aus den Augen.
=	+	Der Ausbilder verliert einmal im Quartal den Lehrplan aus den Augen.

Abbildung 2-7: Unterschiedliche Bewertungen bei der Mixed Standard Scale

Da die Auswertung der MSS recht kompliziert und fehleranfällig ist (vgl. Blanz & Ghiselli, 1972), würden wir eher zur Nutzung Verhaltensverankerter Bewertungsskalen bei der Leistungsbeurteilung raten. Nichtsdestotrotz kann die MSS z. B. zum Training von Führungskräften dienen, indem man diese für die oben angesprochenen Beurteilerfehler und Urteilstendenzen sensibilisiert.

2.3 Rangordnungsverfahren

Anders als die unter Punkt 2.2 genannten Methoden der Leistungsbeurteilung stützen sich Rangordnungsverfahren auf den Vergleich der Leistung mehrerer Mitarbeiter. Es können sowohl Rangordnungen für die Gesamtleistung von Mitarbeitern als auch für einzelne Leistungsdimensionen erstellt werden. Dabei wird auf die Vorgabe zu bewertender Aussagen verzichtet.

In der Praxis werden Rangordnungsverfahren z. B. bei Mitarbeitern im Vertrieb, die anhand ihrer Verkaufserfolge verglichen werden, oder bei der Neuberufung eines Professors angewandt (Schuler & Höft, 2004). Bevor wir verschiedene Rangordnungsverfahren detaillierter beschreiben, möchten wir zwei kritische Anmerkungen vorausschicken: Bei der Erstellung einer Rangordnung dürfte das Festlegen des ersten Platzes (bester Mitarbeiter) und des letzten Platzes (schlechtester Mitarbeiter) den wenigsten Führungskräften ernsthaftes Kopfzerbrechen bereiten. Weitaus diffiziler wird es jedoch, wenn eine Führungskraft die mittleren Rangplätze vergeben soll. Insbesondere wenn eine Führungskraft beispielsweise eine Abteilung von 30 Personen leitet, dürfte eine eindeutige Benennung des 18. oder 27. Rangplatzes eine gewaltige Herausforderung darstellen! Eine Möglichkeit, wie diese Aufgabe zu meistern ist, wird weiter unten skizziert. Eine zweite Anmerkung betrifft eine Rangordnungsverfahren inhärente Ungerechtigkeit, die mit dem Wegfall eines absoluten Bewertungsmaßstabes zu begründen ist (s. o.; vgl. Marcus & Schuler, 2005). Befindet sich ein Mitarbeiter, der absolut gesehen eine durchschnittliche Leistung erbringt, in einer Abteilung voller Überflieger, wird er nur einen hinteren Rangplatz belegen und als leistungsschwach dastehen. Dagegen würde er in einer Abteilung mit wenig motivierten Arbeitskollegen fast schon als eine Art »Superman« hervorstechen. Seine absolute Leistung wäre in beiden Fällen gleich. Demnach können Rangordnungsverfahren die tatsächliche Leistung eines Mitarbeiters unter- oder überschätzen. Aufbauend auf diesen Einwänden betrachten auch Schuler und Höft (2005) diese Verfahren eher zum »informellen Gebrauch denn als elaboriertes Beurteilungssystem« (S. 324). Im Folgenden werden verschiedene Rangordnungsverfahren, Rangreihen (mit/ohne Paarvergleich) sowie Rangordnung mit Quotenvorgabe, eingeführt.

2.3.1 Rangreihen (mit/ohne Paarvergleich)

Die methodisch einfachste Form von Rangordnungsverfahren ist die Rangreihe ohne Paarvergleiche. Wie solch eine Rangreihe aussehen kann, verdeutlicht die Abbildung 2-8.

Entscheidet sich eine Führungskraft für eine Rangreihe, so sollte die Anzahl der zu vergleichenden Personen überschaubar sein. Dies dient der Erhöhung der Reliabilität. Eine Ausnahme bilden Rangreihen, welche, wie in der Abbildung 2-8, auf objektiven, zählbaren Leistungsdaten, z. B. Verkaufszahlen, beruhen. Hier kann zumeist auch innerhalb einer großen Anzahl von Mitarbeitern klar differenziert werden.

Abgeschlossene Verträge in 2010	Mitarbeiter	Rangplatz
58	Müller	1
56	Schneider	2
49	Schulz	3
37	Meier	4
25	Mustermann	5

Abbildung 2-8: Beispiel für eine Rangreihe ohne Paarvergleich

Eine zusätzliche Möglichkeit, die Reliabilität von Rangreihen zu erhöhen, besteht in Form der Durchführung von Paarvergleichen. Hierbei werden alle zu beurteilenden Mitarbeiter paarweise miteinander verglichen. Bei vier Mitarbeitern müsste eine Führungskraft beispielsweise sechs Paarvergleiche durchführen (A mit B, A mit C, A mit D, B mit C, B mit D, C mit D). Eine endgültige Rangreihe ergibt sich erst nach Durchführung aller möglichen Paarvergleiche. Dadurch, dass alle Mitarbeiter wechselseitig miteinander verglichen werden, ist es wie bei der oben beschriebenen MSS möglich, logische Widersprüche in der Leistungsbeurteilung durch Führungskräfte aufzudecken. Eine solche Widersprüchlichkeit würde z. B. bei folgendem Szenario resultieren:

- Die Führungskraft schätzt Mitarbeiter **A** als leistungsstärker ein als Mitarbeiter **B**.
- Mitarbeiter **B** gilt als leistungsstärker als Mitarbeiter **C**.
- Mitarbeiter **C** wird jedoch eine höhere Leistung zugeschrieben als Mitarbeiter **A**.

2.3.2 Rangreihe mit Quotenvorgabe

Bei der Rangreihe mit Quotenvorgabe dürfen Führungskräfte Rangplätze mehrmals besetzen. Dies empfiehlt sich vor allem bei einer großen Anzahl zu beurteilender Mitarbeiter und nicht schon bei drei oder vier Mitarbeitern (Höft & Schuler, 2004). In der Regel wird Führungskräften vorgegeben, wie oft oder mit welchem prozentualen Anteil ein Rangplatz zu vergeben ist (Schuler, 2004). Dabei kann sich die vorgegebene Verteilung z. B. an der Gauß'schen Glockenkurve orientieren, d. h., mittlere Rangplätze sollen weitaus häufiger vergeben werden als Rangplätze an den Rändern der Verteilung. Durch eine Quotenvorgabe soll die oben schon angedeutete Schwierigkeit für Führungskräfte, Mitarbeitern bestimmte mittlere Rangplätze zuzuweisen, verringert werden. Die Abbildung 2-9 verdeutlicht das Prinzip der Quotenvorgabe auf Basis der Normalverteilung bei fünf zu vergebenden Rangplätzen.

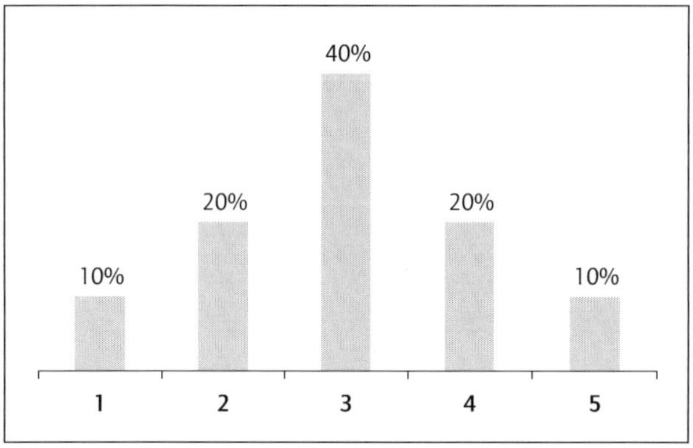

Abbildung 2-9: Beispiel für eine Rangreihe mit Quotenvorgabe

2.4 Auswahlverfahren

Im Vergleich zu den meisten der bislang vorgestellten Methoden der Leistungsbeurteilung geben Auswahlverfahren zu beurteilende Aussagen nicht getrennt nach Leistungsdimensionen vor, sondern vielmehr gemischt, ohne dass für Beurteiler zu erkennen wäre, welche Leistungsdimension jeweils hinter einer Aussage steckt (vgl. Ausführungen zur MSS). Auf diesem Wege soll das Einsetzen des Halo-Effekts aufseiten der Führungskräfte verhindert bzw. zumindest minimiert werden (Schuler, 2004). Falls die Leistungsbeurteilung über ein Auswahlverfahren vorgenommen wird, müssen Führungskräfte lediglich angeben, ob das in einer Aussage thematisierte Verhalten auf einen Mitarbeiter zutrifft oder nicht.

2.4.1 Gemischte Aussagenliste mit freier Wahl (GAL)

Für die Erstellung einer gemischten Aussagenliste mit freier Wahl (GAL; Knauft, 1948) ist es zunächst erforderlich, eine ausreichend große Menge an arbeitsplatzspezifischen Aussagen zusammenzustellen. Für diesen Schritt würden wir abermals auf die Methode der kritischen Ereignisse zurückgreifen. Liegt eine genügend große Menge an Aussagen vor, sollte eine Expertengruppe in einem zweiten Schritt jede Aussage dahingehend einschätzen, welches Ausmaß an Effektivität der Arbeitsleistung sie widerspiegelt (Marcus & Schuler, 2005). Schlussendlich darf die Aussagenliste nur aus solchen Aussagen bestehen, die das gesamte Spektrum an Effektivität abdecken, d. h. von sehr gering bis sehr hoch. Aufbauend auf der mittleren Experteneinschätzung erhält jede Aussage in der Liste einen numerischen Wert, welcher das sog. Effektivitätsgewicht der Aussage repräsentiert. Welches Effektivitätsgewicht eine einzelne Aussage besitzt, ist den beurteilenden Führungskräften nicht bekannt (Schuler, 2004). Der insgesamt resultierende Leistungswert für einen Mitarbeiter ergibt sich als Summe der Effektivitätsgewichte. Jedoch werden hierfür nur Aussagen beachtet, denen eine Führungskraft zugestimmt hat, d. h. die sie als gegeben bei ihrem Mitarbeiter ansieht. In der Abbildung 2-10 wird eine beispielhafte GAL dargestellt.

einzuschätzende Aussage	trifft zu	trifft nicht zu	*den Führungskräften unbekanntes Effektivitätsgewicht*
Lässt Mitarbeiter in Konflikte alleine lösen.	X		*1,1*
Delegiert Aufgaben qualifikationsgerecht.		X	*4,6*
Setzt seinen Mitarbeitern regelmäßig herausfordernde Ziele.	X		*3,2*

Abbildung 2-10: Beispiel für eine gemischte Aussagenliste mit freier Wahl

2.4.2 Wahlzwangverfahren

In Übereinstimmung mit der oben dargestellten GAL präsentieren auch Wahlzwangverfahren, welche historisch auf das sogenannte forced-choice-Format nach Sisson (1948) zurückgehen, den Führungskräften Aussagenlisten. Im Gegensatz zu den GAL muss eine Führungskraft hier jedoch nicht jede Aussage einschätzen, sondern sie wird »gezwungen« (engl.: forced), diejenige Aussage zu auszuwählen, welche die Leistung des Mitarbeiters am treffendsten repräsentiert (Marcus & Schuler, 2005). Ähnlich wie bei der GAL wurden die verschiedenen Aussagen vorab hinsichtlich ihrer Effektivität am relevanten Arbeitsplatz eingeschätzt und mit einem numerischen Kennwert versehen. Bei den Wahlzwangverfahren sprechen wir in diesem Fall jedoch nicht von einem Effektivitätsgewicht, sondern von einem Diskriminationsindex. Neben dem Diskriminationsindex werden die Aussagen mit einem weiteren Index versehen, nämlich dem Bevorzugungsindex. Der Bevorzugungsindex drückt aus, wie sozial erwünscht das fragliche Verhalten ist. Im Zuge der Testkonstruktion gruppiert man immer solche Aussagen zu einer Bewertungsaufgabe, die in gleicher Weise sozial erwünscht sind, aber einen unterschiedlichen Diskriminationsindex aufweisen. Beide Kennwerte sind der Führungskraft unbekannt. Dies nimmt der Führungskraft die Möglichkeit, einen Mitarbeiter absichtlich zu positiv oder zu negativ darzustellen. Selbst wenn sie einen Mitarbeiter bevorzugen wollte, könnte sie es nicht, weil sie nicht weiß, welche Verhaltensalternative sie hierzu auswählen müsste, denn alle Alternativen erscheinen gleichermaßen wünschenswert. Gleichzeitig wird aber durch den unterschiedlichen Diskriminationsindex dafür gesorgt, dass die Verhaltensweisen sehr wohl eindeutig bewertet werden können. Eine sorgfältige Entwicklung entsprechender Skalen ist mit sehr viel Aufwand verbunden (Schuler, 2004), weshalb sie in der Praxis nur selten anzutreffen sein dürften. In der Abbildung 2-11 findet sich ein Beispiel.

Aussage	Wahl der Führungskraft	*Diskriminationsindex*	*Bevorzugungsindex*
Hat Nachsicht mit Fehlern seiner Mitarbeiter.		2,11	2,88
Spricht selbstbewusst vor mehreren Mitarbeitern.	X	1,74	2,81
Legt gemeinsam mit dem Mitarbeiter sinnvolle Ziele fest.		2,55	2,92

Abbildung 2-11: Beispiel für eine Aussagenliste mit Wahlzwang

2.5 Methoden der Leistungsbeurteilung im Überblick

Die bislang in diesem Kapitel vorgestellten Methoden lassen sich auf zweierlei Art und Weise klassifizieren (vgl. Kline &Sulsky, 2009). Zum einen können wir differenzieren, ob die Leistung des Mitarbeiters merkmalsorientiert (einfache Burteilungsskalen) oder verhaltensorientiert (VVB, MSS) beurteilt wird. Zum anderen unterscheiden sich die Verfahren hinsichtlich ihres Bezugsmaßstabs: Einmal ist dieser absolut mit festen Skalen und Verhaltensankern (z.B. Auswahlverfahren), ein anderes Mal relativ im Sinne eines Vergleichs zwischen Mitarbeitern (Rangordnungsverfahren). Insgesamt betrachtet sind verhaltensorientierte Methoden mit einem absoluten Bewertungsmaßstab zu präferieren, da sie ein transparentes, einheitliches und damit faireres Vorgehen in der Beurteilung eines einzelnen Mitarbeiters gestatten.

Nachfolgend stellen wir Ähnlichkeiten und Unterschiede zwischen den verschiedenen Methoden hinsichtlich der oben erklärten Qualitätskriterien heraus. Damit geht eine Ausarbeitung der Stärken und Schwächen einzelner Methoden einher. Einen schnellen Überblick liefert Tabelle 2-1.

Die einfache Bewertungsskala punktet mit ihrer ökonomischen Entwicklung und Handhabung für Führungskräfte (Praktikabilität). Darin liegen jedoch auch gleichzeitig ihre größten Schwächen begründet: Es fehlt ein klarer Anforderungsbezug (mangelnde Validität). Die fehlende Definition der zu beurteilenden Merkmale wirkt sich negativ auf die Beurteiler-Übereinstimmung aus (mangelhafte Objektivität). Dadurch dass die einzelnen Merkmale nur jeweils einmal bewertet werden, sind auch deutlich Abstriche bei der Reliabilität zu machen. Aufgrund dieser Punkte ist die einfache Bewertungsskala alles andere als ein Garant für eine transparente und gerechte Leistungsbeurteilung.

Demgegenüber können wir für Verhaltenverankerte Beurteilungsskalen eine klare Empfehlung aussprechen. Es findet eine systematische und umfassende Anforderungsanalyse statt (Validität) sowie eine präzise Definition von Leistungsdimensionen und Verhaltensankern (Objektivität). Zudem werden stets mehrere Urteile für die Leistungsdimensionen eingeholt (Reliabilität). Natürlich ist die Entwicklung mit einem hohen Aufwand verbunden und der Umgang mit den Skalen erfordert ein Training. Jedoch wird diese scheinbar geringe Praktikabilität vollständig kompensiert von den Vorteilen der Methode (vgl. Kapitel 3 und 5).

Ein deutlicher Anforderungsbezug (Validität) mit einem damit einhergehenden hohen Entwicklungsaufwand ist ebenfalls bei der Mixed Standard Scale gegeben. Dadurch dass den Führungskräften nicht bekannt ist, welche Leistungsdimensionen erfasst werden, leidet allerdings die Akzeptanz dieser Methode. Zudem gestaltet sich die Gewinnung mehrerer reliabler Aussagen schwierig. Wie oben angedeutet, eignet sich diese Methode daher vor allem als Trainingsinstrument, um auf Beurteilerfehler aufmerksam zu machen.

Eine Verhaltensbeobachtungsskala erfordert im Gegensatz zur Verhaltensverankerten Skala und Mixed Standard Scales weniger Aufwand bei ihrer Entwicklung, ohne den Anforderungsbezug aus den Augen zu verlieren. Eine Beschränkung der Beurteilung auf tatsächlich beobachtbares Verhalten führt zu ausreichender Objektivität so-wie Transparenz der Beurteilung und vor allem auch zu einer Akzeptanz bei Führungskräften und Mitarbeitern. Eine Einschätzung der Reliabilität ist schwierig, da die einzelnen zu beurteilenden Verhaltensweisen für sich stehen und nicht zu Leistungsdimensionen geordnet werden. Verhaltensbeobachtungsskalen sind wie oben bereits beschrieben vor allem als Basis für gezielte verhaltensbasierte Personalentwicklungsmaßnahmen geeignet.

Bei Rangordnungsverfahren fällt eine Beurteilung ihrer Qualitätskriterien schwieriger. Je nachdem welche Beurteilungsgrundlage herangezogen wird, verändern sich die Qualitätskriterien. Liegen klare Leistungsergebnisse – z. B. der Umsatz eines Verkäufers oder produzierte Stückzahlen eines Arbeiters – vor, stechen die leichte Anwendbarkeit, hohe Transparenz und Beurteiler-Übereinstimmung hervor. Die Ergänzung von Paarvergleichen erhöht zwar einerseits den Aufwand (Praktikabilität), andererseits aber auch die Reliabilität. Eine Quotenvorgabe dient vorrangig der Vermeidung von Urteilstendenzen, was der Validität dienlich ist, auf der anderen Seite aber die eine oder andere Führungskraft überfordern mag.

Wenden wir uns nun den Auswahlverfahren zu. Eine gemischte Aussagenliste mit freier Wahl bietet ähnliche Vorteile hinsichtlich der Validität und Reliabilität wie die Verhaltenverankerten Beurteilungsskalen und Mixed Standard Scales. Allerdings ist hier die mangelnde Transparenz für Führungskräfte als großes Akzeptanzproblem anzuführen. Zudem ist die Entwicklung von Aussagen mit unterschiedlichen Effektivitätsgewichten schwierig. Ähnliches gilt für die Einführung des Wahlzwangs. Insbesondere das Entwickeln von Aussagen mit vergleichbarem Bevorzugungsindex bei unterschiedlichem Diskriminationsindex ist methodisch recht aufwendig. Tabelle 2-1 liefert eine überblicksartige Zusammenfassung der Stärken und Schwächen der verschiedenen Methoden.

Methode	Stärken	Schwächen
Einfache Beurteilungsskala	• Praktikabilität	• geringer Anforderungsbezug • mangelnde Beurteiler-Übereinstimmung
Verhaltensverankerte Beurteilungsskala	• Validität: Anforderungsanalyse • Reliabilität: mehrere Beurteilungen • Objektivität: Definition von Leistungsdimensionen und Skalenstufen • Transparenz • Akzeptanz	• hoher Entwicklungsaufwand
Mixed Standard Scale	• Validität: Anforderungsanalyse • Reliabilität: Mehrere Beurteilungen	• hoher Entwicklungsaufwand • mangelnde Transparenz • mangelnde Akzeptanz
Verhaltens-beobachtungsskala	• geringerer Entwicklungsaufwand als bei VVB und MSS • hohe Transparenz • hohe Objektivität: Beurteiler-Übereinstimmung	• Reliabilität schwierig zu überprüfen • nur beobachtbare Aspekte der Leistung geeignet
Rangordnungsverfahren	• abhängig von der Beurteilungsgrundlage	• abhängig von der Beurteilungsgrundlage
Gemischte Aussagenliste mit freier Wahl	• Validität: Anforderungsanalyse • Reliabilität: Mehrere Beurteilungen	• mangelnde Transparenz • mangelnde Akzeptanz • schwierige Entwicklung
Wahlzwangverfahren	• Validität: Anforderungsanalyse	• mangelnde Transparenz • mangelnde Akzeptanz • schwierige Entwicklung

Tabelle 2-1: Beurteilungsskalen im Überblick

Zuletzt noch ein Hinweis zu einer Methode der Leistungsbeurteilung, die bislang ausgeklammert wurde. Die freie Eindrucksbildung erfreut sich heute insbesondere in Castingshows einer großen Beliebtheit bei Juroren wie Dieter Bohlen oder Heidi Klum. Ohne erkennbare Beurteilungsgrundlage – abgesehen vom allseits beliebten Bauchgefühl oder dem vermeintlich großen Erfahrungsschatz – werden entweder die fehlende Sangeskunst von hoffnungsvollen Nachwuchsbarden oder aber die Catwalk Performance von potenziellen Topmodels beurteilt. Auch in Unternehmen wird die freie Eindrucksschilderung immer wieder gern herangezogen, vor allem zur Einschätzung der Leistung von Führungskräften (Schuler, 2004). Die (scheinbaren) Vorteile dieser »Methode« liegen klar auf der Hand: Der Beurteiler fühlt sich nicht in ein enges methodisches Korsett eingezwängt, sondern kann jede Person individuell und ganz nach Belieben bewerten. Zudem entfällt ein anstrengender und zeitraubender Konstruktionsprozess wie bei manchen der oben beschriebenen Methoden. Alles wäre so schön und einfach, wenn diese Form der Bewertung nicht an erheblichen Mängeln leiden würde (vgl. Marcus & Schuler, 2005). Stimmungsschwankungen der Beurteiler beeinflussen das Urteil ebenso leicht wie Gedächtnis- und Erinnerungsverzerrungen (siehe auch Kapitel 1). Aufgrund des Fehlens einer einheitlichen Beurteilungsgrundlage fallen die Urteile verschiedener Beobachter bezüglich derselben Person unterschiedlich aus. Eine zumindest geringfügige Schadensbegrenzung kann erreicht werden, wenn man den Beurteilern wenigstens bestimmte Bewertungskriterien oder Auswahllisten vorgibt. Zudem kann die freie Eindrucksschilderung als Ergänzung einer standardisierten und systematischen Methode herangezogen werden, sodass der Beurteiler Punkte ansprechen kann, welche nicht durch vorgegebene Beurteilungsskalen abgedeckt sind (Schuler, 2006).

2.6 Fazit

Im Rahmen dieses Kapitels haben wir mehrere gut erforschte Methoden der Leistungsbeurteilung vorgestellt und hinsichtlich ihrer Stärken und Schwächen gegenübergestellt. Es wurde klar, dass sich die verschiedenen Methoden hinsichtlich verschiedener Qualitätskriterien (Objektivität, Reliabilität, Validität, Praktikabilität und Akzeptabilität) mitunter deutlich unterscheiden. Die Verhaltensverankerte Bewertungsskala weist dabei ein besonders gutes Verhältnis zwischen Entwicklungsaufwand und Nutzen auf (vgl. Tabelle 2-1). Mit ihr werden wir uns daher im weiteren Verlauf des Buches noch intensiver beschäftigen.

2.7 Vertiefende Literatur

Schuler, H. (Hrsg.). (2004). Beurteilung und Förderung beruflicher Leistung (2. Aufl.). Göttingen: Hogrefe.

3. Wirtschaftlicher Nutzen von Leistungsbeurteilungen

In der freien Wirtschaft dominiert heute mehr denn je das Leistungsprinzip (*meritokratisches Prinzip*), wonach jeder Mitarbeiter nach seiner Kompetenz und formellen Ausbildung in einem Unternehmen platziert wird. Wer leistungsfähiger (und leistungswilliger) ist, kann daher auch sehr viel eher beruflich Karriere machen als ein Mitarbeiter, der weniger leistungsorientiertes Verhalten zeigt (bzw. zeigen kann). Dieses meritokratische Denken setzt bereits bei der Personalauswahl in Unternehmen an, wonach durch möglichst aussagekräftige und messgenaue Auswahlinstrumente (z. B. strukturierte Interviews) eine präzise leistungsbezogene Personalselektion vorgenommen wird (siehe auch Kanning, Pöttker & Klinge, 2008). Nur der Bewerber, der während des Auswahlverfahrens seine Leistungsfähigkeit unter Beweis stellen kann, wird auch eingestellt.

Mit der formellen Stellenbesetzung hört die betriebliche Meritokratie allerdings noch lange nicht auf, sondern fängt streng genommen erst richtig an. Kein Unternehmen dürfte nämlich ein nachhaltiges Interesse an Mitarbeitern haben, die zwar in einem Auswahlverfahren ihre potenzielle Leistungsfähigkeit einmalig unter Beweis gestellt haben, sich seitdem aber nur noch ausruhen und eher durch Minderleistung auffallen, wenn überhaupt. Mitarbeiter sollten immer so platziert werden, dass sie anhand ihrer Fähigkeiten und Interessen optimal eingesetzt werden, um eine möglichst maximale Leistung zeigen zu können. Und für die Anerkennung der Leistungserbringung der fähigen und tüchtigen Mitarbeiter bedarf es wiederum einer durchdachten Leistungsbeurteilung.

Leistungsbeurteilungen sind demnach immer auch Instrumente der Mitarbeiterführung. Im Vordergrund steht dabei die (direkte oder indirekte) Erhöhung der Mitarbeiterproduktivität, sei es durch eine Leistungssteigerung (durch z. B. mehr Vertragsabschlüsse) oder eine Abnahme von Betriebsstörungen (z. B. durch Senkung der Ausschussrate im produzierenden Gewerbe) und eine Verringerung der Mitarbeiterfluktuation. Vorgesetzte erhalten durch ein regelmäßiges Mitarbeiterfeedback die Möglichkeit, die Anforderungen an die Belegschaft transparent zu gestalten und Erwartungen zu kommunizieren, um als Beispiel ein bestimmtes Leistungsniveau zu etablieren und zu sichern. Damit kann eine bestimmte Arbeitshaltung kommuniziert werden, um im Rahmen einer Qualitätssicherung bestimmte Maßstäbe zu etablieren. Unstimmigkeiten und Missverständnisse lassen sich damit leicht erkennen und frühzeitig beheben, um das Arbeitsklima nicht zu gefährden und Unzufriedenheit vorzubeugen.

Im Folgenden sollen zunächst die verschiedenen Funktionen der Leistungsbeurteilung besprochen werden, die sich entsprechend Mitarbeiter motivierend auswirken können. In einem zweiten Abschnitt wird die Minderung von sogenannten Konfliktkosten betriebswirtschaftlich thematisiert, die sich durch eine mangelnde Kommunikationskultur in vielen Unternehmen ergeben. Mitarbeitergespräche können folglich nicht nur die Arbeitsmotivation der Belegschaft wesentlich erhöhen, sondern auch abteilungsübergreifende Abstimmungsprozesse verfeinern, was weitere betriebswirtschaftliche Aufwendungen einsparen kann.

3.1 Leistungssteigerung durch Motivation

Leistungsrückmeldungen können verschiedene Funktionen besitzen. Hierzu zählen die Verhaltenssteuerung durch Feedback, die Planung von Personalentwicklungsmaßnahmen, die mitarbeitergerechte Personalplatzierung, die Optimierung von Arbeitsbedingungen, die Vereinbarung eines monetären Anreizsystems und die individuelle Mitarbeiterförderung. Vereinfacht ausgedrückt steht im Mittelpunkt immer die Leistungssteigerung durch Motivierung der Mitarbeiter, sei es durch monetäre, edukative oder organisationale Maßnahmen. Abbildung 3-1 veranschaulicht die wichtigsten Funktionen (in Anlehnung an Schuler, 2007).

1. Leistungssteigerung durch verhaltenssteuerndes Feedback
2. individuelle Personalentwicklungsmaßnahmen zur Verbreitung und/oder Vertiefung von Kenntnissen und Fertigkeiten
3. fähigkeitsbezogene Personalplatzierung zur Vermeidung von permanenter Über- oder Unterforderung
4. Optimierung der Arbeitsbedingungen zur Leistungssteigerung
5. Vereinbarung von monetären Anreizen zur Leistungsmotivierung
6. individuelle Karriereplanung zur Abstimmung der kurz-, mittel- und langfristigen Bedürfnisse des Mitarbeiters

Abbildung 3-1: Funktionen der Leistungsbeurteilung

Im folgenden Abschnitt werden diese sechs Funktionen der Leistungsbeurteilung zunächst einzeln aufgegriffen und hinsichtlich ihres wirtschaftlichen Nutzens besprochen. Dabei wird deutlich, dass Leistungsbeurteilungsgespräche weit mehr erreichen können als eine reine Feststellung der erbrachten Mitarbeiterleistung. Sie dienen vielmehr dem Aufbau und der kontinuierlichen Motivierung eines Teams, um durch eine erhöhte Arbeitszufriedenheit auch eine gesteigerte Leistungsbereitschaft zu erzielen.

3.1.1 Verhaltenssteuerndes Feedback

Schon der US-amerikanische Psychologe Edward Lee Thorndike (1927) ging davon aus, dass Verhalten durch positive Rückmeldung verstärkt werde. In seiner mechanistischen Auffassung des Lernens durch Versuch und Irrtum postulierte Thorndike, dass die Auftretenswahrscheinlichkeit eines bestimmten Verhaltens durch positive Konsequenzen (z. B. Lob) erhöht und durch negative Sanktionen (z. B. Rüge des Vorgesetzten) vermindert werde. Die tatsächliche Verhaltensänderung hängt natürlich immer von dem subjektiven Wert der erwarteten Konsequenzen ab. Falls also ein Mitarbeiter partout keine gute Leistung erbringen möchte und sich auch durch entgangene Gehaltsboni und verwehrte Karriereschritte nicht beeindrucken lässt, findet ein derartiges Motivationsgespräch freilich keinen fruchtbaren Boden.

Geht man aber davon aus, dass die meisten Mitarbeiter an einer positiven Leistungsrückmeldung durch ihren Vorgesetzten und an beruflichen Entwicklungsmöglichkeiten interessiert sind, so lassen sich Leistungsbeurteilungsgespräche hervorragend zur Leistungssteigerung einsetzen. Vorgesetzte können dabei nicht nur die dem Mitarbeiter bereits bekannten Stärken und Schwächen spiegeln, sondern darüber hinaus auch auf Leistungsausprägungen hinweisen, die dem Mitarbeiter selber noch unbekannt sind. Denn nicht alle Verhaltensweisen, die Mitarbeiter im Arbeitskontext zeigen, erschließen sich ihnen auch gänzlich. Diese dem Mitarbeiter unbekannten Verhaltensweisen werden als »Blinde Flecken« bezeichnet. Abgesehen davon, dass Vorgesetzte natürlich auch immer fehlerhafte Einschätzungen ihres Mitarbeiters abgeben können, erklären diese Blinden Flecken einen weiteren Anteil an der Varianz, die als Diskrepanz zwischen Selbst- und Fremdeinschätzung allzu häufig vorliegt. Das Johari-Fenster, benannt nach den Vornamen der beiden Autoren Joseph Luft und Harry Ingham (1955), illustriert sehr eindrucksvoll die vier Felder der Selbst- und Fremdeinschätzung (siehe Abbildung 3-2).

	mir selbst bekannt	mir selbst unbekannt
anderen bekannt	A *Öffentliche Person*	C *Blinder Fleck*
anderen unbekannt	B *Privatperson*	D *Unbekanntes*

Abbildung 3-2: Das Johari-Fenster (Luft & Ingham, 1955)

Das Johari-Fenster unterscheidet vier Felder: Die *öffentliche Person* bezeichnet Persönlichkeits- und Verhaltensmerkmale, die einem selbst und anderen Personen bekannt sind. Es handelt sich insbesondere um bewusst gezeigtes Verhalten, welches die Person von sich aus offen zeigt. Sieht man sich selber beispielsweise als Experte für einen bestimmten Wissensbereich, so kann man sich entsprechend kleiden und bestimmte Verhaltensweisen zeigen, die einen gewünschten Gesamteindruck hinterlassen (z. B. trägt Fliege, bemüht sich um Medienpräsenz, drückt sich stets distinguiert aus etc.).

Die *Privatperson* kennzeichnet einen Werte- und Verhaltensbereich, der, wie der Name schon verrät, zunächst einmal nicht für die Öffentlichkeit gedacht ist. Es kann sich dabei um bestimmte Einstellungen und Verhaltensweisen handeln, von denen die Person ausgeht, dass diese womöglich auf sozialen Widerstand treffen. Darunter können grundlegende Arbeitseinstellungen fallen, gewerkschaftsnahe Sichtweisen, tätigkeitsspezifische Vorlieben und vieles weitere. Dieser Persönlichkeitsbereich ist daher nur sehr wenigen Menschen bekannt, wenn überhaupt irgendein Außenstehender jemals davon erfährt.

Der *Blinde Fleck* besteht aus Persönlichkeits- und Verhaltensmerkmalen, die andere Personen erkennen können, die einem selbst aber unbekannt sind. Beispielsweise könnte eine Person ein leicht arrogantes Auftreten zeigen, das Ihr in dem Ausmaß aber nicht bekannt ist. Womöglich wundert sie sich zuweilen über soziale Ablehnung, die Ihr widerfährt, ohne zu wissen, welchen Gesamteindruck sie bei fremden Personen hinterlässt.

Zuletzt hatten Luft und Ingham alle Persönlichkeitsbereiche, die weder der eigenen Person noch dem sozialen Umfeld bekannt sind, in dem vierten Feld *Unbekanntes* gruppiert. Hierbei kann es sich um Verhaltensweisen handeln, die selten (und zumeist in Abwesenheit anderer Personen) gezeigt werden und daher weder einem selbst noch anderen bekannt sind. Das Ausmaß an Selbstgesprächen bei älteren und sozial deprivierten Personen kann darunter fallen oder auch das stille arbeiten am heimischen Schreibtisch, das beispielsweise durch Kopfschütteln und Stirnrunzeln geprägt ist.

Durch verhaltenssteuerndes Feedback kann man versuchen, den Handlungsspielraum des Mitarbeiters weiter und transparenter zu gestalten. Zum einen kann die Führungskraft durch einen vertrauens- und respektvollen Umgang mit seinen Mitarbeitern ein Arbeitsklima schaffen, das keine unangebrachte Zurückhaltung unterstützt. Denn allzu häufig erfahren Mitarbeiter erst durch einen vertrauensvollen Austausch mit ihren Kollegen, dass bestimmte Sichtweisen gar nicht so stark abweichen von den Einstellungen der anderen Beschäftigten und womöglich sogar von denen der Führungskraft. Wenn Mitarbeitern die Chance geboten wird, durch ein vertrauensvolles Umfeld sich schrittweise zu öffnen, verringert sich automatisch der persönliche Aufwand, der für die Geheimhaltung der vermeintlich sozial unverträglichen Sichtweisen aufgewandt werden muss. Die Privatperson kann dann zugunsten der öffentlichen Person an Dominanz verlieren.

Feedback ermöglicht aber nicht nur ein sich Öffnen des Mitarbeiters und ein freieres Agieren, sondern auch ein Gewahrwerden unbekannter Verhaltensweisen (Kategorie Blinder Fleck). Durch das wertschätzende Spiegeln solcher Persönlichkeitsanteile erhält der Mitarbeiter die Möglichkeit, sein Verhalten zu optimieren und so z. B. Konfliktpotenziale zu erkennen und zu beheben. In unserem Beispiel wäre es sehr hilfreich, einem als arrogant daher kommenden Mitarbeiter sein Auftreten vorsichtig rückzumelden. Womöglich entspricht dieses gezeigte Verhalten gar nicht der Einstellung des Kollegen, und er wäre dankbar, solch einen Blinden Fleck in seinem Verhalten gespiegelt zu bekommen.

3.1.2 Individuelle Personalentwicklungsmaßnahmen

In vielen Unternehmen werden Mitarbeiterschulungen quasi mit der »Gießkanne« vergeben. Diese undifferenzierte Weiterbildung aller Mitarbeiter erfolgt häufig vor dem Hintergrund der unbedingten Gleichbehandlung aller Beschäftigten, damit sich bloß niemand übergangen fühlt. Denn die Teilnahme an solchen Weiterbildungsveranstaltungen gilt hinter vorgehaltener Hand all zu häufig als ein weiterer Urlaubstag, mit Kaffee, Keksen und einem netten Rahmenprogramm. Dass solche pauschalen Mitarbeiterfortbildungen letztendlich hinausgeworfenes Geld darstellen, muss an dieser Stelle nicht weiter erläutert werden.

Um die Produktivität einer Belegschaft effizient zu erhöhen, muss man zunächst eine Art individuelle Bedarfsanalyse durchführen, die als Grundlage für weitere Schulungsschritte dient. Nicht jeder Mitarbeiter besitzt dieselben Defizite wie seine Kollegen, weshalb die eine Schulung bei Herrn Winkelmann Sinn macht, bei Frau Tietze allerdings überflüssig ist, da sie das Thema bereits beherrscht. Da Mitarbeiterschulungen immer eine Investition in die vorhandene Belegschaft darstellen, sollte diese Kapitalanlage auch wohl durchdacht werden.

Das Ziel einer strategischen Personalentwicklung besteht im Ausbau der Mitarbeiterkompetenzen, um den gegenwärtigen und zukünftigen Anforderungen der Arbeitsplätze besser begegnen zu können. Im günstigsten Fall lassen sich die Fortbildungsinhalte von den übergeordneten Unternehmenszielen ableiten, um auf diesem Weg alle Mitarbeiter auf bestimmte Ziele auszurichten und kontraproduktive Arbeitsprozesse zu unterbinden. Dabei geht es nicht immer nur um fachliche Qualifikationen, die ausgebaut werden sollen, wie z. B. das berufsspezifische Wissen, das Kostenbewusstsein oder die Qualitätssicherung. Je nach Tätigkeitsbereich müssen Mitarbeiter verstärkt in heterogenen Arbeitsgruppen zusammenarbeiten, anspruchsvolle Kunden bedienen oder der Führungsetage entsprechende Ergebnisberichte präsentieren. Für solche Aufgaben werden zunehmend auch soziale Fähigkeiten benötigt, wie z. B. Kooperationsfähigkeit, aktive wie auch passive Konflikt- und Kritikfähigkeit oder zielgruppenspezifische Präsentationsfähigkeit.

Eine individuelle Personalentwicklung auf Grundlage einer mitarbeiterzentrierten Bedarfsanalyse bedeutet letztendlich, dass sich ein Unternehmen bewusst dazu entschlossen hat, weiteres Geld in bestimmte Mitarbeiter zu investieren. Und diese Investition wird man in aller Regel nur bei solchen Mitarbeitern tätigen, die eine gewisse Investitionsrendite versprechen, da ihre bisher gezeigte Leistung als ausbaufähig angesehen wird. Macht man solche Investitionsentscheidungen in den Mitarbeitergesprächen transparent, wonach nur die besten Mitarbeiter in den Genuss einer exquisiten Fortbildungsmaßnahme gelangen können, kann dieses Personalentwicklungsinstrument im Rahmen von Mitarbeitergesprächen ganz gezielt zur Mitarbeitermotivierung eingesetzt werden. Durch die Entscheidung zugunsten eines besonders fleißigen Mitarbeiters kann sich dieser in seiner Arbeitseinstellung bestärkt fühlen und eine entsprechende Anerkennung und Wertschätzung erhalten.

Werden Arbeitsplätze frei, da Kollegen in Ruhestand gegangen sind, versetzt wurden oder anderweitig ausgeschieden sind, so kann das Ziel eines Mitarbeitergespräches sein, den Mitarbeiter auf die Übernahme dieser Vakanz mental vorzubereiten. Dabei kann die bevorstehende Arbeitstätigkeit im Vergleich zur bisherigen sowohl ein job enlargement (im Sinne einer Erweiterung der Arbeitsaufgaben bei gleichem Anforderungsniveau) als auch ein job enrichment (im Sinne einer Steigerung der Aufgabenvielfalt auf höherem Anforderungsniveau) bedeuten. Beide Aspekte können sich motivationssteigernd auf Mitarbeiter auswirken (siehe auch Ulich, Groskurth & Bruggemann, 1973).

In einer Welt, in der sich Arbeitsprozesse immer schneller wandeln und entsprechend komplexer werden, kommen Fachkräfte ohne Entwicklung einer einschlägigen Expertise nur noch schlecht voran. Weiterbildungsmaßnahmen, die im Rahmen des Mitarbeitergespräches exclusiv für die Leistungsspitze der Belegschaft vorgesehen sind, könnten auch in einer Art von Zertifizierung zum Experten auf einem bestimmten Fachgebiet gewährt werden. Zertifizierungslehrgänge bieten (je nach Gewerk) grundsätzlich die Industrie- und Handelskammern oder die Handwerkskammern an. Solche Zertifizierungen dienen einerseits dem Unternehmen als Qualitätssicherung von Arbeitsprozessen, was auch entsprechend unternehmensübergreifend kommuniziert werden kann. Wird erst einmal publik, dass ein Unternehmen großen Wert auf die Mitarbeiterfortbildung legt und entsprechende Mitarbeiterzertifizierungen finanziert, können solche Informationen andererseits auch positive Effekte hinsichtlich eines nachhaltigen Personalmarketings bedeuten. Im Sinne der Mitarbeitermotivation stellt die Offerierung von Zertifizierungen eine besondere Wertschätzung des Mitarbeiters dar. Seine Arbeitsleistung wird entsprechend anerkannt und mit einer kostspieligen Weiterbildung gewertschätzt.

Und letztendlich dient die Vereinbarung von individuellen Personalentwicklungsmaßnahmen im Rahmen von Mitarbeitergesprächen auch der Prävention von erhöhten Krankheitstagen oder einer sprunghaften Mitarbeiterfluktuation. Denn häufig fühlen sich Mitarbeiter schlicht und ergreifend überfordert, sodass sie selbst bei einer bisher hohen Arbeitsmotivation keine gute Arbeitsleistung mehr erbringen können. Frust und Resignation sind nicht all zu selten die Folgen einer andauernden und von der Führungskraft unbemerkten Mitarbeiterüberforderung. Vorgesetzte sind also gut beraten, regelmäßige Mitarbeitergespräche durchzuführen, um die Arbeitnehmer in ihrer täglichen Leistung zu unterstützen und zu motivieren und das Unternehmen letztendlich vor Arbeitsschäden zu bewahren, die aufgrund von unzureichend ausgebildetem Personal entstehen können.

3.1.3 Fähigkeitsbezogene Personalplatzierung

Im Arbeitsleben trifft man zuweilen auf Kollegen, die der Ansicht sind, dass es per se keine schlechten Mitarbeiter gäbe, sondern nur falsch platzierte. Diese Sichtweise könnte man einerseits belächeln und als etwas naiv abstempeln, dennoch offenbart sie eine wesentliche Schwachstelle im Personalwesen, die allzu gerne übersehen wird. Anstatt Unsummen an Investitionskosten in die Mitarbeiterqualifikation zu stecken, könnte man auch zunächst über eine fähigkeitsbezogene Personalplatzierung nachdenken. Denn so manch ein Mitarbeiter sitzt heutzutage auf einem Arbeitsplatz, für den er einst überhaupt gar nicht eingestellt worden ist. Die ursprüngliche Arbeitsqualifikation des Betroffenen kommt dann nicht mehr zur Geltung. Anstatt dessen muss sich dieser Kollege nun Tag ein Tag aus mit Arbeitsaufgaben beschäftigen, die seinen ursprünglichen Fähigkeiten und Interessen nicht mehr entsprechen und für die er womöglich seine damalige Entscheidung zugunsten des jetzigen Arbeitgebers auch nicht getroffen hätte. Als Konsequenz ist es dann nicht verwunderlich, wenn solche Mitarbeiter als Folge einer unzufriedenen Arbeitsplatzierung in ihrer gezeigten Leistung nachlassen und verstärkt den pünktlichen Feierabend wertschätzen.

Regelmäßig stattfindende Leistungsbeurteilungen dienen also nicht nur der Gratifikation von hervorzuhebenden Arbeitsleistungen, sie helfen auch maßgeblich, entstehende Arbeitsunzufriedenheit aufgrund von demotivierenden Tätigkeiten zu verhindern und demzufolge das Unternehmen vor Schaden zu bewahren. Natürlich ist das Arbeitsleben kein »Wunschkonzert«, bei dem jeder Mitarbeiter einfach nur sagen muss, welche Aufgaben er gerne erfüllen würde, um dann entsprechend platziert zu werden. Häufig besteht gerade ein Mangel an exponierten Arbeitsplätzen. Anderfalls würde die Führungsetage zu einem Wasserkopf anschwellen, da sich genügend Mitarbeiter finden dürften, die ihre Wunschposition eben in genau diesen weichen Chefsesseln sehen (sei es gerechtfertigt oder auch nicht).

Aus diesen Gründen sollte die fähigkeitsbezogene Mitarbeiterplatzierung in Leistungsbeurteilungen nicht unter den Tisch gekehrt werden, sondern einen Ansatzpunkt der Mitarbeitermotivation darstellen. Bevor teure Schulungsmaßnahmen angesetzt werden, ist also immer zu prüfen, ob eine Versetzung auf eine günstigere Arbeitsstelle nicht eine optimale Entscheidung darstellt, sowohl von den Unternehmenskosten als auch motivationspsychologisch.

3.1.4 Optimierung der Arbeitsbedingungen

»Warum in die Ferne schweifen? Sieh, das Gute liegt so nah!« Dieser Spruch nach Johann Wolfgang von Goethe beinhaltet sehr viel Wahrheit, da sich bereits am alltäglichen Arbeitsplatz nachhaltige Verbesserungen der Arbeitsabläufe erzielen lassen. Dabei eignen sich grundsätzlich verschiedene Arbeitsaspekte als optimierbar, die es in Form von regelmäßig stattfindenden Mitarbeitergesprächen zu überprüfen gilt. Denn je eher die Führungskraft weiß, in welchen Arbeitsprozessen es immer wieder zu Reibungsverlusten, Terminverschiebungen und Kompetenzüberschneidungen kommt, desto schneller kann sie auch die betroffenen Arbeitsbedingungen an die betrieblichen Erfordernisse anpassen. Im Folgenden sollen einige mögliche Optimierungsaspekte angeschnitten werden.

Kollegen, die inhaltlich eng zusammenarbeiten bzw. deren Arbeitsschritte aufeinander aufbauen, sollten auch in entsprechender geografischer Nähe zueinander positioniert werden, damit informelle Austauschprozesse zu einer besseren Absprache führen können. Was zunächst so simpel klingt, wird häufig genug in der Praxis nicht umgesetzt, da sich viele Führungskräfte vor einer Umstrukturierung von Arbeitsplätzen scheuen. So kommt es nicht selten vor, dass Mitarbeiter aufgrund der historisch erwachsenen Abteilungen schon seit über 20 Jahren auf demselben Platz sitzen, der ihnen vor Urzeiten zugedacht wurde. Dass um sie herum ganze Abteilungen entstanden sind, die entsprechend geänderte Kommunikationsbedürfnisse und Austauschprozesse benötigen, wird dann schnell übersehen. Zudem muss die Führungskraft mit anfänglichem Widerstand der entsprechenden Mitarbeiter rechnen, wenn man deren Büroarbeitsplätze neu eingliedert. Sobald die Mitarbeiter allerdings merken, dass sie zukünftig sehr viel besser an Abstimmungsprozessen partizipieren können, dürften sich ihre Vorbehalte gegenüber einem Bürowechsel schnell legen.

Arbeitsplatzoptimierungen können aber auch sehr simpel über den Erwerb von verbessertem Büroequipment erfolgen. Wenn sich 20 Mitarbeiter einen einzigen Drucker teilen müssen, dann wird es über kurz oder lang zu Konfliktkosten kommen, wenn ein Mitarbeiter ein umfangreiches Dokument druckt und dadurch alle anderen Kollegen entsprechend warten müssen. Wenn dann auch noch das Papier oder gar der Druckertoner ausgeht, ist der Ärger vorprogrammiert. Abhilfe kann also relativ einfach erfolgen.

Vor allem in der Öffentlichen Verwaltung findet man auch heutzutage noch Arbeitsstrukturen, die von außen betrachtet eine seltsame Art der Arbeitsaufteilung darstellen. Viele Aufgabenbereiche, die historisch erwachsen sind, wurden scheinbar willkürlich auf verschiedene Mitarbeiter übertragen, sodass unterm Strich ein einheitlicher Arbeitsprozess zuweilen von bis zu fünf verschiedenen Mitarbeitern in künstlich abgegrenzten und nicht untereinander abgesprochenen Arbeitsschritten erfolgt. Solche Bearbeitungsvorgänge sind nicht nur besonders umständlich und zeitraubend, sondern auch entsprechend fehleranfällig und frustrierend, da eine unabdingbare Absprache zwischen den Kollegen häufig nicht erfolgt. Eine Lösung bestände in der Übertragung von mehr Verantwortung auf die einzelnen Mitarbeiter, um durch ein solches job enlargement (siehe auch Abschnitt 3.1.2) Arbeitsprozesse zu vereinheitlichen.

Auch die Bürozusammensetzung sollte gut durchdacht werden. Wenn ein Kollege eher konzeptionelle Arbeiten verrichtet, bei denen er ungestört sein muss, seine Kollegin aber (berufsbedingte) Dauertelefonate führt, kann auch diese Konstellation nicht lange überleben. Eine Bürozusammensetzung unter Berücksichtigung solcher und ähnlicher Kriterien kann erheblichen Unmut und entsprechende Konfliktkosten reduzieren.

Eine Arbeitszeitflexibilisierung kann dazu führen, dass in Stoßzeiten, in denen das Arbeitsaufkommen der Abteilung besonders hoch ausfällt, ein gewisses Kontingent an Überstunden aufgebaut werden kann, um dieses zu arbeitsärmeren Zeiten wieder abgelten zu können. Ist ein direktes Abfeiern von Überstunden nicht möglich, so könnte die Einführung eines sogenannten Zeitwertkontos für manch einen Arbeitnehmer interessant sein. Diese Arbeitszeitkonten ermöglichen das Ansammeln einer großen Menge von Überstunden, die zu gegebener Zeit durch eine bezahlte Freistellung wieder abgegolten werden können (z. B. kurz vorm Ruhestand oder innerhalb eines Sabbaticals). Andernfalls könnte auch die Ausbezahlung von Mehrarbeit einen lukrativen Anreiz darstellen.

Diese Beispiele können noch beliebig erweitert werden, wenn es die Optimierung von Arbeitsbedingungen geht. Je nach Branche und entsprechendem Arbeitsplatz können die Arbeitsbedingungen stark variieren und entsprechend unterschiedliche Optimierungsansätze benötigen. Regelmäßig stattfindende Mitarbeitergespräche bieten eine hervorragende Gelegenheit, solche Handlungsfelder aufzudecken und anzugehen. Nur wenn die Führungskraft einen Überblick über die in sich verschachtelten Arbeitsprozesse erhält, kann auch eine Optimierung der Arbeitsbedingungen die Mitarbeiterzufriedenheit und Leistungsmotivation steigern, was sich nicht nur zwischenmenschlich, sondern auch betriebswirtschaftlich bemerkbar machen dürfte.

3.1.5 Vereinbarung monetärer Anreize

Den Kern von Leistungsbeurteilungsgesprächen stellen häufig Zielvereinbarungen dar. Erfüllt ein Mitarbeiter die gemeinsam festgelegten Ziele, so erwartet ihn eine Belohnung, die sich zumeist monetär gestaltet. Je nach Grundgehalt kann der hinzuverdiente Betrag nicht unerheblich sein. Einer von Towers Perrin veröffentlichten Vergütungsstudie der DAX-Vorstandsvorsitzenden 2008 zufolge fiel der Anteil der Jahresboni je nach Branche doppelt so hoch wie das vereinbarte Grundgehalt aus. Wenn man jetzt nicht nur auf die (exquisite) Vergütung der 30 DAX-Vorstandsvorsitzenden fokussiert, sondern die grundsätzliche Gehaltsstruktur von Geschäftsführern deutscher Großunternehmen betrachtet, so lag deren variabler Gehaltsanteil selbst in einer 2009 noch vorhandenen globalen Weltwirtschaftskrise bei satten 25 % in Bezug auf das Gesamteinkommen, wie die Unternehmensberatung Kienbaum in einer Pressemitteilung bekannt gab. Im Geschäftsjahr 2008 lagen die Boni sogar noch bei 30 %. Im Jahr 2011 betrug der Bonus für Vorstandsvorsitzende eines DAX-Unternehmens im Durchschnitt 48% der Direktvergütung (hkp///Geschäftsberichtsauswertung Vorstandsvergütung DAX 2011).

Die Anreizsetzung durch Gehaltsboni ist bei Fach- und Führungskräften seit Langem ein fester Bestandteil der Vergütungsstruktur. Bei erfolgreichem Wirtschaften soll ein nicht unerheblicher Anteil der Mitarbeiterschaft an diesem betriebswirtschaftlichen Wertzuwachs monetär beteiligt werden. Als Entscheidungskriterien dient entweder die grundlegende Leistungsbeurteilung der Mitarbeiter oder auch die Kombination mit individuellen Zielvereinbarungen, die in einer bestimmten zeitlichen Periode erbracht werden müssen.

Die grundlegende Leistungsbeurteilung umfasst dabei zumeist Aspekte der fachlichen Kompetenz (z. B. erforderliche Berufserfahrung, spezielle Wissensgebiete in Breite und Tiefe), der Planungs- und Koordinierungskompetenz (z. B. Anforderungen an Organisationsfähigkeit, Planung, Disposition, Koordination, Integration, Delegation und Kontrolle sowie Managementkomplexität), der sozialen Kompetenz (z. B. Mitarbeiterführung, -entwicklung, Kommunikation, Konfliktmanagement) oder der Aufgabenkomplexität (also Aufgabenvielfalt, Veränderungshäufigkeit, Chancen-/Risiken-Abschätzung), um nur einige Aspekte zu nennen. Je nach Schwierigkeitsgrad der alltäglichen Arbeitsaufgaben und erbrachter Leistung können solche basalen Gratifikationen sehr unterschiedlich hoch ausfallen.

Zu der grundlegenden Leistungsbeurteilung können noch ergänzende Zielvereinbarungen getroffen werden. Diese Mitarbeiterziele sollten sich von den jeweiligen strategischen Zielen des Unternehmens ableiten, um eine einheitliche Unternehmenslenkung sicher zu stellen. Die inhaltliche Ausrichtung der Ziele orientiert sich dabei am Anspruchsniveau der Stelle, um Mitarbeiter weder zu über- noch zu unterfordern.

Es versteht sich von selbst, dass eine leistungsbezogene Vergütung nur dann infrage kommt, wenn nicht nur die individuellen Mitarbeiterziele erreicht wurden, sondern auch die grundlegende Leistungsbeurteilung positiv ausfällt. Verfehlt ein Mitarbeiter seine Stellenanforderungen, weil sein alleiniges Augenmerk beispielsweise auf das maximale Erreichen der Ziele ausgerichtet war, sollte eine Bonuszahlung ausgeschlossen werden. Wenn man diese Konsequenzen von Anfang an transparent und verständlich kommuniziert, dürften etwaige Missverständnisse von vornherein unterbunden werden. Leistungsfähige und -bereite Mitarbeiter dürfte solch ein transparentes und faires Gratifikationssystem zu einer wertschöpfenden Leistungserbringung ermuntern. Wenn sich dann erst einmal herumgesprochen hat, dass sich »der Müller« durch seinen variablen Gehaltszuschlag den Jahresurlaub finanziert hat, dürften sich schnell weitere Kollegen finden, die ein gestaffeltes Entgeltsystem als Leistungsanreiz erachten und ihr künftiges Handeln an den Unternehmenszielen stärker ausrichten werden.

3.1.6 Individuelle Karriereplanung

Mitarbeiter können aus verschiedenen Gründen gute Arbeit leisten: Im Idealfall besitzen sie eine hohe intrinsische Motivation für ihre Tätigkeit und können sich mit dem Unternehmen identifizieren. Bei vielen Mitarbeitern mag aber auch der Anreiz der beruflichen und persönlichen Weiterentwicklung eine Rolle spielen. Denn gute Mitarbeiter braucht jedes Unternehmen, insbesondere in den höheren Etagen.

Eine individuelle Karriereplanung sollte immer Teil einer langfristigen Personalplanung sein und folglich auch einen Teil des Mitarbeitergespräches darstellen. Besonders im Bereich der Führungsnachwuchskräfte bildet ein durchdachtes Personalmanagement eine wichtige Grundlage, um den zukünftigen Bedarf an Führungskräften durch rechtzeitige personalpolitische Entscheidungen sicherzustellen. Eine Grundlage der individuellen Karriereplanung sollte die Mitarbeiterbeurteilung spielen. Je nach Fähigkeits- und Interessenausrichtung ist sowohl eine Fach- oder Führungskräftelaufbahn möglich.

Im Rahmen einer durchdachten Karriereplanung werden individuelle Personalentwicklungsmaßnahmen in Form von Aus- und Weiterbildungen (und ggf. Coaching) zusammengestellt, um den Führungsnachwuchs frühzeitig an künftige Aufgabenschwierigkeiten heranzuführen. Eine Überforderung und eine damit einhergehende Frustration auf der verantwortungsvolleren Arbeitsstelle können dadurch vermieden werden. Auch eine Jobrotation ist denkbar, um über einen systematischen Arbeitsplatzwechsel die Entfaltung und Vertiefung der Fachkenntnisse der Mitarbeiter sicher zu stellen und Arbeitsmonotonie und einseitige Belastung zu vermeiden.

Eine professionelle Karriereplanung besteht immer in einem aufeinander aufbauenden personenbezogenen Laufbahn- und Karriereplan, der Tätigkeitsart, -ort und -dauer eines Mitarbeiters genau festlegt und damit den kurz- bis mittelfristigen Personaleinsatz der Arbeitskraft definiert. Insbesondere bei (multinationalen) Großkonzernen sollte dabei die geografische Flexibilität des Mitarbeiters frühzeitig genug überprüft werden, damit dieser die notwendigen Weiterbildungsschritte auch erfolgreich mittragen kann.

Zusammenfassend betrachtet bietet eine individuelle Karriereplanung der Mitarbeiter die Grundlage für eine langfristige Nachfolgeplanung des Unternehmens. Denn nur gut ausgebildete Mitarbeiter können die zukünftigen Anforderungen von Nachwuchskräften auch zufriedenstellend erfüllen und dem Unternehmen eine ertragsorientierte Perspektive bieten.

Im bisherigen Abschnitt wurden sechs grundlegende Funktionen der Leistungsbeurteilung in Anlehnung an Schuler (2007) dargestellt. Diese Funktionsbereiche zielen dabei auf den direkten Nutzen der Mitarbeiter ab, um durch eine erfolgreiche Mitarbeitermotivation auch ein höheres Engagement und Arbeitszeitinvestment der Belegschaft zu erzielen. Hintergrund dieser motivationspsychologischen Herangehensweise ist das stärkere Verknüpfen der individuellen Ziele der Mitarbeiter mit der strategischen Ausrichtung des Unternehmens. Denn nur durch einen Mitarbeiterstamm, der in dieselbe Richtung zieht, wie es die strategische Ausrichtung des Unternehmens vorsieht, können nachhaltige Erträge erzielt werden.

Ein zweiter und nicht minder wichtiger Aspekt von Leistungsbeurteilungen kann in dem Aufdecken von sogenannten Konfliktkosten liegen, die ohne eine regelmäßige (leistungsbezogene) Kommunikation zwischen Führungskraft und Mitarbeiter nicht entdeckt werden können. Durch die Behebung oder sogar Antizipation solcher Prozessverluste können zum Teil erhebliche Kosten eingespart werden, die andernfalls unentdeckt blieben und den Unternehmensgewinn nachhaltig mindern würden. Im folgenden Abschnitt soll es demzufolge um die verschiedenen Arten von Konfliktkosten und die Möglichkeiten ihrer Beseitigung gehen. Neben den bisher eher motivationspsychologischen Gesichtspunkten werden jetzt vermehrt die betriebswirtschaftlichen Aspekte solcher verdeckten Kosten besprochen, die in regelmäßig stattfindenden Mitarbeitergesprächen thematisiert werden sollten.

3.2 Einsparung von Konfliktkosten

Leistungsbeurteilungen dienen immer auch einer nachhaltigen Qualitätssicherung und der Reduzierung von unnötigen Kosten durch Reibungsverluste im Unternehmen. Ein wichtiges Ziel regelmäßiger Leistungsbeurteilungen und Rückmeldegespräche liegt demnach in der Reduzierung potenzieller Konfliktkosten. Wo und wie genau solche Konfliktkosten entstehen, zeigt die ausführliche Konfliktkostenstudie des internationalen Wirtschaftsprüfungs- und Beratungsunternehmens KPMG (2009). Demzufolge lassen sich drei Kategorien potenzieller Konfliktbereiche ausmachen, in denen spezifische Konfliktkosten auftreten können. Abbildung 3-3 illustriert diesen »Circle of Conflict« und gibt an, welche Unternehmensprozesse diesen drei Dimensionen angehören, die im Folgenden noch genauer erläutert werden.

Die Berechnung dieser Zusatzkosten kann über zwei Herangehensweisen erfolgen, je nachdem, auf welche Kosten man fokussiert. Einerseits kann man die Arbeitszeit als Grundlage nehmen, die bei den entsprechenden Mitarbeitern für das Lösen der Konflikte aufgewandt wird. Die Konfliktkosten ergeben sich dann als Produkt der Arbeitszeit des involvierten Mitarbeiters mit dessen Entgelt pro Zeiteinheit (also z. B. mit dessen Bruttostundenlohn), und zwar aufaddiert für alle beteiligten Mitarbeiter.

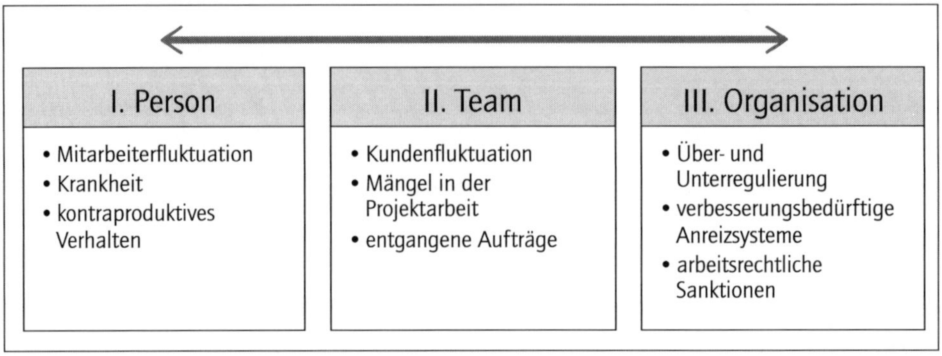

Abbildung 3-3: Circle of Conflict – Three Dimensions (KPMG, 2009)

Eine andere Berechnungsmöglichkeit stellt die Betrachtung der Opportunitätskosten dar. Unter Opportunitätskosten versteht man alle entgangenen Erlöse, die man aufgrund einer anderweitigen Ressourcenbindung nicht realisieren konnte. Wird ein Mitarbeiter also zu einem ungeplanten Meeting eingeladen, das ad hoc für eine Krisenintervention einberufen wurde, so kann er in dieser Zeit keinen unmittelbar wertschöpfenden Tätigkeiten nachgehen. Der Betrachtungsfokus liegt demnach auf den entgangenen Erlösen, die ohne entstandene Konflikte realisierbar gewesen wären. Dem Unternehmen entgeht damit eine bestimmte Leistungserbringung des Mitarbeiters, die monetär quantifiziert werden kann. Hierbei multipliziert man die Arbeitszeit des Mitarbeiters mit dem erwarteten Umsatz pro Zeiteinheit, den dieser ansonsten erbracht hätte. Aufaddiert über alle involvierten Mitarbeiter ergeben sich dann die entsprechenden Opportunitätskosten, von denen man noch streng genommen die Opportunitätserlöse abziehen müsste.

Diese Konfliktkosten können der KPMG-Studie zur Folge drei verschiedenen Ebenen zugeordnet werden, die wiederum aus verschiedenen Quellen gespeist werden (siehe Abbildung 3-3). In den folgenden Unterabschnitten werden für jede Kostenebene die zugrunde liegenden Fehlerquellen ermittelt und vor dem Hintergrund des betriebswirtschaftlichen Schadens erläutert.

3.2.1 Konfliktkosten auf Ebene des einzelnen Mitarbeiters

Auf Ebene der Personen können Reibungsverluste durch ungeplante Mitarbeiterfluktuationen, Krankheit und kontraproduktives Verhalten entstehen. Durch die plötzliche Kündigung eines Mitarbeiters ergeben sich einerseits direkte Kosten der Personalsuche, wozu die Anzeigenschaltung, die Einschaltung von Personalberatern, Aktivitäten der Personalabteilung und die Einarbeitung des neuen Mitarbeiters fallen. Andererseits kostet eine unbesetzte Stelle auch entsprechendes Geld, da eine komplette Arbeitskraft fehlt, was (wenn überhaupt) nur über einen sehr kurzen Zeitraum durch die vorhandene Belegschaft kompensiert werden kann. Zu diesen direkten Fluktuationskosten entstehen zusätzlich noch indirekte Aufwendungen, die zumeist nur geschätzt werden können. Ein Mitarbeiter, der seine Kündigung einreicht, hat womöglich schon lange Zeit vorher innerlich gekündigt und wird insbesondere in dieser letzten Phase seiner Betriebszugehörigkeit nicht mehr mit besonderem Fleiß aufwarten. Neben der Minderleistung des Kollegen können auch noch Motivationsverluste der übrigen Mitarbeiter entstehen, was sich letztendlich betriebswirtschaftlich bemerkbar machen wird.

Krankheitsbedingte Arbeitsausfälle führen zu direkten Konfliktkosten. Hierzu zählt das Fehlen des Arbeitnehmers durch Arztbesuche, Arbeitsunfähigkeit, Rehabilitationsmaßnahmen, Wiedereingliederungen und Entgeltfortzahlungen. Als indirekte Kosten gelten die eingeschränkte Qualitäts- und Leistungsfähigkeit und betriebliche Um- und Versetzungen, die wieder Einarbeitungsphasen und Motivationsverluste erwarten lassen.

Kontraproduktives oder betriebsschädigendes Verhalten stellt den dritten Unterpunkt der personenbezogenen Konfliktkosten dar. Häufig zeigen insbesondere gefrustete und demotivierte Mitarbeiter solch ein antisoziales Verhalten. Die Gründe liegen zumeist in einer anhaltenden Arbeitsunzufriedenheit und dem Gefühl der Benachteiligung, was sich in vorsätzlicher Unternehmensschädigung äußern kann. Dazu zählt die Unterschlagung oder Zerstörung von Betriebsmitteln, Datendiebstahl oder Zerstörung des Informationsflusses, Arbeitszeitmissbrauch und die Manipulation von Arbeitszeit, Spesenbetrug oder Imageschädigung des Unternehmens. Falls sich daraufhin der Arbeitgeber für die Installation von Kontrolleinrichtungen entscheiden sollte (z. B. für den Ausbau des Werkschutzes), entstehen ihm weitere Kosten. Zudem ist bei einer stärkeren Einforderung der Arbeitsplatzüberwachung seitens des Arbeitgebers mit vehementem Widerstand des Betriebsrates und der Belegschaft zu rechnen.

3.2.2 Konfliktkosten auf Ebene des Teams

Reibungsverluste müssen nicht immer nur personengebunden sein, sie erfolgen häufig auch auf Ebene von Teams. Hier kann es zu Kundenfluktuationen, grundsätzlichen Mängeln in der Projektarbeit und entgangenen Aufträgen kommen. Bei fehlerhafter und unzureichender Kommunikation oder Unruhe im Team können Kundenaufträge womöglich nicht mehr so akkurat erledigt werden, wie es sich der Kunde wünscht und gewohnt ist. Werden Kundenanfragen als konkludente Folge zu spät oder gar nicht beantwortet, lässt sich das ein mündiger Kunde nicht lange gefallen und wechselt kurzerhand zu einem Mitbewerber (Kundenfluktuation). Solche Konfliktkosten entstehen dann insbesondere durch den Mehraufwand im *Customer Relationship Management*, das der nachhaltigen Pflege der Kundenbeziehungen dient. Häufig müssen dann multiple Maßnahmen der verstärkten Kundenbindung angestrengt werden, sei es durch die Verteilung von exquisiten Kundenpräsenten oder die Veranstaltung von teuren

Events. Vertragsrechtlich können sogar Schadenersatzzahlungen für nicht erbrachte oder unzureichende Leistungen entstehen.

Als indirekte Kosten gelten hierbei Entscheidungen, die in der Vergangenheit aufgrund von fehlerhafter Teamkommunikation einmal getroffen wurden und die nachträglich nur noch schwer zu korrigieren sind. Erschwerend spielt hier auch der psychologische Aspekt der *Verlustaversion* eine Rolle, bei dem man lieber einen schleichenden Verlust in Kauf nimmt, anstatt einen kurzfristigen Verlust zu realisieren und damit die Chance zu nutzen, eine bessere Teamentscheidung (Investition) zu treffen.

Aber nicht nur Kommunikationsfehler in Teams können Konfliktkosten verursachen, sondern auch falsch zusammengesetzte Projektteams, die zu entsprechenden Mängeln in der Projektarbeit führen können. Die Sozialpsychologie beschäftigt sich schon seit Langem mit dem Verhalten von Individuen in Gruppen. Aus dem Bereich der Gruppenforschung weiß man inzwischen, dass zu homogene Arbeitsgruppen schlechtere Leistungen bei Entscheidungs- und Kreativitätsaufgaben erbringen (Guzzo & Dickson, 1996; Jackson, 1996), da ihnen eine multiperspektivische Problembetrachtung zumeist schwerer fällt als heterogen aufgestellten Teams. Die durch mangelhafte Projektarbeit entstandenen Konfliktkosten zeigen sich zumeist durch Überschreiten der angesetzten Projektkosten, etwa wegen eines zwischenzeitlichen Projektabbruchs, Terminverzögerungen oder schlechter Ergebnisqualität und den daraus resultierenden Folgekosten. Hierzu zählen genauso ungeplante Projektmeetings, zusätzliches Change-Management oder Fehlallokationen der vorhandenen Ressourcen.

Weitere Ursachen von Konfliktkosten können sich in entgangenen Aufträgen manifestieren. Hierzu zählen die eingegangenen Opportunitätskosten, irreversible Kosten durch Fehlentscheidungen in der Vergangenheit (sogenannte *sunk costs*) als auch Fehlallokationen von Mitarbeitern, Finanzen oder Maschinen.

3.2.3 Konfliktkosten auf Ebene der Organisation

Als dritter potenzieller Konfliktbereich kommen neben Person und Team auch Aspekte der Organisation infrage. Auf dieser Ebene können Kosten durch Über- und Unterregulierung der Organisation, verbesserungsbedürftige Anreizsysteme und arbeitsrechtliche Folgekosten entstehen.

Bei Unterregulierung von Steuerungsprozessen kann es zu Diskussionen über regelungsbedürftige Themen kommen. Hingegen kann bei Überregulierung entsprechender Diskussionsbedarf über rigide aufgestellte Regeln entstehen. Solche Regulierungsprozesse zeigen sich zumeist in der suboptimalen Ausarbeitung von Verträgen, Betriebsvereinbarungen, Organisationsanweisungen, Geschäftsordnungen oder Prozessbeschreibungen und nehmen nicht nur die Zeit von Mitarbeitern in Anspruch, sondern häufig auch von Führungskräften und Betriebsräten. Die entgangene Arbeitszeit multipliziert mit dem Stundensatz der Mitarbeiter ergibt diese Konfliktkosten. Hinzu kommen noch die Kosten für ungeplante und verzögerte Meetings oder die Beanspruchung externer Berater.

Der Aufbau oder die Optimierung von verbesserungsbedürftigen Anreizsystemen bindet erneut die Arbeitszeit von Mitarbeitern, Führungskräften und Betriebsräten durch zusätzliche Entscheidungsfindungsprozesse. Die Umsetzung und schrittweise Anpassung kann zu weiteren Konfliktkosten führen, da komplexe Anreizsysteme zunächst einer Erprobungsphase bedürfen, um Systemfehler rechtzeitig identifizieren zu können. Kommt es aufseiten der Mitarbeiter zu Widerständen, geht erneut Arbeitszeit durch entstehende Diskussionen und ungeplante Meetings und Mehrberatungen verloren.

Arbeitsrechtliche Sanktionen führen schon allein durch die anstehenden formellen (und informellen) Gespräche zu Konfliktkosten. Hierunter fällt das Gespräch zwischen der Führungskraft und dem Mitarbeiter als auch der Austausch zwischen den Mitarbeitern und das Einschalten des Betriebsrates. Abmahnungen und Kündigungen stellen für die Personalabteilung einen Mehraufwand dar, und häufig kommt es zu bezahlten Freistellungen und Abfindungen. Klagt der Mitarbeiter gegen die verhängten arbeitsrechtlichen Sanktionen, entstehen Arbeitsgerichtskosten, Rechtsanwaltskosten und Kosten außergerichtlicher Einigungen durch Mediatoren und eingegangene Vergleiche. Hinzu können unter Umständen ein entsprechender Imageverlust des Unternehmens und die Demotivierung und Leistungseinschränkung der übrigen Mitarbeiter kommen.

3.2.4 Höhe der Konfliktkosten

Wie hoch diese Kosten ausfallen können, zeigt die KPMG-Studie auch sehr eindrücklich. 111 Unternehmen hatten sich an der Befragung beteiligt, wobei sowohl klein- und mittelständische Betriebe mit unter 100 Mitarbeitern als auch Großkonzerne mit über 50.000 Beschäftigten in der Gesamtstichprobe vorhanden sind. Zu den oben aufgeführten potenziellen Kostenstellen, die bei Konflikten entstehen können, sollten die befragten Unternehmen die hauseigenen Aufwendungen angeben, unterteilt in die sechs Antwortkategorien »bis 10.000 Euro«, »10.000 bis 50.000 Euro«, »100.000 bis 500.000 Euro«, »über 500.000 Euro« und »derzeit nicht ermittelbar«. Weitere Konfliktkosten, die im Fragebogen nicht aufgelistet wurden, konnten in freien Antwortfeldern nachgetragen werden. Betrachtet man allein die Teilstichprobe von 55 Unternehmen mit einer Mitarbeiteranzahl zwischen 100 und 1.000 Beschäftigten, so ergeben sich auf allen drei Hauptdimensionen z. T. erhebliche Zusatzkosten (siehe Abbildung 3-4).

Besonders teuer kann es für Unternehmen in den Bereichen Projektabbrüche, Imageverlust, Fehlzeiten und Minderleistung werden, die teilweise mit mehr als einer halben Millionen Euro an Konfliktkosten angegeben wurden. In der Antwortkategorie »100.000 bis 500.000 Euro« wurden insbesondere die Bereiche Personalsuche, Terminverzögerung, offene Stellen und externe Beratung genannt. Am »günstigsten« scheinen immer noch die arbeitsrechtlichen Bereiche zu sein (Beratung und Gespräche), die Unterschlagung, Entscheidungsumsetzung und Entscheidungsfindung, die zu über 40 % mit »bis 10.000 Euro« angegeben wurden. Interessant ist auch, dass die

Bereiche Imageverlust, entgangene Aufträge und Fehlallokationen von der Hälfte der befragten Unternehmen nicht richtig geschätzt werden konnten. Die vorliegenden Daten müssen also vorsichtig interpretiert werden, da womöglich die tatsächlichen Konfliktkosten noch weitaus höher ausfallen, als es die Unternehmen annehmen.

Die KPMG-Studie verweist aber auch auf Daten der österreichischen Wirtschaftskammer. In der 2006 veröffentlichten Studie »Neue Wege der Ergebnisverbesserung« wurden österreichische Wirtschaftsunternehmen nach bestimmen Kostenpotenzialen befragt. Demnach werden zehn bis 15 Prozent der Arbeitszeit für Konfliktbewältigungen aufgewandt. Reibungsverluste, Konflikte und deren Folgen beschäftigen Führungskräfte sogar schätzungsweise 30 bis 50 Prozent ihrer täglichen Arbeitszeit. Damit gehen jährlich ca. zwei Prozent für unvorbereitete Konflikte verloren. Bei einem mittelständischen Unternehmen mit 50 Mitarbeitern und durchschnittlichen Personalkosten von ca. 2.000.000 Euro pro Jahr würden damit allein 40.000 Euro auf die Konfliktbewältigung entfallen. Das entspricht in unserem Modell einer kompletten Mitarbeiterstelle pro Jahr.

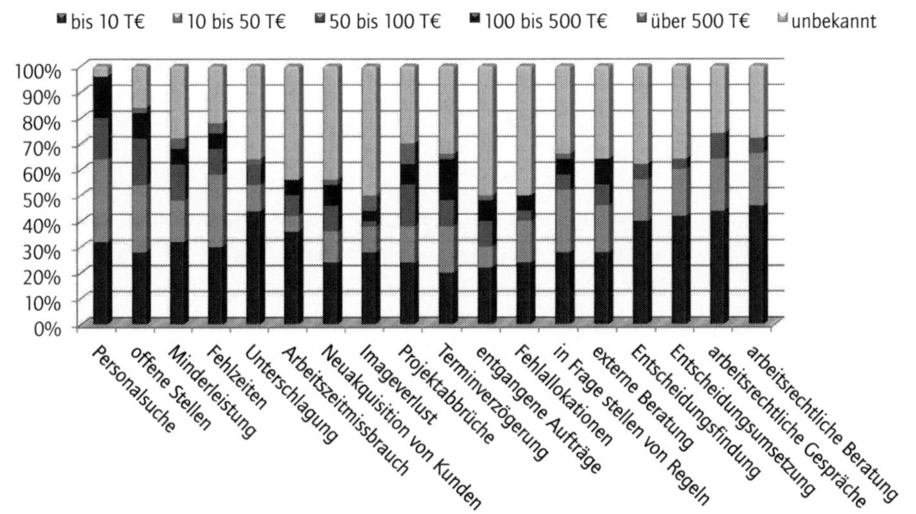

Abbildung 3-4: geschätzte Konfliktkosten je Kostenstelle in Betrieben mit 100 bis 1.000 Beschäftigten (nach KPMG, 2009)

Die betriebswirtschaftlichen Kosten eines Mobbingfalles, die sich in der Krankschreibung des Mitarbeiters, in dessen Minderleistung und den täglichen Reibungsverlusten bemerkbar machen, werden allein auf durchschnittlich 60.000 Euro geschätzt. Somit belasten Fluktuationskosten, Abfindungszahlungen und Gesundheitskosten aufgrund innerbetrieblicher Konflikte die Volkswirtschaft mit schätzungsweise mehreren Milliarden Euro pro Jahr. Viele dieser Kosten ließen sich durch ein fest etabliertes Feedback- und Leistungsbeurteilungssystem verhindern, das führzeitig entstehende Konfliktpotenziale aufdeckt und diesen mit geeigneten Methoden der Mitarbeiterführung und Organisationsentwicklung begegnet.

3.3 Fazit

Wie bereits ausgeführt wurde, können Leistungsbeurteilungen ein effektives Instrument der Mitarbeiterführung darstellen. Unter dem Aspekt der Nutzenerwartung können zwei verschiedene Bereiche identifiziert werden: die Leistungssteigerung durch Mitarbeitermotivation und die Einsparung von Konfliktkosten. Beide Aspekte sollen an dieser Stelle noch einmal zusammengefasst werden.

Leistungsbeurteilungen geben Mitarbeitern die Möglichkeit, die gezeigte Arbeitsleistung aus der Perspektive des Vorgesetzten gespiegelt zu bekommen. Bei Aufdeckung von Leistungsdefiziten bildet die Leistungsbeurteilung die Grundlage für eine individuelle Vereinbarung von nachhaltigen Personalentwicklungsmaßnahmen. Auch eine fehlerhafte Personalplatzierung lässt sich durch eine regelmäßige Beurteilung aufdecken, die die Entstehung von Arbeitsunzufriedenheit und einer sukzessiven Leistungsminderung vorbeugt.

Sowohl für eine leistungsbezogene Entlohnung als auch für die individuelle Karriereplanung ist die Leistungsbeurteilung eine zentrale Maßnahme, um Leistungskriterien als Entscheidungsgrundlage zu benutzen. Leistungsbeurteilungsgespräche bilden also die Grundlage für die kompetenz- und interessenzentrierte Personalentwicklung von Mitarbeitern und die Optimierung von Arbeitsprozessen.

Neben diesen eher motivationalen Aspekten eines transparenten und fairen Leistungsbeurteilungssystems können aber auch noch sogenannte Konfliktkosten eingespart bzw. von vornherein verhindert werden. Auf Ebene der Person können Reibungsverluste durch ungeplante Mitarbeiterfluktuationen, häufige Fehlzeiten durch Krankmeldungen oder kontraproduktives Verhalten entstehen. Konfliktkosten auf Ebene des Teams entstehen beispielsweise durch eine nachlässige Erledigung von Kundenaufträgen oder durch suboptimale Entscheidungen aufgrund von fehlerhafter Teamkommunikation oder falsch zusammengestellter Projektteams. Eine häufige Kostenquelle stellt die Über- und Unterregulierung von Steuerungsprozessen dar, die durch eine suboptimale Ausarbeitung von Verträgen, Betriebsvereinbarungen oder Geschäftsordnungen zustande kommt.

Versucht man die Höhe dieser Konfliktkosten zu schätzen, so kommt ein mittelständiges Unternehmen schnell an die Jahreskosten einer durchschnittlichen Mitarbeiterstelle. Projektabbrüche, Imageverlust, Fehlzeiten und Minderleistung kommen mit einer geschätzten Höhe von mehr als einer halben Millionen Euro vielen Unternehmen äußerst teuer zu stehen. Geschätzte 15 Prozent der Arbeitszeit müssen demnach für Konfliktbewältigungen aufgewandt werden.

All diese Konfliktkosten können durch ein regelmäßiges Leistungsbeurteilungsgespräch aufgedeckt und entsprechend angegangen werden. Erst wenn der Vorgesetzte die Gelegenheit bekommt, nicht nur die Leistungserbringung seiner Mannschaft zu evaluieren, sondern auch nach den Gründen einer Minderleistung zu suchen, können nachhaltige Veränderungen angestoßen werden. Und dass Konfliktkosten nicht nur betriebswirtschaftlichen Schaden abwenden, sondern auch das Arbeitsleben der Mitarbeiter nachhaltig erleichtern können, haben die vorausgegangenen Betrachtungen ausführlich gezeigt.

3.4 Vertiefende Literatur

Marcus, B. & Schuler, H. (2006). Leistungsbeurteilung. In: H. Schuler (Hrsg.), Lehrbuch der Personalpsychologie. Göttingen: Hogrefe. S. 433–469.

Schmidt, K.-H. (2010). Leistungsbeurteilung, Leistungsfeedback und Feedbackwirkungen. In: U. Kleinbeck & K.-H. Schmidt (Hrsg.), Arbeitspsychologie. Göttingen: Hogrefe, S. 139–176.

4. Wie man es nicht machen sollte: Zentrale Schwächen gängiger Leistungsbeurteilungssysteme

Die Leistungsbeurteilung ist ein wichtiges Instrument zur Steuerung des Verhaltens der Organisationsmitglieder und damit auch ein zentraler Baustein des Erfolgs einer jeden Organisation, sei es nun ein produzierendes Unternehmen, eine Dienstleistungsfirma oder eine Behörde. Allerdings ist die Einführung einer systematischen Leistungsbeurteilung, die beispielsweise einmal jährlich stattfindet, keineswegs mit einer Erfolgsgarantie verknüpft. Ihren wahren Nutzen entfaltet die Leistungsbeurteilung nur dann, wenn man bei der Entwicklung und Umsetzung des Verfahrens methodisch überlegt vorgeht. Dabei ist es für den Laien nicht immer einfach zu erkennen, worin sich ein gutes Leistungsbeurteilungssystem von einem weniger guten oder gar schlechten unterscheidet. Oberflächlich betrachtet kommen beide in einem durchaus ähnlichen Gewand einher: Begriffe wie »Teamfähigkeit« oder »Kundenorientierung« benennen zunächst wichtige *Leistungsdimensionen*, die bei einem Mitarbeiter mehr oder minder stark ausgeprägt sein können. Die Aufgabe der Führungskräfte besteht nun darin, jeden Mitarbeiter auf diesen Leistungsdimensionen einzuschätzen und auf einer mehrstufigen *Bewertungsskala* Leistungspunkte zu vergeben (vgl. Abbildung 4-1). In manchen Verfahren muss man zudem noch über alle Leistungsdimensionen hinweg einen Durchschnittswert berechnen, der die durchschnittliche Gesamtleistung des Mitarbeiters repräsentiert. Nach erfolgter Bewertung bildet in aller Regel ein persönliches Gespräch zwischen der Führungskraft und jedem bewerteten Mitarbeiter den Abschluss des Verfahrens. In diesem Gespräch geht es darum, dem Mitarbeiter das Ergebnis der Leistungsbeurteilung mitzuteilen, zu erläutern und ggf. Überlegungen im Hinblick auf den nächsten Beurteilungszyklus – in der Regel 12 Monate – anzustellen und ggf. auch Absprachen (Zielvereinbarung, Weiterbildungsangebote für den Mitarbeiter, Unterstützung durch den Vorgesetzten etc.) zu treffen.

Wie so oft im Leben steckt der Teufel aber auch hier im Detail. Oberflächlich betrachtet können zwei Leistungsbeurteilungssysteme gleich erscheinen, obwohl sie sich in ihrer tatsächlichen Qualität deutlich unterscheiden. Im Folgenden wird der Blick für die Unterschiede zwischen guten Leistungsbeurteilungssystemen und solchen, die nur bei oberflächlicher Betrachtung gut erscheinen, geschärft. Da es mitunter leichter ist, die Qualitätskriterien einer Methode zu erkennen, wenn man sich die möglichen Fehler vor Augen führt, beschreiten wir im Folgenden genau diesen Weg. In Abbildung 4-1 findet sich ein Beispiel für ein schlechtes Leistungsbeurteilungssystem, das wir Schritt für Schritt analysieren werden. Am Ende des Kapitels steht eine Checkliste, mit deren Hilfe jeder Anwender in der Praxis auch sein eigenes Leistungsbeurteilungssystem – oder ein System, das ihm von einer Beratungsfirma angeboten wird – bewerten kann.

Leistungsdimension	*Bewertungsskala*									
	Anforderungen stark untererfüllt									Anforderungen stark übererfüllt
Arbeitsweise	1	2	3	4	5	6	7	8	9	10
Arbeitsqualität	1	2	3	4	5	6	7	8	9	10
Auftreten	1	2	3	4	5	6	7	8	9	10
Einsatzbereitschaft	1	2	3	4	5	6	7	8	9	10
Kundenorientierung	1	2	3	4	5	6	7	8	9	10
Führungskompetenz	1	2	3	4	5	6	7	8	9	10
Konfliktfähigkeit	1	2	3	4	5	6	7	8	9	10
Teamfähigkeit	1	2	3	4	5	6	7	8	9	10
Kreativität	1	2	3	4	5	6	7	8	9	10
Fachkompetenz	1	2	3	4	5	6	7	8	9	10
Mittelwert	1	2	3	4	5	6	7	8	9	10

Abbildung 4-1: Beispiel für ein schlechtes Leistungsbeurteilungssystem

4.1 Fehlerhafte Auswahl der Leistungsdimensionen

In unserem Beispiel für ein schlechtes Leistungsbeurteilungssystem muss die Führungskraft ihre Mitarbeiter in Bezug auf verschiedene Leistungsdimensionen bewerten. Angegeben sind hier zehn Dimensionen, wobei jeweils maximal zehn Punkte zu vergeben sind.

Die erste kritische Frage, die man sich hier stellt, ist die nach der Herkunft der Leistungsdimensionen. Woher wissen die Entwickler des Leistungsbeurteilungssystems, dass gerade diese zehn Dimensionen für den fraglichen Arbeitsplatz bedeutsam sind? Fehlen nicht vielleicht noch einige Aspekte der Leistungsfähigkeit, die ebenso wichtig sein könnten wie die aufgelisteten Kriterien? Sind alle der genannten Dimensionen wirklich wichtig oder hätte man nicht mit sieben oder acht Kriterien die mögliche Leistung am Arbeitsplatz bereits hinreichend gut abdecken können? Diese Fragen sind keineswegs banal, sondern treffen den Kern der Leistungsbeurteilung. Eine Leistungsbeurteilung kann immer nur so gut sein, wie es den Entwicklern des Systems gelungen ist, das Phänomen der Leistung tatsächlich zu erfassen.

Abbildung 4-2 verdeutlicht die Herausforderung: Das große Oval stellt bildlich die Leistung dar, die ein Mitarbeiter an seinem Arbeitsplatz erbringt. Die Rechtecke repräsentieren die verschiedenen Kriterien, mit deren Hilfe man die Leistung im Rahmen der Beurteilung durch den Vorgesetzten abbilden möchte. Es liegt in der Natur der Sache, dass man die tatsächliche Arbeitsleistung niemals vollständig erfassen kann. Daher decken die Kästchen in keinem der Beispielfälle die gesamte Fläche des Ovals ab. Es bleibt immer noch ein Flächenanteil im Oval übrig. Selbst im besten der in Abbildung 4-2 dargestellten Beispiele (Fall A), in dem alle ausgewählten Kriterien unterschiedliche Aspekte der tatsächlichen Leistung erfassen, bleibt immer noch ein Rest (eine »Restfläche«) übrig, der im Leistungsbeurteilungsverfahren nicht berücksichtigt wird. Dies liegt daran, dass man auf der einen Seite mit acht oder zehn Kriterien der Vielfalt der meisten Arbeitsplätze nicht vollständig gerecht werden kann. Auf der anderen Seite kann man die Anzahl der Kriterien aber auch nicht beliebig erhöhen. Schon zehn Kriterien dürften von vielen Führungskräften nicht mehr sinnvoll eingeschätzt werden können, da ihnen zu wenige Informationen über die alltägliche Leistung eines jeden Mitarbeiters zur Verfügung stehen. Denken wir hier z. B. an einen Teamleiter in einer Versicherung, der nur ansatzweise etwas darüber erfährt, wie sich jeder seiner acht Außendienstmitarbeiter im konkreten Kundengespräch verhält. Im schlimmsten Falle (C) decken die Kriterien die Realität überhaupt nicht ab. Die Führungskraft muss Bewertungen vornehmen, die mit dem konkreten Arbeitsplatz nichts zu tun haben. Dieser Fall dürfte in der Realität nur selten auftreten, da man schon per Plausibilitätseinschätzung erkennen müsste, dass hier etwas nicht stimmt. Der Alltag der Leistungsbeurteilung in der Praxis wird sich irgendwo zwischen diesen beiden Extremen bewegen und dem Beispielfall B ähneln. Ziel der Festlegung der Leistungskriterien muss es sein, sich möglichst nahe an den Fall A heranzuarbeiten. Je weiter man hiervon entfernt ist, desto weniger sinnvoll ist das Verfahren.

Viele Großunternehmen vertrauen heute auf den Einsatz von *Kompetenzmodellen*. Bei einem Kompetenzmodell handelt es sich um eine fest definierte Struktur von Kompetenzen, die nach der Überzeugung der Entwickler die notwendigen Voraussetzungen für die berufliche Leistung des einzelnen Organisationsmitgliedes beschreiben. Dabei konzentriert man sich auf Fähigkeiten und Fertigkeiten, die in den Menschen liegen. Für verschiedene Positionen im Unternehmen beschreiben die Modelle, welche Kompetenzen jeweils notwendig sind, damit die Stelleninhaber ein hohes Maß an Leistung erbringen können, ohne dabei langfristige Schäden (z. B. Burn-out) zu erleiden. Durch die Prozesse der Personalauswahl, der Platzierung der Mitarbeiter im Unternehmen sowie durch Maßnahmen der Personal- und Organisationsentwicklung versucht man nun, auf der Basis des Kompetenzmodells die Organisation zu optimieren. Beispielsweise würde man die Neubesetzung einer Führungsposition mittelfristig planen und geeignete interne Kandidaten entsprechend weiterbilden, sodass sie vorhandene Kompetenzdefizite bis zur tatsächlichen Besetzung der neuen Stelle beseitigen können. Vor diesem Hintergrund erscheint es durchaus sinnvoll, auch das Leistungsbeurteilungssystem der Firma am allgemeinen Kompetenzmodell auszurichten. Auch hier stellt sich aber die Frage, inwieweit ein allgemeines Kompetenzmodell den spezifischen Gegebenheiten jedes einzelnen Arbeitsplatzes gerecht werden kann. Im Regelfall dürfte der Spagat zwischen den Ansprüchen an ein allgemeines Kompetenzmodell und der Notwendigkeit einer möglichst spezifischen Beschreibung der Leistung an einem konkreten Arbeitsplatz nur schwer gelingen.

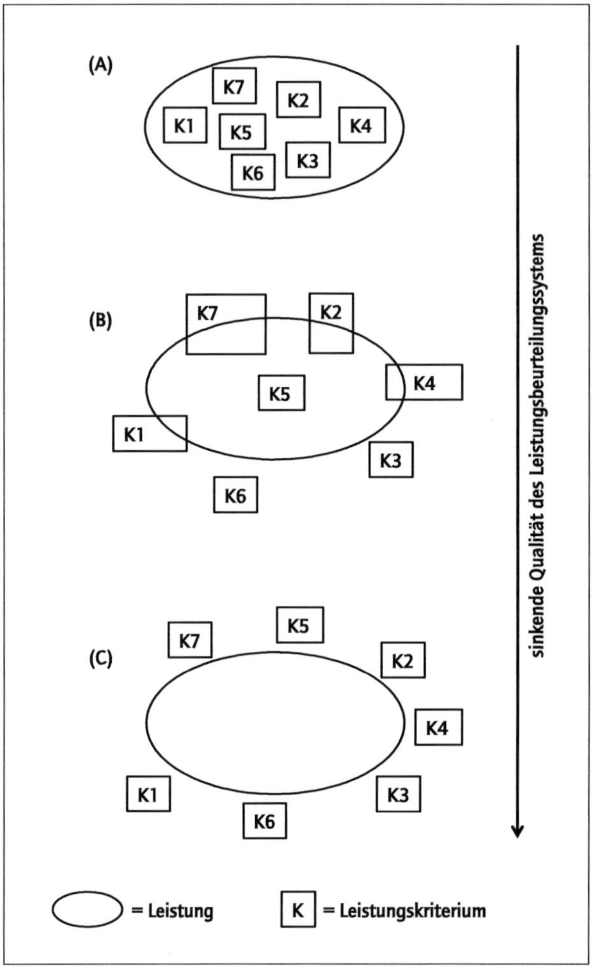

Abbildung 4-2: Zusammenhänge zwischen Leistungskriterien und tatsächlicher Leistung

Meist werden Kompetenzmodelle nicht auf der Basis *empirischer Analysen* der verschiedenen Arbeitsplätze entwickelt, sondern durch Plausibilitätsbetrachtungen der Entscheidungsträger oder den Rückgriff auf vorhandene Modelle von Beratungsfirmen eingeführt. In der Konsequenz weiß man nicht wirklich, wie gut die Modelle die Realitäten im Unternehmen tatsächlich widerspiegeln. Ähnlich verhält es sich bei vielen Leistungsbeurteilungssystemen. Genau hierin liegt ein zentrales Problem. Die ausgewählten Kriterien sind vielleicht plausibel. Das bedeutet aber nicht, dass sie auch tatsächlich die Leistungen an vielen verschiedenen Arbeitsplätzen hinreichend passgenau abbilden. Bezogen auf Abbildung 4-2 weiß man also nicht, wie weit das Leistungsbeurteilungssystem für jeden Arbeitsplatz vom Ideal- bzw. vom Worst-Case-Szenario entfernt ist. Selbst wenn man fest daran glaubt, mit dem eigenen Leistungsbeurteilungssystem den Fall A abzubilden, kann man de facto weit daneben liegen. Je weiter man daneben liegt, desto weniger nützlich ist das Verfahren und desto eher wird man sich durch den Einsatz eines solchen Instruments den Unmut der Mitarbeiter zuziehen.

In Kapitel 5 werden wir sehen, dass es unterschiedliche Methoden zur empirisch gestützten Analyse relevanter Leistungskriterien gibt. In Kapitel 6 wird eine dieser Methoden, die sich mit vertretbarem Aufwand in der Praxis anwenden lässt, in ihrer praktischen Durchführung beschrieben.

4.2 Mangelnde Einschätzbarkeit der Leistungsdimensionen

Die grundlegendste Basis für die Leistungsbeurteilung durch einen Vorgesetzten liegt darin, dass die Führungskraft die entsprechende Leistungsdimension bezogen auf einen bestimmten Mitarbeiter überhaupt einschätzen kann. In der Konsequenz bedeutet dies, dass sie auch nur in Bezug auf eben solche Kriterien Bewertungen abgeben sollte. In der Praxis werden jedoch mitunter auch sehr globale Einschätzungen gefordert, die letztlich nicht viel mehr sind als eine Mutmaßung, ein Bauchgefühl oder ein Vorurteil. Wenn etwa eine Führungskraft in unserem Beispielfall (Abbildung 4-1) gar keine Informationen über Konflikte im Bewertungszeitraum hatte, kann sie auch keine fundierte Bewertung der Konfliktfähigkeit eines Mitarbeiters vornehmen. In der Konsequenz ist es besser, in diesem Fall keine Bewertung abzugeben – die fragliche Beurteilungsdimension also einfach zu überspringen –, als mutig zu spekulieren.

Neben Leistungsdimensionen, die unmittelbar durch die Beobachtungen der Führungskraft eingeschätzt werden, kann es natürlich auch noch solche geben, die objektivierter messbar sind. Hierzu zählen in der Produktion z. B. Angaben über die Produktivität oder den Ausschuss produzierter Güter. Im Vertrieb könnte es sich um die Menge bzw. das Volumen abgeschlossener Verträge handeln. Hierbei ist darauf zu achten, dass die entsprechenden Kennzahlen tatsächlich von der Leistung des Mitarbeiters und nicht etwa primär von Rahmenbedingungen, die er nicht beeinflussen kann (Ausfall von Maschinen, Konjunktur o. Ä.), abhängen (vgl. Kapitel 5).

4.3 Einsatz abstrakter, undifferenzierter Leistungsdimensionen

Um dem Aufwand aus dem Wege zu gehen, der mit der Auswahl spezifischer Leistungskriterien verbunden ist, greifen Organisationen gern auf eine Scheinlösung zurück. Statt eine aufwendige Anforderungsanalyse durchzuführen, wählen sie sehr abstrakte Leistungsdimensionen, die von der jeweiligen Führungskraft vor Ort mit Leben gefüllt werden müssen. Auch in unserem Negativbeispiel (Abbildung 4-1) ist dies der Fall. Begriffe wie »Arbeitsweise« oder »Arbeitsqualität« sind derart global, dass man letztlich nahezu jeden beliebigen Inhalt hineininterpretieren kann. Das Leistungskriterium »Teamfähigkeit« oder »Führungskompetenz« ist nur auf den ersten Blick spezifischer formuliert. Beim zweiten Hinschauen fällt auf, dass gar nicht definiert wird, welche Art der Führung für den fraglichen Arbeitsplatz als wertvoll angesehen wird und wodurch sich eine gewünschte Form der Teamfähigkeit auszeichnet. Es gibt viele Möglichkeiten zu führen, wobei die Forschung gezeigt hat, dass auch sehr unterschiedliche Führungsstile unter bestimmten Bedingungen durchaus erfolgreich sein können (Kanning, 2012a; Rosenstiel, Regnet & Domsch, 2009). Das Lable »Führungskompetenz« sagt daher nur sehr wenig aus. Selbst innerhalb eines Unternehmens können auf verschiedenen Hierarchieebenen vor dem Hintergrund divergenter Aufgaben und Mitarbeiterprofile unterschiedliche Führungsstile sinnvoll sein. Ähnlich verhält es sich mit der Teamfähigkeit. Während es in der einen Arbeitsgruppe sinnvoll ist, möglichst alle Meinungen der Gruppenmitglieder ausführlich zu diskutieren (z. B. Entscheidung über eine wichtige Investition, die mit hohen Risiken verbunden ist), mag es in einer anderen Gruppe vor allem darauf ankommen, dass man schnell und effizient zusammenarbeitet. Beide Formen der Gruppenarbeit lassen sehr unterschiedliche Verhaltensweisen als wertvoll erscheinen, obwohl man beide unter dem Begriff »Teamfähigkeit« zusammenfassen kann.

Ein zweites Problem abstrakter Leistungsdimensionen besteht darin, dass sie sich zum Teil nicht klar gegeneinander abgrenzen lassen. Da es an einer Definition mangelt, *überschneiden sich die Dimensionen* teilweise. Besonders deutlich wird dies in unserem Beispiel bei den Kriterien »Führungskompetenz«, »Teamfähigkeit« und »Konfliktfähigkeit«. Je nach Interpretation des Vorgesetzten kann das Verhältnis der drei Kriterien zueinander völlig unterschiedlich ausfallen (vgl. Abbildung 4-3). Während der eine die drei Kriterien als unabhängig voneinander sieht (Fall A), kann eine andere Führungskraft die Auffassung vertreten, die Konfliktfähigkeit sei ein Bestandteil der Führungskompetenz (Fall B). Wieder eine andere Person sieht die Teamfähigkeit und die Konfliktfähigkeit miteinander verwoben, weil sie offenbar nur Konflikte zwischen Kollegen im Auge hat (Fall C). Eine weitere Führungskraft grenzt Teamfähigkeit und Führungskompetenz deutlich voneinander ab. Dabei kann sich die Konfliktfähigkeit – im Gegensatz zu Fall C – sowohl auf das Führungsverhalten als auch auf den Umgang mit gleichgestellten Kollegen beziehen (Fall D).

Ohne eine verbindliche Definition der Leistungskriterien sind alle skizzierten Beziehungen zwischen den Kriterien legitim. Die Führungskraft entscheidet allein darüber, welches Verhalten welchem Leistungskriterium zugeschlagen wird. Dabei stellt sich aus der Sicht der Mitarbeiter in besonderer Weise das Problem der mangelnden Objektivität der Leistungsbeurteilung (vgl. Kapitel 5). Ob ein Mitarbeiter für ein bestimmtes Verhalten einen hohen Punktwert bezogen auf »Teamfähigkeit« oder »Konfliktfähigkeit« erhält, hängt von der subjektiven Interpretation dieser Kriterien durch die Führungskraft ab. Ein und dieselbe Leistung führt je nach Führungskraft zu unterschiedlichen Bewertungen. Vielleicht führt sogar ein und dasselbe Mitarbeiterverhalten bei manchen Führungskräften zu positiven (oder negativen) Bewertungen auf vielen Dimensionen, während ein Kollege nur eine entsprechende Einstufung auf einer einzigen Dimension vorgenommen hätte. Mit dieser »Willkürkomponente« – die zwangsläufig mit undifferenzierten Leistungskriterien einhergeht – werden die Mitarbeiter völlig zu Recht kaum zufrieden sein. Mehr noch, ein Verfahren, das als willkürlich erlebt wird, kann nur schwerlich die wichtige Funktion der Mitarbeitermotivierung erfüllen (vgl. Abschnitt 4.12).

Es ist daher notwendig, die Leistungsdimensionen so zu definieren, dass für alle Beteiligten möglichst eindeutig ist, was man darunter zu verstehen hat. Darüber hinaus sollten sich die Dimensionen nicht überschneiden, damit eine bestimmte Leistung möglichst eindeutig einer bestimmten Dimension zugeordnet werden kann.

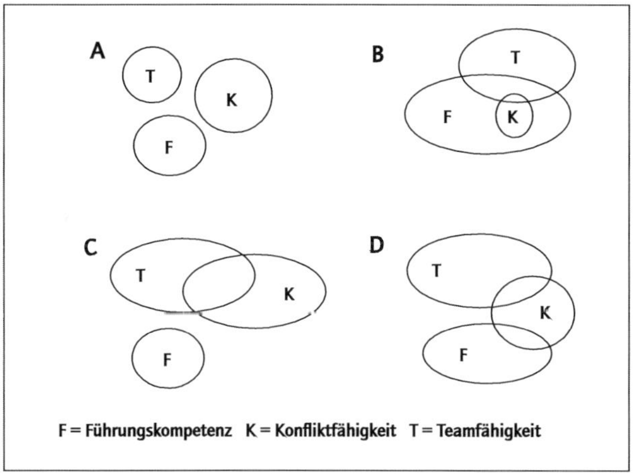

Abbildung 4-3: Problem der mangelnden Abgrenzung der Leistungsdimensionen

4.4 Einsatz zu differenzierter Beurteilungsskalen

Auf den ersten Blick mag es verwunderlich klingen, wenn hier der Einsatz stark differenzierter Beurteilungsskalen kritisch angemerkt wird. Im Prinzip ist man selbstverständlich an einer differenzierten Bewertung der Leistungen interessiert. Allerdings kann man bei der Gestaltung der Beurteilungsskalen auch über das Ziel hinausschießen. In Abbildung 4-1 wird solch ein Beispiel dargestellt. Zum Einsatz kommt eine zehnstufige Bewertungsskala, deren einzelne Punktwerte nicht näher beschrieben sind. Eine geringe Punktzahl steht für eine geringe Leistung, während eine hohe Punktzahl für eine hohe Leistung des jeweiligen Mitarbeiters spricht. So weit, so gut. Die entscheidende Frage ist nun aber, ob die Führungskraft noch in der Lage ist, den Unterschied zwischen den Punktwerten 3 und 4 oder den Punktwerten 6 und 7 sinnvoll mit Inhalt zu füllen. Die Zahlen stehen letztlich für eine bestimmte Leistung, die der Mitarbeiter erbringt und die von der Führungskraft wahrgenommen und bewertet werden muss. Eine zehnstufige Skala setzt voraus, dass die Leistung der Mitarbeiter auch in zehn abgestufte Leistungskategorien eingeteilt werden kann. Darüber hinaus muss die Führungskraft in der Lage sein, diese zehn Kategorien entsprechend differenziert wahrnehmen und bewerten zu können. Bei den allermeisten Arbeitsplätzen dürfte dies sehr schwierig, wenn nicht gar unmöglich sein.

Nehmen wir nur einmal das Beispiel einer Sekretärin, die in direktem Kontakt zu diversen Kunden einer Firma steht und deren Kundenorientierung im Rahmen einer Leistungsbeurteilung eingeschätzt werden soll. Es ist sehr wohl theoretisch denkbar, dass man die Kundenorientierung dieser Frau auf einer zehnstufigen Skala abbilden kann. Finden wir aber auch genügend Hinweise im alltäglichen Verhalten, um eine solch feine Differenzierung vornehmen zu können? Selbst wenn dies prinzipiell der Fall wäre, so wird der Vorgesetzte immer nur einen kleinen Anteil der Kundenkontakte selbst miterleben oder durch Rückmeldungen von Kundenseite etwas über das Verhalten der Sekretärin erfahren. Seine Informationsbasis ist zwangsläufig sehr lückenhaft und dürfte ihn sicherlich nicht in die Lage versetzen, die Realität derart differenziert einschätzen zu können.

Ob und inwieweit eine sehr differenzierte Bewertung überhaupt möglich ist, kann man als Führungskraft selbst durch einen einfachen Test überprüfen: Versuchen Sie einmal mit eigenen Worten zu beschreiben, worin sich eine Leistung, die z. B. mit 7 Punkten bewertet wird, von einer Leistung unterscheidet, für die Sie 8 Punkte vergeben würden. Wenn Sie dies nicht überzeugend können, ist die Bewertungsskala zu fein abgestuft. Sie gaukelt ein Maß an Differenziertheit der Bewertung vor, dem man in der Realität nicht gerecht werden kann. Besser wäre es, wenn man von vornherein eine Skala verwendet, die ein angemessenes Differenzierungsniveau aufweist. In aller Regel dürfte das eine fünf- bis maximal siebenstufige Skala sein.

4.5 Einsatz einer Schulnotenskala

Statt einer Punktwerteskala (Abbildung 4-1), bei der eine geringe Zahl für eine geringe Leistung und eine hohe Zahl für eine hohe Leistung steht, greift man in der Praxis gern auch auf eine Schulnotenskala zurück. Wie es bei klassischen Schulnoten üblich ist, kehrt sich dabei die Zuordnung der Zahlenwerte zu den Abstufungen der erbrachten Leistung um. Die maximale Leistung wird mit dem geringsten, die Minimalleistung mit dem höchsten Zahlenwert verbunden.

Für den Einsatz einer Schulnotenskala spricht, dass sie allen Beteiligten aus der Schulzeit geläufig ist und daher erst einmal vertraut und auch vernünftig erscheint. Die meisten Anwender dürften sich dabei allerdings nicht bewusst sein, dass die Schulnotenskala, so wie wir alle sie aus unserer Schulzeit oder aus dem Studium kennen, mit dem Problem der *fehlenden Äquidistanz* verbunden ist. Der Begriff der Äquidistanz bezieht sich auf die Größe der Abstände zwischen den Stufen einer Skala. Eigentlich sollte es so sein, dass der Abstand zwischen den einzelnen Stufen einer Skala immer gleich groß ist. Der Leistungsunterschied, der durch die Punktwerte 3 vs. 4 dokumentiert wird, sollte genau so groß sein wie ein Leistungsunterschied zwischen den Punktwerten 4 und 5. Bei Schulnoten ist dieses Prinzip in der Regel nicht erfüllt. Zumindest subjektiv dürfte den meisten Menschen der Unterschied zwischen den Schulnoten 1 und 2 geringer erscheinen als der Unterschied zwischen den Noten 5 und 6. Wer in der Schule die Note »gut« erhalten hat, kann sich fast am Ziel fühlen. Er hat die beste Note nur knapp verfehlt. Wird eine Leistung hingegen mit einem »ungenügend« bewertet, so darf sich der Schüler getrost als völlig deklassiert fühlen. Die Note »ungenügend« scheint weit entfern zu sein, von der Note »mangelhaft«. Abbildung 4-4 verdeutlicht das Problem der mangelnden Äquidistanz noch einmal grafisch. Im Vergleich zwischen einer äquidistanten und einer nicht-äquidistanten Skala bedeuten die gleichen Zahlenwerte inhaltlich etwas anderes. Ein und dieselbe Zahl repräsentiert eine unterschiedliche Leistung.

Äquidistanz ist mathematisch wichtig, wenn die Ergebnisse der Leistungsbeurteilung in irgendeiner Form weiter verrechnet werden. Dies ist beispielsweise der Fall, wenn man zum Schluss die Durchschnittsleistung für einzelne Mitarbeiter oder Gruppen von Mitarbeitern ermittelt. Jenseits mathematischer Probleme hat die mangelnde (subjektive) Äquidistanz Konsequenzen für die Interpretation einer Leistungsbeurteilung. Wer auf der Basis der in Abbildung 4-4 dargestellten nicht-äquidistanten Skala als Mitarbeiter von seinem Vorgesetzten die Note 4, erhält muss sich deutlich mehr anstrengen, um im nächsten Jahr die Note 3 zu erzielen als eine Kollegin, die heute schon die Note 3 erreicht hat und sich ebenfalls um eine Note verbessern möchte.

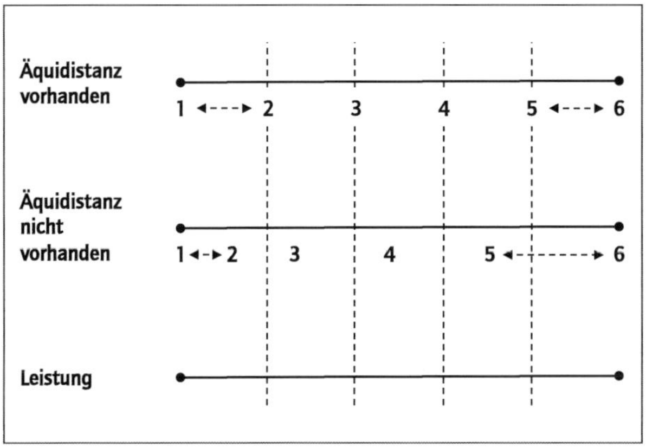

Abbildung 4-4: Problem der mangelnden Äquidistanz von Schulnotenskalen

4.6 Positiv verzerrte Bewertungen

In der Praxis trifft man häufig auf das Problem positiv verzerrter Leistungsbeurteilungen. D. h., die Führungskräfte geben überwiegend gute und sehr gute Bewertungen ab. Nur hin und wieder gibt es Bewertungen, die im mittleren Bereich der Skala angesiedelt sind. Den unteren Bereich des Bewertungsspektrums nutzen die Verantwortlichen hingegen äußerst selten (vgl. Abbildung 4-5). Die Gründe für dieses Phänomen sind vielfältig. Im günstigsten Fall handelt es sich nicht um eine Verzerrung, sondern um das Spiegelbild einer sehr leistungsfähigen Arbeitseinheit. Meist sind jedoch Zweifel an einer solchen Interpretation angebracht. Wenn beispielsweise in einer Behörde 90 Prozent aller Beschäftigten Spitzenwerte erzielen oder in einzelnen Abteilungen eines Unternehmens, die der Geschäftsführung bislang in keiner Weise positiv aufgefallen sind, der Leistungsbeurteilung zufolge nur extrem gute Mitarbeiter angesiedelt sind, sollte man die Qualität der Bewertung hinterfragen. Möglicherweise trauen sich die Führungskräfte nicht, zwischen ihren Mitarbeitern zu differenzieren, weil sie Neid und Missgunst erwarten. Oder aber sie fürchten sich vor der Kritik ihrer Mitarbeiter, die bei weniger guter Bewertung die Bewertungskompetenz und -sorgfalt des Vorgesetzten infrage stellen könnten. Neben solch menschlich verständlichen Motiven für ein gleichwohl unprofessionelles Auftreten der Führungskraft mag das Problem aber auch in der Gestaltung der verwendeten Bewertungsskalen liegen. Hier kommen wir wieder auf das Problem der Schulnotenskala zurück. Die meisten Menschen haben in ihrer Schulzeit wahrscheinlich nicht erlebt, dass die Noten 1 und 2 ebenso häufig vergeben wurden wie die Noten 5 und 6. Stattdessen verteilten die Lehrer sehr viel mehr gute als schlechte Noten. Ähnlich verhielt es sich im Studium, wenn wir einmal Extremfälle wie das Jura-Studium ausklammern, die gern in das entgegengesetzte Extrem verfallen. Setzt man nun in der berufsbezogenen Leistungsbeurteilung ein Schulnotensystem ein, so ist es nicht verwunderlich, wenn die Führungskräfte auf ähnliche Prinzipien zurückgreifen, wie sie ihnen aus ihrer Schul- oder Studienzeit bekannt sind.

Zur Lösung dieser Probleme sollte man lieber auf Bewertungsskalen nach dem Schulnotensystem verzichten und verhaltensverankerte Skalen einsetzen, die in Kapitel 5 ausführlicher beschrieben werden. Zudem empfiehlt sich eine Schulung der Führungskräfte, die sich einerseits auf die Handhabung des Leistungsbeurteilungssystems, andererseits auf die Kommunikation der Beurteilungsergebnisse im Feedbackgespräch mit dem einzelnen Mitarbeiter bezieht. Letzteres mag insbesondere unsicheren Führungskräften helfen, die ansonsten allzu schnell bereit sind, überwiegend positive Bewertungen abzugeben, um so von vornherein unangenehme Situationen zu vermeiden.

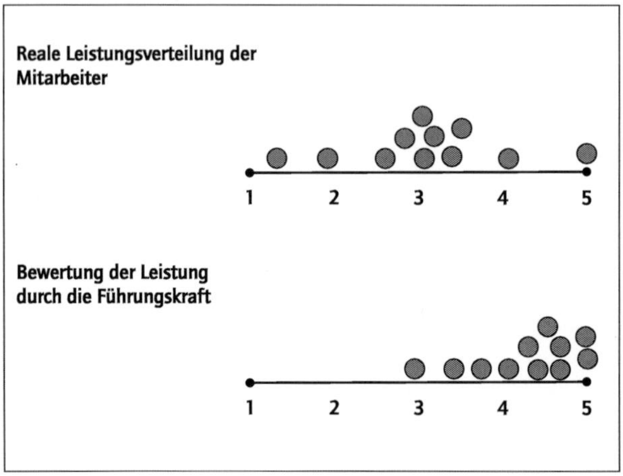

Abbildung 4-5: Problem positiv verzerrter Bewertungen

4.7 Quotierung der Punktwerte in der Leistungsbeurteilung

Um dem Problem einer positiv verzerrten Beurteilung der Mitarbeiter zu begegnen, greift man mitunter zu einer Quotierung der Punktwerte. Demnach darf die Führungskraft zum einen hohe Punktwerte nicht beliebig oft vergeben und wird andererseits gezwungen, auch niedrige Punktwerte zu verteilen. Bei der Festlegung der Quotierung orientiert man sich gern an der *Gauß'schen Glockenkurve*. Diese Kurve – auch Normalverteilungskurve genannt – beschreibt die Häufigkeit, mit der bestimmte Merkmale in der Natur vorkommen. Denken wir hier z. B. an die Körpergröße erwachsener Menschen. Es gibt nur sehr wenige Menschen, die extrem klein sind, also z. B. weniger als 145 cm messen. Mit zunehmender Größe steigt die Zahl der betroffenen Menschen an, um beispielsweise bei der weiblichen Bevölkerung Europas mit vielleicht 173 cm ihre maximale Häufigkeit zu erzielen. Danach sinkt die Häufigkeit wieder ab. Es gibt deutlich weniger Frauen, die 185 cm, 190 cm oder gar 200 cm groß sind. Irgendwann erreicht man schließlich den Nullpunkt, an dem sich keine einzige Person mehr finden lässt, die eine entsprechende Körpergröße aufweist. Schaut man sich die gesamte Verteilung der Häufigkeiten, mit denen die verschiedenen Körpergrößen auftreten, an, so ergibt sich die besagte Glockenkurve. Vergleichbar zur Körpergröße folgen sehr viele natürliche Merkmale in der Menge ihrer Verbreitung dem gleichen Kurvenverlauf. Dies gilt mit großer Wahrscheinlichkeit auch für die berufliche Leistung. Nichts liegt somit näher, als davon auszugehen, dass die meisten Menschen im beruflichen Alltag eine mittlere Leistung erbringen, während zu den Rändern des Leistungsspektrums hin die Anzahl zunehmend geringer wird. Bewerten die Führungskräfte in einem Unternehmen 85 % ihrer Mitarbeiter im Rahmen einer Leistungsbeurteilung mit dem maximal erreichbaren Punktwert, so deutet dies vor dem Hintergrund der Normalverteilungsannahme auf eine deutlich positiv verzerrte Beurteilung hin.

Will man derartige *Verzerrungen* von vornherein verhindern, so legt man eine Quotierung der zu vergebenden Punktwerte nach dem Prinzip der Normalverteilung fest. Abbildung 4-6 gibt hierfür ein Beispiel. Die Führungskraft in diesem Beispielfall darf den maximalen Punktwert von 5 nur an 10 % der Mitarbeiter vergeben. Dasselbe gilt spiegelbildlich für den minimalen Punktwert. Am häufigsten muss sie hingegen die mittlere Punktzahl vergeben, da die Wahrscheinlichkeit groß ist, dass die meisten Mitarbeiter eine mittelstarke Leistung zeigen. In unserem Beispielfall sind dies 40 %. Für die beiden übrigen Skalenstufen 2 und 4 bleiben jeweils 20 % übrig.

Beim ersten Hinsehen erscheint eine solche Quotierung durchaus sinnvoll. Mithilfe der Quotierung begegnet man sehr erfolgreich einer positiven (und ggf. natürlich auch einer negativen) Verzerrung der Punktevergabe. Allerdings ist die Annahme einer Normalverteilung nur dann sinnvoll, wenn die Anzahl der zu beurteilenden Mitarbeiter auch hinreichend groß ist. Niemand kann ernsthaft erwarten, dass in kleinen Arbeitsgruppen von fünf oder acht Personen die Leistung zwangsläufig immer im Sinne der Gauß'schen Glockenkurve verteilt ist. Natürlich gibt es kleine Gruppen, in denen die Mehrheit der Mitglieder schwache Leistungen erbringen. Würde man in einer solchen Gruppe eine Leistungsbeurteilung nach der Normalverteilung vornehmen, so käme es gerade hierdurch zu einer positiven Verzerrung der Ergebnisse. Spiegelbildlich verhält es sich in kleinen Abteilungen, in denen die meisten Mitarbeiter objektiv betrachtet eine sehr hohe Leistung erbringen (vgl. Abbildung 4-6). Rein statistisch betrachtet ist es erst dann legitim, von einer Normalverteilung der Leistung auszugehen, wenn man eine Personengruppe von mindestens 30 Menschen zugrunde legt. In der Realität der beruflichen Leistungsorientierung dürften die meisten Führungskräfte jedoch weitaus kleinere Gruppen beurteilen. In diesen Fällen ist von einer entsprechenden Quotierung abzuraten.

Alternativ zur Quotierung der Punktwerte nach der Normalverteilung lassen sich natürlich auch noch andere Quotenvorgaben denken. So könnte man beispielsweise im oberen Punktwertebereich eine höhere Quote vorsehen, sofern man begründet davon ausgehen kann, dass die Mehrheit der Mitarbeiter eher im oberen Leistungsbereich angesiedelt ist. Sofern man überhaupt mit Quotenvorgaben arbeiten möchte, kommt es letztlich immer darauf an, inwieweit die vorgegebenen Quoten die Realität der Leistungsverteilung unter den Mitarbeitern richtig widerspiegeln. Je weiter die vorgegebene Quotierung von dieser Realität abweicht, desto eher provoziert die Quotierung eine Verzerrung, zu deren Bekämpfung sie eigentlich gedacht war.

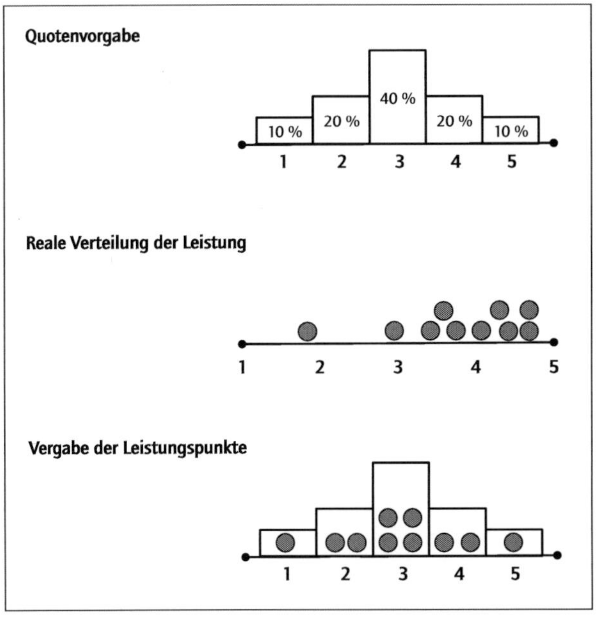

Abbildung 4-6: Verzerrung der Leistungsbeurteilung durch eine Quotierung der Punktevergabe

4.8 Direkter Vergleich der Mitarbeiter untereinander

Im Alltag neigen wir dazu, Personen oftmals im Vergleich zu anderen Menschen zu beschreiben: Hang ist kleiner als Cordula, Nicola ist gesprächiger als Jan, Jens isst lieber Sahnetorte als Niko etc. Dabei beschränken sich die Vergleiche keineswegs nur auf die Beschreibung anderer Menschen, sondern können auch die eigene Person mit einbeziehen. Im Grunde genommen erfahren wir erst im Vergleich mit anderen, wer wir selbst sind (Kanning, 2000). Da überrascht es nicht, wenn auch im beruflichen Alltag Vergleiche an der Tagesordnung sind und viele Führungskräfte dazu neigen, im Rahmen der Leistungsbeurteilung eine relative Bewertung der einzelnen Mitarbeiter vorzunehmen. In manchen Leistungsbeurteilungssystemen ist dies sogar explizit erwünscht. Man erkennt solche Verfahren leicht an der sprachlichen Verankerung der zu vergebenden Punktwerte. Die höchste Punktzahl wird dann z. B. als »weit überdurchschnittliche Leistung«, die geringste hingegen als »weit unterdurchschnittliche Leistung« bezeichnet. Die Bewertung des Einzelnen in einem solchen System setzt immer voraus, dass sich die Führungskraft zunächst einen Eindruck davon verschafft, auf welchem Niveau die durchschnittliche Leistung der Mitarbeiter anzusiedeln ist, um dann in einem zweiten Schritt jeden einzelnen der zu bewertenden Mitarbeiter an diesem wahrgenommenen Durchschnitt zu relativieren. Selbst wenn das Leistungsbeurteilungssystem dies nicht explizit vorsieht, dürften viele Führungskräfte in ähnlicher Weise vorgehen. Z. B. könnte der Vorgesetzte überlegen, welcher Mitarbeiter die beste Leistung erbringt und für diese Person dann den höchstmöglichen Punktwert vergeben. Anschließend schaut er, wie weit jeder der verbleibenden Mitarbeiter in seiner Leistung von dieser Person entfernt ist und vergibt somit nach und nach für jeden einen Punktwert, der letztlich an der Leistung des Besten relativiert wurde. Alternativ könnte man auch mit der Identifizierung des Mitarbeiters beginnen, der die geringste Leistung erbringt und dann analog vorgehen.

Trotz der weiten Verbreitung dieses Vorgehens liegt genau in dieser Relativierung der Einzelleistung an den Leistungen der Kollegen ein zentrales Problem. In Abbildung 4-7 wird es verdeutlicht. Stellen wir uns einen bestimmten Mitarbeiter vor, der objektiv betrachtet auf einer fünfstufigen Skala den Leistungswert 4 erhalten müsste. Ob er nun im Zuge der Leistungsbewertung tatsächlich diesen Wert erhält, hängt bei der auf Vergleichen basierenden Bewertung letztlich davon ab, wie die Führungskraft die Leistung seiner Kollegen bewertet. Nehmen wir einmal an, die fragliche Person arbeitet in einem besonders leistungsfähigen Team. Dies hat zur Konsequenz, dass ihre Leistung in Relation zu den Kollegen vielleicht nur noch durchschnittlich erscheint. In der Folge vergibt die Führungskraft statt 4 Punkten nur noch 3 Punkte. Hätte unser Beispielmitarbeiter Glück gehabt, wäre er in einer leistungsschwächeren Arbeitsgruppe gelandet, was letztlich zu einer relativen Aufwertung seiner Leistung geführt hätte. Im Ergebnis könnte er sich vielleicht über die Vergabe von 5 Punkten freuen. Unser einfaches Beispiel verdeutlicht, dass ein und dieselbe Leistung in Abhängigkeit von der Leistung der Kollegen völlig unterschiedlich bewertet wird. Dies ist aus mehreren Gründen nicht sinnvoll.

Aus der Sicht der Mitarbeiter handelt es sich um ein unfaires Verfahren. Wenn man Pech hat, landet man in einer leistungsstarken Vergleichsgruppe und erzielt schlechte

Werte, die je nach System dann auch in einer geringeren Bonuszahlung resultieren. Ein und dieselbe Leistung wird in verschiedenen Abteilungen einer Organisation unterschiedlich bewertet bzw. honoriert, ohne dass die betroffenen Mitarbeiter durch Anstrengung hieran viel ändern könnten. Wichtiger als die Anstrengung scheint offenbar die Tatsache zu sein, in welcher Abteilung man arbeitet. Dies widerspricht dem Grundgedanken der Leistungsbeurteilung. Letztlich möchte man gute Leistung honorieren und ggf. zu mehr Leistung motivieren. Ein System, in dem das Ergebnis der Leistungsbeurteilung aber mehr durch den Zufall als durch die eigene Anstrengung bestimmt, wird bewirkt das Gegenteil von Motivierung. Durchschauen die Mitarbeiter die Schwächen einer relativierenden Bewertung, so laufen die Konsequenzen der Leistungsbeurteilung den Interessen des Unternehmens zuwider. Die Anfälligkeit der vergleichenden Bewertung wird besonders deutlich, wenn man sich vorstellt, dass ein sehr leistungsstarker Mitarbeiter die Abteilung wechselt. In seiner alten Abteilung führt dies zu einer Aufwertung der Leistung der verbliebenen Mitarbeiter, während die Leistung der Mitarbeiter der neuen Abteilung abgewertet wird, ohne dass irgendeine der betroffenen Personen ihr Arbeitsverhalten geändert hätte. Die Leistungsbeurteilung ist zu einem großen Anteil völlig entkoppelt von der tatsächlichen Leistung der Mitarbeiter.

Eine besondere Tücke der vergleichenden Bewertung liegt in ihrer Nähe zum Alltagsdenken. Gerade weil der Vergleich zwischen Menschen zu unseren üblichen Routinen der Urteilsbildung im Alltag gehört, dürften sich viele Führungskräfte der soeben skizzierten Probleme nicht bewusst sein.

Alles in allem spricht mithin nichts für eine vergleichende Bewertung der Mitarbeiter hinsichtlich ihrer Leistung. Im Gegenteil, die zugrunde gelegten Maßstäbe sollten eine absolute Bewertung der Leistung jedes Einzelnen ermöglichen (vgl. Kapitel 5).

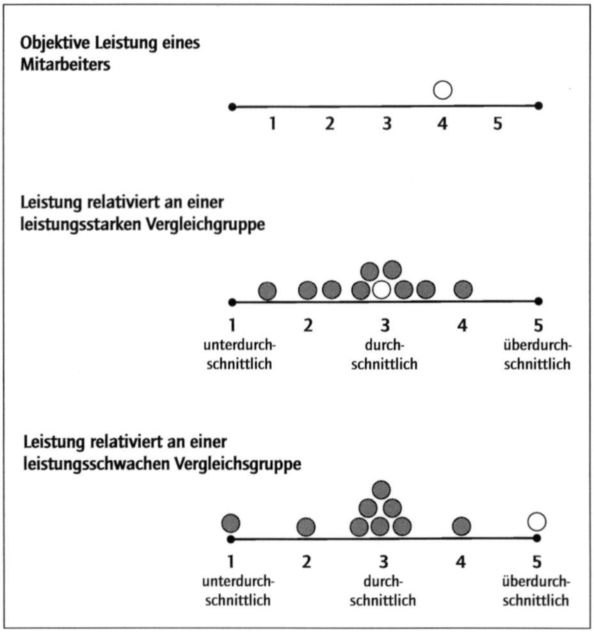

Abbildung 4-7: Problem des direkten Vergleichs der Mitarbeiter

4.9 Einsatz unklar definierter Punktesysteme

Viele Leistungsbeurteilungssysteme kranken nicht nur daran, dass die zu bewertenden Leistungsdimensionen unklar definiert sind (s. o.), auch die Definition der Punktwerte lässt sehr häufig zu wünschen übrig. Kehren wir zur Verdeutlichung dieses Problems zu unserem Ausgangsbeispiel zurück, das in Abbildung 4-1 dargestellt ist. Die Aufgabe der Führungskraft besteht darin, auf zehn verschiedenen Leistungsdimensionen jeweils bis zu zehn Punkte zu verteilen. Die Frage ist nun, für welches Ausmaß an Leistungsbereitschaft, Kundenorientierung oder Teamfähigkeit wie viele Punkte vergeben werden müssen? Im Beispielfall lässt man die Führungskraft mit dieser Frage allein. Zur Orientierung dienen lediglich Formulierungen wie »Anforderungen stark untererfüllt« oder »Anforderungen stark übererfüllt«. Worin genau die Aufgabenerfüllung besteht, wird nicht beschrieben. Ganz offensichtlich ist es die Aufgabe der Führungskraft, dies selbst herauszufinden bzw. festzulegen. Genau hierin liegt das Problem. Im Grunde genommen wurde keine aussagekräftige Anforderungsanalyse durchgeführt. Jenseits der äußerst groben Orientierung an vieldeutigen Begriffen (»Teamfähigkeit«, »Auftreten« etc.) muss die einzelne Führungskraft selbst entscheiden, welche Ansprüche an die Mitarbeiter gestellt werden und wie deren Verhalten vor dem Hintergrund der selbst gewählten Ansprüche zu bewerten ist. Aus der Sicht der Mitarbeiter kann man ein solches System völlig zu Recht als willkürlich erleben. Freundlicher ausgedrückt muss man zumindest ein sehr hohes Maß an Subjektivität feststellen. Es ist nicht gewährleistet, dass an alle Mitarbeiter mit dem gleichen Aufgabenbereich dieselben Anforderungen gestellt werden. In verschiedenen Abteilungen wird mit hoher Wahrscheinlichkeit gleiches Verhalten mit unterschiedlichen Punktwerten belegt und dies allein deshalb, weil jede Führungskraft selbst ihren individuellen Bewertungsmaßstab festlegt. Da die Anforderungen nicht explizit festgehalten werden, wissen die Mitarbeiter nicht eindeutig, woran sie ihr Verhalten ausrichten sollen, um in Zukunft einen hohen Punktwert erzielen zu können. Verfolgt eine Führungskraft unlautere Ziele, so ist es für sie ein Leichtes, Mitarbeiter fast nach Belieben auf- oder abzuwerten. Die Mitarbeiter können sich dagegen nur schwer zur Wehr setzen, da es kein objektiviertes Kriterium gibt, an dem man die Qualität des Vorgesetztenurteils messen könnte. Aufgrund der somit entstehenden, sehr hohen Abhängigkeit der Mitarbeiter von ihrem direkten Vorgesetzten besteht die Gefahr, dass die Mitarbeiter in Zukunft vor allem Wert darauf legen, ihrem Vorgesetzten zu gefallen. Dies macht der Führungskraft das Leben zwar leicht, ist aber nicht zwangsläufig auch im Sinne der Organisation. Die Mitarbeiter werden nicht eingestellt, um den Interessen der Führungskraft zu dienen, sondern um der Organisation bei der Verfolgung ihrer Ziele zu nutzen. Die Ziele des einzelnen Vorgesetzten decken sich keineswegs immer vollständig mit den Zielen der Organisation.

Die Schwächen unklar definierter Punktwerte liegen somit auf der Hand. Das Leistungsbeurteilungssystem erzeugt bei den Mitarbeitern eher Unsicherheit, statt bei der klaren Definition des gewünschten Leistungsverhaltens zu helfen. Der Widerspruch oder doch zumindest der Unmut vieler Mitarbeiter ist geradezu vorprogrammiert. Zudem dürften gerade jüngere Führungskräfte ein solches Beurteilungssystem als wenig hilfreich erleben. Ein wichtiges Qualitätskriterium professioneller Leistungsbeurteilungssysteme liegt in der Definition desjenigen Leistungsverhaltens, das mit einem bestimmten Punktwert belegt wird. Erst hierdurch wird für alle Beteiligten deutlich, worin sich eine besonders hervorgehobene Leistung von einer hinreichenden oder gar defizitären Arbeitsleistung unterscheidet. Nur wenn die Mitarbeiter wissen, worauf es ankommt, können sie ihr Verhalten auch entsprechend ausrichten und hierdurch ggf. ihren eigenen Nutzen, den sie aus ihrer Arbeitsleistung ziehen, zielgerichtet erhöhen.

4.10 Hohe Messfehleranfälligkeit

Immer wenn man im Rahmen eines Personalauswahlverfahrens oder einer Leistungsbeurteilung die Kompetenzen anderer Menschen einschätzt, geht diese Form der Messung mit einem mehr oder minder großen Messfehler einher. Hierin unterscheidet sich die Personaldiagnostik nicht von physikalischen Messungen. Jede Haushaltswaage weist, ebenso wie jedes Blutdruckmessgerät, eine gewisse Ungenauigkeit der Messung auf. Eine Möglichkeit, derartige Messfehler zu reduzieren, besteht in der Mehrfachmessung mit anschließender Mittelwertbildung. Hierzu würde man z. B. bei einem Blutdruckmessgerät fünfmal hintereinander den Blutdruck erfassen und anschließend den Mittelwert über die fünf Werte berechnen. Dieser Mittelwert bildet dann eine recht gute Schätzung für den wahren Wert, den man direkt nicht erfassen kann. In der Personaldiagnostik geht man im Prinzip analog vor (Kanning, 2004). In Persönlichkeitsfragebögen oder Leistungstests wird mit mehreren Fragen oder Aufgaben dasselbe Merkmal mehrfach untersucht, ehe man über die Einzelmessungen einen Mittelwert berechnet (vgl. Kapitel 5). Durch dieses Vorgehen lässt sich der Einfluss des Messfehlers statistisch reduzieren.

Betrachten wir mit diesem Wissen die Leistungsbeurteilungsskalen aus Abbildung 4-1, so fällt ein weiteres Problem vieler Leistungsbeurteilungssysteme ins Auge: Jede Leistungsdimension wird nur ein einziges Mal beurteilt. Man sichert sich nicht gegen das Problem des Messfehlers ab. Die Führungskraft setzt ein einziges Kreuz zur Einschätzung einer Leistungsdimension und damit ist die Bewertung auf dieser Dimension rundum abgeschlossen. Sehr viel besser wäre es, wenn man mehrere Subdimensionen einer jeden Leistungsdimension definieren würde. Im Bereich »Konfliktfähigkeit« könnte man z. B. drei Aspekte unterscheiden: (1) Die Bereitschaft des Mitarbeiters, sich schwelenden Konflikten offen zu stellen. (2) Das Ausmaß, in dem er sich in Konfliktsituationen offensiv für seine Sichtweise der Dinge einsetzt. (3) Die Fähigkeit, letztlich konstruktive Lösungen zu unterstützen, die auch der Gegenseite ggf. einen (Teil-)Erfolg ermöglichen. Die Führungskraft müsste in diesem Beispielfall also zunächst drei Kreuze setzen. Aus dem Mittelwert der drei Werte ergibt sich dann die Gesamtbewertung auf der Leistungsdimension »Konfliktfähigkeit«.

4.11 Berechnung der Gesamtleistung durch Mittelwertbildung

Die soeben empfohlene Berechnung von Mittelwerten ist aber keineswegs immer angebracht. In Abbildung 4-1 finden wir ein Beispiel für einen Fall, in dem die vorzunehmende Berechnung des Mittelwertes nicht vollends sinnvoll erscheint. Nachdem die Führungskraft auf jeder der zehn Leistungsdimensionen eine Bewertung vorgenommen hat muss sie über alle Dimensionen hinweg einen *Gesamtmittelwert* berechnen. Dieser Mittelwert soll dann die Gesamtleistung des betreffenden Mitarbeiters dokumentieren. Dient die Leistungsbeurteilung der Berechnung einer finanziellen Entlohnung, ist dieses Vorgehen durchaus legitim, da man letztlich einen Punktwert benötigt, der in Geldeinheiten umgerechnet wird. Alternativ ließe sich auch ein gewichteter Mittelwert berechnen und dadurch die besondere Bedeutung bestimmter Leistungsdimensionen hervorheben.

Leistungsbeurteilungen dienen jedoch nicht nur der Ausschüttung von Bonuszahlungen. Nicht selten werden sie auch zur internen Stellenbesetzung herangezogen. Die besten Chancen auf eine intern ausgeschriebene Stelle haben dann diejenigen Kandidaten, die bei den Leistungsbeurteilungen der vergangenen Jahre die höchsten Punktwerte erzielten. Betrachtet man dabei nur den Mittelwert über die verschiedenen Leistungsdimensionen hinweg, so gehen wichtige Informationen verloren. Durch die Berechnung des Mittelwertes können Leistungsdefizite in einzelnen Teilbereichen mitunter komplett zugedeckt werden. In Tabelle 4-1 werden hierfür einige Beispielfälle skizziert. Dargestellt werden die Ergebnisse der Leistungsbewertung von drei fiktiven Personen. Alle drei erzielen im Mittelwert eine Gesamtbewertung von 4 Punkten auf einer siebenstufigen Skala. Ein Blick auf die Einzelbewertungen offenbart jedoch, dass die Gesamtbewertung jeweils völlig unterschiedlich zustande gekommen ist. Während Mitarbeiter A offenbar in keinem Bereich wahrnehmbare Stärken oder Schwächen besitzt, finden sich bei Person B leichte Schwächen in den Bereichen Arbeitsweise, Führungskompetenz und Fachkompetenz. Diese werden im Zuge der Mittelwertberechnung jedoch durch leichte Stärken in den Bereichen Auftreten, Konfliktfähigkeit und Teamfähigkeit rein mathematisch kompensiert. Bei Mitarbeiter C tritt das Problem der Mittelwertberechnung besonders zutage. Die Person hat extreme Leistungsdefizite in der Einsatzbereitschaft sowie der Fachkompetenz, kann diese aber mathematisch vollständig ausgleichen durch eine Extrembewertung der Kundenorientierung sowie der Kreativität. Nach Aktenlage erscheinen alle drei Kandidaten bezogen auf die Gesamtbewertung in gleicher Weise leistungsfähig. De facto ist dies aber nicht der Fall. Die extremen Leistungsdefizite des Mitarbeiters C in einzelnen Bereichen stellen dessen Nützlichkeit für das Unternehmen mehr als infrage, denn die Kompensation der Leistungsdefizite ist rein mathematischer Natur. In der Realität wird eine überaus große Kundenfreundlichkeit z. B. nicht dauerhaft über eine völlige fachliche Inkompetenz hinwegtäuschen können. Die Berechnung des Mittelwertes verführt dazu, sich die Leistungsprofile der Mitarbeiter nicht mehr genau anzuschauen. Genau dies ist aber im Rahmen der Personalauswahl von entscheidender Bedeutung. Es kommt nicht darauf an, dass jemand im Mittelwert den Anforderungen der Stelle entspricht, sondern dass er in allen relevanten Kompetenzbereichen die jeweilige Mindestanforderung zu erfüllen vermag (Kanning, 2004; Kanning, Pöttker & Klinge, 2008).

Ähnliche Probleme können sich ergeben, wenn man die Leistungsbeurteilung als Führungsinstrumentarium sowie zur Personalentwicklung nutzt. Im Feedbackgespräch ist es wichtig, die jeweils dimensionsspezifischen Stärken und Schwächen zu besprechen und nicht den Fokus auf den berechneten Durchschnittswert zu legen. Personalentwicklungsmaßnahmen können nur dann gezielt implementiert werden, wenn man zuvor den spezifischen Weiterbildungsbedarf der betroffenen Mitarbeiter ermittelt hat. Auch hier ist mithin die Profilinformation viel wichtiger als der Mittelwert.

Wir sehen, die Berechnung der durchschnittlichen Gesamtleistung hat durchaus ihre Tücken. Sie ist allerdings nicht prinzipiell von Übel. Es kommt darauf an, dass man je nach Verwendungszweck erkennt, ob die Gesamtleistung eine sinnvolle Bezugsgröße ist oder nicht.

Leistungsdimension	**Mitarbeiter**		
	A	B	C
Arbeitsweise	4	3	4
Arbeitsqualität	4	4	4
Auftreten	4	5	4
Einsatzbereitschaft	4	4	1
Kundenorientierung	4	4	7
Führungskompetenz	4	3	4
Konfliktfähigkeit	4	5	4
Teamfähigkeit	4	5	4
Kreativität	4	4	7
Fachkompetenz	4	3	1
Mittelwert	**4**	**4**	**4**

Tabelle 4-1: Problem der Verdeckung von Minderleistungen durch Mittelwertberechnung

4.12 Mangelnde Transparenz

Leistungsbeurteilungen erfüllen nur dann ihren Zweck als Instrument zur Mitarbeitermotivierung, wenn sie von den Mitarbeitern akzeptiert werden können. Dies bedeutet nicht, dass der Mitarbeiter in allen Punkten mit der Führungskraft übereinstimmen muss, die Bewertung muss aber nachvollziehbar sein. Die Mitarbeiter müssen verstehen können, auf welchen Kriterien das Gesamtsystem aufbaut und nach welchen Maßstäben die Bewertung vollzogen wird (Kanning, 2012b). Dabei versteht es sich von allein, dass für alle Mitarbeiter, die ähnliche Arbeitsplätze haben, auch dieselben Kriterien und Bewertungsmaßstäbe gelten. In der Konsequenz sollte eine Führungskraft also stets in der Lage sein, das Ergebnis ihrer Leistungsbeurteilung nachvollziehbar zu begründen. Die beste Basis hierfür bildet die Transparenz des Beurteilungssystems.

Bei transparenten Systemen wissen die Mitarbeiter bereits vor der Leistungsbeurteilung, welche Kriterien und Bewertungsmaßstäbe an ihre Arbeit herangelegt werden. Im günstigsten Falle findet die Offenlegung zu Beginn des Bewertungszeitraumes – also z. B. unmittelbar nach der letzten Regelbeurteilung – statt, sodass man sich von vornherein in seinem Leistungsverhalten darauf einstellen kann.

Werfen wir erneut einen Blick auf das in Abbildung 4-1 dargestellte Beurteilungssystem. Würde die frühzeitige Bekanntgabe der zehn Leistungskriterien mit der zehnstufigen Beurteilungsskala den Mitarbeitern eine hinreichende Transparenz liefern? Nein, natürlich nicht. Das Problem liegt hier nicht in der Frage, wann man den Beurteilungsbogen veröffentlicht, sondern darin, dass sowohl die Leistungsdimensionen als auch der Bewertungsmaßstab an sich intransparent sind. Weiter oben wurde bereits erläutert, dass ein solches System den Führungskräften weitestgehende Freiheit lässt, nahezu jede beliebige Meinung in das Punktwerteschema hineinzupressen. Aufgrund der fehlenden Definitionen kann ein und dieselbe Leistung sehr unterschiedlich bewertet werden. Dies schafft für die Führungskräfte ein Gefühl der Unsicherheit (oder bei manchem auch ein erwünschtes Gefühl der Macht über die eigenen Mitarbeiter). Auf der Seite der Mitarbeiter erzeugt es den Eindruck weitest gehender Intransparenz. Wie die einzelne Führungskraft letztlich zu ihrem Urteil gelangt, bleibt im Verborgenen. Falls man sich ungerecht bewertet fühlt, wird es schwer sein, die Gegenseite durch Argumente zu überzeugen, da jeder der Beteiligten seine eigenen Interpretationen der Dimensionen sowie der Maßstäbe zugrunde legen kann. Abhilfe schafft hier ein System, das den in Kapitel 5 beschriebenen Prinzipien folgt.

4.13 Fehler im Feedbackgespräch

Nach erfolgter Beurteilung müssen die Ergebnisse den Mitarbeitern mitgeteilt werden. In aller Regel geschieht dies in einem Vieraugengespräch zwischen Führungskraft und Mitarbeiter. Von der Qualität des Feedbackgesprächs hängt entscheidend ab, ob die Beurteilung von der Mitarbeiterseite akzeptiert wird und darüber hinausgehend möglichst auch ein motivierendes Potenzial entfaltet (vgl. Hossiep, Bittner & Berndt, 2008; Lohaus, 2009).

Ein erster Fehler, der in Bezug auf das Feedbackgespräch unterlaufen kann, bezieht sich auf die *Vorbereitung* des Gesprächs. Von großer Bedeutung für das Gelingen ist, dass sich die Führungskraft vor dem Gespräch die Ergebnisse ihrer Bewertung – die mitunter schon einige Tage oder Wochen zurückliegt – in Erinnerung ruft und darüber hinaus den Ablauf des Gesprächs plant (vgl. Kapitel 5). Müssen auch deutlich negative Bewertungen kommuniziert werden bzw. weiß die Führungskraft, dass der Mitarbeiter nur schwer mit negativer Kritik umgehen kann, ist es darüber hinaus sinnvoll, sich stichhaltige Argumente sowie eine Argumentationsstrategie zurechtzulegen. Nicht wenige Gespräche, in denen negative Kritik übermittelt werden muss, scheitern an der mangelnden oder gar fehlenden Vorbereitung.

Das Feedbackgespräch dient – anders, als die Bezeichnung vielleicht nahe legt – nicht nur der einseitigen Kommunikation vonseiten der Führungskraft in Richtung auf den Mitarbeiter. Es geht um wechselseitigen *Austausch*. Die Führungskraft teilt ihre Sichtweise mit, sollte aber auch an der Sichtweise der Mitarbeiter interessiert sein. Mitunter geht es auch um Erklärungen für bestimmte Ereignisse. Insbesondere wenn Mitarbeiter eine wenig schmeichelhafte Rückmeldung erfahren, werden viele auch das Bedürfnis haben, sich zu erklären. Aus Sicht der Führungskraft sind dies wichtige Informationen, um die eigenen Beobachtungen des Leistungsverhaltens besser einschätzen zu können.

Durch den Austausch mag die Führungskraft eine bestimmte Bewertung vielleicht sogar korrigieren wollen. Prinzipiell muss eine solche Korrektur möglich sein. Sie darf gleichwohl nicht zur Regel werden. Das Feedbackgespräch ist kein Verhandlungsgespräch, in dem man wie auf einem Basar etwas aushandelt. Dennoch ist es auch nicht sinnvoll, eine im Nachhinein als falsch erkannte Bewertung durchzuboxen, nur um eigene Fehler nicht einräumen zu müssen.

Liegen Minderleistungen vor, so ist deren Aufdeckung und Bewertung zunächst die zentrale Aufgabe der Leistungsbeurteilung. Soll die Leistungsbeurteilung aber auch positive Auswirkungen auf das *zukünftige Arbeitsverhalten* der Mitarbeiter haben, so ist es darüber hinaus wichtig, dass man sich über Möglichkeiten zur Verbesserung des Status quo unterhält und verbindliche Absprachen trifft. Dabei kann es sich im einfachsten Falle um Absichtsbekundungen des Mitarbeiters handeln. Weitergehende Absprachen betreffen möglicherweise Veränderungen der Arbeitsbedingungen, eine bessere Unterstützung durch Vorgesetzte und Kollegen oder den Besuch von Schulungsmaßnahmen.

Vor dem Hintergrund der soeben skizzierten Inhalte würde ein besonders schlechtes Feedbackgespräch darin bestehen, dass die Führungskraft unvorbereitet in das Gespräch hineingeht, dem Mitarbeiter ohne Erläuterung die Ergebnisse mitteilt und man anschließend wieder auseinandergeht. Es dürfte nicht wenige Mitarbeiter geben, die Feedbackgespräche bislang ganz ähnlich erlebt haben. Ein solches Gespräch ist schlichtweg überflüssig. Vergleichbare Effekte könnte man mit weitaus weniger Aufwand erzielen, indem man dem Mitarbeiter den ausgefüllten Leistungsbeurteilungsbogen einfach per Mail zusendet.

4.14 Fazit

Leistungsbeurteilungssysteme sind wichtige Instrumentarien der Mitarbeiterführung. Die Ausführungen in diesem Kapitel haben gezeigt, dass es sich dabei durchaus um eine anspruchsvolle Methode handelt. Durch so mancherlei Fehler – von denen hier nur die größten aufgeführt wurden – kann der Einsatz der Methode ad absurdum geführt werden. Die meisten dieser Fehler sind vergleichsweise leicht zu umgehen. Die nachfolgend aufgeführte Checkliste (Tabelle 4-2) soll dabei helfen, ein bereits bestehendes oder geplantes Leistungsbeurteilungssystem im eigenen Unternehmen zumindest grob einzuschätzen. Hinsichtlich jedes Kriteriums muss entschieden werden, ob es zutrifft. Je mehr Kriterien zutreffen, desto schlechter ist das Verfahren und desto dringlicher empfiehlt sich eine Überarbeitung. In Kapitel 5 kehrt sich unsere Sichtweise um. Es geht darum, die wichtigsten Schritte und Prinzipien eines effektiven Leistungsbeurteilungssystems zu beschreiben.

Kriterium	**zutreffend?**
Willkürliche Auswahl der Leistungskriterien (Die Leistungskriterien basieren allein auf Plausibilitätsbetrachtungen oder einem allgemeinen Kompetenzmodell, das empirisch nicht überprüft wurde.)	❍
Mangelnde Einschätzbarkeit der Leistungskriterien (Manche Leistungskriterien können objektiv betrachtet von den Führungskräften nicht eingeschätzt werden. Dennoch werden Punktwerte vergeben.)	❍
Einsatz abstrakter, undifferenzierter Leistungskriterien (Es wird nicht verbindlich definiert, was unter den Leistungskriterien zu verstehen ist. Jede Führungskraft legt ihre eigenen Definitionen zugrunde.)	❍
Einsatz zu differenzierter Beurteilungsskalen (Die zu vergebenden Punktwerte sind so fein differenziert, dass man mit eigenen Worten nicht mehr sagen kann, worin der Unterschied benachbarter Punktwerte besteht.)	❍
Einsatz einer Schulnotenskala (Die Bewertungsskala orientiert sich am sechsstufigen Schulnotensystem. Die Abstände zwischen den Schulnoten werden nicht als gleich groß erlebt.)	❍
Positiv verzerrte Bewertungen (Die Führungskräfte trauen sich nicht, neutrale oder gar negative Bewertungen der Mitarbeiter vorzunehmen.)	❍
Quotierung der Punktwerte in der Leistungsbeurteilung (Obwohl die Anzahl der Mitarbeiter recht klein ist, wird die Führungskraft genötigt, bei der Punktevergabe bestimmte Quoten einzuhalten.)	❍
Direkter Vergleich der Mitarbeiter untereinander (Die Leistung der Mitarbeiter wird nicht absolut, sondern relativ, im Vergleich zu ihren Kollegen bewertet.)	❍
Einsatz unklar definierter Punktesysteme (Es wird nicht definiert, welche konkrete Leistung hinter spezifischen Punktwerten steckt.)	❍
Hohe Messfehleranfälligkeit (Jedes Leistungskriterium wird durch eine einzige Bewertung der Führungskraft vollständig abgedeckt.)	❍
Berechnung der Gesamtleistung durch Mittelwertbildung (Über die Bewertungen der unterschiedlichen Leistungskriterien pro Person wird zur Bestimmung der Gesamtleistung ein Mittelwert berechnet. Allein dieser Mittelwert spielt nachfolgend eine Rolle.)	❍
Mangelnde Transparenz (Den Mitarbeitern ist nicht verständlich, wie die Bewertung der Führungskraft zustande kommt bzw. welche Leistung man erbringen muss, um eine bestimmte Bewertung zu erhalten.)	❍
Fehler im Feedbackgespräch (Die Führungskraft bereitet sich auf das einzelne Mitarbeitergespräch nicht vor, holt im Gespräch keine Informationen vom Mitarbeiter ein und trifft bei Minderleistung keine Absprachen für die Zukunft.)	❍
Summe	

Tabelle 4-2: Checkliste zur Bewertung der Schwächen eines Leistungsbeurteilungssystems

4.15 Vertiefende Literatur

Bühner, M. (2006). Einführung in die Test- und Fragebogenkonstruktion. München: Pearson.

Kanning, U. P., Hofer, S. & Schulze Willbrenning, B. (2004). Professionelle Personenbeurteilung: Ein Trainingsmanual. Göttingen: Hogrefe.

Kanning, U. P. (2004). Standards der Personaldiagnostik. Göttingen: Hogrefe.

5. Wie man es besser macht: Prinzipien effektiver Leistungsbeurteilungssysteme

Nachdem wir uns im vorherigen Kapitel mit häufig anzutreffenden Schwächen der Leistungsbeurteilung auseinandergesetzt haben, gehen wir im Folgenden der Frage nach, von welchen Prinzipien sich eine aussagekräftige und damit auch effektive Leistungsbeurteilung leiten lässt. Dabei kommen viele Themen zur Sprache, die später, im weiteren Verlaufe des Buches noch tiefer gehend behandelt werden.

5.1 Einbindung der Mitarbeiter

Nahezu jedes Leistungsbeurteilungssystem soll die Mitarbeiter zu einer Aufrechterhaltung oder Steigerung ihres derzeitigen Leistungsniveaus motivieren. Eine solche Funktion kann das System umso besser erfüllen, je gerechter es den beteiligten Personen erscheint. Doch was ist *Gerechtigkeit* in diesem Zusammenhang? Die psychologische Forschung beschäftigt sich seit vielen Jahren mit Fragen der erlebten Gerechtigkeit (Kanning, 2011b; Nerdinger, 2006) im beruflichen Kontext. Dabei haben sich zwei einander ergänzende Ansätze als bedeutsam erwiesen: die sog. Verteilungsgerechtigkeit sowie die Verfahrensgerechtigkeit.

Die *Verteilungsgerechtigkeit* bezieht sich auf das grundlegende Prinzip, das der Verteilung einer Ressource (Geld, Leistungspunkte etc.) zugrunde liegt (vgl. Abbildung 5-1). Dabei können der Theorie zufolge drei Prinzipien unterschieden werden: Dem Prinzip der Equality folgend würde man nur dann von Gerechtigkeit sprechen, wenn die zur Verfügung stehende Ressource unter allen Beteiligten gleichmäßig verteilt wird. Demnach würden also z. B. alle Mitarbeiter einer Firma unabhängig von ihrer Qualifikation und Leistung dasselbe Gehalt beziehen. Ebenso müsste man im Rahmen der Leistungsbeurteilung allen den gleichen Punktwert zuschreiben. Ein solches System wäre völlig wertlos, da es letztlich dem eigentlichen Zweck der Leistungsbeurteilung zuwiderläuft. Es verschleiert die individuelle Leistung, statt sie sichtbar zu machen. Gleiches gilt für das sog. »Need-Prinzip«, dem zufolge man jeden Mitarbeiter allein aufgrund seiner Bedürftigkeit entlohnen würde. Ein Lagerarbeiter mit fünfköpfiger Familie im Hintergrund müsste also ein höheres Gehalt erzielen als ein promovierter Ingenieur ohne Anhang, der im selben Maschinenbauunternehmen durch seine Erfindungen den Grundstein für den Unternehmenserfolg legt. Die meisten Menschen in den westlichen Wirtschaftssystemen würden demgegenüber wohl das Prinzip der Equity (Adams, 1965) bevorzugen. Equity liegt vor, wenn jeder Einzelne entsprechend seiner eigenen Leistung belohnt wird. Dies trifft den Kern der Leistungsbeurteilung, so wie sie im vorliegenden Buch beschrieben wird. So einfach dieses Prinzip auch auf den ersten Blick erscheinen mag, es birgt doch auch sehr viel Anlass zum Konflikt: Worin ist beispielsweise die Leistung einer Sekretärin oder die eines Außendienstmitarbeiters begründet? Sollten alle Sekretärinnen eines Unternehmens – also beispielsweise die des Teamleiters ebenso wie die des Vorstandes –

nach exakt denselben Kriterien bewertet werden? Wer legt die Kriterien fest? Wie geht man vor, wenn sich eine Sekretärin ungerecht von ihrem Vorgesetzten bewertet fühlt?

Diese und ähnliche Fragen leiten uns zum Konzept der *Verfahrensgerechtigkeit*. Sie fragt nach den Prozessen, die einer Verteilung von Ressourcen zugrunde liegt. In der Forschung haben sich sechs Regeln der Verfahrensgerechtigkeit als bedeutsam erwiesen (vgl. Abbildung 5-1).

- Konsistenz; Die Bewertung einer Leistung muss auf der Grundlage der gleichen Kriterien erfolgen. Wie später noch zu zeigen sein wird, bedeutet das nicht, dass alle Mitarbeiter des Unternehmens nach exakt denselben Kriterien bewertet werden, wohl aber müssen für Personen mit gleichen Arbeitsaufgaben dieselben Kriterien gelten.
- Unvoreingenommenheit; Die Führungskräfte müssen sich an die vereinbarten Bewertungsprinzipien halten und alle Mitarbeiter unabhängig von Sympathie oder anderen zwischenmenschlichen Einflussfaktoren bewerten.
- Genauigkeit; Die Führungskräfte holen alle für die Bewertung relevanten Informationen über die Leistung der zu bewertenden Mitarbeiter ein. Welche Informationsquellen dies sein sollten, wurde zuvor festgelegt.
- Korrekturmöglichkeit; Wenn ein Mitarbeiter sich nicht korrekt bewertet fühlt, hat er die Möglichkeit, Einspruch zu erheben und kann ggf. auch eine unternehmensinterne Schiedsstelle aufsuchen.
- Repräsentativität; Bei der Entwicklung der Kriterien und Spielregeln zur Umsetzung des Verfahrens wurden die Interessen aller beteiligten Personengruppen (Unternehmensführung und Mitarbeiter) berücksichtigt.
- Ethische Rechtfertigung; Das Leistungsbeurteilungssystem widerspricht nicht gängigen gesellschaftlichen Moralvorstellungen. Mitarbeitern, die eine starke Minderleistung zeigen, wird also z. B. nicht das Gehalt gestrichen.

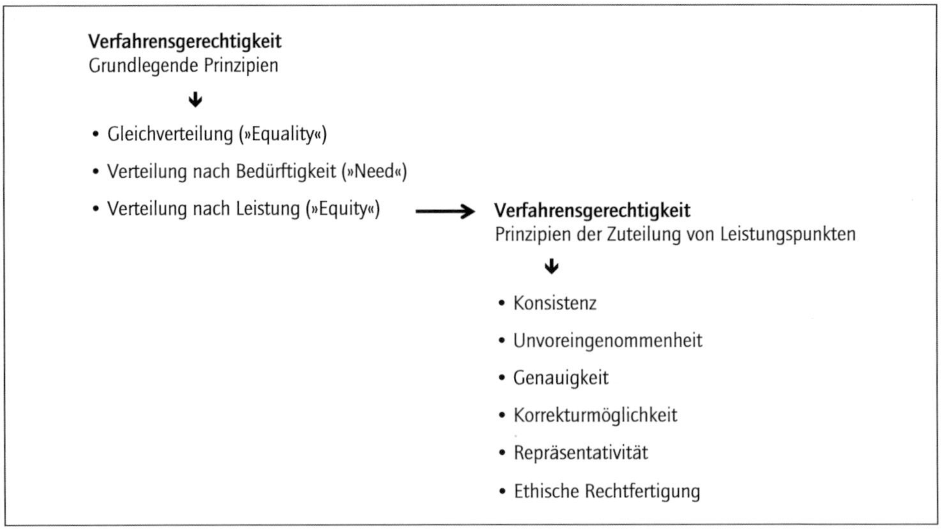

Abbildung 5-1: Grundlegende Gerechtigkeitsprinzipien

Unsere kurze Auseinandersetzung mit dem Thema Gerechtigkeit verdeutlicht die Bedeutung der Einbindung der Mitarbeiter in die Entwicklung eines neuen Leistungsbeurteilungssystems. Die Wahrscheinlichkeit, dass Mitarbeiter ein Leistungsbeurteilungssystem als gerecht erleben, steigt u. a. dann an, wenn man ihnen die Möglichkeit gibt, sich z. B. bei der Festlegung der Leistungskriterien, der Zuordnung spezifischer Kriterien zu einzelnen Arbeitsplätzen, der Festlegung relevanter Informationsquellen oder der Einrichtung von Schiedsstellen mit ihren Interessen und Vorstellungen einzubringen.

Zu derselben Schlussfolgerung gelangt man, wenn man sich dem Phänomen der Leistungsbeurteilung aus einer völlig anderen Perspektive nähert. Die Forschung zum Konzept der Sozialen Validität (Görlich & Schuler, 2006; Schuler & Stehle, 1983) fragt danach, welche Bedingungen erfüllt sein müssen, damit Bewerber ein Personalauswahlverfahren als aussagekräftig ansehen. Dies kann man leicht auch auf die Leistungsbeurteilung übertragen. Demzufolge müssen (mindestens) vier Punkte erfüllt sein, damit Mitarbeiter das diagnostische Verfahren der Leistungsbeurteilung als aussagekraftig im Hinblick auf ihre selbst erlebte Leistung anerkennen:

- Information; Den Mitarbeitern ist klar, welche Anforderungen der Arbeitgeber an sie stellt.
- Partizipation & Kontrolle; Die Mitarbeiter werden an der Entwicklung des Leistungsbeurteilungssystems beteiligt. Sie haben die Möglichkeit, sich gegen etwaige Akte der Willkür ihres direkten Vorgesetzten zur Wehr zu setzen.
- Transparenz; Den Mitarbeitern ist klar, wie die Bewertung ihrer Leistung zustande kommt und welche Konsequenzen (z. B. Bonusausschüttung) sich hieraus ggf. ergeben.
- Feedback; Das Ergebnis der Leistungsbeurteilung wird den Mitarbeitern in einem Gespräch mitgeteilt und erläutert.

Wir sehen, neben vielen anderen Punkten wird der Beteiligung der Mitarbeiter in unterschiedlichen Modellen eine große Bedeutung für die erlebte Gerechtigkeit bzw. die Akzeptanz zugeschrieben. Wie lässt sich diese Beteiligung im Rahmen der Entwicklung und Durchführung von Leistungsbeurteilungen realisieren? Hier ergeben sich fünf Möglichkeiten (vgl. Abbildung 5-2).

Zunächst empfiehlt sich in der Phase der Entwicklung eines neuen Leistungsbeurteilungssystems die Einsetzung einer *Projektgruppe*, in der neben Vertretern des Unternehmens und ggf. externen Beratern auch Abgesandte der Mitarbeiterschaft vertreten sind. In einem der Projekte, die für uns die Ausgangslage zum Verfassen des vorliegenden Buches bildeten, bestand die Projektgruppe z. B. aus insgesamt neun Personen: Leiterin der Personalentwicklung und deren Mitarbeiterin, drei Vertreter des Personalrates, Gleichstellungsbeauftragte, Behindertenbeauftragter, zwei Vertreter der beratenden Organisation. Die Projektgruppe hat die Einführung des Verfahrens über alle Entwicklungsschritte bis zur Evaluation begleitet und gemeinsam Entscheidungen in allen wichtigen Fragen herbeigeführt. Dabei waren die Mitarbeitervertreter völlig gleichberechtigte Entscheidungsträger bei der Festlegung der konkreten Bewertungskriterien für jeden Arbeitsplatz. Die Vertreter der Arbeitnehmer in diesem Gremium übernahmen zudem die Rolle eines Ansprechpartners für Fragen einzelner Mitarbeiter. Die verschiedenen Aufgaben der Projektgruppe werden im weiteren Verlaufe dieses Kapitels noch deutlicher.

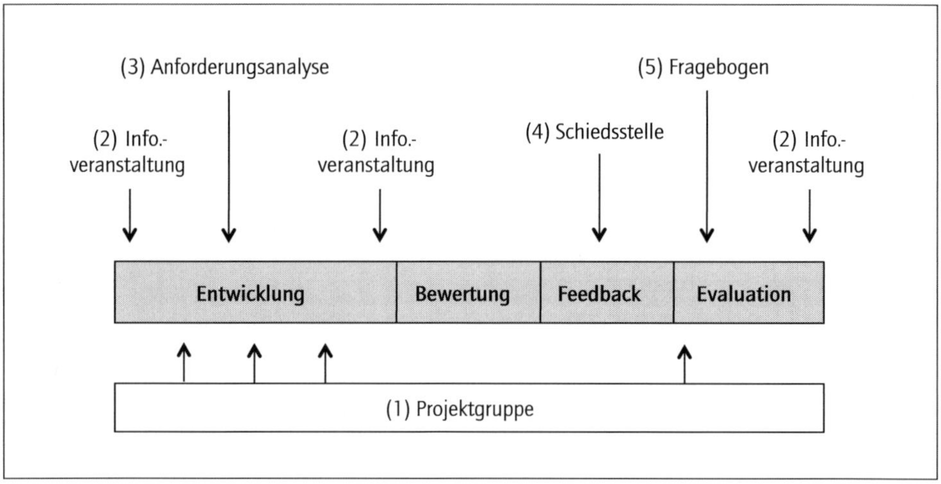

Abbildung 5-2: Möglichkeiten zur Einbindung der Mitarbeiter in den Prozess der Leistungsbeurteilung

Die Transparenz des gesamten Entwicklungsprozesses sollte zudem durch *Informationsveranstaltungen* gewährleistet werden. In dem angesprochenen Projekt gab es drei Informationsveranstaltungen, die z. T. mehrfach durchgeführt wurden, damit alle Mitarbeiter die Möglichkeit zur Teilnahme hatten. In der ersten Veranstaltung wurde darüber informiert, warum überhaupt ein neues Leistungsbeurteilungssystem eingeführt wird, worin die Schwächen des alten bestehen und wie man in den nächsten Monaten vorgehen möchte. Die zweite Informationsveranstaltung fand statt, nachdem sämtliche Beurteilungsskalen entwickelt und einsatzbereit waren. Dabei wurden jedem Mitarbeiter diejenigen Skalen ausgehändigt, auf deren Grundlage die Führungskraft in Zukunft eine Bewertung vornehmen wird. Mitarbeiter, die nicht an dieser zweimalig durchgeführten Informationsveranstaltung teilnehmen konnten, hatten die Möglichkeit, die Skalen aus dem Intranet herunterzuladen. Darüber hinaus wurde beispielhaft demonstriert, wie die Führungskräfte beim Ausfüllen der Bewertungsbögen vorgehen. Da alle Führungskräfte im Rahmen einer eintägigen Schulung in den Gebrauch des neuen Leistungsbeurteilungssystems sowie die Durchführung der sich anschließenden Feedbackgespräche eingeführt werden sollten, legte man zudem die Inhalte dieser Schulung in der Informationsveranstaltung offen. Neben der Darstellung eines Zeitplans für das weitere Vorgehen sowie der Ankündigung der Evaluation (s. u.) wurde überdies Zeit für die Beantwortung von Fragen gelassen. Eine dritte Informationsveranstaltung fand einige Monate nach dem ersten Bewertungs- und Feedbackzyklus statt. Sie diente in erster Linie dazu, den Mitarbeitern die Ergebnisse der Evaluation mitzuteilen. Abbildung 5-3 fasst die Themen, die in entsprechenden Informationsveranstaltungen angesprochen werden können, noch einmal zusammen.

Nach der Durchführung der ersten Informationsveranstaltung beginnt die Entwicklung der Leistungsbeurteilungsskalen. Hierzu wiederum benötigt man die Ergebnisse von Anforderungsanalysen, die einem sagen, über welche Kriterien Leistung an verschiedenen Arbeitsplätzen gemessen werden kann. Die Anforderungsanalysen beruhen u. a. auf *Interviews mit Arbeitsplatzinhabern* (s. u.). An dieser Stelle wird besonders deutlich, dass das System nicht über die Köpfe der unmittelbar Betroffenen hinweg entwickelt wird, sondern – ganz im Gegenteil – zu einem ganz wesentlichen Teil auf deren Sichtweisen aufbaut.

Einführung

- Schwächen eines ältern Leistungsbeurteilungssystems
- Merkmale aussagekräftiger Leistungsbeurteilungssysteme
- Geplante Entwicklungsschritte
- Vorstellen der Projektgruppe
- Eingehen auf Fragen, Bedenken, Ängste

Vor der Beurteilung

- Aushändigen der neu entwickelten Leistungsbeurteilungsskalen
- Handhabung der Leistungsbeurteilungsskalen durch die Vorgesetzten
- Inhalte der Feedbackgespräche
- Inhalte der Führungskräfteschulung
- Zeitplan für die bevorstehende Beurteilungs- und Feedbackphase
- Hinweis auf die sich anschließende Evaluationsphase
- Eingehen auf Fragen, Bedenken, Ängste

Nach der Evaluation

- Präsentation der Evaluationsergebnisse
- Eingehen auf Fragen, Bedenken, Ängste

Abbildung 5-3: Mögliche Themen für Mitarbeiterinformationsveranstaltungen

In der Phase der Feedbackgespräche werden die Mitarbeiter zum ersten Mal mit den Ergebnissen des neuen Leistungsbeurteilungssystems konfrontiert. Es liegt in der Natur der Sache, dass es hierbei immer auch wieder zu Konflikten kommt. Nicht selten dürften die Mitarbeiter eine positivere Einschätzung ihrer eigenen Leistung vornehmen als die Führungskräfte. Dies zeigt sich auch in entsprechenden Studien (Harris & Schaubroeck, 1988; Sundvik & Lindemann, 1998). Die meisten Unstimmigkeiten wird man im direkten Gespräch zwischen beiden Parteien klären können. Für schwierigere Fälle sollte es eine *Schiedsstelle* geben. Eine solche Stelle könnte paritätisch mit einem Vertreter der Personalabteilung und einem Vertreter des Personalrates besetzt sein.

Eine letzte Möglichkeit der Einbindung von Mitarbeitern in den Prozess der Entwicklung eines neuen Leistungsbeurteilungssystems stellt die *Evaluation* des Verfahrens dar. Sie erfolgt unmittelbar, nachdem die Bewertungen und Feedbackgespräche im ersten Zyklus abgelaufen sind. Hierzu werden alle beteiligten Personen in einem Fragebogen um diverse Einschätzungen gebeten. Die Ergebnisse bilden dann die Grundlage für etwaige Veränderungen des Systems im zweiten Zyklus.

Wir sehen, die Möglichkeiten, Mitarbeiter in die Entwicklung eines neuen Leistungsbeurteilungssystems einzubinden, sind vielfältig. Eine solche Offenheit bedeutet keineswegs nur Mehrarbeit und schon gar nicht eine Verwässerung des Leistungsprinzips. Im Gegenteil, sie bildet eine wichtige Grundlage für eine gelungene Entwicklung und Implementierung eines solch zentralen Instrumentes der Personal- und Organisationsentwicklung.

5.2 Clusterung aller relevanten Arbeitsplätze

Aus der Sicht des einzelnen Arbeitnehmers wäre es wünschenswert, wenn die Kriterien, nach denen die Leistung bewertet wird, ganz individuell auf die Anforderungen jedes einzelnen Arbeitsplatzes abgestimmt sind. Dies ist durchaus auch im Sinne der übergeordneten Ziele einer jeden Leistungsbeurteilung (vgl. Kapitel 1). In der Realität lässt sich dies jedoch oft nur schwer realisieren. Je größer ein Unternehmen ist, desto mehr Aufwand müsste man betreiben. Man stelle sich nur einmal ein Unternehmen mit 500, 1.000 oder gar 10.000 Mitarbeitern vor. In solchen Größenordnungen sind aussagekräftige Anforderungsanalysen zur Identifizierung spezifischer Leistungskriterien für jeden einzelnen Arbeitsplatz kaum mit einem vertretbaren Zeit- und Kostenaufwand durchzuführen. Nicht selten wählt man in der Praxis daher einen Weg, den wir bereits in Kapitel 4 als methodisch allzu fragwürdig identifiziert haben: Man listet ganz einfach sehr abstrakte Kriterien wie etwa »Arbeitsqualität«, »Anstrengungsbereitschaft« oder »Teamfähigkeit« auf und überlässt es jeder Führungskraft, derartige Begriffe in Bezug auf die eigenen Mitarbeiter mit Leben zu füllen. In der Konsequenz entsteht ein System der Willkür, in dem die Führungskraft nahezu völlig frei jede beliebige Bewertung rechtfertigen kann. Zumindest aber nimmt die Führungskraft durch ihre eigene subjektive Konstruktion eines jeden Arbeitsplatzes entscheidenden Einfluss auf die Bewertung. Das Ergebnis einer konkreten Leistungsbeurteilung ist somit stark von der Person der Führungskraft abhängig. Ein und dieselbe Leistung wird daher von verschiedenen Führungskräften unterschiedlich beurteilt. Hierdurch verstößt man gegen das grundlegende Prinzip der Objektivität in der Diagnostik (vgl. Kanning, 2004), demzufolge das Ergebnis einer Diagnose möglichst unabhängig von der Person des Diagnostikers sein muss.

Wie löst man aber das Problem der Vielfalt der Anforderungen? Ein Weg, der vergleichsweise leicht zu beschreiten ist, liegt in der Gruppierung einzelner Arbeitsplätze zu sog. Clustern. In einem Cluster werden diejenigen Arbeitsplätze zusammengefasst, die sich sehr stark ähneln und daher im Wesentlichen durch dieselben Anforderungen gekennzeichnet sind. Die Bildung der Cluster ist eine der ersten Aufgaben der Projektgruppe. Abbildung 5-4 verdeutlicht das Prinzip der Clusterbildung an einem abstrakten Beispiel. Dabei werden zwei Dimensionen der Organisationsstruktur zueinander in Beziehung gesetzt. Auf der einen Seite sind dort die verschiedenen Hierarchiestufen der Organisation – von einfachen Hilfstätigkeiten ungelernter Arbeiter bis hin zur Abteilungsleitung, also der obersten Führungsebene, die noch einen Vorgesetzten aufweist. Auf der anderen Seite gibt es mehrere inhaltliche Funktionsbereiche – von der Forschungs- und Entwicklungsabteilung bis zum Vertrieb der fertigen Produkte. In der Projektgruppe muss man sich Gedanken darüber machen, welche Gruppen von Arbeitsplätzen durch gleiche oder doch sehr ähnliche Arbeitsanforderungen gekennzeichnet sind und sich daher in einem Cluster zusammenfassen lassen. In unserem Beispielfall wurden zehn Cluster – repräsentiert durch die Ovale in Abbildung 5-4 – gebildet. Die sechs Abteilungsleiter des Unternehmens werden in einem Cluster zusammengefasst, da sie jenseits der Fachinhalte, die sie zu vertreten haben, im Arbeitsalltag mit sehr ähnlichen Aufgaben der Planung, Organisation und Führung konfrontiert werden. Auf der Ebene der Teamleitung erschien es der Projektgruppe hingegen sinnvoller, zwei Cluster zu bilden, da möglicherweise die Führungsaufgaben aufgrund des unterschiedlichen Bildungs- und Selbstständigkeitsniveaus der unterstellten Mitarbeiter in beiden Gruppen deutlich unterschiedliche Anforderungen an die sozialen Kompetenzen der Teamleiter stellen. Auf der Ebene der Sachbearbeiter wurde für jeden inhaltlichen Funktionsbereich ein eigenes Cluster gebildet, da die Aufgaben zu vielfältig sind, als dass eine Gruppierung über die Grenzen dieser Bereiche hinweg sinnvoll erschien. Es ist offensichtlich, dass die Anforderungen, die an einen Vertriebsmitarbeiter gestellt werden, sich deutlich von denen eines Produktionsmitarbeiters unterscheiden. Auf der Ebene der ungelernten Mitarbeiter, die einfache Hilfstätigkeiten ausüben und nur in Produktion und Vertrieb anzutreffen sind, kam man hingegen zu der Einschätzung, dass die Anforderungen sehr ähnlich sind und fasst die betroffenen Mitarbeiter daher in einem einzigen Cluster zusammen.

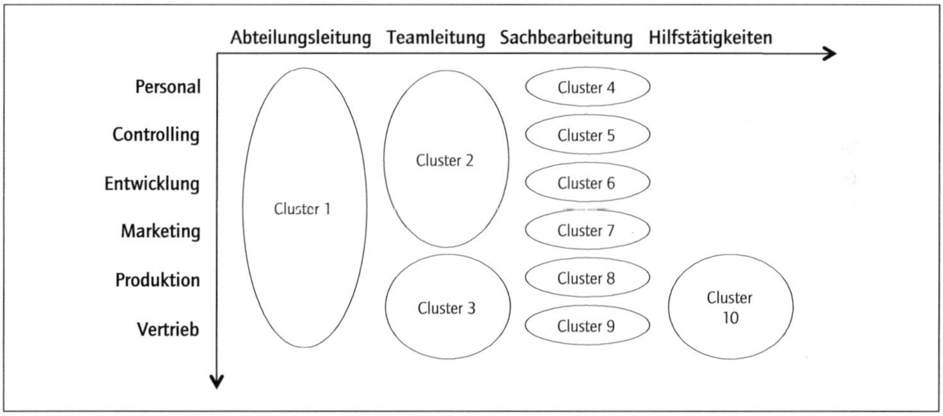

Abbildung 5-4: Beispiel für eine Clusterbildung

Natürlich ist dies nur eine von vielen Möglichkeiten der Clusterbildung. Letztlich muss man vor Ort entscheiden, wie differenziert die Clusterbildung sein muss – dies hängt von der Vielfalt der Arbeitsplätze ab – bzw. wie differenziert sie sein darf, dies ist wiederum eine Frage des Zeit- und Kostenaufwands, den man für die Anforderungsanalysen betreiben kann. Aus Sicht der Mitarbeiter ist eine möglichst große Anzahl an Clustern wünschenswert, da hierdurch der Individualität des jeweiligen Arbeitsplatzes stärker Rechnung getragen wird. In unseren eigenen Projekten schwankt die Anzahl der Cluster zwischen 5 und 16. Im ersten Fall handelte es sich um eine Organisation mit ca. 300 Mitarbeitern. Fünf Cluster sind hier die Untergrenze. Im zweiten Fall waren es etwa 1.000 Mitarbeiter. Die Anzahl von 16 Clustern hat sich auch nach der Evaluation als hinreichend erwiesen.

5.3 Anforderungsanalyse: Ableitung von Leistungskriterien

Die Leistungskriterien bilden das Herzstück der Leistungsbeurteilung. Sie definieren für jeden Arbeitsplatz, worin die zu erbringende Leistung des Mitarbeiters besteht und legen somit die Grundlage für alle weiteren Schritte. Grundsätzlich können zwei Arten von Leistungskriterien unterschieden werden: objektive und subjektive (Schuler, 2006), wobei die Grenzen zwischen beiden mitunter fließend sind.

Objektive Kriterien liegen immer dann vor, wenn man einfach den Output des Arbeitsverhaltens eines Menschen abzählen kann. Leistung wird hier in gewisser Weise mit Produktivität – also dem Ergebnis des beruflichen Handelns – gleichgesetzt. Dies könnte z. B. die Menge der voll funktionstüchtigen Werkstücke sein, die ein Maschinenarbeiter pro Tag produziert, die Anzahl der Versicherungen, die ein Außendienstmitarbeiter pro Quartal vertreibt oder die Zeit, die ein Maler im Durchschnitt für das Tapezieren eines Raumes von 100 Quadratmetern Wandfläche benötigt. Vergleichbare Kriterien lassen sich auch in hohen Führungspositionen finden. Man denke hier etwa an den Umsatz eines Unternehmens oder die Börsenkurse der Aktien, an denen man die Leistung der Firmenleitung eines Unternehmens misst. Spontan ist man geneigt, solchermaßen objektiven Kriterien prinzipiell eine Überlegenheit gegenüber Einschätzungen von Vorgesetzten einzuräumen. Doch ist das zwangsläufig auch immer sinnvoll? Man muss nur ein klein wenig nachdenken und schon fällt auf, dass viele dieser Kriterien nicht eindeutig zu interpretieren sind. Ein Problem besteht in der oftmals nicht ganz eindeutigen Kontrollierbarkeit des Kriteriums durch den zu bewertenden Mitarbeiter. Abbildung 5-5 verdeutlicht das Problem. In Beispiel A sind zwei Mitarbeiter dargestellt, die auf unterschiedlichem Niveau über jeweils spezifische Fähigkeiten verfügen und sich zudem deutlich in ihrer Anstrengung unterscheiden. In einem beruflichen Kontext, in dem das Ergebnis der Arbeit allein von den Fähigkeiten sowie der Anstrengung des Einzelnen abhängt, würde Mitarbeiter 1 eine sehr hohe Produktivität erzielen, während Mitarbeiter 2 sich im unteren Bereich bewegt. Sehr häufig, wenn nicht gar immer, ist die Produktivität aber auch von Faktoren in der Arbeitsumgebung abhängig, die der einzelne Mitarbeiter nicht beeinflussen oder kontrollieren kann. Die Anzahl der voll funktionstüchtigen Werkstücke, die ein Maschinenarbeiter produziert, hängt beispielsweise auch von der Qualität der Rohstoffe und der Fehleranfälligkeit der Maschine ab. Wenn die Maschine aufgrund eines Defektes ausfällt, sinkt seine Produktivität unabhängig von Fähigkeit und Anstrengung deutlich ab.

In Abbildung 5-5 wird dies durch Beispielfall B veranschaulicht. Die Produktivität von Mitarbeiter 1 sinkt allein aufgrund ungünstiger Rahmenbedingungen stark ab, während Mitarbeiter 2, dessen Maschine durchgängig einsatzbereit bleibt, sein Produktivitätsniveau halten kann. Das Problem der Einflussnahme von außen stellt sich dabei keineswegs nur Mitarbeitern, die in einer niederen Hierarchiestufe eines Unternehmens arbeiten. Man denke nur einmal an den Geschäftsführer eines Autohauses, dessen Umsatz im Jahr 2010 bezogen auf Kleinfahrzeuge insbesondere deshalb gesunken ist, weil die Abwrackprämie im Jahr 2009 zu einem Einbruch der Nachfrage nach entsprechenden Fahrzeugen geführt hat. Sicherlich hat er gewisse Möglichkeiten der Einflussnahme, diese sind jedoch sehr begrenzt. Auch bei maximaler Fähigkeit und Anstrengung wird es ihm nicht möglich sein, die Verkaufszahlen des Vorjahres zu erreichen. Die Einflüsse des Arbeitsumfeldes müssen sich jedoch nicht zwangsläufig negativ auf die Produktivität auswirken. Sie können ganz im Gegenteil auch eine förderliche Wirkung entfalten. Stellen wir uns zur Illustration in Beispielfall C zwei Außendienstmitarbeiter vor, die nach einer Expansion des Unternehmens in unterschiedliche Regionen versetzt werden. Mitarbeiter 1 ist fähiger und strengt sich mehr an als sein Kollege (Mitarbeiter 2). Er wurde jedoch in eine Region versetzt, in der der Markt weitestgehend gesättigt ist und kann daher nur wenige Produkte verkaufen. Mitarbeiter 2 hat hingegen das große Los gezogen und wurde in eine Region mit sehr hoher Nachfrage versetzt. Ihm werden die Produkte fast aus der Hand gerissen, sodass er trotz geringerer Fähigkeit und Anstrengung den Kollegen in seiner Produktivität übertrifft. Orientiert man sich in einem solchen Fall allein am Output der Arbeit, würde man der wahren Leistung der Betroffenen nicht gerecht werden. Es ist daher immer notwendig, dass die Führungskraft im Zuge der Leistungsbeurteilung den Einfluss der Arbeitsumgebung reflektiert und ggf. korrigierend eingreift. An dieser Stelle wird deutlich, dass der Einsatz objektiver Kriterien durchaus ein subjektives Element in sich trägt, ja gerade tragen muss, will man nicht Gefahr laufen, dass man hinter Kennzahlen der Produktivität die tatsächliche Leistung aus dem Blick verliert.

Subjektive Leistungskriterien basieren auf der Wahrnehmung und Bewertung des Arbeitsverhaltens eines Menschen. Wenn beispielsweise die Führungskraft die Teamfähigkeit eines Mitarbeiters einschätzt, so ist dies ein subjektives Kriterium. Die Wahrnehmung basiert auf dem Verhalten des Mitarbeiters in Teamsitzungen oder seiner Bereitschaft, Kollegen zu helfen. Die Führungskraft nimmt das Verhalten des Mitarbeiters wahr und setzt diese Wahrnehmung am Ende des Bewertungszyklus durch das Ankreuzen auf einer Beurteilungsskala in eine Bewertung der Person um. Diese Bewertung ist insofern subjektiv, als dass in einem solchen Prozess Fehler unterlaufen können: Die Führungskraft ist nicht immer anwesend, wenn der fragliche Mitarbeiter teambezogenes Verhalten zeigt und verfügt daher von vornherein nur über eine selektive Informationsbasis. In Situationen, in denen sie das Verhalten des Mitarbeiters direkt beobachten kann, ist sie wahrscheinlich nicht immer in gleicher Weise aufmerksam, wodurch sie manches übersieht, anderes hingegen als sehr bedeutsam erachtet. Ein Teil der gespeicherten Information wird im Laufe der Zeit, die bis zur eigentlichen Leistungsbeurteilung vergeht, vergessen. Diese und viele weitere Verzerrungen im Prozess der Wahrnehmung und Informationsverarbeitung (vgl. Kanning, 1999; Kanning, Hofer & Schulze Willbrenning, 2004) sorgen dafür, dass die Führungskraft Einfluss auf die Bewertung der Leistungskriterien nimmt, weshalb sie auch als subjektiv bezeichnet werden. In diesem Zusammenhang muss allerdings betont werden, dass das Ausmaß der Subjektivität von Führungskraft zu Führungskraft sehr unterschiedlich ausfällt. Trotz einer gewissen Subjektivität können die Beurteilungen durchaus wertvoll sein.

Im Bereich der subjektiven Kriterien kann zusätzlich zwischen verschiedenen Akteuren der Bewertung unterschieden werden. Neben der direkt vorgesetzten Führungskraft können z. B. Kunden, Kollegen oder Mitarbeiter der Zielperson eine Beurteilung abgeben. Darüber hinaus mag man sich für die Selbstbewertung der Zielperson

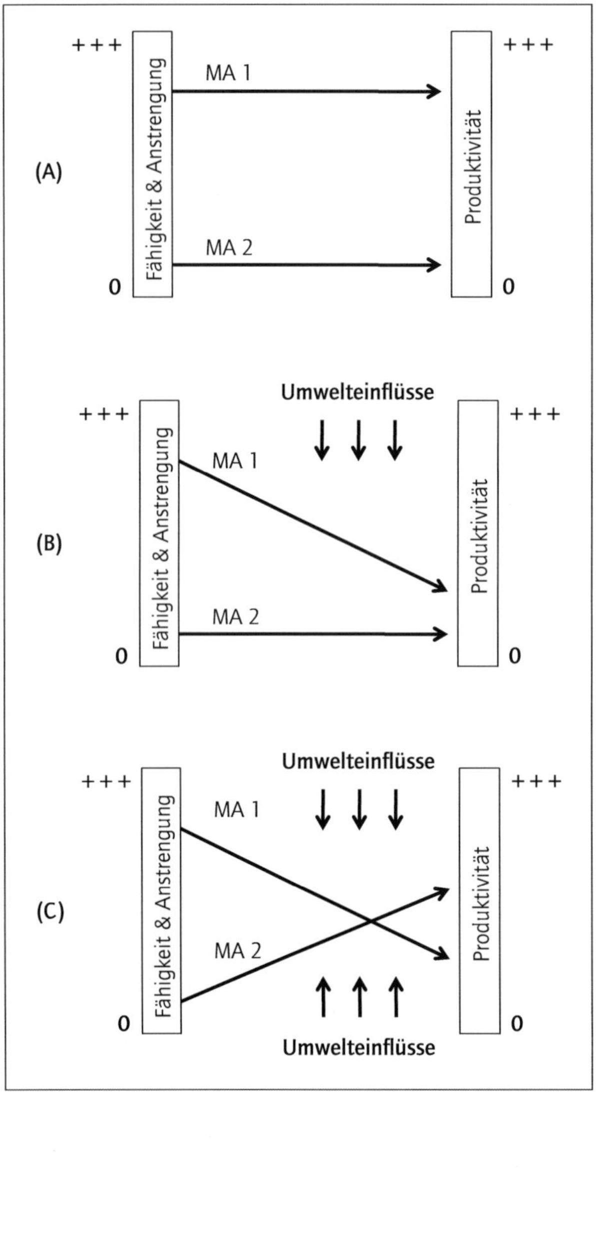

Abbildung 5-5: Beeinflussbarkeit eines objektiven Leistungskriteriums

interessieren. Letzteres ist von größerem Interesse, wenn die Leistungsbeurteilung zur Personalentwicklung herangezogen wird. Wir sind auf diese Thematik unter dem Begriff »360°-Beurteilung« bereits in Kapitel 1 eingegangen (siehe auch Scherm & Sarges, 2002).

Unabhängig von der Frage, ob man nun eher objektive oder eher subjektive Kriterien einsetzt, stellt sich die Frage, inwieweit die Kriterien insgesamt betrachtet die tatsächliche Leistung eines Menschen repräsentieren. Abbildung 5-6 verdeutlicht die beiden Fehler, die in unterschiedlichem Ausmaß bei jeder Definition der Leistungskriterien unterlaufen. Das eine Oval repräsentiert die tatsächliche Leistung, die ein Mitarbeiter erbracht hat. Das zweite Oval steht für die Summe der Kriterien, die zur Messung dieser Leistung herangezogen werden. Die Größe der gemeinsamen Schnittmenge drückt aus, inwieweit die Kriterien die tatsächliche Leistung widerspiegeln. Idealerweise sollten sich beide Ovale vollständig überschneiden, da die Kriterien die Leistung in diesem Fall perfekt erfassen. Viel realistischer ist allerdings, dass die Schnittmenge deutlich kleiner ausfällt.

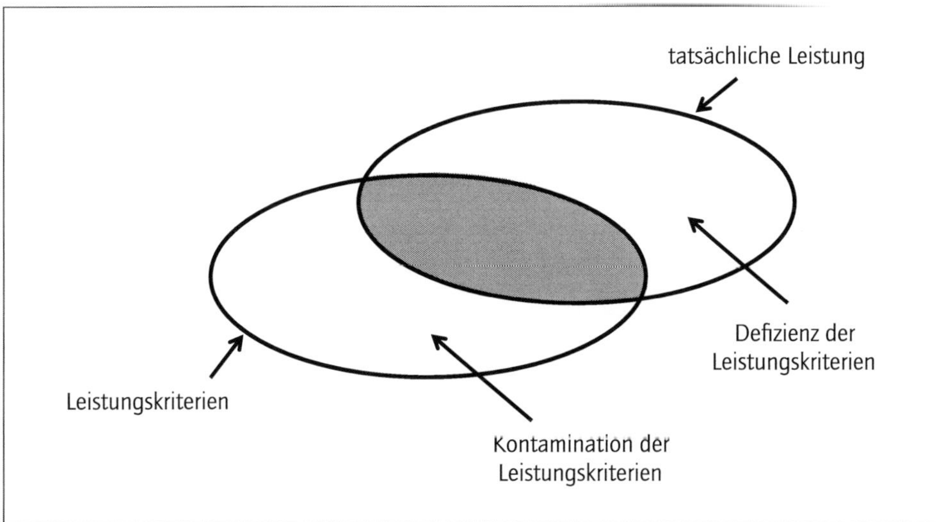

Abbildung 5-6: Zwei Fehler der Definition von Leistungskriterien

Der Fehler der ersten Art besteht darin, dass ein mehr oder minder großer Anteil der tatsächlichen Leistung durch die Kriterien nicht abgedeckt wird (= *Defizienz der Leistungskriterien*). D. h., die Mitarbeiter erbringen Leistungen, die in der Bewertung keine Rolle spielen. Dies ist nahezu zwangsläufig immer so, da man nicht auch die kleinste Leistung, die ein Mitarbeiter z. B. im Laufe eines Jahres erbringt, ernsthaft berücksichtigen kann. Realistischerweise kann es nicht das Ziel einer Leistungsbeurteilung sein, alle Verhaltensweisen und Arbeitsergebnisse zu berücksichtigen. Es geht vielmehr darum, die wichtigsten Dinge – also etwa diejenigen, die für den Erfolg des Unternehmens von zentraler Bedeutung sind – zu erfassen.

Der Fehler der zweiten Art liegt darin begründet, dass die Leistungskriterien Aspekte erfassen, die de facto gar nichts mit der individuellen Leistung eines Mitarbeiters zu tun haben (= *Kontamination der Leistungskriterien*). Ein solcher Fall liegt vor, wenn man z. B. die höhere Produktivität einer neuen Maschine z. T. dem Mitarbeiter zuschreibt. Obwohl der Mitarbeiter objektiv betrachtet seine Fähigkeiten nicht weiterentwickelt hat und auch keine verstärkte Anstrengung erkennen lässt, erzielt er einen höheren Punktwert, weil die Maschine weniger fehleranfällig ist. Im Bereich der direkten Beurteilung durch den Vorgesetzten könnte eine Kontamination z. B. vorliegen, wenn ein Abteilungsleiter die Fachkompetenz eines Teamleiters bewerten soll und sich dabei stark von den rhetorischen Fähigkeiten des Kandidaten beeindrucken lässt. Ziel der Definition der Leistungskriterien muss es immer sein, sowohl die Defizienz als auch die Kontamination der Kriterien möglichst gering zu halten.

Wie kommt man aber nun zu einer Auswahl relevanter Leistungskriterien? Manche objektiven Kriterien ergeben sich sehr schnell aus den übergeordneten Zielvorgaben des Unternehmens (Produktivität steigern, Ausschuss reduzieren, Ressourcen schonen, Umsatz erhöhen etc.). Hier ist es die Aufgabe der Projektgruppe – ggf. nach Rücksprache mit den Führungskräften verschiedener Abteilungen –, derartige Ziele für bestimmte Cluster spezifisch herunterzubrechen.

Schwieriger wird es bei subjektiven Kriterien, die bei den meisten Arbeitsplätzen das Gros darstellen. Hier führen Plausibilitätsbetrachtungen nur zu unbefriedigenden, sehr abstrakten Lösungen. Stattdessen empfiehlt sich ein Rückgriff auf Methoden der *Anforderungsanalyse*. Diese Methoden stammen ursprünglich aus dem Bereich der Personalauswahl. Mit ihrer Hilfe ermittelt man im Vorfeld eines Auswahlverfahrens, welche Anforderungen ein Arbeitsplatz an den zukünftigen Stelleninhaber stellt. Anschließend konstruiert man die Bausteine des Auswahlverfahrens so, dass die einzelnen Methoden in der Lage sind, die fraglichen Anforderungen zu messen und bewertet die Bewerber im Laufe des Verfahrens dahin gehend, inwieweit sie diese Anforderungen erfüllen (vgl. Kanning, 2004; Kanning, Pöttker & Klinge, 2008). Im Rahmen der Entwicklung eines neuen Leistungsbeurteilungssystems ist der Ausgangspunkt sehr ähnlich. Die Anforderungen definieren die Kriterien der Leistungsbeurteilung. Nur diesmal geht es nicht um einen einzelnen Arbeitsplatz, sondern um ein Cluster von Arbeitsplätzen. In Kapitel 6 wird ein Überblick über die verschiedenen Methoden der Anforderungsanalyse gegeben. Dabei kristallisiert sich die Methode der kritischen Ereignisse als ein universell einsetzbares Verfahren heraus. Die Methode basiert auf Interviews, die man mit verschiedenen Arbeitsplatzexperten aus dem fraglichen Cluster führt. Doch dazu später mehr.

5.4 Entwicklung verhaltensverankerter Beurteilungsskalen

Nachdem festgelegt wurde, über welche Kriterien Leistung an einem bestimmten Arbeitsplatz bzw. einer Gruppe von Arbeitsplätzen zu definieren ist, geht es im nächsten Schritt um die Entwicklung der eigentlichen Bewertungsskalen. Hierbei handelt es sich um Messinstrumente, mit deren Hilfe die Ausprägung der tatsächlich vorliegenden Leistung eines Mitarbeiters in Punktwerte umgewandelt wird. Je höher die Leistung ausfällt, desto mehr Punkte werden vergeben.

Betrachten wir zunächst Leistungsbewertungen, die auf der *Einschätzung von Vorgesetzten* beruhen. In Kapitel 4 haben wir bereits auf grundlegende Probleme häufig anzutreffender Bewertungsskalen hingewiesen: zu differenzierte Skalierung, Schulnotenskalen, nicht oder schwammig definierte Punktwerte, hohe Messfehleranfälligkeit. In Kapitel 2 wurde ausführlicher auf unterschiedliche Skalen eingegangen. Wir empfehlen den Einsatz verhaltensverankerter Skalen (Abbildung 5-7). Die Skala umfasst 5 Punkte. Ein Punktwert von 1 repräsentiert dabei eine deutliche Minderleistung des Mitarbeiters und sollte Anlass geben, in einem gemeinsamen Gespräch über Maßnahmen zur Lösung des offenkundigen Leistungsproblems nachzudenken. Der Punktwert 3 markiert den Mittelpunkt der Skala und steht für das Leistungsniveau, das der Arbeitgeber ganz selbstverständlich von einem Mitarbeiter erwartet. Im Grunde genommen handelt es sich um die Leistung, für die der Mitarbeiter sein monatliches Gehalt bekommt. Der Punktwert 5 steht für eine Spitzenleistung, die in aller Regel nur vergleichsweise selten anzutreffen ist.

Jede Leistungseinschätzung bezieht sich auf ein spezifisches Leistungskriterium, das zuvor aus der Anforderungsanalyse abgeleitet und definiert wurde (z. B. Konfliktfähigkeit, Gewissenhaftigkeit). Die Definition des jeweiligen Kriteriums befindet sich direkt oberhalb der eigentlichen Bewertungsskala und dient der Führungskraft zur Orientierung. Wichtiger als die Definition ist jedoch der Text in den Zeilen unterhalb der Stufen der Bewertungsskala. Er beschreibt das Verhalten, das ein Mitarbeiter zeigen muss, um einen entsprechenden Punktwert zu erzielen. Kann die Führungskraft aufgrund ihrer Wahrnehmung des Arbeitsverhaltens ausschließen, dass der Mitarbeiter X ein Verhalten zeigt, das unter dem Punktwert 1 beschrieben ist, muss sie weiter nach rechts gehen und sich die Beschreibung bei Punktwert 3 durchlesen. Liegt Herr X in seinem Arbeitsverhalten unter dem hier beschriebenen Leistungsniveau, so werden 2 Punkte vergeben. Die Verhaltensbeschreibungen verdeutlichen den dimensionalen Charakter der Leistungskriterien. Genau genommen handelt es sich um Leistungsdimensionen: Jeder Mitarbeiter kann ein Leistungskriterium mehr oder weniger stark erfüllen.

Eine Besonderheit der in Abbildung 5-7 dargestellten Bewertungsskala besteht darin, dass die Leistungsdimension in drei Subdimensionen unterteilt wird. In der Abbildung befinden sich unter den Punktwerten daher drei Zeilen, in die eine Führungskraft jeweils ein Kreuz setzen muss. Alle drei Zeilen beziehen sich auf dieselbe Leistungsdimension, heben aber unterschiedliche Aspekte derselben hervor. Bezogen auf die Konfliktfähigkeit eines Mitarbeiters könnte z. B. unterschieden werden, inwieweit die Person Konfliktsituationen aus dem Wege geht, wie sie sich in Konfliktsituationen für ihre eigene Sache einsetzt und wie sie mit den Anliegen des Konfliktpartners umgeht. Für jeden dieser drei Aspekte wäre dann eine Zeile vorgesehen. Die Führungskraft muss somit drei Beurteilungen abgeben, um die Konfliktfähigkeit des Mitarbeiters vollständig darstellen zu können. Anschließend bildet sie über diese drei Bewertungen einen Mittelwert und trägt ihn in die Zeile »Gesamtbewertung« ein. Der hier eingegebene Punktwert repräsentiert die Leistungsbeurteilung bezogen auf das Kriterium Konfliktfähigkeit. Wichtig ist dabei, dass die Führungskraft tatsächlich über hinreichende Informationen verfügt, um diese Bewertungen vornehmen zu können. Ist dies nicht der Fall, so darf sie auch keine Punktwerte vergeben, denn die Leistungsbeurteilung soll ja die tatsächliche Leistung der Mitarbeiter und nicht irgendwelche Mutmaßungen oder Vorurteile der Führungskraft widerspiegeln. Kann eine Führungskraft z. B. die in der ersten Zeile beschriebenen Teilaspekte der Leistungsdimension nicht bewerten, so enthält sie sich hier eines Urteils und teilt die Summe der beiden verbleibenden Bewertungen (Zeile 2 und 3) durch zwei. Die Bildung eines Mittelwertes führt zu einer Reduzierung der Messfehler. Sie wirkt sich förderlich auf die Reliabilität der Leistungsbeurteilung aus. In Kapitel 7 wird die Entwicklung verhaltensverankerter Skalen detailliert beschrieben.

Jenseits der Leistungseinschätzung durch direkte Vorgesetzte können bisweilen *objektive Leistungskriterien* wie etwa Produktivität oder Umsatz definiert werden. Auch hierbei handelt es sich um Leistungsdimensionen, die auf einer mehrstufigen Bewertungsskala abgebildet werden können. In diesem Fall empfiehlt es sich, eine in gleicher Weise abgestufte Skala wie bei der Vorgesetztenbeurteilung einzusetzen. Hierdurch wird verhindert, dass aus Sicht der Mitarbeiter zwei voneinander getrennte Systeme existieren. Die objektiven Kriterien bilden lediglich einen Baustein eines in Form und Zielsetzung einheitlichen Leistungsbeurteilungssystems.

Leistungsdimension X
Definition der Leistungsdimension X

1	2	3	4	5
Verhaltens-beschreibung		*Verhaltens-beschreibung*		*Verhaltens-beschreibung*
Verhaltens-beschreibung		*Verhaltens-beschreibung*		*Verhaltens-beschreibung*
Verhaltens-beschreibung		*Verhaltens-beschreibung*		*Verhaltens-beschreibung*
Gesamtbewertung: ___ Punkte				

Abbildung 5-7: Grundprinzip verhaltensverankerter Skalen

5.5 Verknüpfung mit leistungsbezogener Bezahlung

Die Ergebnisse einer methodisch gereiften Leistungsbeurteilung bieten eine hervorragende Grundlage für die leistungsbezogene Bezahlung. Es besteht jedoch kein Automatismus. Auch ohne die Einführung eines entsprechenden Bezahlungssystems kann die Leistungsbeurteilung wertvolle Dienste – beispielsweise als Bedarfsanalyse zur Planung von Personalentwicklungsmaßnahmen oder als Grundlage der Platzierung von Mitarbeitern innerhalb des Unternehmens – leisten (vgl. Kapitel 1).

Sofern man sich für eine Verknüpfung zwischen Beurteilung und Bezahlung entschieden hat, muss man im zweiten Schritt zwischen verschiedenen Formen der leistungsbezogenen Bezahlung unterscheiden, auf die wir in Kapitel 8 ausführlich eingehen werden. An dieser Stelle sei nur auf die grundsätzliche Unterscheidung zwischen der Ausschüttung einmaliger Bonuszahlungen und der monatlichen Ausschüttung einer Leistungskomponente hingewiesen.

Wie auch immer das monetäre Belohnungssystem im Einzelnen aussehen wird, die Ziele bleiben immer dieselben: Zum Ersten will man den Mitarbeitern für erbrachte Mehrleistung Anerkennung zuteilwerden lassen, zum Zweiten alle Mitarbeiter zu einer Mehrleistung in der Zukunft motivieren. Damit diese Motivierungsaufgabe erfolgreich bewältigt werden kann, sind einige grundlegende Prinzipien zu bedenken, die in der *VIE-Theorie* (Vroom, 1964) beschrieben werden und sich in vielen Studien als bedeutsam erwiesen haben (Kanning, 2011b; Nerdinger, 2006). In Abbildung 5-8 stellen wir die Theorie in ihren wichtigsten Aussagen dar. Die Abkürzung VIE deutet bereits darauf hin, dass drei einander ergänzende Motivierungskomponenten zu unterscheiden sind: Valenz (V), Instrumentalität (I) und Erwartung (E).

Beginnen wir mit der *Erwartung*. Stellen wir uns zur Verdeutlichung einen Mitarbeiter vor, der mithilfe eines Leistungsbeurteilungssystems bzw. der damit verknüpften leistungsbezogenen Bezahlung zu einer Umsatzsteigerung im direkten Kundenkontakt bewegt werden soll. Die Komponente der Erwartung bezieht sich in diesem Zusammenhang auf die Frage, inwieweit der Mitarbeiter sich selbst zutraut, ein solches Ziel durch eigene Anstrengung tatsächlich erreichen zu können. Der Mitarbeiter könnte beispielsweise glauben, dass das Kaufverhalten des Kunden allein von der Konjunktur, der objektiven Qualität der Produkte oder der inneren Befindlichkeit des Kunden abhängt. In diesem Fall wäre es für ihn also gar nicht sinnvoll, sich anzustrengen, da die Erreichung eines höheren Umsatzes völlig außerhalb seines Einflussbereiches zu liegen scheint. Würde man ihm einen Bonus für die Steigerung seines Umsatzes anbieten, so würde dies folgerichtig keine Konsequenzen nach sich ziehen. Ebenso gut könnte man einem Rollstuhlfahrer, für den Fall, dass er bei der nächsten Olympiade eine Medaille im Stabhochsprung erringt, eine Belohnung versprechen.

Jede Form von Belohnung kann sich nur dann in gewünschter Weise auf das Arbeitsverhalten auswirken, wenn der Mitarbeiter auch die Erwartung hat, dass er tatsächlich Einfluss nehmen kann. Soll die leistungsbezogene Bezahlung als Motivationsinstrument nicht ins Leere laufen, muss die Führungskraft genau dies unterstützen. Defizite im Bereich der Erwartung können entweder die Realität objektiv widerspiegeln – der Mitarbeiter verfügt nicht über die relevanten Kompetenzen, um seine

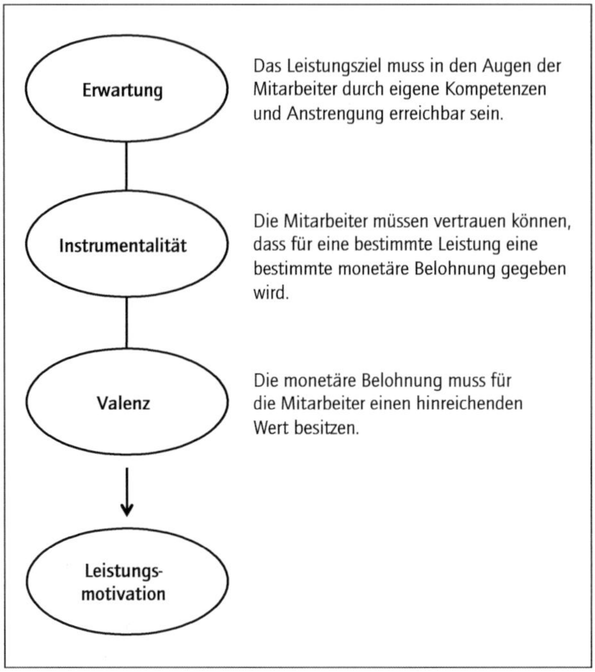

Abbildung 5-8: Drei Komponenten der Mitarbeitermotivation

Aufgaben in der gewünschten Form zu erledigen – oder aber die Realität subjektiv verzerren. Letzteres ist gegeben, wenn es der Person an Selbstvertrauen fehlt, obwohl sie eigentlich in der Lage wäre, das gewünschte Verhalten zu zeigen. Beides sind Probleme, die mit Instrumenten der Personalentwicklung teilweise zu bewältigen sind. In Weiterbildungsveranstaltungen muss man vorhandene Kompetenzen stärken, ggf. neue aufbauen und dabei den Teilnehmern die Möglichkeit zur positiven Erfahrung beim Einsatz eigener Kompetenzen geben. Kommt man jedoch zu dem Schluss, dass die Mitarbeiter den relevanten Leistungsbereich de facto nicht beeinflussen können, da er von ihnen nicht beeinflussbar ist – man denke z. B. an konjunkturelle Probleme –, so muss man diesen Leistungsbereich aus der leistungsbezogenen Bezahlung ausklammern. Unterlässt man dies, wird das ganze System unglaubwürdig.

Die zweite wichtige Komponente der Mitarbeitermotivation stellt die *Valenz* dar. Der Begriff Valenz kann mit »Wert« übersetzt werden. Er bezieht sich auf die in Aussicht gestellte Belohnung, die ein Unternehmen für eine erbrachte Leistung anbietet. Im Falle der leistungsbezogenen Bezahlung handelt es sich um Geld unterschiedlicher Höhe. Die Valenz repräsentiert sich auf die subjektive Bewertung des fraglichen Geldbetrags. Prinzipiell sind aber auch andere Belohnungen z. B. in Form von Wertschätzung und Anerkennung durch den Vorgesetzten oder einer Zuteilung verantwortungsvollerer Aufgaben denkbar. Wie bedeutsam die Valenzkomponente ist, lässt sich an einem einfachen Beispiel verdeutlichen. Stellen wir uns zwei Mitarbeiter vor, die beide in gleicher Position arbeiten und ein Bruttojahresgehalt von 30.000 Euro erzielen. Im Zuge des neuen Leistungsbeurteilungssystems bietet man ihnen nun die Möglichkeit, das Gehalt um maximal 10 % zu steigern. Mitarbeiter A lebt allein in einer von seinen Eltern geerbten Eigentumswohnung und hat einen bescheidenen Lebensstil. Mitarbeiter B muss von seinem Gehalt als Alleinverdiener eine vierköpfige Familie ernähren. Außerdem drücken ihn die Schulden, die sich im vergangenen Jahr für den Kauf eines gebrauchten Pkw und eines neuen Fernsehers angehäuft haben. Welcher der beiden Mitarbeiter lässt sich wohl eher durch eine zehnprozentige Erhöhung des Gehalts zu mehr Leistung motivieren? Natürlich Mitarbeiter B, denn für ihn besitzt die fragliche Summe Geld eine weitaus höhere Valenz. An dieser Stelle wird deutlich, dass Geld keineswegs automatisch immer ein guter Motivator ist. Zum einen kommt es auf die subjektive Bewertung der Höhe des Geldbetrags an, zum anderen spielt aber auch eine Rolle, für welches Arbeitsverhalten ein Bonus ausgeschüttet werden soll. Im schlimmsten Fall führt die leistungsbezogene Bezahlung zu einer Demotivierung und Leistungsminderung. Dies ist zu befürchten, wenn eine eigentlich selbstverständliche Leistung, die bereits über das Fixgehalt abgegolten ist, im Zuge der Ausschüttung leistungsbezogener Gelder zusätzlich honoriert wird. Stellen wir uns beispielsweise vor, eine Sachbearbeiterin in der Verwaltung wickelt pro Quartal üblicherweise etwa 100 Vorgänge ab. Im Rahmen eines neu eingeführten Leistungsbeurteilungssystems wird nun eine Menge von 95-105 Vorgängen mit einem Gehaltsbonus von 5 % belegt. Hierdurch signalisiert man der Mitarbeiterin, dass das »normale«, von ihrem Arbeitgeber erwartete Leistungsniveau unterhalb ihrer bisherigen Arbeitsleistung liegt. Sie ist in den vergangenen Jahren somit unterbezahlt gewesen. Ist die zu erreichende Bonuszahlung in ihrer absoluten Höhe für sie nicht interessant, so stellt das neue »Leistungssystem« einen eindeutigen Anreiz dar, in Zukunft die Leistung zu senken. Alternativ hierzu arbeitet die Mitarbeiterin in unserem Beispiel einfach weiter wie bisher und nimmt die 5 % Gehaltserhöhung als eine Selbstverständlichkeit hin, ohne dass dies einen leistungssteigernden Effekt nach sich zieht.

Soll eine leistungsbezogenen Bezahlung zu Mehrleistung motivieren, sind mithin zwei Dinge zu beachten: Die Höhe der Bezahlung muss für die Mitarbeiter einen hinreichenden Wert darstellen. Darüber hinaus darf nur echte Mehrleistung mit einem Bonus bzw. einer monatlichen Leistungszulage honoriert werden.

Die dritte Komponente der Mitarbeitermotivation ist die *Instrumentalität.* Sie richtet unsere Aufmerksamkeit auf die Beziehung zwischen der durch die Führungskraft vorgenommenen Leistungsbeurteilung und der daraufhin ausgeschütteten Geldmenge. Nur dann, wenn an dieser Stelle für alle beteiligten Mitarbeiter Klarheit darüber herrscht, wie die Punktwerte in Geldbeträge umgerechnet werden und gleichzeitig sichergestellt ist, dass der errechnete Geldbetrag dann auch tatsächlich ausgezahlt wird, kann das System eine motivierende Wirkung entfalten. Mit den Begriffen der VIE-Theorie ausgedrückt würde man sagen, dass dann die Arbeitsleistung des Mitarbeiters instrumentell für die Erzielung der Geldausschüttung ist. Der Mitarbeiter kann sich darauf verlassen, dass er durch ein bestimmtes, über die Leistungskriterien definiertes Verhalten die versprochene Belohnung erzielen kann. Dementsprechend kann der Mitarbeiter nun sein Verhalten ausrichten, sofern er sich eine Erreichung des Ziels zutraut (Komponente der Erwartung) und die Belohnung ihm hinreichend wertvoll erscheint (Komponente der Valenz).

5.6 Führungskräfteschulung

Ist das neue Leistungsbeurteilungssystem entwickelt, so müssen nun im nächsten Schritt die Führungskräfte geschult werden. Die Zielrichtung dieser Schulung ist dabei zweigeteilt. Zum einen will man die Führungskräfte von der Sinnhaftigkeit des neuen Systems überzeugen, denn nur wenn sie dahinter stehen, kann die Umsetzung von Erfolg gekrönt sein. Zum anderen geht es um die Einübung der praktischen Durchführung der Leistungsbeurteilung, von der Datenerfassung über den eigentlichen Bewertungsvorgang bis hin zum Feedbackgespräch und den möglichen Konsequenzen, die nun zu ziehen sind. In Kapitel 9 wird ausführlich beschrieben, wie eine solche Schulung ablaufen kann.

Abbildung 5-9 veranschaulicht die Bedeutung der Führungskräfte im gesamten Prozess der Leistungsbeurteilung. Zu Beginn können einzelne Führungskräfte Mitglied der Projektgruppe werden und als solche an der Clusterung der Arbeitsplätze mitwirken. Im zweiten Schritt werden alle Führungskräfte an den Interviews zur Anforderungsanalyse als Arbeitsplatzexperten teilnehmen. Etwaige Fehleinschätzungen, die in diesen ersten beiden Phasen von einzelnen Führungskräften vorgenommen werden können, haben in der Regel keine durchschlagenden Auswirkungen, da es jeweils mehrere Menschen gibt, die gemeinsam zusammenarbeiten und somit die Wahrscheinlichkeit für Fehlentscheidungen reduzieren. Gleiches gilt für die dritte Phase im Entwicklungsprozess, wenn es darum geht, auf der Basis der Interviewdaten die Leistungsdimensionen für jedes Arbeitsplatzcluster abzuleiten und anschließend die verhaltensverankerten Beurteilungsskalen zu konstruieren. Auch dies sind beides Aufgaben der Projektgruppe, in der mehrere Personen zusammenarbeiten.

Die Sachlage ändert sich grundlegend in der vierten Phase des Projektes. Nachdem die Beurteilungsskalen feststehen und die Mitarbeiter über die jeweils gültigen Leistungskriterien informiert wurden, beginnt der eigentliche Beurteilungszyklus. Die Führungskraft muss über die nächsten Monate hinweg bezogen auf die Leistungskriterien Informationen sammeln und in Form von Notizen festhalten. Informationen, die ihr entgehen oder dem Vergessen anheimfallen, können später nicht bei der Vergabe der Leistungspunkte Berücksichtigung finden. Die systematische Sammlung und Protokollierung verhindert, dass die Führungskraft zum Ende des Zyklus allein aufgrund einer Bauchentscheidung, von Vorurteilen oder einzelnen, herausgehobenen Ereignissen ein Urteil fällt, das letztlich die reale Leistung des Mitarbeiters bestenfalls ansatzweise widerspiegelt. Dies den Führungskräften zu vermitteln und handhabbare Lösungen anzubieten, ist eine wichtige Aufgabe des Führungskräftetrainings. Natürlich kann man nicht von den Führungskräften erwarten, dass sie täglich Notizen über jeden Mitarbeiter anfertigen. Monatliche Notizen sind aber ebenso zumutbar wie Notizen bezogen auf bestimmte herausgehobene Aufgaben, mit denen sich ein Mitarbeiter im Laufe des Bewertungszeitraums konfrontiert sah.

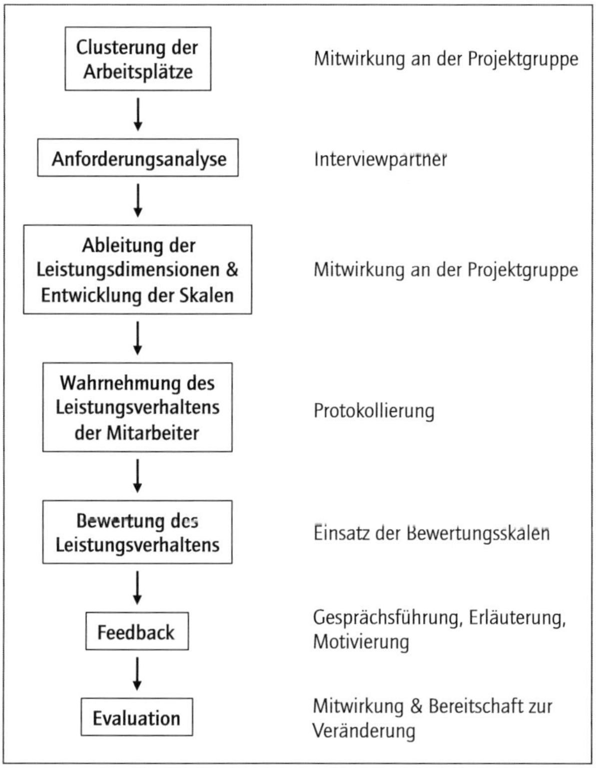

Abbildung 5-9: Aufgaben einer Führungskraft im Rahmen der Entwicklung und Durchführung eines Leistungsbeurteilungssystems

Bei der eigentlichen Bewertung der Leistung wirkt sich die Sorgfalt und Beurteilungskompetenz der Führungskraft direkt aus. Im Gegensatz zur Arbeit in der Projektgruppe gibt es an dieser Stelle kein Korrektiv. Fehler der Führungskraft fließen ungefiltert in das Ergebnis der Bewertung. Es ist daher von zentraler Bedeutung, dass die Führungskräfte richtig mit den verhaltensverankerten Skalen umgehen, also z. B. jeden Mitarbeiter einzeln und nicht im Vergleich zu seinen Kollegen bewerten. Ebenso wenig darf sie die beste Leistung in der Gruppe automatisch mit der höchstmöglichen Punktzahl bewerten. Es kann durchaus sein, dass selbst der beste Mitarbeiter lediglich ein mittleres Leistungsniveau erreicht. Zudem dürfen die Leistungsbeurteilungen nicht strategisch eingesetzt werden, um beispielsweise einen unliebsamen Mitarbeiter über den Weg der Beförderung möglichst schnell wegzuloben. Dies sind nur einige Fehler, die Führungskräften im Zuge der eigentlichen Bewertung unterlaufen können. Die Beobachterschulung schützt alle Beteiligten vor diesen Fehlern.

Nachdem die Bewertung erfolgt ist, müssen die Mitarbeiter im Rahmen eines Feedbackgespräches über die Ergebnisse informiert werden. Mehr noch, es geht auch darum, die Ergebnisse zu erläutern, ggf. um Akzeptanz zu werben und gemeinsam mit dem Mitarbeiter Konsequenzen für den nächsten Bewertungszyklus zu ziehen. Dies ist eine Aufgabe, die erstaunlich viele Führungskräfte vor neue Herausforderungen stellt. Das Führungskräftetraining bietet die Möglichkeit, sich die für ein solches Gespräch notwendigen Fertigkeiten anzueignen bzw. zu verbessern.

Den endgültigen Abschluss bildet die Evaluation. Hierzu werden sowohl alle Führungskräfte als auch alle Mitarbeiter mithilfe einer anonym durchgeführten Befragung um ihre Einschätzung des zurückliegenden Prozesses gebeten. Jede Führungskraft ist gefordert, eine ehrliche Einschätzung abzugeben. Darüber hinaus schaut man sich an, welche Punktwerte die einzelnen Führungskräfte vergeben haben. Wertschätzt eine Führungskraft die Leistung ihrer Mitarbeiter fast ausschließlich mit der maximal möglichen Punktzahl, so liegt hier mit großer Wahrscheinlichkeit eine Verzerrung vor, der die Personalabteilung auf den Grund gehen muss. An dieser Stelle wird die Zielrichtung der Evaluation deutlich. Es geht darum, Schwächen im System zu identifizieren und ihnen entgegenzuarbeiten. Die Ergebnisse der Evaluation bilden u. a. die Grundlage für etwaige Nachschulungen der Führungskräfte. Gerade wenn ein neues Leistungsbeurteilungssystem eingeführt wird, lohnt sich eine aufwendige Evaluation besonders.

5.7 Beurteilung der Leistung

Die eigentliche Durchführung der Leistungsbeurteilung durch die Führungskraft wirkt auf den ersten Blick recht simpel. Man beobachtet das Verhalten des Mitarbeiters, schaut sich dessen Arbeitsergebnis an und transformiert die gewonnenen Erkenntnisse mithilfe diverser Beurteilungsskalen in Leistungspunkte. Leider ist es in der Realität nicht ganz so einfach.

Selbstverständlich kann die Führungskraft nicht das gesamte Arbeitsverhalten jedes Mitarbeiters vollständig wahrnehmen. Dies ginge bestenfalls, wenn sie nur einen Mitarbeiter hätte und diesen den ganzen Tag bei dessen Tätigkeiten begleiten würde. Die Wahrnehmung des Arbeitsverhaltens ist zwangsläufig immer selektiv. Nur ein Teil des tatsächlichen Geschehens und der damit einhergehenden Leistungsergebnisse fließt letztlich in die Beurteilung ein. Umso wichtiger ist es, dass die Führungskraft ihre *Aufmerksamkeit bewusst* auf die zentralen, durch die Anforderungsanalyse definierten Aspekte der Mitarbeiterleistung *lenkt*. Für eine qualitativ gute Leistungsbeurteilung ist es mithin gar nicht notwendig, alle Informationen über einen Mitarbeiter zu sammeln. Stattdessen muss man im Verlaufe des Jahres immer wieder die wichtigen – d. h. die beurteilungsrelevanten – Informationen als solche erkennen und sie von den weniger wichtigen bzw. völlig irrelevanten trennen. Welche Informationen als wichtig einzustufen sind, verrät die Anforderungsanalyse. Die Leistungsbeurteilung findet also nicht erst am Ende des Beurteilungszyklus statt, sondern zieht sich in Form der *Sammlung relevanter Informationen über den gesamten Zyklus* hin.

Mit der gezielten Lenkung der Aufmerksamkeit allein ist aber noch keine hinreichende Basis für eine aussagekräftige Leistungsbeurteilung gelegt. Allzu groß ist die Gefahr, dass über die Zeit hinweg wichtige Informationen in Vergessenheit geraten. Dabei wird nicht etwa die gesamte Information aus dem Gedächtnis gelöscht, das

Problem ist vielmehr, dass bestimmte Informationen selektiv erinnert und z. T. auch inhaltlich verzerrt werden (vgl. Kanning, 1999; Kanning et al., 2004; Meyers, 2008). So vergisst man leicht, dass ein Mitarbeiter durchweg gute Leistungen erbracht hat, wenn wenige Wochen vor der eigentlichen Punktevergabe eine starke Minderleistung zu verzeichnen war. Die zeitlich später in das Gedächtnis aufgenommene Information verdeckt dabei die zeitlich früher eingespeiste Information. Selbst wenn es nicht zu einer vollständigen Überlagerung kommen sollte, wird die spätere Information immer noch leichter erinnert und hat somit gewissermaßen einen »Vorteil«. Generell gilt, dass negative Informationen in der Urteilsbildung stärker berücksichtigt werden als positive. Mit anderen Worten: Um eine Minderleistung in der Urteilsbildung der Führungskraft kompensieren zu können, muss der Mitarbeiter überproportional mehr positive Leistung bringen. Eine ganz andere Täuschung liegt vor, wenn die Information über einen Mitarbeiter unvollständig ist, weil man von vornherein bestimmte Informationen nicht erfassen konnte oder aber sie wieder vergessen hat. In diesem Fall neigen wir dazu, die fehlende Information vor dem Hintergrund eines allgemeinen Bildes, das wir uns von einem Menschen gemacht haben, zu vervollständigen. Auch wenn man gar nicht aus eigener Anschauung sagen kann, wie sich ein Mitarbeiter im Kontakt mit einem bestimmten, wichtigen Kunden verhalten hat, fällen wir dennoch ein Urteil und zwar eines, das zu unserem Gesamteindruck passt. Dies sind nur zwei Beispiele für systematische Verzerrungen der Urteilsbildung, die u. a. in fehlerhaften Funktionen des menschlichen Gedächtnisses begründet liegen. Die einfache Schlussfolgerung, die sich aus diesen und ähnlichen Forschungsergebnissen ableiten lässt, ist, dass wir unserem Gedächtnis nicht blind vertrauen dürfen. Selbst wenn man sich subjektiv völlig sicher ist, einen Sachverhalt richtig zu erinnern, können Fehler und Verzerrungen vorliegen. Die subjektive Gewissheit sagt nichts über die tatsächliche Qualität der Einschätzung. Führungskräfte sind somit angehalten, über den gesamten Beurteilungszyklus immer wieder auch Notizen zu den einzelnen Mitarbeitern anzufertigen. Dies kann zum einen immer dann geschehen, wenn man direkt mit dem Leistungsverhalten eines Mitarbeiters konfrontiert wird. Zum anderen könnte man sich vornehmen, jeden Monat zu jedem Mitarbeiter relevante Informationen zu notieren. Die letztere Variante hätte den Vorteil, dass man auch die unauffälligeren Mitarbeiter nicht vergisst.

Die eigentliche Leistungsbeurteilung erfolgt dann zum Ende des Beurteilungszyklus auf der Basis der Notizen. Über das genau Prozedere der Bearbeitung verhaltensverankerter Beurteilungsskalen klären Kapitel 7 und 9 auf.

5.8 Feedbackgespräche

Die Feedbackgespräche dienen in erster Linie dazu, den Mitarbeitern das Ergebnis der Leistungsbeurteilung mitzuteilen bzw. zu erläutern. Sie sind als Zwiegespräche zwischen Führungskraft und den einzelnen Mitarbeitern angelegt. Da im Verlaufe der meisten Gespräche auch Inhalte thematisiert werden müssen, die den Mitarbeiter nicht gänzlich erfreuen, ist hier in besonderem Maße die soziale Kompetenz der Führungskraft gefordert (vgl. Kanning, 2005). Die Art und Weise, in der das Gespräch geführt wird, entscheidet maßgeblich darüber, inwieweit das gesamte Leistungsbeurteilungssystem als Instrument zur Steigerung der Leistungsmotivation erfolgreich funktioniert und damit letztlich zur Steigerung der Leistung eines Unternehmens beiträgt. In ihrem Verhalten gegenüber dem einzelnen Mitarbeiter personifiziert die Führungskraft in gewisser Weise das Leistungsbeurteilungssystem und kann entscheidend darauf Einfluss nehmen, ob die Mitarbeiter es als gerecht und hilfreich erleben oder als einen Akt der Willkür ablehnen. In Kapitel 10 gehen wir ausführlicher auf die Prinzipien erfolgreicher Feedbackgespräche ein. Abbildung 5-10 fasst die wichtigsten Aufgaben zusammen, die eine Führungskraft im Rahmen des Feedbacks zu bewältigen hat.

Zunächst einmal muss sie sich auf das Gespräch *vorbereiten*. Es versteht sich von allein, dass man sich vor dem Gespräch die Ergebnisse der Leistungsbewertung des betreffenden Mitarbeiters noch einmal anschaut. Dies ist besonders wichtig, wenn die Punktevergabe schon einige Wochen zurückliegt und die Führungskraft viele Mitarbeiter beurteilen musste. Zudem sollte sie sich die Notizen vergegenwärtigen, die sie im Laufe des Bewertungszyklus über den Mitarbeiter angefertigt hat (s. o.). Steht ein schwieriges Gespräch bevor, weil man beispielsweise viele negative Informationen übermitteln muss oder aber der Mitarbeiter sich in der Vergangenheit als grundsätzlich abwehrend erwiesen hat, sollte man sich schon im Vorfeld des Gespräches eine Argumentationsstrategie zurechtlegen. Hierfür gibt es keine »Tricks«, die sich aus der Forschung ableiten ließen. Generell ist es aber hilfreich, wenn man seine Bewertung möglichst weitgehend durch Fakten untermauern kann, durchgängig sachlich argumentiert und das Gespräch auf einer Metaebene lenkt (vgl. Kapitel 10). Wesentlich leichter ist es, für das Gespräch ausreichend Zeit einzuplanen. In der Regel dürften 60 Minuten hinreichend sein. Notfalls vertagt man sich, um in einem zweiten Gespräch über mögliche Konsequenzen, die sich aus der Bewertung ergeben haben (z. B. Weiterbildungsmaßnahmen), vertiefend besprechen zu können. Zudem sollte man für Störungsfreiheit während des Gespräches sorgen, also z. B. das Telefon auf eine andere Rufnummer umleiten.

In der Phase der *Gesprächsdurchführung* muss die Führungskraft zunächst die Ergebnisse ihrer Bewertung schildern. Dabei kann es hilfreich sein, wenn die sog. Sandwich-Methode zur Anwendung kommt. Dies bedeutet, dass man negative Rückmeldungen in positive einbettet. Man beginnt also mit einer positiven Rückmeldung, um beim Gegenüber erst einmal eine gewisse Offenheit für das Feedback zu fördern. Dann folgen die negativen Rückmeldungen, an die sich wiederum positive Informationen anschließen. Ein solches Feedback stellt klar, dass die Person keineswegs nur Minderleistungen erbracht hat. Die Leistung wird umfassend gewürdigt und dies mag vielen Mitarbeitern dabei helfen, negative Bewertungen anzunehmen, nicht gleich mit Abwehr zu reagieren und sich für eine Veränderung des Verhaltens zu öffnen. Unabhängig von der Sandwich-Methode gilt, dass alle Rückmeldungen sachlich vorgetragen und fundiert begründet werden müssen. Wenn man keine nachvollziehbaren Begründungen für eine Bewertung vorbringen kann, sollte man lieber ganz auf

Vorbereitung

- Eigene Beurteilung vergegenwärtigen
- Notizen aus dem Beurteilungszyklus lesen
- Argumente zurechtlegen
- hinreichend Zeit einplanen
- Störungsfreiheit gewährleisten

Durchführung

- Ergebnisse von sich aus schildern
- Sandwich-Methode
- konkrete Begründungen liefern
- nicht Generalisieren
- Perspektive des Mitarbeiters erfragen
- aktiv zuhören
- ggf. Vereinbarungen treffen und Unterstützung anbieten

Nachbereitung

- Reflexion der Qualität der eigenen Leistungsbeurteilung
- Reflexion des eigenen Gesprächsverhaltens
- Umsetzung etwaiger Vereinbarungen

Abbildung 5-10: Aufgaben der Führungskraft im Rahmen von Feedbackgesprächen zur Leistungsbeurteilung

eine entsprechende Bewertung verzichten. Das Leistungsbeurteilungssystem kann nur dann eine motivierende Funktion entfalten, wenn die Bewertungen für alle Beteiligten nachvollziehbar die tatsächliche Leistung der Mitarbeiter spiegeln. Dabei sind Generalisierungen nach dem Prinzip »Sie sind nicht teamfähig.« oder »Sie können ihre Emotionen nicht kontrollieren.« unbedingt zu vermeiden. Die Leistungsbeurteilung dient nicht der Persönlichkeitsdiagnostik. Niemand weiß, ob der Mitarbeiter im privaten Umfeld nicht ein ganz anderes Team- oder Konfliktverhalten an den Tag legt. Dies ist auch gar keine relevante Frage, die sich im Rahmen der Leistungsbeurteilung stellt. Es geht lediglich um das Leistungsverhalten in beruflich relevanten Situationen. Generalisierungen werden leicht als Angriff auf die Persönlichkeit erlebt. Ein solcher Angriff – sei er nun beabsichtigt oder aus Unachtsamkeit entstanden – ist den Zielen der Leistungsbeurteilung nicht zuträglich. Das Feedbackgespräch ist nicht das Jüngste Gericht. Es geht darum, Lösungen für etwaige Leistungsprobleme zu finden und nicht um Verurteilung. Daher ist ein Feedbackgespräch auch keine Einbahnstraße, in der der Mitarbeiter lediglich die Rolle eines Informationsempfängers einnimmt. Gerade wenn es um Minderleistungen geht, muss die Führungskraft die Sichtweise des Mitarbeiters erfragen. Letztlich geht es darum, gemeinsam mit dem Mitarbeiter Lösungen für das Problem der Minderleistung zu erarbeiten. Hierzu ist die Meinung des Mitarbeiters sehr wichtig. So verfügt beispielsweise der Mitarbeiter in der Regel über eine präzisere Kenntnis seiner konkreten Arbeitsbedingungen als seine Führungskraft. Will man für anstehende Probleme tragfähige Lösungen entwickeln, ist diese Expertise unverzichtbar. Ähnlich verhält es sich bei Weiterbildungsmaßnahmen. Ihr praktischer Nutzen wird deutlich größer sein, wenn der Mitarbeiter sich an der Auswahl und ggf. der Gestaltung der Maßnahmen beteiligen kann und nicht zu einer Figur auf einem Schachbrett degradiert wird. Eine Einbindung der Mitarbeiterperspektive kann durch die Technik des Aktiven Zuhörens aufseiten der Führungskraft erleichtert werden. Bei dieser Technik bemüht man sich u. a. durch Rückfragen und Zusammenfassungen zu gewährleisten, dass man die Perspektive des Gegenübers auch richtig versteht. In Kapitel 9 wird diese Technik eingehend erläutert. Den Abschluss des Feedbackgespräches bildet im günstigsten Fall eine Absprache, wie man in den kommenden Monaten weiter vorgehen will, um die ggf. vorhandenen Leistungsdefizite in den Griff zu bekommen.

Mit einer solchen Absprache ist jedoch aus Sicht der Führungskraft die Prozedur noch nicht beendet. Für sie schließt sich noch eine kurze *Nachbereitung des Feedbackgespräches* an. Hierbei geht es vor allem um eine Reflexion des Gespräches im Hinblick auf zwei Fragen: 1. War die Leistungsbeurteilung auch vor dem Hintergrund der Argumente des Mitarbeiters richtig oder muss man sie im nächsten Zyklus besser fundieren? 2. War die eigene Gesprächsführung zielführend oder gibt es diesbezüglich noch eine verbesserte Strategie, von der man in zukünftigen Gesprächen profitieren könnte? Insofern kann ein jedes Feedbackgespräch für die Führungskraft ein Anlass sein, sich selbst noch zu verbessern. Darüber hinaus gilt es natürlich, Absprachen, die mit dem Mitarbeiter getroffen wurden, zu realisieren bzw. deren Umsetzung in Gang zu setzen.

5.9 Evaluation

Die Evaluation eines Leistungsbeurteilungssystems dient dazu, Stärken bzw. Schwächen aufzudecken und legt hierdurch den Grundstein für Verbesserungen im folgenden Beurteilungszyklus. Die Evaluation ist somit insbesondere bei der Einführung eines neuen Beurteilungssystems von großer Bedeutung. Dabei interessiert man sich sowohl für die Sichtweise der Führungskräfte und Mitarbeiter als auch für die Verteilung der Punktwerte. Ersteres wird mithilfe eines Fragebogens erfasst, Letzteres ermittelt man ganz einfach durch eine statistische Auswertung der Ergebnisse der Leistungsbeurteilung. Im Fragebogen geht es z. B. um die wahrgenommene Gerechtigkeit der Beurteilung oder der Qualität des Feedbackgespräches. Bei der Verteilung der Punktwerte analysiert man vor allem, ob manche Führungskräfte auffällig häufig besonders positive Bewertungen abgeben. Kapitel 11 widmet sich ausführlich dem Thema Evaluation und stellt beispielhaft das Vorgehen dar. An dieser Stelle soll lediglich das Grundprinzip der Evaluation verdeutlicht werden.

Idealerweise beginnt man mit der Evaluation bereits lange bevor ein neues Leistungsbeurteilungssystem implementiert wird. Gehen wir einmal von einem einjährigen Beurteilungszyklus aus, so sollte die erste Datenerhebung (Fragebogen & Leistungspunkte), sich noch auf das alte System beziehend, mindestens ein Jahr vor der

Durchführung der Beurteilung nach dem neuen System stattfinden. Mit dieser ersten Datenerhebung erfasst man also, wie die beteiligten Personen das alte System einschätzen und mit welcher Verteilung der Punktwerte es einhergeht (vgl. Abbildung 5-11). Nun folgen die Einführung des neuen Beurteilungssystems sowie dessen praktische Umsetzung. Nachdem die Feedbackgespräche gelaufen und alle Punktwerte in der Personalabteilung eingetroffen sind, erfolgt die zweite Datenerhebung. Führungskräfte und Mitarbeiter füllen erneut den Fragebogen aus, den sie bereits vor einem Jahr bearbeitet haben. Parallel dazu werden die gesammelten Leistungspunkte statistisch analysiert. Durch einen Vergleich der Ergebnisse des ersten Messzeitpunktes (vor der Einführung) mit den Ergebnissen des zweiten Messzeitpunktes (nach der Einführung) ergeben sich Aussagen über das neue Leistungsbeurteilungssystem, die anschließend zur Weiterentwicklung des Systems herangezogen werden können.

Nun könnte man zu Recht einwenden, dass unser Untersuchungsdesign nicht eindeutig die Effekte des neuen Leistungsbeurteilungssystems widerspiegelt. Möglicherweise haben sich in der Zwischenzeit im Unternehmen Veränderungen ergeben, die – völlig unabhängig vom neuen Leistungsbeurteilungssystem – die Ergebnisse der Befragung beeinflussen. Man denke hier z. B. an einen drohenden Stellenabbau, der insgesamt zu einer kritischeren Haltung der Mitarbeiter gegenüber ihrem Arbeitgeber führt. In diesem Fall würden die Mitarbeiter das neue System negativ bewerten, zielen damit aber eigentlich auf das Unternehmen als Ganzes ab. Berücksichtigt man dies in der Evaluationsstudie nicht, gelangt man zu einer fehlerhaften Einschätzung. Um dies zu vermeiden, empfiehlt sich der Einsatz einer Kontrollgruppe (vgl. Abbildung 5-11 rechte Hälfte). Hierbei handelt es sich um eine Teilmenge der Mitarbeiter, die im Prinzip die gleichen Untersuchungsschritte durchlaufen mit einem entscheidenden Unterschied: Statt des neuen Leistungsbeurteilungssystems werden sie weiterhin mit dem

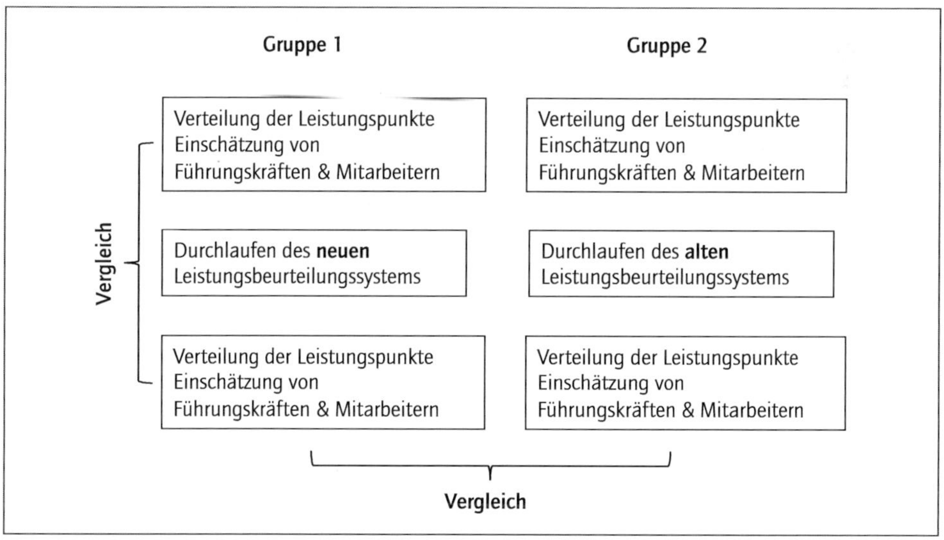

Abbildung 5-11: Untersuchungsplan zur Evaluation

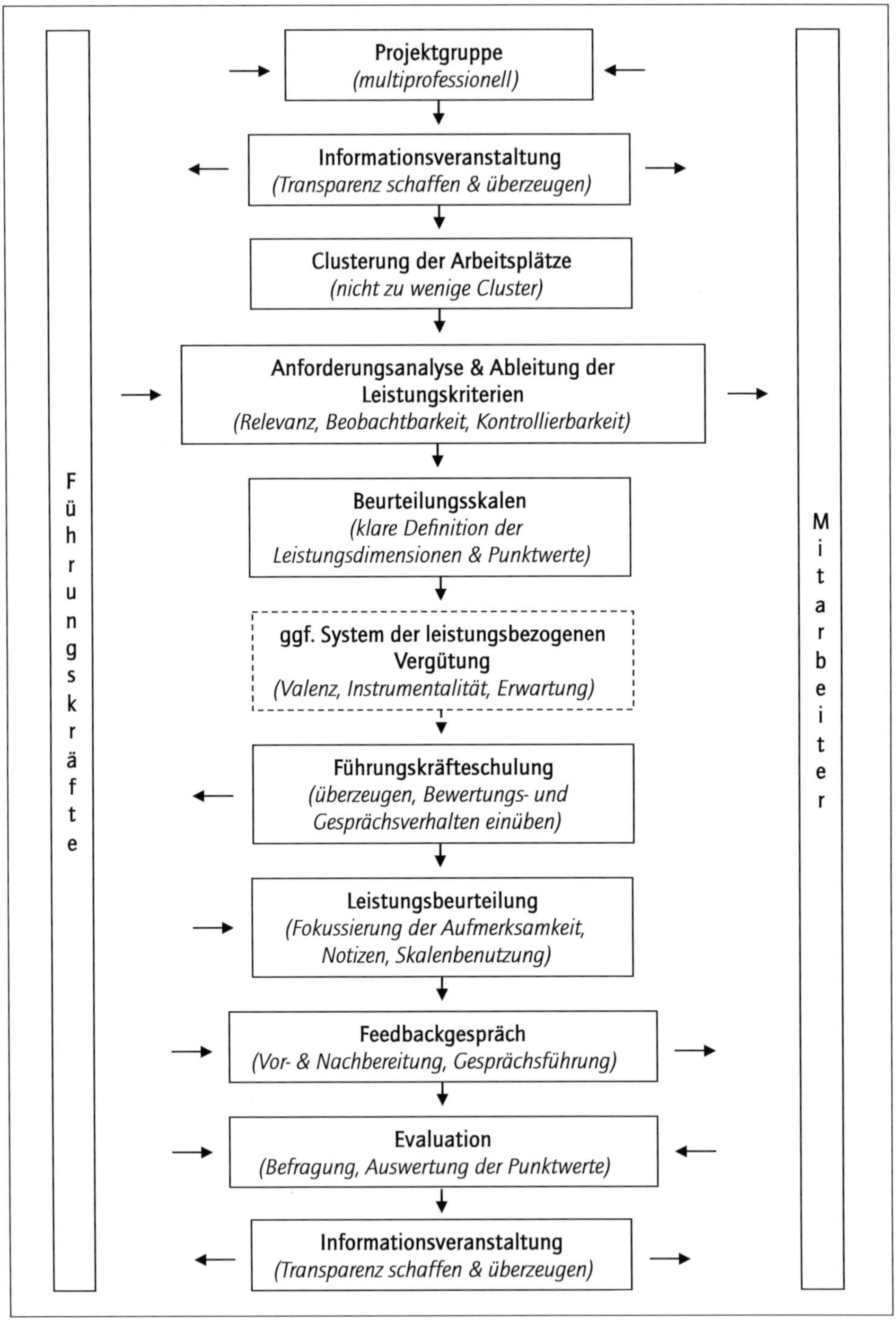

Abbildung 5-12: Modell der Prinzipien effektiver Leistungsbeurteilungssysteme

alten System konfrontiert. Vergleicht man nun die Ergebnisse beider Gruppen nach Abschluss der Feedbackgespräche, so kann man den Effekt möglicher Entwicklungen jenseits des eigentlichen Leistungsbeurteilungssystems herausrechnen. In der Praxis lässt sich ein solch aufwendiger Untersuchungsplan nur selten verwirklichen. Dies liegt vor allem daran, dass man nicht parallel zwei Systeme laufen lassen möchte. Unabhängig davon, wie das Untersuchungsdesign im Einzelnen aussieht – wichtig ist, dass man überhaupt eine Evaluation durchführt. Nur so kann man kontinuierlich das neue Leistungsbeurteilungssystem zielgerichtet verbessern.

5.10 Fazit

Die Entwicklung und Implementierung eines neuen und wirksamen Leistungsbeurteilungssystems stellt hohe Anforderungen an die Verantwortlichen. Von der Bildung einer Projektgruppe bis hin zur Präsentation der Evaluationsergebnisse sind zahlreiche Punkte zu beachten. Abbildung 5-12 fasst die wichtigsten Prinzipien eines effektiven Leistungsbeurteilungssystems noch einmal zusammen.

Tabelle 5-2 gibt eine Checkliste zur Bewertung eines alten oder neu zu konzipierenden Leistungsbeurteilungssystems wieder. Es ermöglicht eine grobe Einschätzung der Qualität des Verfahrens. Bei jedem Qualitätskriterium ist einfach zu entscheiden, ob man es erfüllt oder eben nicht erfüllt. Je mehr Kriterien erfüllt sind, desto qualitativ hochwertiger ist das Verfahren. Die Checkliste kann aus dem Download-Angebot heruntergeladen und ausgedruckt werden.

5.11 Vertiefende Literatur

Hossiep, R., Bittner, J.E. & Berndt, W. (2008). Mitarbeitergespräche: motivierend, wirksam, nachhaltig. Göttingen: Hogrefe.
Kanning, U. P. (1999). Die Psychologie der Personenbeurteilung. Göttingen: Hogrefe.
Lohaus, D. (2009). Leistungsbeurteilung. Göttingen: Hogrefe.
Schuler, H. (Hrsg.). (2004). Beurteilung und Förderung beruflicher Leistung. Göttingen: Hogrefe.

Kriterium	zutreffend?
Die Expertise und Interessen der Mitarbeiter werden bei der Entwicklung des Leistungsbeurteilungssystems berücksichtigt (z. B. in Form einer Projektgruppe).	❍
Gegenüber den Mitarbeitern herrscht völlige Transparenz in Bezug auf die Kriterien, nach denen ihre Leistung bewertet wird. Dies wird beispielsweise durch Mitarbeiterversammlungen sowie die Aushändigung der Beurteilungsskalen gewährleistet.	❍
Die Transparenz im Hinblick auf die Bewertungskriterien ist bereits zu Beginn eines neuen Bewertungszeitraums gegeben.	❍
Die Leistungskriterien werden aufgrund einer Anforderungsanalyse für den entsprechenden Arbeitsplatz bzw. eine Gruppe ähnlicher Arbeitsplätze abgeleitet.	❍
Die Leistungskriterien haben den Charakter von Leistungsdimensionen, d. h., jedes Kriterium kann von den Mitarbeitern mehr oder weniger stark erfüllt werden.	❍
Es werden nur solche Leistungskriterien beurteilt, die von den Mitarbeitern tatsächlich durch ihre eigenen Kompetenzen sowie ihre Anstrengung beeinflusst werden können.	❍
Kommen objektive Leistungskriterien zum Einsatz, die sich auf die Produktivität beziehen, so hinterfragt die Führungskraft förderliche und hinderliche Einflüsse der Arbeitsumgebung und greift ggf. korrigierend ein.	❍
Die Einschätzung der Mitarbeiterleistung durch die Führungskraft wird auf einer mehrstufigen Verhaltensverankerten Bewertungsskala vorgenommen.	❍
Die Führungskraft bewertet nur solche Aspekte des Mitarbeiterverhaltens, die sie auch tatsächlich beurteilen kann. Ansonsten enthält sie sich eines Urteils.	❍
Bezogen auf jedes Leistungskriterium muss die Führungskraft für verschiedene Teilaspekte (Subdimensionen) eine Bewertung vornehmen. Anschließend bildet sie über diese Teilbewertungen einen Mittelwert, der dann die Gesamtbewertung des Leistungskriteriums repräsentiert.	❍
Sofern das Leistungsbeurteilungssystem eine leistungsbezogene Bezahlung vorsieht, wird darauf geachtet, dass die Höhe der Leistungskomponenten für die betroffenen Mitarbeiter einen realen Wert darstellt.	❍
Mit einer monetären Leistungszulage zum Grundgehalt werden nur solche Leistungen belegt, die deutlich über dem Niveau liegen, das bereits durch das Grundgehalt abgegolten wird.	❍
Sofern leistungsbezogene Bezahlung vorgesehen ist, wird eine eindeutige Zuordnung von Leistungspunkten zur Höhe der Ausschüttung gewährleistet, wobei dieses Zuordnungssystem für alle betroffenen Mitarbeiter transparent ist.	❍
Die Führungskräfte werden umfassend geschult, ehe ein neues Leistungsbeurteilungssystem zum Einsatz kommt.	❍
Die Führungskraft sammelt über den gesamten Beurteilungszyklus Informationen über die Leistung der Mitarbeiter und macht sich entsprechende Notizen.	❍
Die Führungskraft bereitet sich auf jedes Feedbackgespräch vor.	❍
Die Führungskraft wendet im Feedbackgespräch wichtige Prinzipien der Gesprächsführung an (nicht generalisieren, sachlich begründen, Sandwich-Methode, Mitarbeitersicht erfragen, aktives Zuhören).	❍
Nach dem Feedbackgespräch reflektiert die Führungskraft ihr eigenes Verhalten im Gespräch sowie die Qualität der eigenen Leistungsbeurteilung und setzt etwaige Vereinbarungen in die Tat um.	❍
Für jeden Mitarbeiter besteht die Möglichkeit, eine Schiedsstelle anzurufen, wenn er sich im Zuge der Leistungsbeurteilung ungerecht behandelt fühlt und er im direkten Gespräch mit der vorgesetzten Führungskraft keine Einigung erzielen konnte.	❍
Nach erfolgter Durchführung der Leistungsbeurteilung wird zum Zwecke der Evaluation eine anonyme Befragung aller betroffenen Mitarbeiter und Führungskräfte vorgenommen.	❍
Nach erfolgter Durchführung der Leistungsbeurteilung wird zum Zwecke der Evaluation die Verteilung der von jeder Führungskraft vergebenen Punktwerte analysiert.	❍
Summe	

Tabelle 5-1: Checkliste zur Bewertung eines Leistungsbeurteilungssystems

6. Was ist gute Leistung? – Durchführung einer Anforderungsanalyse

Wenn man einen Bäckermeister danach befragt, was eine gute Arbeitsleistung in seinem Betrieb ist, so würde er vielleicht Verhaltensweisen nennen, die in anderen Branchen als »selbstverständlich« erachtet werden. Womöglich freut sich unser Bäckermeister bereits, wenn alle seine Gesellen morgen um drei Uhr pünktlich ihre Arbeit antreten und darüber hinaus sogar einen ausgeschlafenen Eindruck machen. Wenn dann auch noch die Gär- und Backzeiten und die lebensmittelrechtlichen Vorschriften eingehalten werden, wird solch ein Bäckergeselle möglicherweise sogar als vorbildlich dargestellt.

Wechseln wir einmal die Branche und betrachten beispielsweise eine Bankfiliale. Würde man einen Bankdirektor danach befragen, was gute Arbeit seiner Mitarbeiter ausmacht, so würde er das pünktliche und ausgeschlafene Erscheinen seiner Kundenberater mit keinem einzigen Wort erwähnen. Diese Arbeitshaltung würde der Chef schlichtweg als Selbstverständlichkeit erachten. Auch die Einhaltung aller sicherheitsrelevanten Vorschriften würde er nicht erwähnen, da auch sie in dieser Branche als indiskutabel angenommen werden. Vielmehr würden stattdessen Aspekte der Zins- und Provisionserträge und der erfolgreichen Neukundenakquise erwähnt werden. Gute Arbeitsleistung kann in verschiedenen Branchen also etwas ganz unterschiedliches bedeuten.

Gleiches gilt für den Vergleich von Arbeitsplätzen innerhalb einer Organisation. Während man einen Kundenbetreuer einer Sparkasse danach bewerten wird, welche Umsatzerlöse er über den Verkauf seiner Bankprodukte erwirtschaftet, wird man seinen Kollegen in der Kreditsachbearbeitung mit denselben Kriterien nur schlecht bewerten können, da dieser in aller Regel keine Umsatzverantwortung trägt. Vielmehr spielen hier Aspekte wie die Bonitätsüberprüfung der Kreditnehmer und die Kreditüberwachung eine maßgebliche Rolle, anhand derer die Arbeitsleistung eines Kreditsachbearbeiters gemessen wird.

An unterschiedlichen Arbeitsplätzen wird gute Leistung ganz offensichtlich völlig anders definiert. Wie findet man aber heraus, welche Definition für einen bestimmten Arbeitsplatz die richtige ist? Hierbei helfen uns verschiedene Methoden der *Anforderungsanalyse*, die im Folgenden beschrieben werden.

6.1 Ziel einer Anforderungsanalyse

Unsere Arbeitswelt wird immer komplexer, und damit auch die Anforderungen an die einzelnen Arbeitnehmer. Dies zeigt sich z. B. in der zunehmenden Spezialisierung der Ausbildungsberufe. Man denke dabei an das Kfz-Handwerk, dessen Ausbildung sich vom Kfz-Schlosser des Jahres 1987 zum Automobilmechaniker und 2003 zum Kraftfahrzeugmechatroniker gewandelt hat, da Kraftfahrzeuge neben den herkömmlichen mechanischen, zunehmend auch elektronische und computergestützte Bauteile besitzen.

Die Einsatzmöglichkeiten einer Anforderungsanalyse zeigen sich in unterschiedlichen Anwendungsfeldern. Während man bei der *Personalauswahl* die Fähigkeiten und Fertigkeiten verschiedener Bewerber mit den Ergebnissen einer stellenbezogenen Anforderungsanalyse abgleicht, versucht man bei der *Mitarbeiterplatzierung* vor dem Hintergrund unterschiedlicher Anforderungsanalysen für verschiedene Arbeitnehmer den Arbeitsplatz auszuwählen, der am ehesten den individuellen Stärken des Mitarbeiters entspricht. Ein hohes Befriedigungspotenzial der anstehenden Aufgaben stellt bei guter Passung mit den Fähigkeiten, Fertigkeiten und Interessen des Mitarbeiters eine optimale Voraussetzung für eine hohe Arbeitszufriedenheit, eine gesteigerte Leistungsmotivation sowie eine geringere Fluktuation und Absentismusrate.

Häufig werden erst durch systematische Überprüfungen der Arbeitsplatzanforderungen bestimmte Defizite der Stelleninhaber deutlich. Über eine so genannte »Bedarfsanalyse« (Ist-Soll-Vergleich des Mitarbeiterpotenzials mit den Stellenanforderungen) können dann im Zuge der *Personalentwicklung* entsprechende Schulungsmaßnahmen zur Beseitigung dieser Defizite implementiert werden.

Im Bereich der *Organisationsentwicklung* kann eine Anforderungsanalyse als Grundlage zur Veränderung von Arbeitsabläufen dienen. Im Vordergrund steht hierbei nicht die Anpassung des Mitarbeiters an eine gegebene Arbeitsumwelt, sondern die Optimierung von Arbeitsabläufen, um z. B. eine höhere Produktivität oder eine geringere Unfallquote zu erreichen. Zudem kann die Anforderungen zukünftiger Arbeitsplätze antizipieren und im Vorhinein so gestalten, dass die Mitarbeiter ihre Potenziale möglichst gut entfalten können.

Insgesamt zeigt sich also ein relativ breites Einsatzfeld der Anforderungsanalyse Ohne die Anforderungsanalyse wäre eine professionelle *Leistungsbeurteilung* der Mitarbeiter undenkbar, denn erst die Anforderungsanalyse sagt uns worin die Leistung besteht, die ein Mitarbeiter an einem Arbeitsplatz erbringen kann bzw. sollte. Sie definiert das, was als Leistung zu gelten hat. Dabei können sich sehr vielfältige Anforderungen als wichtig herausstellen. Abbildung 6-1 gibt einen Überblick.

Das Ziel der Anforderungsanalyse ist die stellenbezogene Definition der notwendigen Merkmale, die ein Stelleninhaber aufweisen sollte, um möglichst gute Arbeitsergebnisse erzielen zu können. Je nachdem, wozu die Anforderungsanalyse dienen soll, kann der Abstraktionsgrad der geforderten Personenmerkmale stark variieren. Für die Konzeption von Aufgaben für ein Potenzial-Assessment-Center empfiehlt sich zumeist eine auf konkrete Verhaltensweisen bezogene Anforderungsanalyse, die eine berufsbezogene Ableitung entsprechender Simulationsübungen ermöglicht. Häufig müssen Mitarbeiter aber sehr viele verschiedene und anspruchsvolle Arbeitstätigkeiten im Alltag vollbringen, für die eine zu detaillierte Verhaltensbeschreibung unbrauchbar wäre. Ein mittleres Abstraktionsniveau ist hier zielführender.

Das Ergebnis einer Anforderungsanalyse spiegelt sich in einem sogenannten *Anforderungsprofil* wider. In diesem Profil werden die Ergebnisse der Anforderungsanalyse grafisch so abgetragen, dass für jede Anforderungsdimension deutlich wird, wie wichtig sie für einen bestimmten Arbeitsplatz ist (durchgezogene Kurve in Abbildung 6-2).

Einstellungen
Motivation (Leistungsmotivation, Anschlussmotivation) Orientierungen (Dienstleitungsorientierung, Arbeitshaltung, Wertvorstellungen)
Kognitive Fähigkeiten
intellektuelle Fähigkeiten (Konzentrations- und Merkfähigkeit) Kreativität und Innovativität Strukturierungsfähigkeit (Organisationsfähigkeit, Zeitmanagement)
Wissen
Bildungsstand (schulische und berufliche Bildung) Berufserfahrung (zeitlich, inhaltlich)
Soziale Kompetenzen
Konfliktfähigkeit (Frustrationstoleranz, Problemlösefähigkeit) Teamfähigkeit (Einfühlungsvermögen, interkulturelle Kompetenz) Führungskompetenz (Durchsetzungsvermögen, Beharrlichkeit, Delegationsfähigkeit) Kommunikationsfähigkeit (Verständlichkeit, Rezipientenorientierung)

Abbildung 6-1: Klassifikation von Anforderungen eines Arbeitsplatzes

Nach erfolgter Leistungsbewertung eines Mitarbeiters können dessen Leistungswerte dem Anforderungsprofil grafisch gegenübergestellt werden (unterbrochene Kurve in Abbildung 6-2). In unserem Beispiel zeigt der Mitarbeiter eine hohe Managementkompetenz und eine besonders stark ausgeprägte Belastbarkeit, während seine Fachkompetenz lediglich dem geforderten Wert entspricht und seine minder ausgeprägte Teamfähigkeit einen Anlass für ein sich anschließendes Personalentwicklungsgespräch bietet.

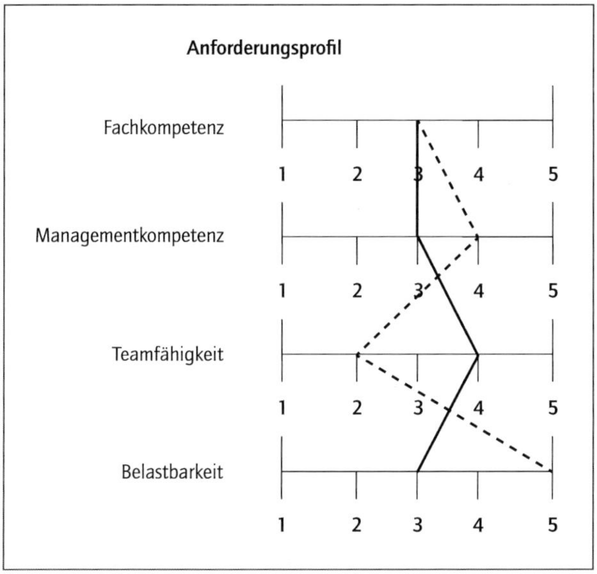

Abbildung 6-2: Vergleich zwischen Anforderungsprofil einer Stelle und Leistungsprofil eines Mitarbeiters

6.2 Methoden der Anforderungsanalyse

Die beiden Termini Arbeitsanalyse und Anforderungsanalyse werden meistens synonym oder im Tandem benutzt. Schuler und Funke (1995) schlagen vor, Aspekte des Arbeitsplatzes in Situationsbegriffen zu beschreiben und die konkreten Verhaltens- und Fähigkeitsaspekte dem Begriff der Anforderungsanalyse zu unterstellen. Da auch in englischsprachigen Publikationen zumeist nur von der »job analysis« die Rede ist, wird im Folgenden der Begriff der »Anforderungsanalyse« benutzt, der inhaltlich aber um die Aspekte der Arbeitsanalyse erweitert wird.

Die Anforderungsanalyse an sich stellt keine eigenständige Vorgehensweise dar, sondern ist ein Sammelbegriff für sehr unterschiedliche Methoden: Interviews, Fragebögen, Expertendiskussionen und aufwendige mathematische Analysen. Die verschiedenen Herangehensweisen lassen sich zu drei übergeordneten Ebenen gruppieren (vgl. Kanning, 2004; Schuler, 2006): die intuitive Methode, die arbeitsplatzanalytische Methode und die personenanalytische Methode. Alle drei Arten der Anforderungsanalyse stellen unterschiedlich hohe methodische Anforderungen an ihre Anwender, was wir weiter unten darstellen werden. Darüber hinaus gehen wir auf die Methode der erfolgskritischen Ereignisse (»Critical Incident Technique«, CIT; Flanagan, 1954) ein, die eine Mischung aus arbeitsplatzanalytischer und personenanalytischer Vorgehensweise darstellt. Abbildung 6-3 gibt einen ersten Überblick über die vier Methoden der Anforderungsanalyse.

Die intuitive Methode
Beschränkung auf Plausibilitätsbetrachtungen und Augenscheinlichkeiten der Arbeitsstelle
Die arbeitsanalytische Methode
detaillierte Diagnose verschiedener Arbeitselemente einer Arbeitsstelle
Die personenanalytische Methode
Ermittlung des Zusammenhangs zwischen Personenmerkmalen (Biografie, Fähigkeiten, Fertigkeiten) und Kriterien des Berufserfolgs
Die Methode erfolgskritischer Ereignisse
Sammlung erfolgskritischer Situationen und Beschreibung konkreter Verhaltensweisen am Arbeitsplatz

Abbildung 6-3: Vier Methoden der Anforderungsanalyse

6.2.1 Intuitive Methode

Eine wenig anspruchsvolle und daher weitverbreitete Methode ist das intuitive Vorgehen. Hierbei verzichtet man quasi vollständig auf die Erhebung von arbeitsplatzanalytischen und personenanalytischen Daten und geht mit Plausibilitätsbetrachtungen an die Anforderungsanalyse heran. So werden die Eigentümlichkeiten des Berufs betrachtet, insbesondere die anfallenden Tätigkeiten, der Umgang mit verschiedenen Materialien und Datenverarbeitungssystemen, die Besonderheiten im Kontakt zu

Kunden, Vorgesetzten, Kollegen und eigenen Mitarbeitern als auch die physischen und psychischen Beanspruchungen des Arbeitsplatzes (z. B. Lärm, Hitze, Stress).

Da die Einschätzung der Stellenanforderungen intuitiv erfolgt, hängt die Güte dieser Methode sehr stark von der tatsächlichen Arbeitsplatzkenntnis der einschätzenden Personen ab. Daher empfiehlt es sich, eine Arbeitsstelle immer von mehreren Personen einschätzen zu lassen: Mitarbeiter der Personalabteilung, Vorgesetzte, Kollegen desselben Arbeitsplatzes oder auch der ehemalige Stelleninhaber. Durch diesen Bewertungspluralismus können einseitige Fehler der Einschätzung gemindert werden. Je nach Position der Befragten kann sich auch der primäre Bewertungsfokus unterscheiden. Vorgesetzte dürften wohl eher ein höheres Interesse an der Produktivität, Methodenkompetenz und Loyalität ihrer Mitarbeiter besitzen, während Kollegen die Team- und Integrationsfähigkeit und die Stelleninhaber selbst ihre Fach- und Selbstkompetenzen als wichtig erachten mögen. Dieser unterschiedlichen Akzentsetzungen bei der Bewertung einer Arbeitsstelle sollte man sich bei der Entscheidung zum intuitiven Vorgehen immer bewusst sein.

Die Befragung verschiedener Berufsexperten sollte dabei einzeln erfolgen, um durch Gruppenprozesse keine relevanten Informationen zu unterdrücken. So kann es insbesondere in Gruppen mit Teilnehmern verschiedener Hierarchieebenen zu dem Effekt kommen, dass einige Gruppenmitglieder aus Befürchtung vor sozialen Sanktionen ihre Ideen nicht äußern oder sich von den gerade vorgebrachten Ideen anderer Mitglieder zu stark beeinflussen lassen. Die Methode des »Brainstormings«, bei der alle Mitglieder ganz frei ihre Gedanken äußern sollen, findet spätestens bei solchen Aufgaben ihre Grenzen. Zu groß sind die Gefahren der impliziten Meinungsunterdrückung, wenn z. B. sehr dominant auftretende Gruppenmitglieder durch einen hohen Redeanteil andere Meinungen einfach übergehen oder hierarchisch höher stehende Mitglieder durch »Killerphrasen« andere schnell zum Schweigen bringen (»Das haben wir alles schon lange ausprobiert – bringt gar nichts!«). Nach getrennter Befragung der einzelnen Arbeitsplatzexperten kann der Diagnostiker alle Anforderungsaspekte zu einem vorläufigen Anforderungsprofil integrieren und abschließend in einer Runde aller Beteiligten diskutieren. Auch wenn bei dieser finalen Diskussion die eben genannten Interaktionsprozesse ebenfalls stattfinden können, gehen wenigstens keine Informationen während der Datenerhebung verloren.

Der Vorzug und gleichzeitig die Gefahr dieser Vorgehensweise der Anforderungsanalyse ist die methodisch weniger anspruchsvolle Datenerhebung. Ist ein Vorgesetzter auch tatsächlich Experte für einen bestimmten Arbeitsplatz? Verfolgen Kollegen Eigeninteressen bei der Erwähnung (oder Verheimlichung) arbeitsplatzrelevanter Anforderungen und korrespondierender Personenmerkmale? Derartige Probleme kann man durch eine gezielte Beleuchtung des Arbeitsplatzes aus ganz unterschiedlichen Perspektiven und Befragung verschiedener Berufsexperten in den Griff bekommen.

Ein weiteres Problem ergibt sich aus dem intuitiven Vorgehen an sich: Da sich die Methode mit Plausibilitätsbetrachtungen und augenscheinlichen Arbeitsplatzanforderungen begnügt, können wichtige, aber weniger offensichtliche Berufsaspekte schnell übersehen werden. Das können z. B. Fähigkeiten und Fertigkeiten sein, die nicht häufig zum Einsatz kommen, in seltenen Situationen aber über das Gelingen oder Scheitern einer erfolgskritischen Situation entscheiden. Andererseits können so auch Anforderungen verborgen bleiben, die man mit dem Beruf nicht primär assoziiert. Man denke etwa an die Fähigkeit zum Zeitmanagement, die nicht nur auf Führungsebene, sondern auch in der handwerklichen Fertigung und im Vertrieb eine wichtige Rolle spielt.

Schwierig wird es zudem, wenn ein komplett neuer Arbeitsplatz entstehen soll, für den es noch keine unternehmensinternen Erfahrungswerte gibt. Hierbei müsste man sich noch stärker an Plausibilitätsbetrachtungen halten, um die möglichen Anforderungen des zukünftigen Arbeitsplatzes zu definieren. Auch eine Befragung unternehmensexterner »Berufsexperten« könnte sich als nur mäßig geeignet erweisen, da die Anforderungen des jeweiligen Betriebs von denen anderer Betriebe durchaus variieren können.

Aufgrund der relativ unstandardisierten Vorgehensweise und der oben erwähnten Fehlerquellen hat Kanning (2004) Empfehlungen zur Verwendung der intuitiven Methode aufgezeigt, die den methodischen Mängeln entgegenwirken sollen. Abbildung 6-4 gibt diese Standards der intuitiven Anforderungsanalyse wieder.

- Die Analyse wird durch ausgewiesene Experten für den jeweiligen Arbeitsplatz vorgenommen.
- Es werden immer mehrere Experten befragt.
- Die Befragung erfolgt zunächst in Einzelinterviews und nicht in Gruppen.
- Die Ergebnisse des Interviews werden anschließend in einem Entscheidungsgremium zu einem Anforderungsprofil integriert.

Abbildung 6-4: Standards der intuitiven Anforderungsanalyse (Kanning, 2004)

6.2.2 Arbeitsanalytische Methode

Um über die arbeitsanalytische Methode zu den Mitarbeiteranforderungen eines Arbeitsplatzes zu gelangen, wird zunächst die Arbeitsstelle sehr systematisch im Hinblick auf spezifische Tätigkeitsmerkmale untersucht. Wie das Adjektiv »arbeitsanalytisch« verrät, ist diese Methode sehr viel anspruchsvoller als die intuitive Vorgehensweise und bedient sich zur Analyse der einzelnen Arbeitsplatzcharakteristika standardisierter Verfahren, also Fragebögen und Checklisten. Mithilfe dieser Instrumente wird der Arbeitsplatz nach seinen spezifischen Anforderungen untersucht. Der Diagnostiker geht jede Frage eines solchen Arbeitsplatzinventars durch und hat aufgrund der systematischen Untersuchung per Fragebogen den Vorteil, keine wichtigen Aspekte versehentlich auszulassen. Dabei sollten insbesondere die Stelleninhaber befragt werden, da sie am besten ihren Arbeitsplatz kennen. Zusätzlich kann der Personaldiagnostiker auch eine systematische Arbeitsplatzbeobachtung durchführen, bei der die verschiedenen Tätigkeiten, physischen und psychischen Beanspruchungen des Arbeitsplatzes dokumentiert werden. Einen guten Überblick über die im Handel erhältlichen Verfahren zur Arbeitsplatzanalyse findet man bei Dunckel (1999), Frieling und Sonntag (1999) sowie Kanning und Holling (2002).

Ein Beispiel für solch ein standardisiertes Verfahren ist der »Fragebogen zur Arbeitsanalyse« (FAA) von Frieling und Hoyos (1978). Dieses Arbeitsplatzinventar ist aus dem »Position Analysis Questionnaire« (PAQ; McCormick & Jeanneret, 1988) ins Deutsche übertragen worden und besteht aus 221 Fragen, die sich zu vier Bereichen zusammenfassen lassen: Informationsaufnahme und -verarbeitung (66 Fragen), Arbeitsausführung (51 Fragen), arbeitsrelevante Beziehungen (50 Fragen) und Umgebungseinflüsse und besondere Arbeitsbedingungen (54 Fragen). Mithilfe dieser Fragen wird eine ganze Bandbreite an Arbeitsplatzinformationen erhoben: zur Verfügung stehende Informationsquellen des Arbeitnehmers, kognitive Anforderungen der Tätigkeiten, Verhaltensweisen, Werkzeuge und Geräte, Interaktionen mit anderen Personen, Gesundheitsgefährdungen des Arbeitsplatzes und der damit verbundenen Tätigkeiten und entsprechende Sicherheitsmaßnahmen. Jede Frage muss unter Verwendung eines fragespezifischen Einstufungsschlüssels beantwortet werden, der sich zumeist auf die Häufigkeit eines Ereignisses bezieht, aber auch auf die zeitliche Dauer (z. B. einer Belastungssituation) oder die Wichtigkeit einer bestimmten Tätigkeit im Kontext des Gesamtarbeitsprozesses.

Ein Nachteil dieses Verfahrens ergibt sich aus der mangelnden Berufsspezifität des Instruments, was sich in der entsprechend abstrakten Formulierung vieler Fragen widerspiegelt, die auf viele Arbeitsplätze nicht zutreffen. Eine Beispielfrage aus dem FAA ist in Abbildung 6-5 abgebildet.

Fragebogen zur Arbeitsanalyse
(FAA; Frieling & Hoyos, 1978)

Der FAA besteht aus 221 vollstandardisierten Fragen, die gleichzeitig auch arbeitsplatzübergreifende Aspekte berücksichtigen. Die Beantwortung der Fragen erfolgt über Einstufungsschlüssel.

Beispielfrage H 1.07

Wie häufig dienen Mess- und Prüfgeräte (Lineal, Stechzirkel, Druckmesser, Bandmaß, Pipetten, Thermometer, Winkelmesser, Gewindelehre, Senkwaage, usw.) als Quelle der Arbeitsinformation?

Häufigkeit: 0 trifft nicht zu
1 sehr selten
2 selten
3 mittel
4 häufig

Abbildung 6-5: Beispielfrage aus dem Fragebogen zur Arbeitsanalyse (FAA)

Ein zweites Beispiel für ein formalisiertes Verfahren zur Arbeitsanalyse ist die deutsche Fassung des »Job Diagnostic Survey« (JDS; Hackman & Oldham, 1974; deutsche Fassung von Schmidt, Kleinbeck, Ottmann & Seidel, 1985). Der JDS basiert auf dem motivationstheoretisch fundierten »Job Characteristics Model« (JCM) von Hackman und Oldham (1980) und erfasst branchenübergreifend den motivationalen Anregungsgehalt von Aufgaben- und Tätigkeitsmerkmalen. Die Stelleninhaber müssen dabei 83 Fragen beantworten, die die Aspekte Anforderungsvielfalt, Aufgabengeschlossenheit, Bedeutsamkeit, Autonomie, Feedback, Rückmeldung, Erlebniszustände und Arbeitszufriedenheit abdecken. Ein Auszug aus dem JDS wird in Abbildung 6-6 wiedergegeben.

Job Diagnostic Survey, deutsche Fassung
(JDS; Hackman & Oldham, 1974; deutsche Fassung von Schmidt, Kleinbeck, Ottmann & Seidel, 1985)

Der JDS besteht aus 83 Fragen, die sich in 7 Bereiche à 7 bis 15 Items gruppieren lassen und über siebenstufige Skalen beantwortet werden.

Im Folgenden ist eine Vielzahl von Aussagen aufgeführt, die dazu benutzt werden können, berufliche Tätigkeiten zu beschreiben. Sie sollen nun angeben, inwieweit diese Aussagen für *Ihre* momentane berufliche *Arbeit zutreffend sind oder nicht.*
Versuchen Sie, so genau wie möglich anzugeben, inwieweit jede dieser Aussagen Ihre Arbeit beschreibt – unabhängig davon, ob Sie diese Arbeit gern tun oder nicht.

Dazu kreuzen Sie bitte eine der vorgegebenen Zahlen neben jeder Aussage an. Die Zahlen haben folgende Bedeutung:

1 völlig unzutreffend
2 zum großen Teil unzutreffend
3 ein wenig unzutreffend
4 unentschieden
5 stimmt ein wenig
6 stimmt zum großen Teil
7 stimmt völlig

Meine Arbeit verlangt von mir eine Vielzahl von komplexen oder anspruchsvollen Fähigkeiten. 1 – 2 – 3 – 4 – 5 – 6 – 7

Meine Arbeit verlangt von mir ein großes Maß an Zusammenarbeit mit anderen Menschen. 1 – 2 – 3 – 4 – 5 – 6 – 7

Abbildung 6-6: Auszug aus dem Job Diagnostic Survey (deutsche Fassung)

Gegenüber der intuitiven Methode der Anforderungsanalyse liegt der große Vorteil bei der arbeitsanalytischen Methode in ihrer systematischen Datenerhebung via Fragebogen oder Checkliste, wodurch auch Aspekte erfasst werden, die nicht allzu augenscheinlich einem bestimmten Berufsstereotyp inhärent sind. Aufgrund der Standardisierung der arbeitsanalytischen Inventare ist eine hohe Durchführungs- und Auswertungsobjektivität erreichbar.

Neben diesem methodischen Vorteil der systematischen Datenerhebung durch formalisierte Verfahren sind jedoch auch einige Nachteile zu nennen. Ein großes Problem, das sich Berufspraktikern womöglich erst auf den zweiten Blick eröffnet, ist die bislang immer noch ungeklärte Frage des Transfers arbeitsanalytischer Daten in personenbezogene Merkmalsdimensionen. Denn die alleinige Information, dass eine Bürokauffrau mit den üblichen Kommunikationsmitteln (Telefon, Fax, E-Mail etc.) zu tun hat und dabei viel im Sitzen arbeitet, sagt noch nichts über die geforderten Ausprägungen auf Anforderungsdimensionen wie Kommunikationsfähigkeit, Belastbarkeit und verbaler Intelligenz aus. Der Transfer von den arbeitsanalytischen Ergebnissen zu den konkreten Berufsanforderungen bleibt trotz der systematischen Datenerhebung der arbeitsanalytischen Methode weiterhin dem besonderen Geschick (und der entsprechenden Qualifikation) des Personaldiagnostikers überlassen. Vorteilhaft wäre es in diesem Zusammenhang, wenn diese Transferleistung dann nicht alleine durch den einzelnen Personaldiagnostiker erfolgen muss, sondern in einem Expertengremium besprochen werden kann.

Ein zweiter Nachteil ist bereits schon genannt worden, nämlich das Problem der mangelnden Verfügbarkeit entsprechender Fragebögen und Checklisten für verschiedene Berufe. Außerhalb der produzierenden Bereiche und der Bürotätigkeiten gibt es bislang nur wenige Instrumente, die sich häufig noch in der Entwicklungsphase befinden und nur als Forschungsversionen verfügbar sind. Damit würde die Aufgabe beim Personaldiagnostiker liegen, vorhandene Fragebögen für eigene Zwecke zu modifizieren oder gar ein ganz neues Verfahren zu entwickeln, was nicht nur Zeit, sondern auch methodisches Know-how erfordert. Abbildung 6-7 gibt weitere Empfehlungen zur Durchführung einer arbeitsanalytischen Anforderungsanalyse (nach Kanning, 2004).

- Der Personaldiagnostiker wurde für seine Aufgabe geschult.
- Es werden alle für eine bestimmte Stelle wichtigen Arbeitstätigkeiten und verschiedene Arbeitsplätze eines Stelleninhabers analysiert.
- Es werden mehrere Arbeitsplatzinhaber unabhängig voneinander befragt.
- Die Ableitung eines Anforderungsprofils erfolgt durch mehrere Personen.

Abbildung 6-7: Standards der arbeitsanalytischen Anforderungsanalyse (nach Kanning, 2004)

6.2.3 Personenanalytische Methode

Eine methodisch und mathematisch sehr anspruchsvolle, aber qualitativ hochwertige Vorgehensweise ist die personenanalytische Anforderungsanalyse. Während bei der arbeitsanalytischen Methode der Arbeitsplatz genauestens untersucht und nach seinen spezifischen Anforderungen analysiert wird, steht bei der personenanalytischen Methode der Mitarbeiter im Fokus der Untersuchung. Die Biografie des Stelleninhabers, seine individuellen Fähigkeiten und Fertigkeiten werden hierbei genauestens untersucht, um über viele Mitarbeiter derselben Arbeitsstelle gemittelte Daten zu erhalten, die allgemeingültige Aussagen zulassen. Anstelle von Plausibilitätsbetrachtungen bei der intuitiven Vorgehensweise oder der detaillierten Analyse von Arbeitsplatzmerkmalen bei der arbeitsanalytischen Methode werden bei der personenanalytischen Anforderungsanalyse die Merkmalsausprägungen der Mitarbeiter direkt erfasst und über mehrere Stelleninhaber derselben Arbeitsstelle gemittelt. Aufgrund dieser strikt mathematisch-empirischen Methodik sollen menschliche Fehlerquellen minimiert werden, um die Aussagekraft der gewonnenen Daten nicht unnötig zu gefährden.

Das praktische Vorgehen bei der personenanalytischen Methode lässt sich folgendermaßen skizzieren: Über viele Mitarbeiter derselben (oder einer sehr ähnlichen) Arbeitsstelle werden zunächst sehr breit gefächerte Informationen erhoben. Dies können biografische Daten sein, wie Schulbildung, Ausbildungsstand oder absolvierte Weiterbildungen, aber auch bestimmte Leistungsmaße (z. B. durch allgemeine Fähigkeitstests) oder Persönlichkeitsmerkmale, wie Belastbarkeit, Kommunikationsfähigkeit oder Organisationsfähigkeit. Wichtig ist, dass die Auswahl der Maße breit angelegt ist, da man zu Beginn der Untersuchung noch nicht mit Sicherheit sagen kann, welche Variablen am besten geeignet sind, um zwischen leistungsfähigen und weniger leistungsstarken Mitarbeitern zu differenzieren.

Neben den Personenmerkmalen muss man bestimmte Leistungskriterien erheben, die zu den Merkmalen mathematisch in Beziehung gesetzt werden. Solche Leistungsvariablen können das Vorgesetztenurteil sein, aber auch harte Faktoren, wie z. B. Umsatzzahlen, Produktionszahlen, Kundenbeschwerden, Reklamationen oder Materialausschüsse (z. B. durch Fehlproduktionen), die einem Mitarbeiter individuell zugerechnet werden können.

Nachdem man sowohl verschiedene Personenmerkmale als auch unterschiedliche Beurteilungskriterien erhoben hat, müssen diese in eine mathematische Relation zueinander gesetzt werden. Eine Möglichkeit ist das diskriminanzanalytische Vorgehen, bei dem die Gruppe der leistungsstarken Mitarbeiter mit der Gruppe der leistungsschwächeren im Hinblick auf bestimmte Personenmerkmale verglichen wird. Dabei könnten sich je nach beruflichen Anforderungen der einzelnen Arbeitsstelle signifikante Unterschiede zwischen Leistungs- oder Persönlichkeitsvariablen ergeben, die zwischen den beiden Gruppen von Mitarbeitern bestmöglich differenzieren. Bei einem regressionsanalytischen Vorgehen werden die einzelnen Personenmerkmale zu den erhobenen Leistungskriterien in eine mathematische Beziehung gesetzt. Hierbei geht es um die Fragestellung, inwieweit die einzelnen biografischen, Persönlichkeits- und Leistungsvariablen am besten den Berufserfolg vorhersagen können.

Das Ergebnis beider Vorgehensweisen ist eine Auswahl an Personenvariablen, die bestmöglich den Berufserfolg der getesteten Mitarbeiter vorhersagen kann. Diese Variablen sind dann diejenigen Merkmale, die im Rahmen der Personaldiagnostik für den entsprechenden Arbeitsplatz Berücksichtigung finden sollten.

Insgesamt könnte der Leser nun geneigt sein zu glauben, dass die personenanalytische Vorgehensweise die empfehlenswerteste Methode sei. Daher muss an dieser Stelle auf ein wichtiges Problem dieser Technik hingewiesen werden: Die getesteten Mitarbeiter haben schon im Vorfeld ein Verfahren zur Personalauswahl durchlaufen und sind entsprechend als fähig eingestuft worden (ansonsten wären sie ja keine Mitarbeiter des Unternehmens geworden). Das bedeutet, dass man Daten einer vorselektierten Stichprobe erhebt, die methodisch gesehen sicherlich eine Varianzeinschränkung berufsrelevanter Merkmale aufweist. Streng genommen müsste man die Personenmerkmale aller Mitarbeiter einer Arbeitsstelle erfassen und sie mit (zeitlich versetzt erhobenen) Kriterien des Berufserfolgs in Verbindung setzen. Die zu erwartenden Zusammenhänge dürften aufgrund der erwähnten Varianzeinschränkung nicht sonderlich hoch ausfallen, weshalb ihr Nutzen leicht unterschätzt wird. Dementsprechend kann diese Vorgehensweise nur eine Annäherung an die tatsächlichen Anforderungen eines Arbeitsplatzes sein, allerdings eine methodisch sehr aufwendige. Die wichtigsten Standards, die bei Durchführung der personenanalytischen Anforderungsanalyse beachtet werden sollten, sind in Abbildung 6-8 aufgelistet.

- Die Diagnostiker verfügen über hinreichende Kompetenzen im Umgang mit Methoden der quantitativen Forschung.
- Es fließen immer die Daten von mehreren Arbeitsplatzinhabern in die Analyse ein.
- Die Ableitung eines Anforderungsprofils erfolgt weitestgehend auf der Basis mathematisch-statistischer Verfahren.

Abbildung 6-8: Standards der personenanalytischen Anforderungsanalyse (nach Kanning, 2004)

6.2.4 Methode der erfolgskritischen Ereignisse

Die Methode der erfolgskritischen Ereignisse (»Critical Incident Technique«, CIT; Flanagan, 1954) wurde bereits in den fünfziger Jahren als ein Verfahren zur Leistungsbeurteilung konzipiert. Dabei kann man das Vorgehen grob in drei Schritte unterteilen: Zunächst werden in Interviews mit Arbeitsplatzinhabern erfolgsrelevante Situationen gesammelt, die für den entsprechenden Beruf typisch sind und für den Erfolg oder Misserfolg des Stelleninhabers bedeutsam sind. Bei diesen erfolgkritischen Situationen handelt es sich um berufliche Ereignisse, die von einem erfolgreichen Mitarbeiter beherrscht werden müssen (z. B. der serviceorientierte Umgang mit wichtigen Kunden). Der Fokus bei der CIT liegt im Unterschied zur arbeitsanalytischen Vorgehensweise nicht etwa in der detaillierten und annähernd vollständigen Beschreibung des Arbeitsplatzes, sondern in der Betrachtung erfolgskritischer Situationen, die einen umfassenden Überblick über die stellenbezogenen Anforderungen erlauben.

Für jede erfolgskritische Berufssituation werden entsprechende Verhaltensweisen gesammelt, die sich bei Stelleninhabern bisher tatsächlich gezeigt haben. Dies können positive Verhaltensweisen sein, die zu einem erfolgreichen Ausgang der Situation geführt haben, aber auch negative Verhaltensweisen, die für das Misslingen verantwortlich gemacht werden können. Nicht allein aus diesem Grund ist es wichtig, Interviews mit mehreren Arbeitsplatzexperten zu führen, also auch mit den Stellenvorgesetzten, um nicht nur vermeintlich positive Verhaltenssammlungen zu erhalten.

Nachdem nun verschiedene erfolgskritische Situationen in mehreren Interviews erhoben und zu jeder Situation positive und negative Verhaltensweisen der Mitarbeiter gesammelt wurden, muss man nun aus den vielen unterschiedlichen Verhaltensausprägungen die zugrunde liegenden Anforderungskonstrukte generieren. Dazu gibt es zwei denkbare Vorgehensweisen, eine eher quantitative und eine qualitative:

Bei der *quantitativen* Vorgehensweise werden alle erhobenen Verhaltensweisen zu einem Fragebogen zusammengefasst und von möglichst vielen Stelleninhabern eingeschätzt. Über die Verhaltenseinschätzungen aller Befragten wird sodann eine Faktorenanalyse gerechnet, die zu übergeordneten Anforderungsdimensionen führt. Ein erstes Problem ergibt sich bereits aufgrund methodischer Anforderungen der

Faktorenanalyse. Bei der Anwendung von Faktorenanalysen wird empfohlen, dass die Anzahl an Probanden dreimal so groß sein sollte wie die Anzahl der Fragen im Fragebogen (vgl. Backhaus, Erichson, Plinke & Weiber, 2008; Bortz, 2005). Einmal angenommen, man würde 10 Interviews mit Arbeitsplatzinhabern führen und insgesamt 80 erfolgskritische Situationen mit je vier Verhaltensausprägungen erheben, so hätte man 320 Verhaltensweisen. Selbst wenn sich ungefähr die Hälfte der Verhaltensweisen überschneiden sollte, bräuchte man immer noch über 400 Stelleninhaber, die diesen Fragebogen ausfüllen müssten.

Nicht nur aus diesem Grund dürfte die *qualitative* Herangehensweise von vielen Unternehmen favorisiert werden. Hierbei werden die Verhaltensweisen von einer Expertenrunde nach Gemeinsamkeiten gruppiert, aus denen die entsprechenden Anforderungsdimensionen abgeleitet werden. Wenn also verschiedene Verhaltensweisen etwas mit Kommunikation zu tun haben, so könnte man ihnen als gemeinsame Grundlage die Anforderungsdimension »Kommunikationsfähigkeit« zuschreiben. Die Schwierigkeit hierbei liegt häufig darin, dass ein und derselben Verhaltensweise mehrere Anforderungsmerkmale zugrunde liegen können. Wenn eine erfolgskritische Verhaltensweise als Beispiel darin besteht, einem Kunden einen schwierigen Sachverhalt nicht nur verständlich zu erklären, sondern ihn auch zum Kaufen zu überzeugen, dann würde die Anforderungsdimension »Kommunikationsfähigkeit« sicherlich zu kurz greifen. Neben rhetorischen Fähigkeiten des Mitarbeiters wären zudem eine gewisse allgemeine Intelligenz, Produktkenntnisse und verkäuferisches Geschick zur Erklärung des Verhaltens nötig. Die Abbildung 6-9 definiert wünschenswerte Standards bei der Verwendung der Methode erfolgskritischer Ereignisse.

- Es wird ein möglichst umfassendes Bild erfolgskritischer Situationen der jeweiligen Arbeitsstelle erhoben.
- Jede erfolgskritische Situation wird mit mehreren positiven, neutralen und negativen Verhaltensweisen konkret belegt.
- Es fließen immer Daten von mehreren Arbeitsplatzinhabern oder deren Vorgesetzten in die Analyse ein.
- Bei quantitativer Auswertung der gesammelten Verhaltensweisen muss der Diagnostiker über entsprechende methodische Kenntnisse verfügen.
- Eine qualitative Auswertung der gesammelten Verhaltensweisen sollte in einer Expertenrunde durch Gruppenkonsens erfolgen und nicht nur von einer einzelnen Person durchgeführt werden.

Abbildung 6-9: Standards der Methode erfolgskritischer Ereignisse (Kanning, Pöttker & Klinge, 2008)

Unter den vier vorgestellten Verfahren der Arbeitsanalyse ist die intuitive Methode sicherlich die einfachste und methodisch anspruchsloseste, während die personenanalytische Vorgehensweise umfangreiche Kenntnisse der empirischen Sozialforschung voraussetzt. Die Methode erfolgskritischer Ereignisse stellt eine Art Kompromiss zwischen Praktikabilität und methodischem Anspruch dar, ohne zu sehr auf eine detaillierte Arbeitsplatzbeschreibung zu fokussieren, wie es die arbeitsanalytische Methode verlangt. Aus diesem Grund soll im folgenden Abschnitt das praktische Vorgehen nach der Methode der erfolgskritischen Ereignisse dargestellt werden.

6.3 Systematisches Vorgehen

Die Entwicklung und Einführung eines Leistungsbeurteilungssystems (LBS) bedarf einer systematischen Vorgehensweise, um grundlegende Fehler und deren langfristige Auswirkungen bereits im Entwicklungsstadium zu vermeiden. In diesem und den folgenden Kapiteln werden deshalb verschiedene Prozessschritte besprochen, die bei der Entwicklung eines Leistungsbeurteilungssystems beachtet werden müssen.

Abbildung 6-10 teilt die Entwicklung und Implementierung einer Mitarbeiterbeurteilung in sieben aufeinander aufbauende Prozessphasen ein (Kolev & Möller, 2009). Die ersten vier Phasen können dem Bereich der Anforderungsanalyse zugeschrieben werden, da ein methodisch durchdachtes Vorgehen weit mehr umfasst als die reine Durchführung (3. Prozessschritt). Vielmehr müssen vor der eigentlichen Durchführung einige Punkte durchdacht und festgelegt werden, um zu zuverlässigen Ergebnissen gelangen zu können.

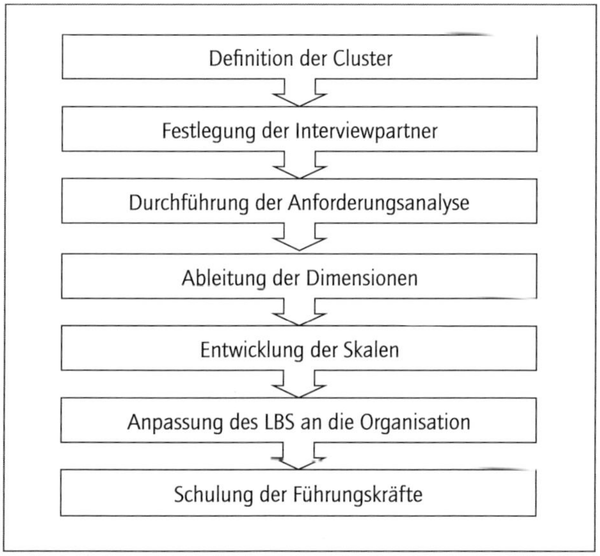

Abbildung 6-10: Siebenstufiger Entwicklungsprozess eines Leistungsbeurteilungssystems (LBS; Kolev & Möller, 2009)

6.3.1 Definition der Cluster

Je größer ein Unternehmen ist, desto vielschichtiger sind auch die dort vorzufindenden Arbeitsplätze. Jetzt wäre es ein hehres (und gleichzeitig naives) Ziel, für jeden einzelnen Arbeitsplatz in seinen Besonderheiten eine maßgeschneiderte Anforderungsanalyse durchführen zu wollen. Um ein noch halbwegs ökonomisches und zeitlich vertretbares Vorgehen zu gewährleisten, müssen ähnliche Arbeitsplätze zu Gruppen (Cluster) zusammengefasst werden. Bei dieser Gruppierung (oder »Clusterung«) sind einige Punkte zu beachten.

Häufig sollen nicht alle Mitarbeiter von einer Leistungsbeurteilung betroffen sein. So ist es überlegenswert, ob beispielsweise Geringfügig Beschäftigte, Mitarbeiter in einem befristeten Arbeitsverhältnis oder ab einem gewissen Altersbereich überhaupt in das leistungsbezogene Vergütungssystem mit aufgenommen werden sollen. Im ersten Fall ist es grundsätzlich schwierig, Angestellte zu beurteilen, die beispielsweise nur über einen kurzen Zeitraum dem Unternehmen zur Verfügung stehen. Zudem ließe sich eine leistungsbezogene Vergütung für diesen kurzen Zeitraum und im Niedriglohnsektor auch nur schlecht rechtfertigen. Dasselbe gilt für Mitarbeiter, die zwar Vollzeit arbeiten, deren Arbeitsvertrag aber beispielsweise eine zeitliche Befristung von einem Jahr vorsieht.

Nach diesen grundsätzlichen Überlegungen gilt es nun, die verbleibenden Arbeitsplätze in Gruppen zusammen zu fassen. Um diese Gruppierung nicht der reinen Willkür zu überlassen, sollten im Vorfeld Kriterien festgelegt werden, anhand derer eine Bewertung und Eingruppierung eines jeden einzelnen Arbeitsplatzes erfolgen kann.

An erster Stelle sollten hierbei die Merkmale der Tätigkeit stehen. Gemäß den bisherigen Ausführungen (siehe Abschnitt 6.2) kann man davon ausgehen, dass Personen, die sehr ähnliche Tätigkeiten ausführen, auch mit sehr ähnlichen beruflichen Anforderungen konfrontiert werden (beispielsweise Schreibkräfte, die unabhängig vom Inhalt ihrer Schreibarbeit über eine gewisse Kommunikationsfähigkeit verfügen müssen). Erst sekundär oder ergänzend sollten formale Aspekte wie etwa die Hierarchieebene oder Vergütungsstufe in die Gruppenbildung einfließen. Im Vordergrund der Clusterung stehen die Arbeitsinhalte und weniger die hierarchische Position (Gruppenleiter, Abteilungsleiter etc.) oder der erworbene Bildungsstand (z.B. Bachelor, Master oder Promotion). Denn auf jeder hierarchischen Ebene wird man tüchtige und weniger erfolgreiche Mitarbeiter vorfinden. Und auch innerhalb einer bildungshomogenen Arbeitsgruppe ist man zuweilen erstaunt, wie die Leistungsfähigkeit der einzelnen Mitarbeiter auseinandergehen kann.

Solch eine kriterienorientierte Clusterung sollte verständlicherweise nicht nur von einer Person durchgeführt werden, da die Fehleranfälligkeit andernfalls zu groß ausfallen könnte. Sehr viel effizienter ist die Bildung eines kleinen Teams, das für jeden Arbeitsplatz abwägt, zu welcher Berufsgruppe die Arbeitsstelle am besten passt bzw. wie viele Berufsgruppen überhaupt Sinn machen und wie groß diese ausfallen sollen. Grundsätzlich ist es empfehlenswert, von Anfang an Mitglieder der Führungsetage, der Personalabteilung und der Mitarbeitervertretung (Betriebsrat/Personalrat, ggf. auch Gleichstellungsbeauftragte und Schwerbehindertenvertretung) in das Team mit aufzunehmen. Auf diesem Weg fühlt sich keine Interessengruppe übergangen, und etwaige Bedenken können bereits in der ersten Entwicklungsphase des Leistungsbeurteilungssystems angesprochen werden. Einem Scheitern des Beurteilungssystems in der Umsetzung kann somit vorgebeugt werden.

Die Anzahl und Größe der einzelnen Cluster hängt stark von der Anzahl der Mitarbeiter und der Heterogenität der Arbeitsplätze ab. Ein »Patentrezept« kann an dieser Stelle verständlicherweise nicht gegeben werden, da jedes Unternehmen anders strukturiert ist. So muss beispielsweise eine Sekretärin im Unternehmen A lediglich Schreib- und Telefondienste nach einem festgelegten Schema und ohne großen Entscheidungsspielraum ausführen, während dieselbe Position in Unternehmen B eine hoch ausgeprägte Organisationsfähigkeit und ein hohes fachliches Niveau abverlangt.

Die Größe der Cluster bestimmt den Detaillierungsgrad der Verhaltensbeschreibungen, auf die sich die Leistungsbewertung bezieht (siehe dazu Kapitel 7). Wird ein Cluster zu groß, fallen die Bewertungsgrundsätze zu allgemein aus, um allen Arbeitsplätzen dieses Clusters gerecht zu werden. Wichtige Details könnten dadurch zu wenig berücksichtigt werden. Fokussiert man hingegen auf eine sehr arbeitsplatznahe Leistungsbewertung, die allen Aspekten der zugrunde liegenden Arbeitsplätze gerecht wird, fallen zwangsläufig sehr viele Cluster an. Es gilt also, den jeweils »goldenen Mittelweg« zwischen dem Detaillierungsgrad und einer ökonomisch vertretbaren Anzahl an Berufsgruppen zu finden.

6.3.2 Auswahl der Interviewpartner

Das zentrale Vorgehen bei der Methode der erfolgskritischen Ereignisse liegt im Führen von Interviews mit unterschiedlichen Gesprächspartnern, die zu einem bestimmten Arbeitsplatz und den dort auftretenden Aufgaben Auskunft erteilen können. Die Qualität einer Anforderungsanalyse steht und fällt daher mit der Auswahl der Interviewpartner.

Zunächst gilt es, pro Berufscluster Arbeitsplätze ausfindig zu machen, die den größten gemeinsamen Nenner aller Tätigkeitsbereiche dieser Gruppe widerspiegeln. Kolev und Möller (2009) sprechen in diesem Zusammenhang von sogenannten »Prototypen«. Je nach Größe und Komplexität des Clusters kann es sich als sinnvoll erweisen, mehrere Prototypen zu identifizieren, um möglichst alle Tätigkeitsfacetten der Berufsgruppen erfassen zu können.

Nach der Wahl der Prototypen gilt es, die richtigen Gesprächspartner zu identifizieren. Grundsätzlich sollten pro Berufsprototyp mehrere Personen interviewt werden. Würde beispielsweise nur der Stelleninhaber zum Gespräch gebeten, so könnte eine implizite Manipulation erfolgen. Der Stelleninhaber könnte insgeheim das Ziel verfolgen, möglichst nur solche Berufssituationen zu erwähnen, mit denen er sehr gut umgehen kann. Situationen, die er hingegen als belastend empfindet, bzw. in denen er keine gute Leistung bringt, könnte er hingegen verschweigen, um von Anfang das Beurteilungssystem so zu beeinflussen, dass es vorwiegend seine eigenen Stärken fokussiert. Zudem dient die Befragung weiterer Arbeitsplatzexperten dazu, auch solche Aspekte zu erfassen, die dem Stelleninhaber womöglich gar nicht bewusst sind.

Empfehlenswert ist daher, nicht nur mit dem Stelleninhaber zu sprechen, sondern auch dessen Vorgesetzten, die Kollegen, ggf. die eigenen Mitarbeiter und womöglich auch die (internen) Kunden zu interviewen. Dieses Vorgehen gleicht in etwa dem 360°-Feedback, wonach ein Mitarbeiter sowohl von Vorgesetzten, Kollegen, Kunden als auch Mitarbeitern eine Leistungsrückmeldung erhalten kann. Die gewählten Interviewpartner sollten sich entsprechend gut mit den prototypischen Berufsfeldern auskennen und eine offene Haltung gegenüber dem Interviewer einnehmen. Um von Anfang an dem Vorwurf der Diskriminierung oder Ungleichbehandlung zu begegnen, sollte an der Auswahl möglicher Interviewpartner die Führungsetage, Personalabteilung und Mitarbeitervertretung beteiligt werden.

Der zentrale Vorteil vielfältiger Interviewpartner liegt an der Bandbreite und Fülle von Informationen, die man auf diesem Weg gewinnt. Im günstigsten Falle vervollständigt sich mit jedem Interviewpartner Stück für Stück das Gesamtbild von der prototypischen Arbeitsstelle.

6.3.3 Durchführung des Interviews

Möchte man Mitarbeiter für ein Interview gewinnen, muss ihnen zunächst ggf. die Furcht genommen werden. Warum werde ausgerechnet ich befragt? Werde ich bereits schon implizit bewertet? Erfährt jetzt jeder, was ich denke? Bin ich für die gewünschte Auskunft überhaupt qualifiziert genug? Solche und ähnliche Fragen können bereits im Vorfeld bei dem einen oder anderen Interviewpartner vorhanden sein und müssen vor Beginn des Interviews unbedingt geklärt werden. Andernfalls besteht die Gefahr, dass wichtige Informationen zurückgehalten werden.

Man denke hier z. B. an Berufsgruppen, in denen teilweise sehr monotone Tätigkeiten mit wenig Gestaltungs- und Entscheidungsspielraum zu verrichten sind. So müssen etwa Metallbauer spezielle Metallbauteile mit einer Flex manuell nachbearbeiten (»entgraten«). Je nach Auftrags- und Fertigungsumfang können mit solchen Tätigkeiten mehrere Mitarbeiter für einige Tage beschäftigt sein. Dass solche Aufgaben in der Regel alles andere als motivationsfördernd und befriedigend erlebt werden, ist sicherlich verständlich. Dennoch muss Mitarbeitern die Scheu genommen werden, die psychische Belastung dieser monotonen Aufgaben im Interview auch zu benennen. Für die Anforderungsanalyse ist diese Information sehr wertvoll, da sie eine notwendige Belastbarkeit seitens der Mitarbeiter erkennen lässt. Ohne die offene Darstellung solcher Arbeitsvorgänge wäre eine adäquate Bewertung der Stellenanforderungen eines Arbeitsplatzes nicht denkbar.

Der erste Interviewabschnitt dient also der Beziehungsgestaltung zum Interviewten sowie der Klärung von Grundsätzlichkeiten, offenen Fragen und Bedenken. Für diesen Abschnitt sollte sich der Interviewer ausreichend Zeit nehmen, um Ängste und Skepsis von den Mitarbeitern zu nehmen. Des Weiteren sollte erklärt werden, welches Ziel das Gespräch verfolgt. Für den Mitarbeiter ist es hierbei wichtig zu verstehen, dass ein möglichst objektives Bild von seinem Arbeitsplatz und den alltäglichen Anforderungen entstehen soll. Nur wenn dem zu interviewenden Mitarbeiter verständlich gemacht wurde, dass nicht seine Leistungsfähigkeit bewertet wird oder gar sein Arbeitsplatz auf dem Spiel steht, kann der Interviewer auch valide Daten statt geschönte Aussagen erheben.

Nach der Erklärung der Zielsetzung des Gesprächs kann mit der eigentlichen Datenerhebung begonnen werden. Eine zielführende Frage könnte dabei so aussehen: »Denken Sie jetzt bitte an eine berufliche Situation am Arbeitsplatz X, die für den Erfolg der Arbeit von besonderer Bedeutung ist. Wie sieht diese Situation konkret aus?« Wichtig ist dabei, dass man sich über Konkretisierungsfragen die jeweilige Situation präzise schildern lässt. Bei einem Kundenbetreuer einer Bank könnte dies z. B. die erfolgreiche Ansprache eines Kunden auf ein neues Bankprodukt sein, aber auch das optimale Beratungsgespräch eines Großkunden, der nicht nur auf seinen Kaffee besteht, sondern auch ein durchdachtes Anlageprodukt erwartet. Je nach Arbeitsstelle können das sehr verschiedene berufliche Herausforderungen sein, denen sich der Mitarbeiter regelmäßig stellen muss und die letztendlich über den Erfolg oder Misserfolg des Stelleninhabers entscheiden. Spätestens an diesem Punkt wird klar, wie wichtig die Schaffung einer offenen Gesprächsatmosphäre ist, in der ein absolut vertraulicher Umgang mit sensiblen Daten selbstverständlich sein sollte.

Nach dem Festhalten der ersten erfolgskritischen Situation müssen jetzt die konkreten Verhaltensweisen erhoben werden, die der Interviewpartner als erfolgreich oder als weniger erfolgreich einstuft. Man sollte dabei versuchen, möglichst viele Verhaltensaspekte zu erfassen, da in aller Regel mehrere miteinander verbundene Verhaltensweisen den jeweiligen Ausgang der Situation bestimmen. Wichtig ist jedoch, dass die gesammelten Verhaltensweisen möglichst konkret festgehalten werden. Aussagen wie »verhält sich freundlich« reichen nicht aus, da sich hinter »freundlichem« Verhalten sehr viel verstecken kann: Serviceorientierung, Einfühlungsvermögen, aktives Zuhören, Reflexionsfähigkeit, Hilfsbereitschaft, Pragmatismus und vieles mehr.

Der gerade erwähnte Großkunde einer Bank, der ein Anlagegespräch haben möchte, erwartet neben dem Servieren eines Kaffees noch viele andere Leistungen seines Kundenberaters: Das Telefon muss umgestellt werden, der Berater sollte sich entsprechend vorbereitet und eine Depotübersicht des Kunden ausgedruckt haben, sortiert nach Anlageformen, Risikoanteilen, Renditen und anderen Aspekten. Neben aktuellen Börseninformationen muss der Berater auch die bankinternen Anlageempfehlungen der hauseigenen Börsenanalysten kennen und alternative Anlagemöglichkeiten geprüft haben. Auch die steuerlichen Gesichtspunkte einer Geldanlage sollten neben der Rendite, Anlagezeit und Risikobereitschaft des Kunden eine Rolle spielen und entsprechend vorbereitet sein.

Man kann an diesem Beispiel erkennen, dass für ein erfolgreiches Vermögensgespräch ganz unterschiedliche Verhaltensweisen vonnöten sind. Je mehr davon pro Situation erhoben werden, desto vollständiger wird das Bild. Dabei ist es durchaus erlaubt und aus ökonomischen Gesichtspunkten sogar ausdrücklich gewünscht, sehr ähnliche Verhaltensweisen zu einer Verhaltensbeschreibung auf einer etwas abstrakteren Ebene zusammenzufassen. Eine Verhaltensbeschreibung wie etwa »hat sich auf das Gespräch vorbereitet« wäre hingegen zu oberflächlich, da bei der anschließenden Verhaltensauswertung und Gruppierung zu viel Interpretationsspielraum gegeben wäre. Ein gesundes Mittelmaß an präziser Formulierung ist der beste Richtwert.

Neben diesen positiven Verhaltensaspekten wäre es wichtig, dass der Mitarbeiter auch von schlechten Verhaltensweisen berichtet. Hierbei wäre es nicht besonders informativ, die soeben aufgezählten positiven Verhaltensweisen einfach umzudrehen und daraus negative zu formulieren. Man sollte also auch negative Verhaltensweisen erfragen, die inhaltlich die bisherigen Daten ergänzen und erweitern. Nur so kann man sich ein umfassendes Bild über viele erfolgskritische Situationen und dazugehörige produktive und weniger produktive Verhaltensweisen verschaffen.

Zur Vorbereitung einer solchen Befragung steht das *Formblatt 1 zur Anforderungsanalyse* zur Verfügung[1]. Es ist in Abbildung 6-11 dargestellt. Auf der linken Seite des Formblattes findet sich genügend Platz zur ausführlichen Beschreibung der erfolgskritischen Situation. Auf der rechten Seite werden die positiven und negativen Verhaltensweisen eingetragen. Pro Interview sollte die Erhebung von bis zu zehn erfolgskritischen Situationen anvisiert werden.

Abbildung 6-11 zeigt beispielhaft ein ausgefülltes Formblatt 1, das eine erfolgskritische Situation für die Arbeitsstelle eines Sachbearbeiters des Berufsclusters C darstellt. Die Stelleninhaberin, die dazu interviewt wurde, hat verschiedene positive und negative Verhaltensweisen genannt, die in solchen Situationen darüber entscheiden, ob der Vorgesetzte bei dem angesetzten Meeting eine tatkräftige Unterstützung durch die Sachbearbeiterin erfährt oder auf sich und seine Vorbereitung allein gestellt ist.

Arbeitsstelle: Sachbearbeiter (*Cluster C*)

erfolgskritische Situation	konkretes Verhalten
Der Vorgesetzte hat einen Außentermin bei einem wichtigen Kunden und bittet die Sachbearbeiterin, ihn zu begleiten.	gutes/günstiges Verhalten: • Kundeninformationen aufbereiten (welcher Kunde, anstehende Themen, Brisanz des Gespräches etc.) • sich auf mögliche Fragen des Vorgesetzten vorbereiten (Umsatzzahlen des Kunden parat haben, Gesamtengagement kennen etc.) • Informationen über die Gesprächspartner einholen (Zuständigkeitsbereiche, Entscheidungskompetenzen etc.)
	schlechtes/ungünstiges Verhalten: • unvollständige Unterlagen zusammen stellen • Bedeutung des Kunden falsch einschätzen • Zusagen machen, die nicht eingehalten werden können

Abbildung 6-11: Formblatt 1 zur Anforderungsanalyse

6.3.4 Ableitung der Dimensionen

Nachdem man mit Stelleninhabern, Vorgesetzten, Kollegen und ggf. internen Kunden der prototypischen Arbeitsstelle entsprechende Anforderungsgespräche geführt hat, geht es in einem weiteren Schritt darum, die gesammelten Verhaltensweisen auszuwerten. Die einzelnen Verhaltensaspekte werden aus dem Formblatt ausgeschnitten, damit alle Verhaltensweisen losgelöst von der zugrunde liegenden erfolgskritischen Berufssituation betrachtet und zu Anforderungsdimensionen neu gruppiert werden können.

1 Dieses und alle weiteren Formblätter finden sich im Online-Downloadbereich dieses Buches. Den Zugang dazu finden Sie ganz vorne im Buch.

Bei Durchsicht der einzelnen Verhaltensweisen wird man bemerken, dass sich viele Verhaltensaspekte ähneln und gut zu einer Gruppe zusammenfassen lassen. So haben sich z. B. auf der Basis von Interviews mit Arbeitplatzexperten für die Stelle eines Sachbearbeiters in einer Handwerkskammer folgende positive und negative Verhaltensweisen ergeben:

- »setzt bei der Bearbeitung von Aufgaben stets richtige Prioritäten«
- »überprüft die Richtigkeit von Kundendaten und fordert ggf. fehlende Kundendaten schnellstmöglich ein«
- »dokumentiert regelmäßig getroffene Abmachungen«
- »überprüft relevante Dokumente oft nur sehr oberflächlich«
- »ordnet Aufgaben nicht gemäß ihrer Priorität oder setzt oft falsche Prioritäten«
- »hält Fristen und Vorgaben nicht ein«.

Diese Verhaltensweisen stammen aus ganz unterschiedlichen erfolgskritischen Situationen, weisen aber eine Gemeinsamkeit auf: Alle Verhaltensweisen lassen eine Aussage über die Gewissenhaftigkeit des Sachbearbeiters zu. Somit hätte man schon eine erste Merkmalsdimension erfasst, die für die Stelle eines Sachbearbeiters einer Handwerkskammer relevant ist und die man mit dem Begriff der »Gewissenhaftigkeit« belegen könnte.

In einem anderen Fall lassen sich für die Arbeitsstelle eines technischen Mitarbeiters einer Handwerkskammer folgende Verhaltensweisen sammeln:

- »erklärt technisch unversierten Kunden auch komplexe Sachverhalte stets verständlich«
- »fragt stets differenziert nach, um die Kundenwünsche zu erfassen«
- »hört Kunden immer aufmerksam zu«
- »verschafft sich selbst über eindeutige Problemsituationen keinen Überblick«
- »zeigt Kunden keine Alternativen oder sich widersprechende Lösungsansätze auf«
- »überfordert Kunden regelmäßig durch ausschließlichen Gebrauch von Fachvokabular«.

Allen Verhaltensweisen ist gemeinsam, dass sie eine gewisse Serviceorientierung gegenüber dem Kunden widerspiegeln. Eine denkbare Anforderungsdimension könnte also »Serviceorientierung« lauten.

Man erkennt an diesen Beispielen, dass es keine absolut richtigen oder falschen Dimensionszuordnungen gibt, sondern es immer etwas im Ermessen und der methodischen Kompetenz der auswertenden Person liegt. Deshalb folgt an dieser Stelle nochmals die Empfehlung, die Gruppierung ähnlicher Verhaltensweisen zu Anforderungsdimensionen nicht alleine durchzuführen, sondern immer in einer kleinen Gruppe die Zuordnung durchzusprechen. Jede Merkmalsdimension wird anschließend kurz und prägnant mit positiven und negativen Verhaltensbeispielen belegt. Für die Dimension »Gewissenhaftigkeit« könnte ein positiver Verhaltensanker lauten »verrichtet die anfallenden Tätigkeiten priorisiert, ordnungsgemäß und verlässlich«, der negative Verhaltensanker wäre »zeigt eine sehr oberflächliche und fehleranfällige Arbeitsweise«. Für die Anforderungsdimension »Serviceorientierung« lauten die beiden

Anker: »erfasst die jeweilige Kundensituation vollständig, erläutert Inhalte dem Kunden gegenüber kompetent und umfassend und weist über die Problemlösung hinaus weitere Perspektiven und Möglichkeiten auf« versus »gibt lediglich standardisierte Lösungswege vor, anstatt auf die Besonderheiten des Kundenproblems einzugehen«. Sinn dieser Kurzbeschreibung ist es, noch einmal die relevanten Verhaltensaspekte der Anforderungsdimension prägnant darzustellen und dadurch die inhaltliche Bandbreite der Merkmalsdimension festzulegen.

Die Anzahl an Dimensionen, die man über diese Methode gewinnt, hängt im Wesentlich von der Heterogenität und Größe des jeweiligen Berufsclusters ab. Zudem müssen Dimensionen, die eine identische Bezeichnung bekommen haben, aber verschiedenen Berufsclustern angehören, inhaltlich nicht identisch sein. So wird man beispielsweise einer Führungskraft eine andere Form von Belastbarkeit abverlangen als von Küchenpersonal. Während von einer Führungskraft vielleicht vor allem eine Belastbarkeit hinsichtlich ihrer Arbeitszeiten erwartet wird, muss das Küchenpersonal muss mit hohen Temperaturen hoher Luftfeuchtigkeit und diversen Ausdünstungen leben können. Aus diesem Grund macht eine direkte Gegenüberstellung von Berufsclustern und zugehörigen Anforderungsdimensionen keinen Sinn. Dieselben Bezeichnungen der Stellenanforderungen stehen in verschiedenen Clustern oft für etwas inhaltlich Anderes.

Abbildung 6-12 zeigt exemplarisch ein ausgefülltes *Formblatt 2 zur Anforderungsanalyse* für den prototypischen Arbeitsplatz eines Sachbearbeiters (s.a. Download-Angebot zum Buch). Auf der rechten Seite des Blattes werden die einzelnen ausgeschnittenen Verhaltensweisen einer Dimension aufgeklebt, unterteilt nach positiven und negativen Verhaltensausprägungen. Nachdem alle Verhaltensweisen einer Anforderungsdimension untereinander aufgeklebt wurden, wird auf die linke Seite des Formblattes die Bezeichnung der Dimension eingetragen, in diesem Fall also »Gewissenhaftigkeit«. Damit diese Dimension etwas griffiger wird und man schnell die inhaltliche Bandbreite der Mitarbeiteranforderung ablesen kann, werden noch positive und negative Kurzbeschreibungen der Dimension aufgeschrieben, die sich als Gemeinsamkeiten der daneben aufgeklebten Verhaltensweisen ergeben. Pro Anforderungsdimension wird jeweils ein Formblatt 2 verwendet, das übersichtlich alle gruppierten Verhaltensweisen und dazugehörigen Verhaltensausprägungen enthält und dem Personaldiagnostiker einen raschen Überblick über die Merkmalsdimension ermöglicht.

Im Ergebnis liegen nun pro Berufscluster mehrere Anforderungsdimensionen vor, die die empirische Grundlage für die Entwicklung eines validen Leistungsbeurteilungssystems bilden. Schauen wir uns im Folgenden zunächst ein kurzes Praxisbeispiel an, bevor in einem neuen Kapitel die Entwicklung der Skalen zur Leistungsbeurteilung beschrieben wird.

Arbeitsstelle: Sachbearbeiter (*Cluster C*)

Dimension 3	gruppierte Verhaltensweisen
»Gewissenhaftigkeit« ➤ hohe Ausprägung: verrichtet die anfallenden Tätigkeiten priorisiert, ordnungsgemäß und verlässlich	• überprüft wichtige Arbeitsabläufe vor Sitzungen • überprüft die Richtigkeit von Kundendaten und fordert ggf. fehlende Kundendaten ein • dokumentiert regelmäßig getroffene Abmachungen • priorisiert Aufgaben nach Wichtigkeit und Dringlichkeit etc.
➤ geringe Ausprägung: zeigt eine sehr oberflächliche und fehleranfällige Arbeitsweise	• überprüft relevante Dokumente oft nur sehr oberflächlich • setzt bei der Bearbeitung falsche oder gar keine Prioritäten • versäumt häufig wichtige Fristen und Vorgaben • verspricht Kunden unrealistische Lösungen etc.

Abbildung 6-12: Beispiel für ein ausgefülltes »Formblatt 2 zur Anforderungsanalyse«

6.4 Praxisbeispiel

Die im vorherigen Abschnitt beschriebenen Schritte einer Anforderungsanalyse wurden bereits mithilfe eines konkreten Beispiels aus einem Kooperationsprojekt mit einer Handwerkskammer erläutert. Der folgende Abschnitt beschreibt exemplarisch eine komplette Anforderungsanalyse auf der Grundlage erfolgskritischer Ereignisse für das Berufscluster eines Sachbearbeiters. Zur Gewinnung der erfolgskritischen Ereignisse wurden insgesamt fünf Interviews mit Stelleninhabern und Vorgesetzten durchgeführt. Die Interviews ergaben zehn erfolgskritische Ereignisse mit den entsprechenden positiven und negativen Verhaltensweisen. Im Allgemeinen gilt: Je mehr Situationen generiert werden, desto vollständiger repräsentieren sie das Berufscluster.

In Tabelle 6-1 sind die Ergebnisse der Interviews auszugsweise aufgeführt. Zunächst wird mit wenigen Worten die erfolgskritische Situation erläutert. Es folgen positive und negative Verhaltensweisen, die ein Sachbearbeiter in diesen Situationen zeigen könnte.

Erfolgskritische Situation 1
Der Vorgesetzte hat mit einem Handwerksbetrieb eine Betriebsbesichtigung vereinbart und seine Sachbearbeiterin darum gebeten, den Termin zu organisieren und ihn dabei zu begleiten. Der Betrieb ist auf die HWK nicht gut zu sprechen.

positives Verhalten
- Unterlagen über Unternehmen, das Chef besichtigen möchte, zusammenstellen
- Presse über Besichtigung des Unternehmens informieren
- auch bei Telefonat mit schwierigen Gesprächspartnern höflich sein
- Ruhe bewahren, wenn Leute am Telefon unhöflich, persönlich werden
- Vorbehalten gegenüber HWK seitens des Unternehmens mit sachlichen Argumenten entgegentreten
- Termin mit allen beteiligten Personen absprechen

negatives Verhalten
- Presse über Besichtigung des Unternehmens nicht informieren
- Versprechungen gegenüber Unternehmen nicht einhalten
- Termin nicht mit allen beteiligten Personen absprechen
- vergessen, Chef Geschenk für Unternehmer mitzugeben
- Unterlagen über zu besichtigendes Unternehmen unvollständig zusammenstellen

Erfolgskritische Situation 2
Ein junger Handwerker stellt sich bei der Handwerkskammer vor und möchte sich gerne mit einem eigenen Betrieb selbstständig machen. Dazu muss er in die sogenannte »Handwerksrolle« eingetragen werden, wozu bestimmte Eintragsvoraussetzungen zu prüfen sind.

positives Verhalten
- sich in den Antragsteller hineinversetzen, Empathie zeigen, was die Person möchte
- Vorschriften sachlich vermitteln, sodass der Antragsteller sie versteht und akzeptiert
- genaue rechtliche Bestimmungen bzgl. Eintragung in die Handwerksrolle kennen und erläutern
- erkennen, ob der Antragsteller die Bedingungen erfüllt (»in die richtige Schublade einordnen«)
- mit dem Antragsteller in Kontakt bleiben
- einzelne Arbeitsschritte gegenüber dem Antragsteller transparent gestalten

negatives Verhalten
- Antragsteller nicht auf Förderungsmöglichkeiten hinweisen
- Informationen gegenüber Antragsteller vorenthalten

Erfolgskritische Situation 3
Ein Handwerksmeister ruft bei der Handwerkskammer durch und fordert lautstark bestimmte Serviceleistungen ein.

positives Verhalten
- den cholerischen Kunden ausschimpfen lassen, bis er sich wieder beruhigt
- im Notfall das Gespräch mit dem cholerischen Kunden beenden und später zurückrufen
- wenn sich der Kunde nicht beruhigen lässt, einen Kollegen hinzuziehen (zweite Meinung einholen)
- wenn der Kunde die Zurückweisung der Forderungen nicht akzeptieren will, die Bedingungen verständlich machen
- alles schriftlich festhalten (vom Telefonischen zum Schriftlichen übergehen)

negatives Verhalten
- keinen Zugang zum cholerischen Kunden finden
- Gespräch mit dem cholerischen Kunden einfach beenden und die Angelegenheit auch auf schriftlichem Wege nicht zu Ende führen

Erfolgskritische Situation 4
Ein Handwerker, der seinen beruflichen Abschluss im Ausland erworben hat, möchte einen Handwerksbetrieb eröffnen. Nach Prüfung der Voraussetzungen (Eintragung in die »Handwerksrolle«) muss der Antrag abgelehnt werden. Bei dem darauf folgenden Kundengespräch wird der Handwerker verbal ausfallend.

positives Verhalten
- die Anforderung gegenüber dem aggressiven Kunden mündlich und schriftlich genau darlegen
- die Situation des jeweiligen Antragstellers genau analysieren
- schriftlich festhalten, was mit dem aggressiven Kunden abgemacht wurde (exakt protokollieren)

negatives Verhalten
- die Unterlagen vom Antragsteller nicht genau prüfen, etwas übersehen
- bestimmte Informationen von Antragsteller nicht einholen
- unrealistische Versprechungen gegenüber dem Antragsteller machen

Erfolgskritische Situation 5
Ein Handwerksbetrieb teilt der Handwerkskammer mit, dass er unverhofft Insolvenz anmelden musste.

positives Verhalten
- mit dem Insolvenzverwalter in Verbindung setzen
- alle notwendigen Informationen vom Insolvenzanmelder einholen
- über Konsequenzen des Verhaltens des Betriebsinhabers aufklären (transparentes Vorgehen)
- aufzeigen, unter welchen Bedingungen der Betrieb fortgeführt werden könnte, entsprechende Möglichkeiten aufzeigen

negatives Verhalten
- keinen Kontakt zum Insolvenzanmelder suchen
- bei der Insolvenz eines Betriebes alles auf schriftlichem Wege regeln (z. B. Löschungsverfahren androhen), keine Beratung anbieten
- bei Insolvenz eines Betriebes keine Hilfestellung anbieten

Erfolgskritische Situation 6
Seit 1991 unterstützt das Förderprogramm der Bundesregierung »Begabtenförderung berufliche Bildung« gezielt begabte junge Absolventinnen und Absolventen einer Berufsausbildung bei ihrer »Karriere mit Lehre« mit einem Weiterbildungsstipendium. Finanziert wird das Programm vom Bundesministerium für Bildung und Forschung. Durchgeführt wird es von den Kammern und zuständigen Stellen für Berufsbildung.
Nachdem die Ergebnisse der Berufsabschlussprüfungen des Kammerbezirks feststehen, muss die Sachbearbeitung prüfen, wer von den Absolventen in das Förderprogramm mit aufgenommen werden kann.

positives Verhalten
- schnelle Bearbeitung der Unterlagen bei Begabtenförderung, richtige Prioritäten setzen
- Ordnungswege und Regeln bei Aufnahme von Stipendiaten einhalten (korrektes Vorgehen)
- alle Unterlagen der Stipendiaten genau überprüfen
- wenn etwaige Bescheinigungen bei den Unterlagen von den Stipendiaten fehlen, diese sofort einfordern
- bei Missbrauch im Bereich Begabtenförderung den Fall an Vorgesetzten weiterleiten
- Lehrgangsbroschüren versenden, damit die Stipendiaten ihr Geld auch ausgeben (Kontakt halten)
- Gelder an Stipendiaten zügig überweisen
- überprüfen, ob Raten evtl. früher an Stipendiaten ausgezahlt werden können
- Fristen einhalten, damit die Stipendiaten die Förderungsmaßnahmen auch nutzen können

negatives Verhalten
- mehr Geld an Stipendiaten auszahlen als vorhanden ist (Konto überziehen)
- Fristen nicht einhalten, sodass Stipendiaten an Förderungsmaßnahmen nicht mehr teilnehmen können
- Arroganz gegenüber Stipendiaten
- vergessen, zusätzliche Gelder für die Begabtenförderung bei der Stiftung zu beantragen

Erfolgskritische Situation 7
Auszubildende, die aufgrund einer längeren Erkrankung einen größeren Teil der Ausbildungszeit versäumt haben (z. B. mehr als 20 % der gesamten Ausbildungszeit), können einen Antrag auf Ausbildungszeitverlängerung stellen. Umgekehrt können Auszubildende, die eine bestimmte schulische oder berufliche Vorbildung mitbringen, einen Antrag auf Ausbildungszeitverkürzung stellen.

positives Verhalten
- schnelle Bearbeitung der Anträge zur Verlängerung der Ausbildungszeit, damit Fristen nicht verstreichen
- Daten im Antrag auf Verlängerung/Verkürzung der Ausbildungszeit mit angelegter Datenbank abgleichen
- fehlende Unterlagen vom Antragsteller einfordern
- Kontakt mit dem Ausbildungsberater halten bei Antrag auf Verlängerung/Verkürzung der Ausbildungszeit
- wenn eine Verkürzung der Ausbildungszeit möglich ist, alle relevanten Institutionen informieren
- wenn eine Verkürzung der Ausbildungszeit nicht möglich ist, den Ausbildungsbetrieb darüber informieren

positives Verhalten
- Informationen bzgl. des Antrags auf Ausbildungsverlängerung/-verkürzung nicht an die richtigen Institutionen/Personen weiterleiten (vergessen, Stellen zu informieren)
- Daten bei Bearbeitung von Anträgen auf Ausbildungsverlängerung/-verkürzung falsch übertragen (z. B. falsches Ausbildungsende eintragen)

Erfolgskritische Situation 8
Der Vorgesetzte hat um die Erstellung einer übersichtlichen PowerPoint-Präsentation gebeten, aus der die aktuelle Entwicklung der Kammerbeiträge ersichtlich wird.

positives Verhalten
- wissen, mit wie viel Inhalt man Zuhörer belasten kann (Präsentation nicht überladen)
- Adressaten bei der Erstellung der Präsentation berücksichtigen
- alle Kernaussagen der Präsentation auf den Punkt bringen
- im Vorhinein Gedanken über die Rahmenbedingungen der Präsentation machen (Zeit, Raum etc.)
- Zahlen und Grafiken nachvollziehbar erklären

negatives Verhalten
- sich bei der Erstellung der Präsentation keine Gedanken über die Belastbarkeit der Zuhörer machen (Präsentation überladen)
- die Adressaten bei der Erstellung der Präsentation nicht berücksichtigen

Erfolgskritische Situation 9
Der Geschäftsführer eines kleinen Handwerksbetriebs ruft bei der Handwerkskammer durch und beschwert sich über die Höhe des Kammerbeitrags.

positives Verhalten
- gegenüber sich beschwerendem Kunden ruhig und sachlich bleiben
- gegenüber sich beschwerendem Kunden selbstbewusst auftreten
- gegenüber sich beschwerendem Kunden diplomatisch sein
- versuchen, sich beschwerendem Kunden zu helfen
- Beschwerde von Kunden überprüfen
- Beschwerde von Kunden ernst nehmen
- Beschwerde an betroffene Abteilung weitergeben
- sich beschwerendem Kunden gegenüber freundlich bleiben (aber authentisch)

negatives Verhalten
- sich beschwerendem Kunden gegenüber ängstlich und schüchtern verhalten
- sich beschwerendem Kunden gegenüber abweisend verhalten (»bin nicht zuständig«)
- aufgesetzte, übertriebene Freundlichkeit bei Beschwerde (unauthentisch)
- leere Versprechungen gegenüber sich beschwerendem Kunden machen

Erfolgskritische Situation 10
Ein junger Handwerker, der erst kürzlich seinen Meister gemacht hat, ruft bei der Handwerkskammer durch, um sich über die Möglichkeit einer Betriebsgründung beraten zu lassen.

positives Verhalten	negatives Verhalten
• dem zukünftigen Mitglied für den eigenen Bereich informative Auskunft geben • das zukünftige Mitglied auf ausführliche Informationen auf der Rückseite des Beitragbescheids verweisen, diesen zusenden • dem zukünftigen Mitglied anbieten, dass es noch mal anrufen kann, nachdem es den Beitragsbescheid gelesen hat • dem zukünftigen Mitglied anbieten, die Servicepalette (Broschüre) zuzusenden	• die Fragen seitens des zukünftigen Mitglieds unbeantwortet lassen • das zukünftige Mitglied lediglich auf den Informations-Nachmittag oder an andere Stellen verweisen

Tabelle 6-1: Erfolgskritische Ereignisse und Verhaltensweisen für den Beruf »Sachbearbeiter«

Die gesammelten Verhaltensweisen aus den fünf Anforderungsinterviews wurden mithilfe des Formblatts 1 (siehe auch Abbildung 6-11) festgehalten und anschließend auseinandergeschnitten. Die separierten Verhaltensweisen wurden dann anhand ihrer Ähnlichkeit qualitativ gruppiert. Beispielsweise wurden die Verhaltensweisen »Ruhe bewahren bei unfreundlichen Anrufern« und »Kritik sachlich entgegentreten« aufgrund ihrer inhaltlichen Nähe der Anforderungsdimension »Konfliktfähigkeit« zugeordnet. Der Dimension »Gewissenhaftigkeit« wurden hingegen die Verhaltensweisen »Fristen einhalten«, »Ordnungssystem für Notizen pflegen« und »relevante Unterlagen für Sitzungen genau auf Fehler überprüfen« zugeordnet. Das Ergebnis des Kategorisierungsprozesses ist auszugsweise in Tabelle 6-2 aufgeführt. Die Definition einer Anforderungsdimension ergibt sich jeweils aus der Abstraktion der zugehörigen Verhaltensweisen.

Dimension 1: Engagement
Engagement bezieht sich auf die Handlungsbereitschaft, mit der anfallende Aufgaben erledigt werden. Ein hohes Maß an Engagement ist durch einen intensiven und zeitlich flexiblen Einsatz bei der Bearbeitung von Aufgaben gekennzeichnet. Engagierte Mitarbeiter fühlen sich verantwortlich für die Bearbeitung wichtiger Aufgaben und ergreifen entsprechend Initiative.

positives Verhalten	negatives Verhalten
• notwendige Informationen über Kunden einholen • intensive Betreuung von Kunden • wenn mehrere Arbeitsaufträge parallel anfallen bereit sein, Mehrarbeit/Überstunden zu machen • Informationen über Geschäftspartner des Vorgesetzten einholen • sich gegenüber Kunden engagieren • alle wichtigen Unterlagen für Veranstaltungen einholen • Hintergrundwissen über wichtige Geschäftstermine einholen	• wenig Zeit für Kunden nehmen • sich nicht zuständig fühlen • Kunden mit Rückfragen sofort an andere Stellen verweisen

Dimension 2: Konfliktfähigkeit

Konfliktfähigkeit bezieht sich auf das Verhalten in kontroversen Situationen, welches gegenüber Kunden und Kollegen an den Tag gelegt wird. Konfliktfähige Personen stellen sich Konflikten und wahren ihre Selbstsicherheit im Eintreten für die eigene Meinung. Dazu zählt insbesondere, jederzeit ruhig und freundlich zu reagieren sowie andere stets mit Respekt zu behandeln. Zudem bezieht sich Konfliktfähigkeit auf die Belastbarkeit des Einzelnen in Zeiten starker Beanspruchung.

positives Verhalten

- auch bei Telefonaten mit schwierigen Kunden höflich bleiben
- gegenüber sich beschwerenden Kunden ruhig und sachlich bleiben
- Ruhe bewahren bei unfreundlichen Anrufern
- schwierige Kunden ausschimpfen lassen
- im Notfall Gespräche mit cholerischen Kunden beenden und später zurückrufen
- gegenüber sich beschwerenden Kunden diplomatisch bleiben
- Anforderungen gegenüber aggressiven Kunden mündlich und schriftlich genau darlegen
- Fehlverhalten von Kunden an Vorgesetzte weiterleiten
- gegenüber sich beschwerenden Kunden selbstbewusst auftreten
- Kritik sachlich entgegentreten
- versuchen, beschwerenden Kunden zu helfen
- gegenüber kritischen Kunden freundlich bleiben
- wenn mehrere Arbeitsaufträge parallel anfallen, die Nerven behalten

negatives Verhalten

- keinen Zugang zu schwierigen Kunden finden
- aufgesetzte, übertriebene Höflichkeit bei Beschwerden
- sich passiv verhalten, wenn Kunden Forderungen nicht nachkommen
- sich gegenüber beschwerenden Kunden abweisend verhalten
- bei schwierigen Kunden den schriftlichen Dienstweg wählen
- Unfreundlichkeit am Telefon
- Arroganz gegenüber Kunden
- Gespräche mit schwierigen Kunden einfach beenden
- sich gegenüber beschwerenden Kunden ängstlich und schüchtern verhalten

Dimension 3: Gewissenhaftigkeit

Gewissenhaftigkeit bezieht sich auf die Sorgfalt und die Qualität, mit der die Arbeit erledigt wird. Eine hohe Gewissenhaftigkeit ist durch einen an Prioritäten orientierten Arbeitsstil, ordnungsgemäßes Handeln sowie ein verlässliches Auftreten gegenüber Kunden gekennzeichnet.

positives Verhalten

- Probleme von Kunden genau analysieren
- eingehende Post genau lesen
- Beschwerden von Kunden überprüfen
- relevante Unterlagen für Sitzungen genau auf Fehler überprüfen
- fehlende Unterlagen von Kunden einfordern
- die Richtigkeit von Kundendaten überprüfen
- Verabredungen mit Kunden genau dokumentieren
- wichtige Arbeitsabläufe vor Sitzungen überprüfen
- Unterlagen von Kunden genau überprüfen
- den Kunden rechtzeitig wichtige Informationen zukommen lassen
- schnelle Bearbeitung wichtiger Kundendaten
- Unterlagen stets schnellstmöglich weiterleiten
- Informationsfluss gewährleisten
- vorgegebene Arbeitsschritte einhalten
- wenn mehrere Arbeitsaufträge parallel anfallen, stets den roten Faden behalten
- Prioritäten richtig setzen
- wenn mehrere Arbeitsaufträge parallel anfallen, Prioritäten an Dringlichkeit ausrichten
- bei der Bearbeitung von Post eine Prioritätenlisten einsetzen
- Ordnungssystem für Notizen pflegen

negatives Verhalten

- wichtige Informationen von Kunden nicht einholen
- Unterlagen von Kunden nicht genau prüfen
- Kundendaten falsch übertragen
- wichtige Informationen überlesen
- Unterlagen für wichtige Termine unvollständig zusammenstellen
- Fristen für Fördermittel verstreichen lassen
- Verabredungen gegenüber Unternehmen nicht einhalten
- versäumen, erhaltene Informationen weiterzugeben

Dimension 4: Teamfähigkeit

Teamfähigkeit bezieht sich auf die Gestaltung der Zusammenarbeit mit Kollegen und Vorgesetzten. Eine hohe Teamfähigkeit zeichnet sich aus durch eine effektive und abteilungsübergreifende Zusammenarbeit und einen erfolgreichen Informationsaustausch mit Kollegen und Vorgesetzten aus.

positives Verhalten

- Kollegen unterstützen
- den Terminkalender des Vorgesetzten im Auge behalten
- mit Kollegen kooperieren
- Briefe für Vorgesetzte vorformulieren
- Entschuldigungsschreiben aufsetzen, wenn der Vorgesetzte Termine nicht wahrnehmen kann
- wichtige Unterlagen für den Vorgesetzten zusammenstellen
- Termine des Vorgesetzten im Kopf behalten

negatives Verhalten

- keine Hilfestellungen anbieten
- Vorgesetzte bei Sitzungen nicht unterstützen
- Druck auf Kollegen ausüben, um wichtige Unterlagen zu erhalten

Dimension 5: Kundenorientierung

Eine hohe Kundenorientierung zeichnet sich durch einen respektvollen und aufgeschlossenen Umgang mit Kunden, eine vollständige Bestandsaufnahme des jeweiligen Kundenanliegens sowie ein kompetentes und korrektes Erläutern von Inhalten gegenüber Kunden aus. Dazu gehört auch, dem Kunden über die Beratung hinaus weitere Perspektiven und Möglichkeiten aufzuzeigen.

positives Verhalten

- Kontakt zu wichtigen Kunden halten
- für Kunden erreichbar sein
- Verständnis für Anliegen der Kunden zeigen
- Freundlichkeit am Telefon
- alle Beschwerden von Kunden ernst nehmen
- dem Kunden relevante Möglichkeiten und Alternativen aufzeigen
- Situation des jeweiligen Kunden genau analysieren
- schwierige Inhalte verständlich vermitteln
- sich in Kunden hineinversetzen
- adressatengerechte Sprache verwenden
- Gedanken über Rahmenbedingungen einer Präsentation machen
- wissen, mit wie viel Inhalt man Zuhörer belasten kann
- frühzeitig erkennen, was Kunde möchte
- gegenüber Kunden verständlich argumentieren
- Grafiken und Zahlen so erklären, dass sie von Kunden verstanden werden
- einzelne Arbeitsschritte gegenüber Kunden transparent machen
- Kunden ausführlich erklären, welche Unterlagen sie einreichen müssen

negatives Verhalten

- keinen Kontakt zu Insolvenzanmelder suchen
- auf Sitzungen nicht auf Kunden zugehen
- Kunden keine Alternativen aufzeigen
- sich bei Präsentationen keine Gedanken über Belastbarkeit der Zuhörer machen
- wichtige Informationen gegenüber Kunden vorenthalten
- keine ausführliche Beratung anbieten
- unrealistische Versprechungen gegenüber Kunden machen
- Fragen seitens der Kunden unbeantwortet lassen

Tabelle 6-2: Anforderungsdimensionen für den Beruf »Sachbearbeiter«

Diese fünf Anforderungsdimensionen bilden die Bewertungsgrundlage für das Berufscluster C »Sachbearbeiter«. Damit ist die Phase der Anforderungsanalyse abgeschlossen. Wie nun aus den gewonnen Anforderungsdimensionen mit den positiven und negativen Verhaltensausprägungen und den dahinter liegenden erfolgskritischen Berufssituationen ein aussagekräftiges Beurteilungsverfahren entsteht, wird in Kapitel 7 beschrieben.

6.5 Fazit

Bevor die Arbeitsleistung eines Mitarbeiters beurteilt werden kann, muss man sich mit den stellenspezifischen Anforderungen des Arbeitsplatzes auseinandersetzen. Ziel einer solchen Anforderungsanalyse ist die Gewinnung aussagekräftiger Dimensionen, in denen die grundlegenden Leistungserfordernisse eines Arbeitsplatzes repräsentiert sind.

Zur Durchführung einer Anforderungsanalyse hat sich die Methode der erfolgskritischen Ereignisse bewährt. Im Vergleich zur arbeitsanalytischen Methode ist der Transfer von den arbeitsbezogenen Informationen zu den personenbezogenen Merkmalsdimensionen deutlich einfacher. Die personenanalytische Methode dürfte aufgrund ihres methodisch sehr anspruchsvollen und zeitlich sehr aufwendigen Vorgehens in den meisten Praxisfeldern ebenfalls ausscheiden. Besser als ein intuitives Festlegen von Merkmalsdimensionen ist das empirische Vorgehen bei der Methode der erfolgskritischen Ereignisse allemal.

Da ein Befragen sämtlicher Mitarbeiter nicht mehr ökonomisch vertretbar wäre, bildet man zunächst Cluster ähnlicher Arbeitsplätze. Pro Cluster folgen dann mehrere Interviews. Zur Durchführung der Anforderungsinterviews kann das Formblatt 1 zur Anforderungsanalyse herangezogen werden, auf dem zu jeder erfolgskritischen Situation sowohl positive als auch negative Verhaltensweisen festzuhalten sind. Die gesammelten Verhaltensweisen werden dann einer qualitativen Gruppierung unterzogen. Die so gewonnenen Anforderungsdimensionen hält man in einem letzten Schritt mit einer kurzen Beschreibung und den zugeordneten Verhaltensweisen auf dem Formblatt 2 zur Anforderungsanalyse fest. Das Vorgehen ist gleichsam ökonomisch und aussagekräftig.

6.6 Vertiefende Literatur

Dunckel, H. (1999). Handbuch psychologischer Arbeitsanalyseverfahren. Zürich: vdf.
Frieling, E. & Sonntag, K. (1999). Lehrbuch Arbeitspsychologie. Bern: Huber.
Kanning, U. P. (2004). Standards der Personaldiagnostik. Göttingen: Hogrefe.
Kanning, U. P. & Holling, H. (Hrsg.) (2002). Handbuch personaldiagnostischer Instrumente. Göttingen: Hogrefe.
Nerdinger, F. W., Blickle, G. & Schaper, N. (Hrsg.) (2008). Arbeits- und Organisationspsychologie. Berlin: Springer.

7. Wie misst man Leistung? – Entwicklung verhaltensverankerter Skalen

In diesem Kapitel wenden wir uns der Konstruktion verhaltensverankerter Skalen und ihrer Anwendung zu. In Kapitel 2 wurde bereits deutlich, dass dieser Skalen-Typus das beste Verhältnis zwischen Entwicklungsaufwand und Nutzen bietet. Deshalb raten wir zu ihrem Einsatz bei Leistungsbeurteilungssystemen.

Die Bewertungsskalen sind das Herz eines jedes Leistungsbeurteilungssystems. Gleichgültig, für welches Format man sich entscheidet, ist die Verwendung von Skalen für die Erfassung der Leistung unverzichtbar. Auch wenn andere Elemente bei einem Leistungsbeurteilungssystem vielleicht fehlen (beispielsweise eine explizite Definition der zu erfassenden Leistungskriterien, was in der Praxis häufig der Fall ist), ist die Leistungsmessung *ohne* die Anwendung einer Skala unmöglich. Mit ihrer Hilfe wird die erbrachte Leistung eines Mitarbeiters in einen numerischen Punktwert umgewandelt. Mit anderen Worten, eine Skala erfüllt die Aufgabe, die qualitative Ausprägung der Leistung in eine quantitative Kennzahl zu transformieren. Im Folgenden schauen wir uns die Konstruktion verhaltensverankerter Skalen genauer an.

7.1 Prinzipien der Entwicklung verhaltensverankerter Skalen

Im letzten Kapitel wurde die Durchführung einer Anforderungsanalyse und die im Anschluss folgende Auswertung, d. h. die Ableitung der einzelnen Leistungskriterien und ihre Definitionen, ausführlich beschrieben. Der nächste Schritt im Entwicklungsprozess eines Leistungsbeurteilungssystems ist die Konstruktion der Bewertungsskalen (s. Abbildung 7-1). An einem praktischen Beispiel wird nachfolgend die Entwicklung Schritt für Schritt erklärt. Zusätzlich werden wir dem Umgang mit der Skala Aufmerksamkeit schenken. Wir zeigen, wie die Auswertung nach einer Beurteilung stattfindet und wie dann die Führungskraft ein Leistungsprofil des jeweiligen Mitarbeiters erstellt. Zusätzlich werfen wir in diesem Kapitel noch einen Blick auf die vorletzte Stufe des Entwicklungsprozesses, nämlich die Anpassung des entwickelten Leistungsbeurteilungssystems an die Organisation (vgl. Abbildung 7-1). Dieser Schritt liefert den letzten Schliff des Instruments, in dem alle Unstimmigkeiten, beispielsweise rechtliche oder unternehmenskulturelle Aspekte, aus der Welt geschafft werden.

Bei der Entwicklung verhaltensverankerter Skalen muss eine ganze Reihe von Besonderheiten beachtet werden. Einige zentrale Merkmale, mit denen sich »gute« verhaltensverankerte Skalen auszeichnen und die bei der Konstruktion eine Berücksichtigung finden sollten, wurden bereits in Kapitel 5 angesprochen. Wir schauen uns zunächst noch einmal alle Prinzipien an, die unter methodischen Gesichtspunkten wichtig sind. Zusätzlich nennen wir einige Strategien bei der inhaltlichen Ausformulierung der Skalen, sodass eine ausreichende Abstufung zwischen den einzelnen Punktwerten gewährleistet ist.

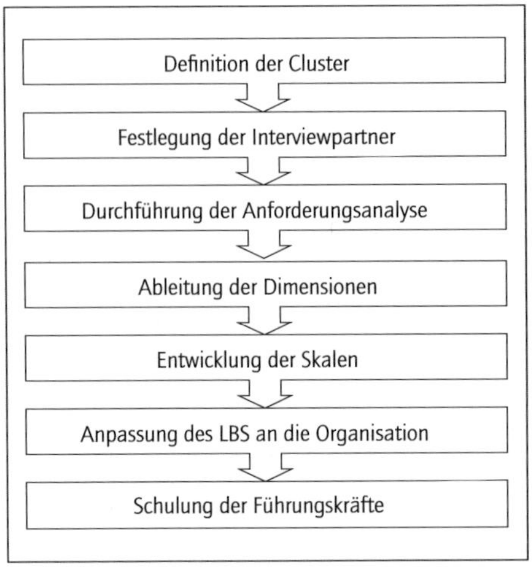

Abbildung 7-1: Siebenstufiger Entwicklungsprozess eines Leistungsbeurteilungssystems (nach Kolev & Möller, 2009)

Jedes Leistungskriterium soll durch eine eigene Skala erfasst werden. In der Forschung hat sich mittlerweile auch international die fünfstufige Bewertungsskala durchgesetzt. Sie besitzt die optimale Anzahl von Stufen für eine verhaltensbasierte Beurteilung von Leistung. In Organisationen findet man oft Beurteilungsskalen mit mehr als fünf Stufen. Diese würden zwar der Führungskraft das Gefühl vermitteln, die Leitung eines Mitarbeiters ließe sich besonders präzise messen. Praktisch sieht es leider anders aus: Das menschliche Verhalten im Arbeitsalltag lässt sich in diesem Präzisionsgrad kaum abstufen. Nehmen wir eine zehnstufige Skala als Beispiel. Es lässt sich sehr schwer in Worten fassen, was genau der Unterschied beispielsweise zwischen sieben und acht Punktewerten in Bezug auf das Kriterium »Teamfähigkeit« ist. Folglich lässt sich ein Verhalten mit einer feinen Skala nur dann beurteilen, wenn zu den einzelnen Skalenstufen keine Verhaltensbeispiele genannt sind. Die Punktevergabe passiert in diesem Fall mehr oder weniger nach Gefühl. Auf die daraus resultierenden Probleme wurde in Kapitel 4 hingewiesen. Zu differenzierte Skalen öffnen Tür und Tor für Interpretationen und Spekulationen, stellen die Qualität der Urteile infrage und reduzieren dadurch die Transparenz und Akzeptanz der Leistungsbeurteilung und des Messinstrumentes insgesamt, zumindest bei den Mitarbeitern (Kanning, Rustige, Möller & Kolev, 2011). Auf der anderen Seite sollte eine Skala genug Stufen besitzen, um zwischen der Leistung verschiedener Mitarbeiter differenziert genug unterscheiden zu können. Drei Stufen wären für diesen Zweck zu wenig. Die einzelnen Kategorien wären so grob, dass vermutlich die meisten Mitarbeiter in die Mitte fallen würden. Die Erkenntnis daraus wäre annähernd gleich Null. Solche Systeme erfüllen nicht die Aufgabe, für die sie vorgesehen sind, nämlich eine ebenso realistische wie differenzielle Abbildung der erbrachten Leistung von Mitarbeitern.

Die fünfstufige Skala sollte so verstanden werden, dass mit steigenden Punktwerten die Ausprägung auf dem jeweiligen Leistungskriterium ebenfalls steigt. Der Wert »eins« würde demnach bedeuten, dass ein bestimmtes Leistungskriterium, z. B. Konfliktfähigkeit, bei dem zu beurteilenden Mitarbeiter gar nicht bis kaum ausgeprägt ist. Ein Wert von fünf auf der anderen Seite würde auf eine sehr hohe Ausprägung hinweisen. An dieser Stelle möchten wir noch einmal daran erinnern, dass die Umkehrung der Skala (d. h. »eins« bedeutet eine hohe Ausprägung und »fünf« eine geringe) ungünstig und methodisch nicht korrekt ist. Diese erinnert zwar an die uns allen gut vertrauten Schulnoten. Allerdings gibt es einen wesentlichen Unterschied zwischen den beiden Varianten: Bei der ersten Skala sind die Abstände zwischen den einzelnen Punktwerten gleich groß. Dies ist bei den Schulnoten nicht der Fall. Man spricht hier von einer fehlenden Äquidistanz (vgl. Abschnitt 4.5).

Nachdem man sich für die Länge der Skala entschieden hat und weiß, wie die einzelnen Werte zu deuten sind, besteht der nächste Schritt darin, den Zahlenwerten unterschiedliche sprachliche Formulierungen zuzuordnen. Diese sollen der Führungskraft helfen, die vom Mitarbeiter gezeigte Leistung in einen numerischen Wert umzuwandeln. Dieser Schritt ist vielleicht der komplizierteste und aufwendigste bei der Entwicklung verhaltensverankerter Skalen. Aufgrund der Ausformulierungen weiß die Führungskraft, welchen Punktwert sie bei einem bestimmten Leistungsverhalten vergeben soll. Anders als bei vielen Leistungsbeurteilungssystemen in der Praxis, die abstrakte Labels wie »Anforderungen stark übererfüllt« verwenden, wird die Führungskraft hier mit ihrer Entscheidung nicht allein gelassen, bei welchem Leistungsverhalten genau eine starke »Übererfüllung« besteht und bei welchem nicht. Sie muss nicht selbst bestimmen, welches Verhalten zu welchem Leistungskriterium gehört und dann auch noch entscheiden welchen Punktwert dieses Verhalten verdient hat. Durch die Ausformulierung der Skalen wird zudem eine weitere Gefahr vermieden: Den Vergleich von Mitarbeitern untereinander. Für die Beurteilung eines Mitarbeiters muss die Führungskraft keine weiteren Mitarbeiter hinzuzuziehen (Kanning, Rustige, Möller & Kolev, 2011). Der Abgleich findet zwischen der Leistung des Mitarbeiters und den in der Skala festgelegten Verhaltensweisen statt. Auf die Nachteile, die sich aus einem Vergleich unter verschiedenen Mitarbeitern ergeben, wurde bereits hingewiesen (s. Kapitel 4).

Bei der Beschriftung der Stufen gibt es eine Besonderheit. Da die Ausformulierung aller fünf Stufen mit großem Aufwand verbunden wäre, greifen wir zu einem Trick: Es reicht aus, wenn nur die beiden Skalenenden und die Skalenmitte, d. h. die Punktwerte (1), die (3), und die (5) sprachlich ausformuliert sind (Kolev & Möller, 2009). Damit trotz dieser Lücken eine Einschätzung auf jeder Stufe möglich ist, soll die ausreichende Abstufung zwischen den Punkten (1) und (3) sowie zwischen (3) und (5) gewährleistet sein (Kolev & Möller, 2009). Diese wird erreicht, indem in jedes Kästchen mindestens zwei Verhaltensbeschreibungen benannt werden. Schauen wir uns zur Verdeutlichung dieses Prinzips einmal das Beispiel in Abbildung 7-2 an.

Dimension 4: Teamfähigkeit Teamfähigkeit bezieht sich auf die Gestaltung der Zusammenarbeit mit Kollegen/innen und Vorgesetzten. Eine hohe Teamfähigkeit zeichnet sich aus durch eine effektive Zusammenarbeit und einen erfolgreichen Informationsaustausch mit Kollegen/innen und Vorgesetzten aus allen relevanten Abteilungen.				
①	②	③	④	⑤
ist wenig kooperativ und arbeitet alleine, auch wenn die Arbeit Teamwork verlangt		verhält sich im Allgemeinen kooperativ und bezieht Kollegen/innen regelmäßig mit ein, wenn die Arbeit Teamwork verlangt		verhält sich stets kooperativ und bezieht Kollegen/innen immer mit ein, wenn die Arbeit Teamwork verlangt; trägt aktiv zu einem positiven Teamklima bei
Gesamtbewertung:				

Abbildung 7-2: Auszug einer verhaltensverankerten Skala für den Arbeitsplatz »Sachbearbeiter«

Das Leistungskriterium »Teamfähigkeit« ist uns aus dem vorherigen Kapitel bereits bekannt. Über jeder Skala steht zunächst die Definition des jeweiligen Kriteriums. Unter der Definition befindet sich die verhaltensverankerte Skala. In unserem Beispiel geht es um einen bestimmten Aspekt der Teamfähigkeit: die Kooperationsfähigkeit der Mitarbeiter. Um den Beurteilungsprozess für die Führungskraft zu erleichtern, können die Schlüsselwörter in der Verhaltensbeschreibung unterstrichen werden. Auf diese Weise erkennt die Führungskraft sofort, durch welche Aspekte eine Abstufung zwischen den Skalenpunkten zustande kommt. Wir sehen, dass ein Mitarbeiter einen Punkt (1) bekommt, wenn er *wenig kooperativ* ist und vorzieht, *alleine zu arbeiten*, auch wenn eine Zusammenarbeit mit anderen Kollegen erwartet wird. In der Skalenmitte haben sich beide Verhaltensbeschreibungen positiv verändert: Um drei Punkte (3) zu bekommen, muss sich der Mitarbeiter nicht nur *im Allgemeinen kooperativ* verhalten, sondern auch seine Kollegen *regelmäßig mit einbeziehen*, wenn dies notwendig ist. Dieselbe Strategie der Skalenkonstruktion finden wir zwischen der Skalenmitte und dem oberen Skalenende: Fünf Punkte (5) bekommt nur jemand, der sich *stets kooperativ* verhält und seine Kollegen *immer mit einbezieht*. Darüber hinaus muss sich dieser Mitarbeiter dadurch auszeichnen, dass er *aktiv zu einem positiven Teamklima beiträgt*. Durch diesen zusätzlichen Aspekt wird die Erreichung der höchsten Stufe noch anspruchsvoller gemacht. Nun weiß die Führungskraft, wann sie einen, drei oder fünf Punktwerte vergeben kann. Aber wie sieht es mit den anderen zwei Kategorien aus – den Punktwerten Zwei (2) und Vier (4)? Durch die Benennung von jeweils zwei (oder mehr) Verhaltensbeschreibungen pro Kategorie ist die Beurteilung sehr einfach: Wenn ein Mitarbeiter mehr gezeigt hat als das, was unter Punkt (1) steht, bewegt sich die Führungskraft weiter nach rechts auf der Skala und liest sich die Beschreibung in der Mitte unter Punkt (3). Nehmen wir an, dass der fragliche Mitarbeiter zwar *im Allgemeinen kooperativ* ist, aber nur selten seine Kollegen bei anstehenden Projekten *mit einbezieht*. Damit erfüllt er die Anforderungen für drei Punkte nicht. Folglich muss die Führungskraft eine Kategorie nach links zurückgehen und ihr Kreuz unter den Skalenpunkt (2) setzen. Analog verhält es sich mit der anderen unbeschrifteten Skalenstufe, der Vier: Wenn die Leistung des Mitarbeiters höher ist als das, was in der Mitte der Skala steht, doch aber unter den fünf Punkten bleibt, muss sich die Führungskraft für die Vier entscheiden.

Es erscheint sinnvoll, zudem einen *Cut-off* in Bezug auf die erwartete Leistung zu setzen, d. h. den Punkt auf der Skala festzulegen, ab den die Leistung eines Mitarbeiters als »normal« angesehen wird. Das ist die Leistung, welche der Arbeitgeber von allen seinen Mitarbeitern erwartet und für welche die Mitarbeiter bezahlt werden. Am besten wäre es, den Cut-off in der Mitte der Skala zu verankern (3 Punkte). Abweichungen in der Bewertung nach oben deuten dann auf eine Leistung hin, die oberhalb dessen liegt, wofür der Mitarbeiter bezahlt wird. Die Fünf wäre den wirklich exzellenten Mitarbeitern vorbehalten. Es versteht sich von selbst, dass es in jedem Unternehmen sehr wenige Menschen von dieser Kategorie geben kann. Solche Mitarbeiter stellen eine Ausnahmeerscheinung dar. Dies wird besonders deutlich, wenn man sich die Verhaltensbeschreibungen am oberen Skalenende noch einmal vor Augen führt. Sie sind mit Absicht sehr anspruchsvoll formuliert. Über wie viele Kollegen können wir schon sagen, dass sie sich *stets kooperativ* verhalten und uns *immer mit einbeziehen*, wenn die Arbeit Teamwork verlangt und zusätzlich immer *aktiv zu einem positiven Teamklima* beitragen?

Im Gegensatz hierzu repräsentiert der Punktwert Zwei eine defizitäre Leistung des Mitarbeiters. Das untere Skalenende, die Eins, beschreibt einen Mitarbeiter, der gemessen an seinem Gehalt eine extreme Minderleistung erbringt. In diesem Fall bestünde ein akuter Handlungsbedarf seitens der Führungskraft. Wenn der betroffene Mitarbeiter seine Leistung nicht schnellstmöglich – ggf. unter Zuhilfenahme von Personalentwicklungsmaßnahmen – ändert, wäre eine denkbare Konsequenz daraus eine Auflösung des Arbeitsverhältnisses.

Die Skalenmitte als Cut-off zu wählen, hat seine Vorteile. Auf diese Weise steht der Führungskraft ausreichend Raum zu, um nach oben und nach unten auf der Skala zu differenzieren. Würde man den Cut-off beispielsweise auf die Vier setzen, bliebe der Führungskraft nur eine Stufe zur Dokumentation besonderer Leistungen übrig. Da jeder leistungsstarke Mitarbeiter in diese Kategorie fiele, können exzellente Mitarbeiter (sog. *high performer)* nicht mehr identifiziert und entsprechend belohnt werden.

Ungünstig, wenn auch sicherlich nicht so dramatisch, wäre es, den Cut-off zu »tief«, zu setzen. Nun hätte die Führungskraft dieselben Differenzierungsschwierigkeiten, dieses Mal aber im unteren Leistungsbereich. Zur Dokumentation einer geringen Leistung bliebe nur noch eine Kategorie übrig – die Eins. Gleich, ob ein Mitarbeiter leicht unter den Anforderungen des Arbeitgebers liegt oder massive Defizite zeigt, er würde immer auf der Eins landen. Zu Recht würde sich der eine oder andere Mitarbeiter ungerecht behandelt fühlen.

Wenn die Skalenabstufungen auf die oben beschriebene Weise interpretiert werden, sollten die Verhaltensbeschreibungen entsprechend angepasst sein. Die Skalenmitte soll anspruchsvoll genug definiert sein, um tatsächlich die vom Arbeitgeber erwartete, gute Leistung eines Mitarbeiters abzubilden. Dasselbe betrifft die beiden Skalenenden: Die Eins bildet eine *deutlich defizitäre* Leistung ab, während die Fünf für eine *ausdrücklich starke* Leistung reserviert ist.

Unser Beispiel in Abbildung 7-2 sollte einen bestimmten Aspekt des Leistungskriteriums »Teamfähigkeit« erfassen, nämlich die Kooperationsfähigkeit. »Teamfähigkeit« ist allerdings viel komplexer und vielschichtiger. Dies hat die durchgeführte Anforderungsanalyse ergeben. In Tabelle 7-1 ist ein Auszug der Ergebnisse der Anforderungsanalyse bezogen auf das Leistungskriterium »Teamfähigkeit« dargestellt.

Dimension 4: Teamfähigkeit Teamfähigkeit bezieht sich auf die Gestaltung der Zusammenarbeit mit Kollegen und Vorgesetzten. Eine hohe Teamfähigkeit zeichnet sich aus durch eine effektive und abteilungsübergreifende Zusammenarbeit und einen erfolgreichen Informationsaustausch mit Kollegen und Vorgesetzten.	
positives Verhalten	**negatives Verhalten**
• Kollegen unterstützen • den Terminkalender des Vorgesetzten im Auge behalten • mit Kollegen kooperieren • Briefe für Vorgesetzte vorformulieren • Entschuldigungsschreiben aufsetzen, wenn der Vorgesetzte Termine nicht wahrnehmen kann • wichtige Unterlagen für den Vorgesetzten zusammenstellen • Termine des Vorgesetzten im Kopf behalten	• keine Hilfestellungen anbieten • Vorgesetzte bei Sitzungen nicht unterstützen • Druck auf Kollegen ausüben, um wichtige Unterlagen zu erhalten

Tabelle 7-1: Anforderungsdimension für den Beruf »Sachbearbeiter«

Unter der Definition sind einige der aus den Interviews gewonnenen Verhaltensweisen aufgelistet. Die von uns entwickelte Skala bezieht sich nur auf einen kleinen Teil der aufgezählten Punkte. Wenn wir es dabei belassen würden, wäre die Skala damit unvollständig. Folglich sollten wir noch weitere relevante Aspekte hinzufügen. Die Anforderungsanalyse gibt uns dabei eine Hilfestellung durch die Liste der Verhaltensweisen. Abbildung 7-3 zeigt, wie die vollständige Skala aussehen könnte.

Das Hinzuziehen zusätzlicher Facetten der Teamfähigkeit bedeutet gleichzeitig eine wiederholte Messung des Kriteriums, weil jede Zeile der Skala unabhängig von den übrigen beurteilt wird. In unserem Beispiel muss die Führungskraft fünf Aspekte der Teamfähigkeit einzeln einschätzen. Dieser Umstand bringt einen entscheidenden Qualitätsvorteil mit sich: Wie in Kapitel 4 angesprochen ist eine der größten Schwächen gängiger Leistungsbeurteilungssysteme, dass jedes Leistungskriterium lediglich ein einziges Mal erfasst wird (s. a. Kanning, Rustige, Möller & Kolev, 2011). Mit großer Wahrscheinlichkeit fällt ein solches Urteil sehr ungenau aus. Verantwortlich dafür ist der Messfehler, mit dem jedes Urteil (jede Messung) zwangsläufig behaftet ist. Um diesen Messfehler zu reduzieren, wird jedes Leistungskriterium mehrfach erfasst und anschließend ein Mittelwert berechnet.

Bei der Entwicklung einer Skala sollten mindestens drei Zeilen angestrebt werden (Kolev & Möller, 2009). Wie viele Zeilen sinnvoll sind, hängt von der Heterogenität jedes Leistungskriteriums bzw. dem Ergebnis der Anforderungsanalyse ab. In der Konsequenz kann je nach Beruf, Arbeitsplatz, Unternehmenskultur etc. die Definition eines Leistungskriteriums sehr unterschiedlich ausfallen. In unserem Beispiel haben

Dimension 4: Teamfähigkeit Teamfähigkeit bezieht sich auf die Gestaltung der Zusammenarbeit mit Kollegen/innen und Vorgesetzten. Eine hohe Teamfähigkeit zeichnet sich aus durch eine effektive Zusammenarbeit und einen erfolgreichen Informationsaustausch mit Kollegen/innen und Vorgesetzten aus allen relevanten Abteilungen.				
①	②	③	④	⑤
spricht sich selbst bei wichtigen Angelegenheiten* nicht mit Kollegen/innen und Vorgesetzten ab; informiert relevante Schnittstellen bei wichtigen Ereignissen* nicht oder nur unzureichend		spricht sich bei wichtigen Angelegenheiten* in der Regel mit allen betroffenen Kollegen/innen und Vorgesetzten ab; informiert relevante Schnittstellen im Allgemeinen bei wichtigen Ereignissen*		spricht sich bei wichtigen Angelegenheiten* stets mit allen betroffenen Kollegen/innen und Vorgesetzten ab; fördert einen aktiven Informationsaustausch; informiert immer alle relevanten Schnittstellen bei wichtigen Ereignissen*
gibt selbst auf Anfrage notwendige Informationen (auch Hintergrundinformationen) nicht an relevante Kollegen/innen weiter		gibt im Allgemeinen notwendige Informationen (auch Hintergrundinformationen) an relevante Kollegen/innen weiter		gibt stets umfassend Informationen (auch Hintergrundinformationen) an relevante Kollegen/innen weiter; erläutert Zusammenhänge
gibt Kollegen/innen kein Feedback oder auf Anfrage wenig nützliches Feedback		gibt Kollegen/innen, falls angebracht, im Allgemeinen nützliches Feedback		gibt Kollegen/innen immer, wenn es angebracht ist, konstruktives und zielführendes Feedback
hilft Kollegen/innen selbst dann nicht, wenn es notwendig und möglich wäre		hilft Kollegen/innen im Allgemeinen, wenn diese oder Vorgesetzte darum bitten, sofern die eigene Tätigkeit dies zulässt		hilft Kollegen/innen stets aus eigenem Antrieb, sofern die eigene Tätigkeit dies zulässt
ist wenig kooperativ und arbeitet alleine, auch wenn die Arbeit Teamwork verlangt		verhält sich im Allgemeinen kooperativ und bezieht Kollegen/innen regelmäßig mit ein, wenn die Arbeit Teamwork verlangt		verhält sich stets kooperativ und bezieht Kollegen/innen immer mit ein, wenn die Arbeit Teamwork verlangt; trägt aktiv zu einem positiven Teamklima bei
Gesamtbewertung:				

* Angelegenheiten/Ereignisse, welche andere Mitarbeiter/Bereiche direkt betreffen

Abbildung 7-3: Die Skala »Teamfähigkeit« für den Beruf des Sachbearbeiters

wir für den Arbeitsplatz »Sachbearbeiter« fünf Aspekte der Teamfähigkeit abgebildet. Bei einem anderen Arbeitsplatz in derselben Organisation oder bei demselben Arbeitsplatz in einer anderen Organisation könnte die Skala vielleicht drei, vier oder sogar sechs Zeilen umfassen.

Im Folgenden werden wir zwei Strategien nennen, die bei der sprachlichen Ausformulierung der Skalenabstufungen hilfreich sind. Die inhaltlichen Aspekte legt letztlich das Ergebnis der Anforderungsanalyse fest. Dabei ist zu beachten, dass *alle Kriterien vom Mitarbeiter selbst beeinflussbar sein müssen.* Nehmen wir das Beispiel des Versicherungsverkäufers, der aufgrund einer Wirtschaftskrise nur wenig neue Verträge abschließt. Obwohl er gut ausgebildet ist, soziale Kompetenz besitzt und hart arbeitet, kann er die zurückgehende Anzahl neu abgeschlossener Verträge kaum beeinflussen. Würde die Führungskraft die Leistung dieses Versicherungsverkäufers nun an den Vertragszahlen messen, wäre dies kaum fair.

Was die Abstufung der Verhaltensweisen in den einzelnen Zeilen der Skala angeht, kann man auf der einen Seite (1) *quantitativ* vorgehen, indem man die Häufigkeit oder die Ausprägung einer Verhaltensweise variiert, oder (2) *qualitativ*, indem man die Qualität einer Handlung oder eines Ergebnisses verändert. In Abbildung 7-3 finden wir Beispiele für diese Strategien. Es ist sicherlich bereits aufgefallen, dass wir uns immer wieder bestimmter Formulierungen wie *»im Allgemeinen«*, *»stets«* und *»immer«* bedienen. Sie stellen eine quantitative Steigerung der gezeigten Verhaltensweise dar. Während unter der Eins das Verhalten *»gar nicht«* oder nur *»wenig/selten«* gezeigt wird, steht in der Mitte der Skala *»im Allgemeinen«* oder *»in der Regel«*. Dies bedeutet, dass der Mitarbeiter das relevante Verhalten in 80 % der Fälle ausführt. Bei der Fünf ist die Häufigkeit noch gesteigert – *»stets«* und *»immer«* bedeuten eine Rate von 95 % und mehr. Natürlich dienen diese Prozentzahlen nur zur Orientierung in unserem Beispiel und können in einem anderen Leistungsbeurteilungssystem verschoben werden. Der Zweck der Zahlen besteht darin, den Führungskräften ein besseres Verständnis für die sprachlichen Formulierungen zu vermitteln. Sie werden in der Führungskräfteschulung mitgeteilt und können zusätzlich auf dem Leistungsbeurteilungsbogen vermerkt werden.

Um die zweite Strategie umzusetzen und qualitative Abstufungen zwischen den Kategorien zu schaffen, setzen wir Ausdrücke ein wie *»unzureichend«*, *»wenig nützlich«*, *»nur auf Anfrage«* oder aber *»aktiv«* und *»aus eigenem Antrieb« (vgl. Abbildung 7-3)*. Folglich muss sich der Mitarbeiter, der nur einen Punkt bekommt, passiv verhalten und eine schlechte Qualität in Bezug auf die verrichtete Tätigkeit abliefern. Er gibt Information nur *»unzureichend«* weiter und gibt seinen Kollegen *»nur auf Anfrage«* ein Feedback. Auf der anderen Seite wird eine besondere Eigeninitiative und Engagement des Mitarbeiters am rechten Skalenende deutlich herausgestellt. Ein besonders guter Mitarbeiter gibt demzufolge nicht nur relevante Informationen an Kollegen weiter, sondern *»fördert aktiv«* den Informationsaustausch. Ein Feedback wird *»immer, wenn angebracht«* gegeben und ist dabei *»konstruktiv«* und *»zielführend«*.

Um eine möglichst reibungslose Einführung des Verfahrens in die Organisation zu ermöglichen, sollte das fertige Leistungsbeurteilungssystem noch ein letztes Mal in einer Projektgruppe angepasst werden (s. Abbildung 7-1). In dieser Projektgruppe sollten alle relevanten Vertreter der Organisation (Mitarbeitervertretung, Gleichstellungsbeauftragte, Schwerbehindertenbeauftragter etc.) anwesend sein.

Wenn all dies vollbracht ist, ist das Leistungsbeurteilungssystem zum Einsatz bereit. Allerdings müssen diejenige, die mit dem Verfahren in der Zukunft arbeiten werden, damit auch tatsächlich umgehen können. Alle Führungskräfte sollten sich daher einer Schulung unterziehen. Die Schulung der Führungskräfte bildet die letzte Stufe in dem Entwicklungsprozess eines Leistungsbeurteilungssystems (vgl. Abbildung 7-1). Aber dazu mehr in Kapitel 9.

7.2 Auswertung verhaltensverankerter Skalen

Im Folgenden richten wir unsere Aufmerksamkeit auf die Bearbeitung der Skalen durch die Führungskraft und die Auswertung der Leistungsbeurteilung. Nehmen wir an, es handelt sich um die Beurteilung von Herrn Mayer, einem Sachbearbeiter. Das erste, was der direkte Vorgesetzte von Herrn Mayer tun muss, ist die richtigen Beurteilungsbögen für das Cluster zu wählen, zu dem Herr Mayer gehört. Je nach Cluster, unterscheidet sich Anzahl und Art der Leistungskriterien. Die Führungskraft soll sich vergewissern, dass sie die richtigen Unterlagen für die Beurteilung des entsprechenden Mitarbeiters in der Hand hat. Wenn dies geschehen ist, kann die Beurteilung beginnen. Die Führungskraft geht nun alle Skalen nacheinander durch. Bei jeder Skala wird jede Zeile einzeln und unabhängig von den übrigen bewertet. Es ist empfehlenswert, dass die Führungskraft sich zunächst alle drei Kategorien (Punktwert 1, 3 und 5) in einer Zeile durchliest und dann das Kreuz entsprechend setzt. Dabei soll sich die Beurteilung nur auf die Inhalte beziehen, die in dieser Zeile festgehalten sind. Weder Aspekte aus den anderen Skalenzeilen, noch Inhalte, die Teil eines anderen Kriteriums oder überhaupt nicht expliziter Bestandteil der Leistungsbeurteilung sind, dürfen in das Urteil einfließen. Dazu ein Beispiel. In der ersten Zeile der Skala zur Teamfähigkeit in Abbildung 7-3 geht es um die Absprache mit Kollegen und Vorgesetzten sowie den Informationsaustausch. Das ist der einzige Aspekt, hinsichtlich dessen Herr Mayer von seiner Führungskraft in diesem Augenblick beurteilt werden soll. Andere Aspekte wie Kooperationsfähigkeit oder das Geben von Feedback, die auch ein Teil des Leistungskriteriums »Teamfähigkeit« sind, dürfen auf das Urteil keinen Einfluss haben. Genau so wenig relevant darf hier ein anderes Leistungskriterium wie etwa Engagement oder Konfliktfähigkeit sein. Auch Dinge, die vom Leistungsbeurteilungssystem nicht erfasst werden, wie Sympathie, ein freundschaftliches Verhältnis zur Führungskraft oder Ereignisse, die bereits weiter zurück in die Vergangenheit liegen, dürfen hier keine Rolle spielen. Ob Herr Mayer mit seiner Führungskraft gut befreundet ist oder nicht, ob er seiner Führungskraft sympathisch erscheint oder nicht, und ob er vor vier Jahren negativ aufgefallen ist und seit dem einen schlechten Ruf besitzt, dürfen den Beurteilungsprozess nicht verzerren.

Wenn die Führungskraft bei der ersten Zeile ihr Kreuz gesetzt hat, arbeitet sie sich nach unten weiter durch, bis alle Zeilen der Skala mit einem Kreuz versehen sind. Es kann in seltenen Fällen passieren, dass bestimmte Verhaltensweisen in einer Zeile von der Führungskraft nicht beobachtet werden konnten. Es ist auch möglich, dass die Stelle von Herrn Mayer bedingt durch seine Tätigkeit so speziell ist, dass eine bestimmte Zeile zwar für das gesamte Cluster relevant ist, aber nicht für Herrn Mayer. In diesem Fall ist die entsprechende Zeile einfach auszulassen, statt eine Bewertung nach Gefühl vorzunehmen. Ansonsten würde die Führungskraft nicht nur die Qualität ihrer Beurteilung gefährden, sondern sich auch in eine unangenehme Lage manövrieren, da sie spätestens bei der Rückmeldung der Ergebnisse Schwierigkeiten haben wird, ihre Bewertung vor Herrn Mayer sachlich und konkret zu begründen.

Wenn die komplette Skala durchgearbeitet ist, hat die Führungskraft in der Regel zwischen drei und sieben Urteile gefällt. Nun müssen die einzelnen Urteile pro Kriterium zu einem Gesamtwert zusammengefasst werden, der abschließend in das dafür vorgesehene Feld im Bewertungsbogen eingetragen wird. Dieser Gesamtwert ist der Mittelwert aus den einzelnen Bewertungen. Je nachdem, wie in der jeweiligen Organisation dieser Schritt der Beurteilung festgelegt ist, sind bei der Ausrechnung unterschiedliche Szenarien möglich. Auf der einen Seite könnte man entweder das arithmetische Mittel verwenden, indem man mit einem Taschenrechner das genaue Ergebnis ausrechnet. Oder man fällt ein »klinisches« Urteil, indem man die einzelnen Zeilen unterschiedlich gewichtet und somit den Gesamtwert etwas auf- oder abrundet. Auf der anderen Seite kann das Gesamtergebnis entweder als eine ganze Zahl präsentiert werden oder man entscheidet sich, halbe Zahlen zuzulassen, sodass dieses auf 0,5 gerundet werden darf. Wenn man ganze Zahlen verwenden würde, hat man genau wie bei der Beurteilungsskala fünf mögliche Leistungsausprägungen. Bei der zweiten Variante entsteht aus der fünfstufigen Skala eine neunstufige. Diese ist präziser und lässt zwischen den Mitarbeitern besser differenzieren. Allerdings ist erst auf dieser Stufe des Beurteilungsprozesses ein solcher Differenziertheitsgrad sinnvoll. Die Bewertung der einzelnen Zeilen sollte in jedem Falle auf ganze Zahlen beschränkt bleiben.

Wenn die Führungskraft Herrn Mayer in Bezug auf alle Leistungskriterien bewertet und die Gesamtwerte gebildet hat, können diese zum Zweck einer besseren Übersicht auf einem getrennten Blatt – einem Profilblatt – eingetragen werden. Abbildung 7-4 zeigt ein mögliches Profil für Herrn Mayer.

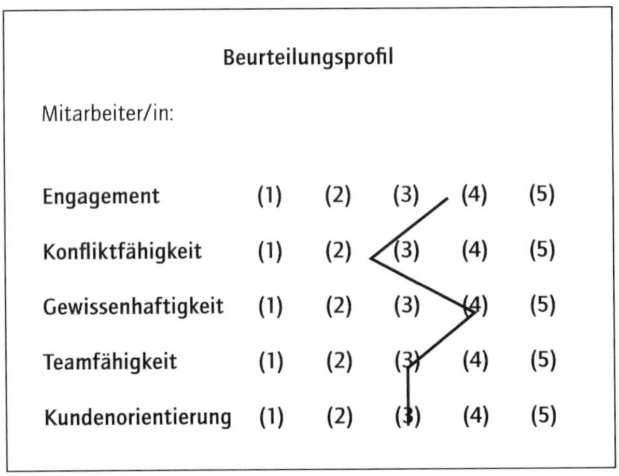

Abbildung 7-4: Beispiel für ein Beurteilungsprofil

Auf der linken Seite des Profilblatts sind alle Leistungskriterien untereinander aufgelistet. Auf der rechten Seite findet sich jeweils die fünfstufige Punkteskala. Die Führungskraft trägt jedes Ergebnis zur entsprechenden Skala ein und verbindet anschließend die einzelnen Punkte miteinander, sodass im Ergebnis das individuelle *Leistungsprofil* eines Mitarbeiters entsteht. Aus der Abbildung ist zu erkennen, dass Herr Mayer eine Leistung in Hinblick auf das Kriterium Konfliktfähigkeit aufweist, die leicht unter dem vom Arbeitgeber erwarteten Leistungsniveau liegt. Dafür erbringt er bezüglich des Engagements und der Gewissenhaftigkeit eine Leistung, die die Anforderungen seines Arbeitsplatzes übertrifft. Was die letzten beiden Kriterien Teamfähigkeit und Kundenorientierung angeht, hat Herr Mayer eine Drei bekommen. Dies bedeutet, dass er in diesen beiden Bereichen das leistet, was sein Arbeitgeber von ihm erwartet und wofür er bezahlt wird.

Das zusätzliche Berechnen eines Mittelwertes über die einzelnen Punktwerte aus dem Leistungsprofil ist nur in speziellen Fällen sinnvoll. Beispielsweise wenn das Ergebnis einer Leistungsbeurteilung mit einer monetären Ausschüttung in Verbindung steht. Damit beschäftigt sich Kapitel 8. Sofern die Beurteilung der Leistung allerdings nicht nur im Rahmen der leistungsorientierten Vergütung stattfindet, sollten die Ergebnisse als ein Profil festgehalten werden. In dieser Form können sie beispielsweise für Personalentwicklungszwecke verwendet werden. Nur wenn differenzierte Informationen über die Leistung eines Mitarbeiters vorliegen, können der Entwicklungsbedarf des Mitarbeiters ermittelt und daraus entsprechende Maßnahmen abgeleitet werden. Auch im Rahmen von Mitarbeitergesprächen oder Zielvereinbarungen bieten die Ergebnisse aus dem Leistungsprofil konkrete Anhaltspunkte für Verhaltensänderungen und Zielsetzungen. Darüber hinaus werden die meisten Mitarbeiter differenzierte Ergebnisse eher wünschen, da sie nachvollziehbarer sind als ein Gesamtwert. Zudem erkennt man so seine eigenen Stärken und Schwächen und kann sich selbst gezielt weiterentwickeln. Das Leistungsprofil erfüllt im besten Falle somit eine direkte Motivationsfunktion (vgl. Kanning, Rustige, Möller & Kolev, 2011).

Über die Rückmeldung der Ergebnisse und daraus resultierende Folgen für die Mitarbeiter wird in Kapitel 10 ausführlich berichtet. Nun werfen wir einen Blick zurück auf die von uns entwickelte Skala in Abbildung 7-3 und überprüfen diese in Bezug auf die Qualitätskriterien, die in Kapitel 2 eingeführt wurden. Wenn unser Leistungsbeurteilungssystem den Anspruch hat, ein diagnostisch fundiertes und gleichzeitig praktikables Instrument zu sein, sollte es auch dieser Qualitätsprüfung standhalten können.

7.3 Bezug zu Qualitätskriterien

In Kapitel 2 wurden die zentralen Kriterien genannt, welche die Güte eines jeden Leistungsbeurteilungssystems (sowie auch jedes anderen diagnostischen Instruments) sicherstellen. Die *Objektivität* sorgt dafür, dass die Leistungserfassung unbeeinflusst von der Person der Führungskraft abläuft. Die Skala in Abbildung 7-3 bietet der Führungskraft genaue Anhaltpunkte für ihre Bewertung. Wenn sich die Führungskraft an die Verhaltensweisen hält, die in der Skala beschrieben sind und davon nicht abweicht, ist eine akzeptabel *objektive Durchführung* der Leistungsbewertung gewährleistet. Die Verhaltensweisen sind konkret und lassen wenig Interpretationsspielraum. Natürlich sollte die Führungskraft die Beurteilung nicht in einem ungünstigen Moment vornehmen, z. B. wenn sie nur wenig Zeit zwischen zwei Terminen hat oder emotional erregt ist. Eine *objektive Auswertung* der Ergebnisse ist durch die Befolgung des in der jeweiligen Organisation vereinbarten Lösungsschlüssels gegeben. Die Führungskraft weiß genau, wie der Gesamtwert zu jedem Leistungskriterium gebildet und nach welchen Regeln gerundet wird. Zudem kann durch die »Kalibrierung« der Skala, d. h. durch die Platzierung der »normalen«, guten Leistung in die Skalenmitte, eine *objektivere Interpretation* der Ergebnisse erfolgen.

Das zweite Qualitätskriterium ist die *Messgenauigkeit* (*Reliabilität*) der Skala. Die Reliabilität ist durch die mehrfache Messung des Leistungskriteriums »Teamfähigkeit« gewährleistet. Da die Führungskraft nicht nur einmal, sondern fünfmal die Teamfähigkeit bewertet und anschließend einen Mittelwert über ihre Urteile bildet, ist dieser letzte Wert eine sehr viel zuverlässigere Messung der tatsächlichen Teamfähigkeit als die Bewertungen der einzelnen Zeilen (Kanning, Rustige, Möller & Kolev, 2011).

Die Leistungskriterien wurden auf der Basis einer Anforderungsanalyse mit Arbeitsplatzexperten abgeleitet. Dadurch ist der Bezug zum Arbeitsplatz »Sachbearbeiter« eindeutig gegeben. Ferner wurde darauf geachtet, dass die in der Skala beschriebenen Verhaltenseisen nur Aspekte wiedergeben, die vom Mitarbeiter selbst tatsächlich beeinflussbar sind. Folglich eignen sich die Inhalte in der Skala für die Erfassung der Leistung von Sachbearbeitern und damit besitzt die Skala eine ausreichende *Validität*.

Die *Praktikabilität* der Skala hängt einerseits vom Entwicklungs- bzw. Kostenaufwand und andererseits von ihrer Benutzerfreundlichkeit ab. Was die ersten zwei Punkte angeht, sind verhaltensverankerte Skalen im Vergleich zu anderen Methoden etwas aufwendiger in ihrer Entwicklung und damit in den Kosten. Diese werden allerdings durch ihre Überlegenheit in Bezug auf alle anderen Qualitätskriterien kompensiert (vgl. Kapitel 2). Die Benutzerfreundlichkeit der Skala ist durch die festgelegten Durchführungs- und Auswertungsregeln gegeben. Auch wenn manche Führungskräfte anfänglich vielleicht das Gefühl haben können, dass sie zu wenig Freiheit und Einflussmöglichkeiten bei der Anwendung der Skala sowie der Auswertung der Ergebnisse hätten, wird dieser Zweifel schnell durch die positive Erfahrung einer transparenten und fairen Leistungsbeurteilung ersetzt.

Das letzte Qualitätskriterium ist die *Akzeptabilität*. Diese haben wir zunächst durch die Beteiligung der Mitarbeiter an der Anforderungsanalyse erreicht. Nachdem die Entwicklung des Verfahrens abgeschlossen ist, haben Vertreter der Organisation (z. B. der Personalrat) im Rahmen einer Projektgruppe erneut die Möglichkeit, die Skala zu besprechen und ggf. Änderungen vorzunehmen, damit eine maximale Passung zur Organisation gegeben ist (vgl. Abbildung 7-1). Ferner beinhaltet die Skala nur Aspekte, die von den Mitarbeitern direkt beeinflussbar sind. Zuletzt sollen die Führungskräfte die Skala verstehen und beherrschen, damit die Akzeptanz des Verfahrens erhöht wird. Um dies zu erreichen werden die Führungskräfte entsprechend geschult (vgl. Kapitel 9). Zusätzlich zu den genannten Schritten lassen sich Informationsveranstaltungen durchführen, an denen sich alle Mitarbeiter auf freiwilliger Basis beteiligen können. Dabei werden sie über den Fortschritt des Entwicklungsprozess, Funktionsweise und Einführung des Leistungsbeurteilungssystems informiert. Auch die Möglichkeit,

Fragen zu stellen, Ängste und Zweifel anzusprechen, wird ihnen eingeräumt. Zudem empfiehlt es sich, den Mitarbeitern z. B. über das Intranet einen freien Zugang zu den fertigen Skalen zu ermöglichen. Wer sauber gearbeitet hat, muss nichts verbergen.

7.4 Praxisbeispiele

Nach Auswertung der Anforderungsanalyse in Kapitel 6 konnten insgesamt fünf Leistungskriterien abgeleitet und definiert werden. Am Beispiel des Kriteriums »*Teamfähigkeit*« wurde die Entwicklung von Beurteilungsskalen in den vorherigen Abschnitten erklärt. An dieser Stelle präsentieren wir die restlichen vier Beurteilungsskalen für das Berufscluster »Sachbearbeiter«. Diese sollen für den Leser ein Leitfaden in Ergänzung zum Material, das wir zum Download bereitstellen, darstellen und ihm eine Hilfestellung bei der Entwicklung der eigenen verhaltensverankerten Skalen leisten.

Das erste Leistungskriterium ist »*Engagement*«. Abbildung 7-5 zeigt die dazugehörige Beurteilungsskala. Dieses Kriterium erfasst den Einsatz von Mitarbeitern, mit dem diese anfallende Aufgaben erledigen. Hierbei konnten wir drei voneinander unabhängige Aspekte identifizieren. Die erste Facette beschäftigt sich mit der Qualität der Vorbereitung und die Bereitschaft zur Teilnahme an Kundengesprächen. Der zweite

Dimension 1: Engagement
Engagement bezieht sich auf die Handlungsbereitschaft, mit der anfallende Aufgaben erledigt werden. Ein hohes Maß an Engagement ist durch einen intensiven und zeitlich flexiblen Einsatz bei der Bearbeitung von Aufgaben gekennzeichnet. Engagierte Mitarbeiter/innen fühlen sich verantwortlich für die Bearbeitung wichtiger Aufgaben und ergreifen die Initiative bei deren Bearbeitung.

①	②	③	④	⑤
bereitet sich nur unzureichend auf wichtige Kunden oder Veranstaltungen vor; verhält sich bei wichtigen Kundenterminen oder Veranstaltungen passiv		bereitet sich im Allgemeinen angemessen auf wichtige Kunden oder Veranstaltungen vor; beteiligt sich in der Regel an der Gestaltung wichtiger Kundentermine und Veranstaltungen		bereitet sich stets umfassend auf wichtige Kunden oder Veranstaltungen vor; beteiligt sich immer aktiv und vorausschauend an der Gestaltung wichtiger Kundentermine und Veranstaltungen
zeigt sich selbst dann, wenn es notwendig und möglich wäre, nicht flexibel in Hinblick auf seinen Arbeitseinsatz*		zeigt sich in der Regel, wenn es notwendig und möglich ist, flexibel in Hinblick auf seinen Arbeitseinsatz*		zeigt sich, wenn es notwendig und möglich ist, stets flexibel in Hinblick auf seinen Arbeitseinsatz*
fühlt sich bei herausfordernden Aufgaben im eigenen Arbeitsbereich häufig nicht zuständig und bleibt passiv		übernimmt im Allgemeinen die Verantwortung für herausfordernde Aufgaben im eigenen Arbeitsbereich; setzt sich mit den meisten schwierigen Anfragen auseinander		übernimmt stets die Verantwortung für herausfordernde Aufgaben im eigenen Arbeitsbereich; setzt sich immer mit schwierigen Anfragen auseinander und bearbeitet diese erfolgreich
Gesamtbewertung:				

* Arbeitseinsatz (Intensivierung der Arbeit, ggf. Überstunden)

Abbildung 7-5: Die Skala »Engagement«

Aspekt spiegelt die Flexibilität in Bezug auf den Arbeitseinsatz wider, während in der letzten Tabellenzeile die Übernahme von Verantwortung für schwierige Aufgaben thematisiert wird.

Bei dem zweiten Leistungskriterium handelt es sich um das Verhalten von Mitarbeitern in kontroversen Situationen. Die Skala »*Konfliktfähigkeit*« beinhaltet insgesamt vier Punkte: (1) Den Umgang mit Gesprächspartnern, (2) die Persistenz und Standing in Konfliktsituationen, (3) die Art und Weise der Argumentation und (4) die Fähigkeit, selbst bei Arbeitsüberlastung die Ruhe zu bewahren (s. Abbildung 7-6).

Dimension 2: Konfliktfähigkeit
Konfliktfähigkeit bezieht sich auf das Verhalten in kontroversen Situationen, welches gegenüber Kunden und Kollegen/innen an den Tag gelegt wird. Konfliktfähige Personen stellen sich Konflikten und wahren ihre Selbstsicherheit im Eintreten für die eigene Meinung. Dazu zählt insbesondere, ruhig und freundlich zu agieren sowie andere mit Respekt zu behandeln. Zudem bezieht sich Konfliktfähigkeit auf die Belastbarkeit des Einzelnen in Zeiten starker Beanspruchung.

①	②	③	④	⑤
geht in Konfliktsituationen häufig respektlos mit Gesprächspartner/innen um		behandelt in Konfliktsituationen Gesprächspartner/innen immer mit Respekt		behandelt selbst in schweren, emotionalen Konfliktsituationen Gesprächspartner/innen immer mit Respekt, auch dann, wenn er/sie selbst nicht respektvoll behandelt wird
gibt in Konflikten schnell nach; lässt sich von Gesprächspartner/innen schnell einschüchtern		bleibt in den meisten Konfliktsituationen standhaft und konsequent; verhält sich im Allgemeinen selbstsicher gegenüber Gesprächspartner/innen		bleibt selbst in schweren, emotionalen Konfliktsituationen standhaft und konsequent; verhält sich gegenüber Gesprächspartner/innen stets selbstsicher
argumentiert in Konfliktsituationen unsachlich und verschärft durch eigenes Verhalten Konflikte		argumentiert in Konfliktsituationen im Allgemeinen sachlich		argumentiert in Konfliktsituationen stets sachlich und wirkt beruhigend auf den Gesprächspartner/innen ein
verfällt bei der parallelen Bearbeitung mehrerer Arbeitsaufträge schnell in Hektik oder verliert schnell die Nerven und wird ungehalten		bleibt bei der parallelen Bearbeitung mehrerer Arbeitsaufträge in der Regel ausgeglichen und ruhig		bleibt selbst bei der parallelen Bearbeitung mehrerer anspruchsvoller Arbeitsaufträge stets ausgeglichen und ruhig; legt ein exzellentes Arbeitsergebnis vor
Gesamtbewertung:				

Abbildung 7-6: Die Skala »Konfliktfähigkeit«

Eine wichtige Messgröße für die Leistung eines Sachbearbeiters ist die Qualität und die Sorgfalt, mit der dieser seine Arbeit erledigt. Das Kriterium »*Gewissenhaftigkeit*« zielt genau auf diesen Aspekt ab (s. Abbildung 7-7).

Dimension 3: Gewissenhaftigkeit Gewissenhaftigkeit bezieht sich auf die Sorgfalt und die Qualität, mit der die Arbeit erledigt wird. Eine hohe Gewissenhaftigkeit ist durch einen an Prioritäten orientierten Arbeitsstil, ordnungsgemäßes Handeln und ein verlässliches Auftreten gegenüber Kunden gekennzeichnet.				
①	②	③	④	⑤
überprüft relevante Dokumente oft nur sehr oberflächlich; übersieht viele Fehler oder Widersprüche in Unterlagen; fordert fehlende Kundendaten gar nicht oder nur verspätet ein		überprüft im Allgemeinen relevante Dokumente genau auf Fehler oder Widersprüche; überprüft die Richtigkeit von Kundendaten und fordert ggf. fehlende Kundendaten in angemessener Zeit ein		überprüft stets alle relevanten Dokumente sehr genau auf Fehler oder Widersprüche; überprüft immer die Richtigkeit von Kundendaten und fordert ggf. fehlende Kundendaten schnellstmöglich ein
ordnet Aufgaben nicht gemäß ihrer Priorität oder setzt oft falsche Prioritäten; schiebt selbst die Bearbeitung von wichtigen Aufgaben häufig auf		setzt bei der Bearbeitung von Aufgaben im Allgemeinen richtige Prioritäten; bearbeitet Aufgaben im Allgemeinen zeitnah		setzt bei der Bearbeitung von Aufgaben stets richtige Prioritäten; bearbeitet wichtige Aufgaben stets zeitnah in exzellenter Qualität
verlässt oft den vorgegebenen Dienstweg oder übertritt Grenzen des eigenen Entscheidungsbereiches		befolgt immer den vorgegebenen Dienstweg und bewegt sich im Rahmen des eigenen Entscheidungsbereiches		befolgt immer den vorgegebenen Dienstweg und bewegt sich stets im Rahmen des eigenen Entscheidungsbereiches; nutzt im Sinne der Organisation Entscheidungsspielräume effektiv aus
hält mit Kunden getroffene Abmachungen oft nicht ein oder trifft unrealistische, nicht einzuhaltende Abmachungen; dokumentiert getroffene Abmachungen nur unregelmäßig		trifft in der Regel realistische Abmachungen mit Kunden und hält diese meistens ein; informiert rechtzeitig, falls Abmachungen nicht eingehalten werden können; dokumentiert getroffene Verabredungen im Allgemeinen		hält alle mit Kunden getroffenen Abmachungen immer ein bzw. passt diese gemeinsam mit den Kunden ggf. vorausschauend an geänderte Gegebenheiten an; dokumentiert stets getroffene Abmachungen
hält Fristen und Vorgaben nicht ein		hält Fristen und Vorgaben im Allgemeinen ein		hält Fristen und Vorgaben stets ein; informiert rechtzeitig, falls dies einmal nicht möglich sein sollte
Gesamtbewertung:				

Abbildung 7-7: Die Skala »Gewissenhaftigkeit«

Die Beurteilungsskala umfasst fünf eigenständige Facetten: (1) Sorgfältige Überprüfung von Unterlagen und Dokumenten, (2) richtiges Priorisieren von Arbeitsaufträgen, (3) Einhaltung bestehender Dienstwege und deren Optimierung, (4) Einhaltung von Vereinbarungen mit Kunden und zuletzt (5) Einhaltung von Fristen.

Das letzte Leistungskriterium für das Cluster »Sachbearbeiter« haben wir »*Kundenorientierung*« genannt. Durch die Anforderungsanalyse haben sich für diese Skala sechs unterschiedliche Aspekte ergeben (s. Abbildung 7-8). Als erstes soll der allgemeine Umgang mit den Kunden beurteilt werden. Zusätzlich werden die Kundenakquise, die adressatengerechte Kommunikation und der Beziehungsaufbau zu Kunden eingeschätzt. Der Umgang mit fachfremden Anfragen sowie die Qualität der geleisteten Beratung sind ebenfalls Teil des Kriteriums *Kundenorientierung*.

Mit der Entwicklung der verhaltensverankerten Beurteilungsskalen ist nun die Konstruktion des Leistungsbeurteilungssystems abgeschlossen. Vor dem Einsatz des Verfahrens in der Praxis sollten allerdings alle Führungskräfte in dem richtigen Umgang mit dem Instrument einmal geschult werden. Mehr dazu im Kapitel 9.

Dimension 5: Kundenorientierung
Eine hohe Kundenorientierung zeichnet sich durch einen respektvollen und aufgeschlossenen Umgang mit Kunden, eine vollständige Bestandsaufnahme des jeweiligen Kundenanliegens sowie ein kompetentes und korrektes Erläutern von Inhalten gegenüber Kunden aus. Dazu gehört auch, den Kunden über die Beratung hinaus weitere Perspektiven und Möglichkeiten aufzuzeigen.

①	②	③	④	⑤
begegnet Kunden oftmals unfreundlich; geht auf neue Kunden nicht oder nur sehr zögerlich zu		bringt Kunden Respekt entgegen; begegnet neuen Kunden in der Regel aufgeschlossen		bringt allen Kunden stets Respekt entgegen; begegnet neuen Kunden immer aufgeschlossen und zuvorkommend
betreibt keine Akquise von Kunden*		beteiligt sich im Allgemeinen an der Akquise neuer Kunden*		akquiriert stets Kunden aus eigenem Antrieb; entwickelt neue Strategien zur Kundengewinnung*
drückt sich in Gesprächen mit Kunden oft unverständlich aus; überfordert Kunden regelmäßig in einem Gespräch		drückt sich in Kundengesprächen im Allgemeinen adressatengerecht und verständlich aus		drückt sich in Gesprächen mit Kunden stets adressatengerecht und verständlich aus; bringt Sachverhalte immer genau auf den Punkt
baut keine Beziehung zu Kunden auf; kann sich in viele Kunden nicht hineinversetzen		baut ein Arbeitsverhältnis zu Kunden auf; kann sich im Allgemeinen in Kunden hineinversetzen		baut ein enges Vertrauensverhältnis zu Kunden auf; kann sich stets in Kunden hineinversetzen
leitet fachfremde Anfragen von Kunden oft an falsche Ansprechpartner innerhalb der HWK weiter; kann viele fachfremde Anfragen nicht weiterleiten		leitet fachfremde Anfragen von Kunden im Allgemeinen an richtige Ansprechpartner innerhalb der HWK weiter		leitet fachfremde Anfragen von Kunden stets an die richtigen Ansprechpartner innerhalb der HWK weiter; informiert sich in wichtigen Fällen über die Weiterleitung
berät Kunden unvollständig oder beschränkt sich auf das Nötigste; enthält relevante Informationen vor; lässt viele Anfragen unbeantwortet		berät Kunden im Allgemeinen ausführlich; liefert alle relevanten Informationen; beantwortet die meisten Anfragen in einem angemessenen Zeitraum		berät Kunden stets gründlich und vollständig; liefert schnellstmöglich alle relevanten Informationen; beantwortet alle Anfragen immer in einem optimalen Zeitraum
Gesamtbewertung:				

* Sachbearbeiter im Handwerkskammer-Bildungszentrum

Abbildung 7-8: Die Skala »Kundenorientierung«

7.5 Fazit

Die Beurteilungsskalen sind das Herz jedes Leistungsbeurteilungssystems. Von ihrer Qualität hängt ab, ob das Verfahren seine Funktion erfüllt und wie es in der Organisation angenommen wird. Deshalb sollte an der Entwicklung der Skalen nicht gespart werden.

Verhaltensverankerte Skalen eignen sich am besten zur Erfassung der Arbeitsleistung. Allerdings sind einige Prinzipien bei ihrer Konstruktion zu beachten. Als erstes sollte die Anzahl der Skalenstufen festgelegt werden. Die fünfstufige Skala hat sich dabei als besonders sinnvoll und praktikabel erwiesen. Der anspruchsvollste Teil ist die Ausformulierung der Verhaltensbeschreibungen. Dabei ist auf die ausreichende Abstufung zwischen den beiden Skalenenden und der Skalenmitte zu achten. Die Skala muss an die Ansprüche der Organisation angepasst sein, d. h., es muss klar werden, welche Leistung von den Mitarbeitern erwartet wird. Darüber hinaus ist darauf zu achten, dass alle Ergebnisse tatsächlich von den Mitarbeitern selbst beeinflussbar sind. Es ist ausschlaggebend für die Messgenauigkeit einer Skala, dass sie mehrere Aspekte jedes Leistungskriteriums erfasst, also drei oder mehr Zeilen beinhaltet. Ein Mitarbeiter soll auf jeder Zeile unabhängig von den anderen bewertet werden. Am Ende wird ein Gesamtergebnis für jedes Leistungskriterium gebildet. Zu einer besseren Übersicht sollte die Führungskraft im Anschluss an die Bewertung die Gesamtwerte aller Leistungskriterien in ein Leistungsprofil des Mitarbeiters eintragen. Vor der endgültigen Einführung des Leistungsbeurteilungssystems werden das Verfahren von einer Projektgruppe ggf. ein letztes Mal überarbeitet und alle Führungskräfte, die an der Beurteilung beteiligt werden, geschult (vgl. Kapitel 9).

7.6 Vertiefende Literatur

Kanning, U. P., Rustige, J., Möller, J. H. & Kolev, N. (2011). Mit vertretbarem Aufwand zu aussagekräftigen Skalen der Leistungsbeurteilung. Entwicklung und Evaluation von Leistungsbeurteilungssystemen. In: Personalführung, 44, S. 30-36.

Kolev, N. & Möller, J. H. (2009). Entwicklung und Einführung eines Leistungsbeurteilungssystems am Beispiel einer Kreisverwaltung. In: T. Brandenburg & M. T. Thielsch (Hrsg.). Praxis der Wirtschaftspsychologie. Themen und Fallbeispiele für Studium und Anwendung. Münster: MV Wissenschaft, S. 193-207.

Schuler, H. (Hrsg.). (2004). Beurteilung und Förderung beruflicher Leistung (2. Aufl.). Göttingen: Hogrefe.

8. Wie wird Leistung honoriert? – Modelle leistungsbezogener Vergütungssysteme

In den beiden vorangegangenen Kapiteln sind die ersten Konstruktionsschritte auf dem Weg zu einem funktionsfähigen Leistungsbewertungssystem beschrieben worden. Mit der Anforderungsanalyse werden die arbeitsplatzbezogenen Personenkriterien destilliert, die ein guter Mitarbeiter besitzen muss, um den alltäglichen Aufgaben gewachsen zu sein (siehe auch Kapitel 6). In einem weiteren Schritt wurden die verhaltensverankerten Ratingskalen auf Grundlage der Anforderungsanalyse entwickelt, die als Messinstrumente die Mitarbeiterleistung erfassen sollen (siehe auch Kapitel 7). Das Ergebnis ist ein individuelles Leistungsprofil eines Mitarbeiters, das die gezeigte Leistung auf allen relevanten Anforderungsdimensionen widerspiegelt.

An diesem Punkt stellt sich die Frage, wie aus der durchgeführten Mitarbeiterbeurteilung eine Gratifikationsausschüttung erfolgen soll. Müssen auf allen Skalen Maximalpunktwerte erreicht werden, ehe ein Mitarbeiter eine monetäre Anerkennung auf seinem Gehaltszettel vorfindet? Bekommt etwa nur der beste Mitarbeiter eine Ausschüttung, während alle anderen Kollegen mit guten Leistungen leer ausgehen? Im Folgenden sollen unterschiedliche Vergütungssysteme vorgestellt werden, die grundsätzlich in Betracht gezogen werden können, um die erbrachte Arbeitsleistung eines Mitarbeiters entsprechend honorieren zu können.

8.1 Was wird belohnt?

Leistungsbezogene Vergütungssysteme können nur funktionieren, wenn nicht jedes gezeigte Verhalten, das im Sinne der Unternehmensführung ist, auch gleich honoriert wird. Die eigentliche Idee steckt in der gezielten Lenkung der Mitarbeiter zu Verhaltensweisen, die über die alltägliche Verrichtung des Tagesgeschäftes hinaus gezeigt werden können und bisher nicht gesondert honoriert wurden. Hierzu zählt die bereitwillige Übernahme von Mehrarbeit oder die Etablierung einer abteilungsübergreifenden Kommunikationskultur, die einen Abriss wichtiger Informationsketten verhindert.

Man spricht in diesem Zusammenhang von *Extra-Rollenverhalten*, weil man dieses Verhalten nicht per se bei jedem Mitarbeiter voraussetzen kann (Matiaske & Weller, 2003). Unter Extra-Rollenverhalten versteht man Leistungshandeln, das positiv zum Organisationsergebnis beiträgt und bisher weder gefordert noch belohnt wurde. So kann es durchaus den braven Mitarbeiter geben, der seinen »Dienst nach Vorschrift« verrichtet und die ihm übertragenen Arbeiten gewissenhaft erledigt. Ist seine Regelarbeitszeit verstrichen, findet man den Kollegen allerdings auch nicht mehr an seinem Arbeitsplatz vor. Wenn ein gewisses Extra-Rollenverhalten weder explizit gefordert noch belohnt wurde, darf man sich nicht über eine Belegschaft wundern, die eine ausgeprägte Veränderungsresistenz zeigt und dem pünktlichen Feierabend die erste Priorität einräumt. Wenn sich Kollegen spontan zu Mehrarbeit bereit erklären, besonders sorgfältig im Umgang mit Ressourcen sind, Kooperationsbereitschaft im sozialen Miteinander pflegen oder für eine besonders positive Außendarstellung der Organisation gegenüber Organisationsexternen sorgen, so handelt es sich hierbei um (funktionales) Extra-Rollenverhalten, das auch entsprechend gewertschätzt werden sollte.

Grundsätzlich kann sich dieses Extra-Rollenverhalten auf zwei Bereiche konzentrieren: auf die Qualität der alltäglichen Leistung im Tagesgeschäft und auf den Grad der Zielerreichung bei der Vereinbarung von Leistungszielen zwischen Führungskraft und Mitarbeiter. Beide Bereiche sollten bei der Verteilung von Gratifikationen eine Rolle spielen, jedoch nicht unabhängig voneinander. Wer beispielsweise meint, seine gesamte Konzentration ausschließlich auf das Erreichen der Zielvereinbarung fokussieren zu müssen und dabei das Tagesgeschäft zu kurz kommen lässt, darf nicht mehr für eine Gratifikation infrage kommen. Die Zielerreichung darf also nicht zulasten der sonstigen Aufgaben des Mitarbeiters gehen.

Umgekehrt dürfen nicht nur Mitarbeiter honoriert werden, die mit ihrer Führungskraft Leistungsziele vereinbart haben, zumal es in vielen Unternehme keine formalisierte Zielvereinbarung gibt.

8.2 Anreizsysteme

Durch die Einführung von attraktiven Vergütungssystemen mit variablen Anteilen sollen einerseits die guten Mitarbeiter stärker an das Unternehmen gebunden werden, andererseits können solche monetären Anreize für Externe zusätzliche Bewerbungsanreize darstellen.

Geld wirkt als Verhaltensverstärker primär instrumentell, sekundär allerdings auch immateriell, da durch ein höheres Einkommen ein höherer sozialer Status erreicht werden kann. Demzufolge wird dem Vergütungssystem einer Organisation ein hoher Stellenwert in der Verhaltensbeeinflussung zugesprochen (siehe Becker & Kramarsch, 2006).

Nach Locke und Latham (1990) lassen sich zwei verschiedene Formen der Honorierung unterscheiden: direkte versus indirekte. Die direkte Honorierung wird leistungsbezogen gewährt (z. B. bei entsprechender Zielerreichung) und besitzt eine nachweislich leistungssteigernde Wirkung, wobei verschiedene Situations- und Persönlichkeitsvariablen die Wirkungsintensität moderieren. Hierzu zählt als Beispiel der Vergleich mit anderen, weshalb ein wichtiges Augenmerk auf die Fairness und Transparenz eines Vergütungssystems gelegt werden sollte. Zudem dürfen wichtige Motive des Mitarbeiters nicht auf der Strecke bleiben (beispielsweise ausreichend freie Zeit für private Aktivitäten). Indirekte Honorierungen erfolgen hingegen eher leistungsunabhängig in Form von betrieblichen Sozialleistungen, Alterszuschlägen, Firmenrenten, flexiblen Arbeitszeitmodellen oder Firmenwagen. Das Ziel liegt hierbei weniger in der stärkeren Leistungsmotivation der Belegschaft als in der Stärkung der Mitarbeiterbindung und in der Abnahme der Mitarbeiterfluktuation.

Damit ein leistungsorientiertes Vergütungssystem auch erfolgreich umgesetzt werden kann, müssen einige Aspekte beachtet werden. Winkler und Hofbauer (2010) haben hierzu verschiedene Kriterien für die Gestaltung von Vergütungssystemen aufgestellt, die zusammengefasst in Abbildung 8-1 dargestellt und nachfolgend erläutert werden.

- Attraktivität zu anderen Unternehmen und Referenzpersonen
- Partizipationsfairness
- Berücksichtigung von Tarifverträgen
- ausgewogenes Verhältnis von materiellen und immateriellen Vergütungsanteilen
- Präferierung direkter Honorierungsmodelle (siehe auch Locke & Latham, 1990)
- Überprüfung von Zwischenzielen durch regelmäßige Feedbacks und Zielreviews
- Sicherstellung der individuellen Erreichbarkeit von Leistungen/Zielen
- keine Vernachlässigung des Alltagsgeschäftes bei Zielvereinbarungen
- Sicherstellung der objektiven Messbarkeit der Mitarbeiterleistung
- transparente und als fair wahrgenommene Vergütungsfestlegung
- Ausgewogenheit zwischen Mehrleistung und Leistungsprämie
- proportionale Belohnung von Leistungsausprägungen/Zielerreichungen
- Flexibilität des Vergütungssystems bei strategischer Neuausrichtung
- Verankerung im unternehmensinternen Kommunikationsmanagement

Abbildung 8-1: Kriterien für die Gestaltung von Vergütungssystemen (nach Winkler & Hofbauer, 2010)

Vergütungsmodelle von Unternehmen sind heute transparenter denn je. Bewerber wie auch Mitarbeiter haben es inzwischen sehr leicht, entsprechende Informationen über verschiedene Unternehmen einzuholen und Vergleiche anzustellen. Häufig bleibt auch die unternehmensinterne Information, welche Mitarbeiter am Gratifikationssystem erfolgreich partizipiert haben, selbst bei offiziell vertraulicher Behandlung nicht lange geheim. Demzufolge muss einerseits ein im Vergleich zu anderen Unternehmen derselben Branche attraktives Vergütungssystem gestaltet werden, das andererseits auch fair und transparent ist. Außerdem muss grundsätzlich jeder Mitarbeiter die Chance erhalten, am leistungsorientierten Vergütungssystem teilzunehmen und sein Extra-Rollenverhalten entlohnt zu bekommen.

Werden Mitarbeiter nach Tarif bezahlt, so müssen die tarifvertraglichen Bestimmungen beachtet werden, um sich juristisch abzusichern. Natürlich darf nicht der alleinige Fokus auf der unmittelbaren monetären Verstärkung des Mitarbeiterverhaltens liegen, sondern auch in der attraktiven Gestaltung der immateriellen Vergütungsanteile, um die Attraktivität des Arbeitgebers weiter zu festigen und die Belegschaft an das Unternehmen stärker zu binden.

Laut Locke und Latham (1990) führt die direkte Honorierung zu nachweisbaren Leistungssteigerungen von Mitarbeitern, weshalb diese Form der indirekten Variante grundsätzlich vorzuziehen ist. Gute Leistungen müssen sich entsprechend auch monetär niederschlagen, andernfalls würde eine Sonderzahlung »per Gießkanne« lediglich ein Strohfeuer der Mitarbeiterzufriedenheit entzünden, das genauso schnell wieder erstickt, wie es entstanden ist.

Insbesondere bei Zielvereinbarungen reicht eine einmalige Zielfestlegung zwischen Mitarbeiter und Führungskraft nicht aus, um einen entsprechenden Unternehmenserfolg zu gewährleisten. Vielmehr liegt es in der Verantwortung des Vorgesetzten, in regelmäßigen Abständen Teilziele zu vereinbaren und ihr Erreichen zu evaluieren. Viele anfängliche Hindernisse lassen sich damit frühzeitig identifizieren und entsprechend beheben. Zudem muss bei der Zielvereinbarung sichergestellt werden, dass der Mitarbeiter aus seiner eigenen Anstrengung heraus das Ziel erreichen kann und nicht auf günstige Umstände hoffen muss. Hängt eine Zielerreichung im Wesentlichen von externen und schlecht zu kontrollierenden Einflüssen ab (z.B. gegebene Marktverhältnisse), so eignet sich das Ziel per se nicht für eine Zielvereinbarung. Andernfalls käme die Zielerreichung einem Glücksspiel nahe, was mit einem fairen System nicht zu vereinbaren wäre.

Bei aller Zielverbundenheit darf verständlicherweise das Tagesgeschäft des Mitarbeiters nicht leiden. Vernachlässigt ein Mitarbeiter seine grundlegenden Aufgaben, nur um die leistungsbezogenen Ziele zu erreichen, so darf keine Gratifikationsausschüttung erfolgen, weil andernfalls die falschen Signale gesetzt würden. Vor lauter zielgerichteter Leistungsorientierung der Mitarbeiter könnte ein Unternehmen ansonsten schnell seine Kernkompetenzen aufs Spiel setzen und im schlimmsten Fall vor dem wirtschaftlichen Aus stehen.

Zur Erhöhung der Transparenz müssen die vereinbarten Ziele so gestaltet werden, dass sie anhand fester Kriterien bewertet werden können. Am einfachsten sind demzufolge Ziele zu erfassen, die eine direkte Messbarkeit ermöglichen, wie z.B. die Erhöhung von Produktionskennzahlen um fünf Prozent oder die Reduzierung der Ausschussrate um zehn Prozent. Eine Zielvereinbarung wie »Verbesserung des Customer-Relationship-Managements« wäre hingegen nicht genug ausdifferenziert und folglich für eine Zielvereinbarung ungeeignet.

Die Vergütungsfestlegung muss nach verbindlichen Vorgaben erfolgen, die mit Einführung des Vergütungsmodells bekannt gegeben werden. Der Belegschaft muss verständlich sein, welche Verhaltensweisen an ihrem Arbeitsplatz honoriert werden und welche Ausschlusskriterien von vornherein bestehen. Von Vorteil wäre zudem eine eindeutige Beziehung zwischen der Leistungsausprägung und der Prämienhöhe.

Auch die Relation zwischen der Leistungs- und Prämienhöhe sollte durchdacht festgelegt werden, da ansonsten der Anreizeffekt zu gering ausfällt. Hierbei stellt sich die Frage, inwiefern eine monetäre Belohnung nur bei hundertprozentiger Zielerreichung erfolgt bzw. ob nicht auch Leistungsausprägungen unterhalb der vollständigen Zielerreichung honoriert werden. Andernfalls würde ein Mitarbeiter, der sein Leistungsziel zu 99 % erreicht hat, leer ausgehen und sich für das Folgejahr gut überlegen, ob er sich für ein Extra-Rollenverhalten überhaupt noch anstrengen wird.

Selbstverständlich darf ein einmal entwickeltes Leistungsbeurteilungssystem nicht in Stein gemeißelt sein, da bei einer strategischen Veränderung die notwendige Flexibilität des Systems nicht gewährleistet wäre. So können sich aufgrund veränderter Marktbedingungen auch die Unternehmensziele verändern, die auf die verschiedenen Ebenen der Führungskräfte übertragen werden müssen. Damit muss es grundsätzlich möglich sein, die veränderten strategischen Ziele eines Unternehmens flexibel in das Leistungsbeurteilungssystem einzugliedern.

Letztendlich steht und fällt ein durchdachtes Leistungsbeurteilungssystem mit der Akzeptanz unter den Mitarbeitern. Eine Verankerung dieses Vergütungssystems in den unternehmerischen Alltag knüpft an ein professionelles Kommunikationsmanagement an, das nicht nur alle wesentlichen Informationen des Systems verständlich aufbereitet und durch Mitarbeiterschulungen, Informationsbroschüren und das Intranet kommuniziert, sondern auch den Mitarbeitern die Gelegenheit für Rückfragen oder das Anbringen von Kritik gibt. Wird dieser Prozess der Leistungshonorierung transparent und verständlich gestaltet und im Unternehmen konsistent gelebt, wird das Leistungsbeurteilungssystem auch auf eine entsprechend hohe Akzeptanz unter den Mitarbeitern stoßen.

8.3 Variable Gehaltsbestandteile

Für leistungsorientierte Vergütungssysteme spielen in aller Regel die variablen Gehaltsbestandteile eine maßgebliche Rolle. Neben dem vereinbarten Fixgehalt sollen die tüchtigen Mitarbeiter die Gelegenheit bekommen, einen Gehaltsbonus für ihr Extra-Rollenverhalten zu bekommen. Grundsätzlich unterscheidet man nach der Bemessungsgrundlage zwischen erfolgs- und leistungsbezogenen Entgeltsystemen und nach dem Zeitraum zwischen kurzfristig und langfristig variablen Vergütungskomponenten (siehe auch Hofbauer & Winkler, 2010).

Bei den *erfolgsbezogenen Entgeltsystemen* steht die eigenverantwortliche Entwicklung des Unternehmens oder Geschäftsbereiches im Vordergrund, an der sich die erfolgsbezogene Entlohnung orientiert. Dementsprechend dürfte sich diese Form der Zusatzvergütung nur für Führungskräfte des mittleren oder oberen Managements eignen, die durch ihr Handeln und ihre wegweisenden Entscheidungen das Unternehmen steuern. Die erfolgsorientierten Vergütungsbestandteile sind zumeist mit einer festen und transparenten Rechensystematik verknüpft, die bestimmte Erfolgsparameter berücksichtigt (z. B. Eigenkapitalrendite oder Börsenwert). Bei börsenorientierten Unternehmen wird dieses Modell häufig durch Aktienoptionspläne oder Belegschaftsaktien umgesetzt. Alternativ kann auch die Entwicklung des fiktiven Kaufpreises als Bewertungsgrundlage dienen. Eine Beteiligung kann dann durch eine Kapitalbeteiligung oder über die Ausgabe von Genussscheinen erfolgen.

Das Ziel einer erfolgsorientierten Vergütung ist die stärkere Identifikation der Führungskraft mit dem Unternehmen und die damit verbundene Forderung nach stärkerem wirtschaftlichem Denken und Handeln. Problematisch ist die nur begrenzte Steuerbarkeit des Unternehmenserfolgs durch eine einzelne Führungskraft. Trotz größter Anstrengungen und unternehmerischem Geschick hängt die Unternehmensentwicklung auch von Parametern ab, die die Führungskraft nicht beeinflussen kann (z. B. die gesamtwirtschaftliche Entwicklung, Währungsschwankungen bei exportlastigen Geschäften, Forderungsausfälle etc.). Eine rein erfolgsabhängige Gratifikation würde deshalb als ungerecht wahrgenommen werden, weshalb dieses Modell lediglich als Ergänzung zu einer leistungsorientierten Vergütung zu empfehlen ist.

Leistungsbezogene Entgeltsysteme fokussieren ausschließlich auf die individuelle Mitarbeiterleistung, die losgelöst von der Unternehmensentwicklung zu bewerten ist. In Zielvereinbarungsgesprächen können individuelle Leistungsziele vereinbart werden, die neben der grundlegenden Leistungsbewertung in die Gesamtbewertung der Mitarbeiterleistung mit einfließen. Dabei müssen klar definierte Leistungserwartungen, eine stringente Bewertungsmethode und transparente Entscheidungsregeln mit der Bonusausschüttung vereinbart werden. Zudem müssen die Leistungsziele mit Augenmaß gesetzt werden, um keine Leistungserbringung »auf Teufel komm raus« zu fördern, die mangels Nachhaltigkeit leicht in einen gegenteiligen Effekt umschlagen könnte (z. B. mangelnde Kundenbindung, Imageverlust, risikoreiche Investitionen).

Leistungsorientierte Bonussysteme haben den großen Vorteil, nicht nur für Führungskräfte geeignet zu sein, sondern alle Mitarbeiter am Vergütungssystem partizipieren zu lassen. Die gesamte Belegschaft kann also zu einer höheren Leistungsanstrengung motiviert werden, die sich dann in einer attraktiven Einkommenserhöhung widerspiegeln kann. Da die Fixgehälter bei diesem Bonussystem unberührt bleiben, erspart sich der Arbeitgeber eine langfristige Bindung an höhere Personalkosten, falls die Arbeitsleistung eines Mitarbeiters mit der Zeit wieder nachlassen sollte. Ein leistungsorientiertes Gratifikationssystem steht und fällt jedoch mit der Objektivierbarkeit der Mitarbeiterleistung durch messbare Parameter (z. B. Umsatzkennzahlen). Eine rein subjektive Beurteilung durch den Vorgesetzten ohne Hinzuziehung harter Bewertungskriterien würde als unfair wahrgenommen werden.

Neben der Unterteilung nach der Bemessungsgrundlage können variable Gehaltsanteile auch hinsichtlich des Zeitraums unterschieden werden, der einer Leistungsbewertung zugrunde gelegt wird. Die wohl üblichste Form der Gratifikation ist die Bewertung der jährlichen Arbeitsleistung bzw. die Wertentwicklung eines Unternehmens oder eines Geschäftszweiges während eines Bilanzierungsjahres. Die Ausschüttung erfolgt über Tantiemen oder einen Jahresbonus. Sind in dem zugrunde gelegten Jahr gute Leistungen oder Unternehmenserfolge erbracht worden, so zählen allein diese als Bewertungsgrundlage. Die langfristigen Konsequenzen aus dem Mitarbeiterverhalten bzw. aus den getroffenen Entscheidungen spielen bei diesen kurzfristigen variablen Bezügen (den sogenannten *Short-Term-Incentives*) keine Rolle. Dies wurde u. a. in der jüngsten Finanzkrise vielen Banken zum Verhängnis, die mit ihren Managern zumeist nur Short-Term-Vereinbarungen getroffen haben. Das einseitige Streben nach immer höheren Jahreserträgen ohne nachhaltige Risikoanalyse führte zu hohen Forderungsausfällen und einer finanziellen Schieflage des internationalen Finanzsystems.

Langfristige variable Vergütungskomponenten (sogenannte *Long-Term-Incentives*) können in ihrer Auszahlung auf mehr als ein Jahr aufgeschoben werden, um sich zeitlich stabileren Leistungsindikatoren zu bedienen (z. B. Höhe der abgeschriebenen Forderungen bei mangelnder Kundenbonität). Im Vordergrund steht hierbei das nachhaltige Wirtschaften der Führungskraft durch beispielsweise eine stärkere Risikobewertung des Geschäftes. Zudem soll auch die Bindung des Managers an das Unternehmen gestärkt werden. Verständlicherweise ist diese Art der Gratifikation den Top-Managern vorbehalten, da nur sie solche langfristigen (strategischen) Entscheidungen zu tragen haben. Wenn der Long-Term-Bonus nicht nur erfolgsbezogene, sondern auch leistungsbezogene Komponenten berücksichtigt, können ein verantwortungsvolles Handeln und eine konstante Leistung gefördert werden. Tabelle 8-1 verdeutlicht diese Unterteilung (siehe auch Hofbauer & Winkler, 2010).

Bemessungsgrundlage			
erfolgsbezogene Entgeltsysteme		**leistungsbezogene Entgeltsysteme**	
Vorteile	Nachteile	Vorteile	Nachteile
• stärkere Identifikation mit dem Unternehmen	• wenig steuerbar	• grundsätzlich für alle Mitarbeiter geeignet	• Gefahr der Vernachlässigung des Tagesgeschäftes
• Förderung des Verständnisses für die Unternehmensentwicklung	• eher für Manager geeignet	• steuerbar durch eigene Leistungsanstrengung	• Gefahr risikobehafteter Ertragszahlen
Zeitraum			
kurzfristig variable Komponenten		**langfristig variable Komponenten**	
Vorteile	Nachteile	Vorteile	Nachteile
• zeitnahe Verstärkung erfolgreichen Handelns	• Gefahr fehlender Nachhaltigkeit	• Förderung eines nachhaltigen Wirtschaftens	• weniger steuerbar
• bessere Kalkulierbarkeit der Gratifikationshöhe	• Gefahr risikobehafteter Ertragszahlen	• längerfristige Bindung des Managers an das Unternehmen	• nur für Manager geeignet

Tabelle 8-1: Vor- und Nachteile variabler Vergütungsanteile

8.4 Vergütungsmodelle

Nachdem die unterschiedlichen Arten an variablen Gehaltsbestandteilen mit ihren Vor- und Nachteilen dargestellt wurden, werden in diesem Abschnitt verschiedene Entlohnungsmodelle mit variablen Gehaltsbestandteilen besprochen. Je nachdem, ob ausschließlich die Führungsriege eines Unternehmens oder die gesamte Belegschaft an einem variablen Vergütungssystem partizipieren soll, können neben den leistungsbezogenen Faktoren auch erfolgsorientierte Kennwerte berücksichtigt werden.

8.4.1 Ein Modell für Führungskräfte

Das erste Modell, das in diesem Abschnitt näher beleuchtet werden soll, ist ein sowohl leistungs-, als auch erfolgsbezogenes Modell, das in der Deutschen Bank etabliert worden ist (Svoboda, 2002). Grundlage ist eine Zielvereinbarung, die aus drei bis fünf herausfordernden Zielen besteht. Die Ziele erstrecken sich dabei auf drei Bereiche: operative Ziele für das Geschäftsjahr, strategische Ziele für eine längerfristige Unternehmensausrichtung und Personalentwicklungs- & Führungsziele. Jedes Ziel ist mit einem Gewichtungsfaktor versehen, um die unterschiedliche Bedeutsamkeit und Schwierigkeit der einzelnen Ziele hervorzuheben.

In Bewertungsgesprächen bespricht der Vorgesetzte mit seinem Mitarbeiter, wie weit das Ziel erreicht wurde. Etwaige externe, nicht direkt beeinflussbare Einflussvariablen werden dabei mit berücksichtigt. Zur Bewertung kann die Führungskraft Faktorwerte zwischen 0 (»Ziel verfehlt«) bis 2 (»Ziel deutlich übertroffen«) vergeben. Durch Addition der gewichteten Zielerreichungsgrade lässt sich ein Zielerreichungswert errechnen.

Neben der Zielerreichung muss auch sichergestellt werden, dass der Mitarbeiter seinem Tagegeschäft nachgekommen ist. Die Qualität der Erledigung solcher Routineaufgaben fließt in die Gesamtbewertung ebenfalls mit ein, indem der Vorgesetzte den Zielerreichungswert um eine Spanne von 0,2 Punkten nach oben oder unten korrigieren kann. Tabelle 8-2 verdeutlicht das Vorgehen.

Ziel-Nr.	Gewichtung	Bewertung	Produkt
1	0,2	1,3	0,26
2	0,4	0,8	0,32
3	0,1	1,7	0,17
4	0,3	1,1	0,33
		Summe	**1,08**
		Bewertung des Tagesgeschäftes (Spanne: 0,2)	**+ 0,1**
		Leistungsfaktor	**1,18**

Tabelle 8-2: Bewertungsmodell der Deutschen Bank (nach Svoboda, 2002)

In unserem fiktiven Beispiel hat der Mitarbeiter einen Leistungsfaktor von 1,18 erwirtschaftet. Ehe es zu einer Bonusausschüttung kommt, wird dieses leistungsorientierte Kriterium noch mit einem erfolgsorientierten Kennwert verrechnet, um den Mitarbeiter auch am gesamtwirtschaftlichen Erfolg partizipieren zu lassen. Je nach abgelaufenem Geschäftsergebnis legt der Vorstand pro Konzernbereich einen Ergebnisfaktor fest, der zwischen 0,5 (sehr schlechtes Konzernergebnis) und 1,5 (sehr gutes Konzernergebnis) schwanken kann.

Jeder Mitarbeiter, der am Zielerreichungssystem teilnimmt, erhält je nach Verantwortungsstufe einen prozentualen Zuschlag zu seiner fixen Vergütung (zwischen 10 % und 55 %, mit der Verantwortungsstufe ansteigend). Multipliziert man nun den im

Vorhinein festgelegten Zielbonus mit dem Leistungsfaktor und dem Ergebnisfaktor, ergibt sich die Bonusauszahlung. Tabelle 8-3 verdeutlicht dieses Vorgehen am Beispiel zweier Mitarbeiter A und B.

Verrechnungskomponenten	Mitarbeiter A	Mitarbeiter B
Fixgehalt	80.000,-- Euro	110.000,-- Euro
variabler Anteil	25 %	40 %
Zielbonus	20.000,-- Euro	44.000,-- Euro
Leistungsfaktor	1,18	0,63
Ergebnisfaktor	1,1	0,7
Bonusauszahlung	25.960,-- Euro	19.404,-- Euro
Gesamtvergütung (Fix + Bonus)	105.960,-- Euro	129.404,-- Euro

Tabelle 8-3: Bonusermittlung bei der Deutschen Bank (nach Svoboda, 2002)

Mitarbeiter A ist ein 25prozentiger variabler Anteil zu seinem Grundgehalt zugesprochen worden. Multipliziert man diesen Zielbonus von 20.000,-- Euro mit dem Leistungsfaktor von 1,18 und dem Ergebnisfaktor für den Konzernbereich des Mitarbeiters von 1,1, so ergibt sich eine Bonusauszahlung von 25.960,-- Euro. Das Fixgehalt addiert mit der Bonusauszahlung ergibt dann eine Gesamtvergütung von 105.960,-- Euro.

Mitarbeiter B trägt mehr Führungsverantwortung als Mitarbeiter A, weshalb B auch einen höheren variablen Gehaltsanteil erwirtschaften kann (40 %). Jedoch ist das Geschäftsjahr für B nicht sonderlich erfolgreich verlaufen, was sich nicht nur im individuellen Leistungsfaktor von 0,63 bemerkbar macht, sondern auch im unterdurchschnittlichen Ergebnis seines Konzernbereichs, den der Vorstand mit 0,7 bewertet hat. Von den 44.00,-- Euro an Zielbonus erwirtschaftet Mitarbeiter B deshalb lediglich 19.404,-- Euro, was bei ihm zu seiner Gesamtvergütung von 129.404,-- Euro führt.

Der Vorteil dieses Vergütungsmodells der Deutschen Bank ist die Verbindung von sowohl leistungs- als auch erfolgsabhängigen Vergütungskomponenten, die nicht ausschließlich das operative Jahresgeschäft (kurzfristig) berücksichtigen, sondern sich auch für längerfristige Zielkomponenten eignen, sofern diese eine anteilige jährliche Berücksichtigung erfahren können. Jedoch ist dieses Vergütungsmodell nicht auf eine gesamte Belegschaft übertragbar. Im Fokus liegen ganz eindeutig die Führungskräfte, die sowohl mit strategischen (unternehmenslenkenden) Zielen als auch maßgeblich mit dem betriebswirtschaftlichen Erfolg des jeweiligen Konzernbereichs konfrontiert werden. Alle Mitarbeiter, die weder in strategische Aufgaben eingebunden werden noch maßgeblich den Konzernerfolg mitsteuern können, können bei diesem Entgeltsystem nicht berücksichtigt werden. Damit eine gesamte Belegschaft an einem leistungsorientierten Vergütungssystem partizipieren kann, bedarf es eines flexibleren und weniger erfolgsabhängigen Modells, weshalb im folgenden Abschnitt eine entsprechende Alternative dargestellt wird.

8.4.2 Ein Modell für die gesamte Belegschaft

Im Rahmen mehrerer Beratungsprojekte mit Handwerkskammern und kommunalen Verwaltungen haben wir ein leistungsbezogenes Entgeltsystem entwickelt, das sowohl aus einer systematischen Leistungsbeurteilung der Mitarbeiter, als auch aus einem fakultativen Zielvereinbarungssystem für Führungskräfte besteht. Mit unserem Modell ist es möglich, das Leistungsspektrum einer gesamten Belegschaft monetär zu honorieren, und zwar unabhängig von der jeweiligen Position, die ein Mitarbeiter bekleidet. Damit können nicht nur Führungskräfte mit klaren Zielvorgaben berücksichtigt werden, sondern prinzipiell alle Mitarbeiter, angefangen vom Pförtner bis zur Geschäftsleitung.

Nach abgeschlossener Anforderungsanalyse (siehe Kapitel 6) wurden je Berufscluster die gewonnen Anforderungsdimensionen als Grundlage zur Entwicklung eines Leistunsgbeurteilungssystems herangezogen. Jeder Kompetenzbereich wurde zunächst einmal kurz schriftlich umrissen und mit entsprechenden verhaltensverankerten Ratingskalen versehen, um die Dimension verhaltensnah beurteilen zu können.

Je Anforderungsdimension müssen mehrere Facetten auf einer fünfstufigen Skala bewertet werden. Der Ausprägungsgrad pro Dimension ergibt sich aus dem arithmetischen Mittel der Facetten. Die so errechneten Ausprägungen der Kompetenzbereiche werden addiert und durch die Anzahl an Anforderungsdimensionen des jeweiligen Berufsclusters dividiert. Dadurch erhält jeder Mitarbeiter einen Punktwert zwischen 1 und 5, unabhängig vom eingeordneten Berufscluster oder von der Anzahl an Anforderungsdimensionen, die sich in der Berufsgruppe als erfolgskritisch erwiesen haben. Abbildung 8-1 verdeutlicht die Errechnung der Leistungsbeurteilung.

Dimensionen	Ergebnis
1. Fachkompetenz	3,6
2. Führungsstärke	1,2
3. Soziale Kompetent	2,6
4. kognitive Flexibilität	1,9
5. Komplexität	3,6
6. Entscheidungsfähigkeit	1,4
7. interne Kommunikation	3,8
Summe	**18,1**
dividiert durch die Anzahl an Dimensionen	7
Gesamtergebnis der Beurteilung	**2,6**

Abbildung 8-2: Berechnung des Gesamtergebnisses der Beurteilung

In diesem Beispiel hat der Mitarbeiter 2,6 Punkte auf der fünfstufigen Bewertungsskala erhalten. Wenn es sich nicht um eine Führungskraft handelt, mit der eine Zielerreichung vereinbart worden ist, stellt dieser Wert die Gesamtbeurteilung dar. Andernfalls muss noch der Grad der individuellen Zielerreichung bewertet werden.

Die individuellen Ziele sollten sich aus den strategischen Zielen des Unternehmens ableiten lassen. Dabei müssen je Führungsebene die Ziele passend operationalisiert werden. Abbildung 8-3 gibt ein Beispiel für eine entsprechende Ziel-Operationalisierung.

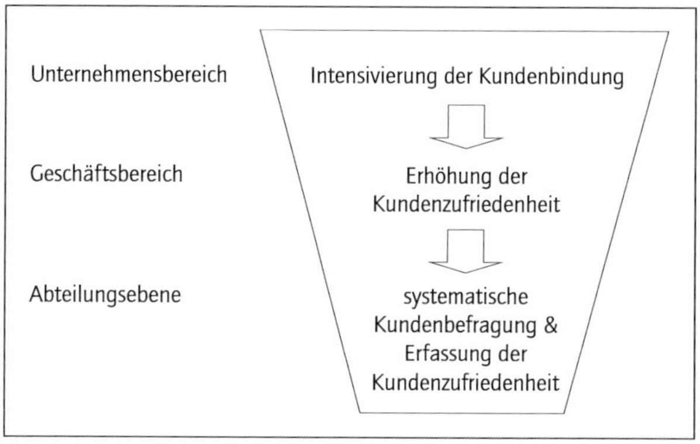

Abbildung 8-3: Beispiel für die Operationalisierung von Zielen je Führungsebene

Jedes Ziel auf den verschiedenen Führungsebenen muss messbar sein, weshalb pro Ziel auch hier eine verhaltensverankerte Ratingskala die Bewertung der Zielerreichung vereinfachen kann. Für die Bewertung des Zieles auf Abteilungsebene aus Abbildung 8-2 könnte eine fünfstufige verhaltensverankerte Ratingskala folgendermaßen aussehen (siehe Tabelle 8-4):

1	2	3	4	5
lässt die Seminare nicht systematisch beurteilen oder wertet sie nicht lehrgangsbezogen aus		lässt die meisten Seminare durch die Teilnehmer beurteilen und wertet sie lehrgangsbezogen aus		lässt alle Seminare durch die Teilnehmer beurteilen, wertet diese lehrgangsbezogen aus und führt entsprechende Feedbackgespräche mit den Dozenten

Tabelle 8-4: Beispiel für die Bewertung der Zielerreichung auf Abteilungsebene mittels verhaltensverankerter Ratingskala

Die Facetten zur Bewertung der Zielerreichung ließen sich hier noch entsprechend erweitern. Je Ziel sollte deshalb mindestens eine verhaltensverankerte Ratingskala zur Verfügung stehen, die sich eignet, den jeweiligen Grad der Zielerreichung zu messen.

Im Folgenden wird dieses zweite Modell anhand eines Beispielprojektes näher erläutert. In einer kommunalen Verwaltung mit mehreren Hundert Beschäftigten sollte ein leistungsbezogenes Entgeltsystem eingeführt werden. Ziel war die stärkere Berücksichtigung einer leistungsbezogenen Personalentwicklung und die monetäre Honorierung von besonders leistungsstarken Mitarbeitern.

8.5 Praxisbeispiel

Nach abgeschlossener Anforderungsanalyse (siehe auch Kapitel 6) und Entwicklung von verhaltensverankerten Ratingskalen (Kapitel 7) musste ein Modus festgelegt werden, wie genau die Bonusausschüttung auszusehen habe. Ein erster Schritt zur Entwicklung solch eines Bonussystems bestand in einem Workshop mit Führungskräften, um die Eckpunkte festzulegen: Höhe der Gratifikationssumme, die maximal zur Verfügung steht, die Festlegung eines variablen oder fixen Bonustopfes, die Festlegung von etc.

Als Ergebnis konnten zwei Gratifikationsmodelle entwickelt werden: ein Modell A mit einem zuvor festgelegten Prämientopf für die gesamte Belegschaft, und ein Modell B, das die insgesamt auszuschüttende Prämienhöhe von der Leistungserbringung im jeweiligen Beurteilungszeitraum abhängig macht. Beide Modelle können der Kategorie eines leistungsbezogenen Entgeltsystems mit kurzfristig variabler Komponente zugeordnet werden und besitzen gewisse Vor- und Nachteile für das Unternehmen und die Belegschaft, die neben entsprechenden Rechenbeispielen im Folgenden dargelegt werden.

Das Gesamturteil errechnet sich bei beiden Modellen nach derselben Methode: Bei Mitarbeitern ohne Zielvereinbarung entspricht das Gesamturteil der grundlegenden Leistungsbeurteilung des Mitarbeiters in seinem Tagesgeschäft. Bei Mitarbeitern (in aller Regel Führungskräften) mit Zielvereinbarungssystem setzt sich das Gesamturteil als arithmetisches Mittel aus der grundlegenden Leistungsbeurteilung und der Beurteilung der vereinbarten Zielerreichung zusammen. Abbildung 8-4 skizziert die Berechnung des Gesamturteils anhand einer fiktiven Leistungsbewertung.

In diesem Beispiel hat ein fiktiver Mitarbeiter einen durchschnittlichen Wert von 3,6 in seiner Leistungsbeurteilung erhalten und einen durchschnittlichen Wert von 4,4 in seiner Zielerreichung. Das Gesamtergebnis ergibt sich als Mittelwert aus den beiden Beurteilungsbereichen.

Wichtig ist hierbei, dass im Vorfeld festgelegt wird, wie hoch die grundlegende Leistungsbeurteilung ausfallen muss, damit ein Mitarbeiter überhaupt in das Bonussystem mit aufgenommen werden kann. Ein praktikabler Cut-off-Wert wäre beispielsweise eine Leistungsbeurteilung von 3,5 (auf einer fünfstufigen Skala also leicht überdurchschnittlich). Ebenso könnte auch die Zielvereinbarung mit einem Mindestwert versehen werden (beispielsweise ebenfalls mit 3,5). Nur wer beide Cut-off-Werte nicht unterschreitet, ist grundsätzlich prämienberechtigt.

Alle Mitarbeiter werden anhand ihres Gesamturteils in eine Rangreihenfolge gebracht, beginnend mit dem höchsten Gesamturteil. Die untere Grenze bilden die zuvor festgelegten Cut-off-Werte (also beispielsweise eine Leistungsbeurteilung und ein Grad an Zielerreichung von jeweils 3,5).

Spätestens an dieser Stelle wird die Frage aufgeworfen, wie genau mit diesen weiter verfahren werden soll. Hierbei sind grundsätzlich zwei Modelle denkbar: ein Modell A mit festem Prämientopf und ein Modell B mit leistungsabhängigem (variablem) Prämientopf.

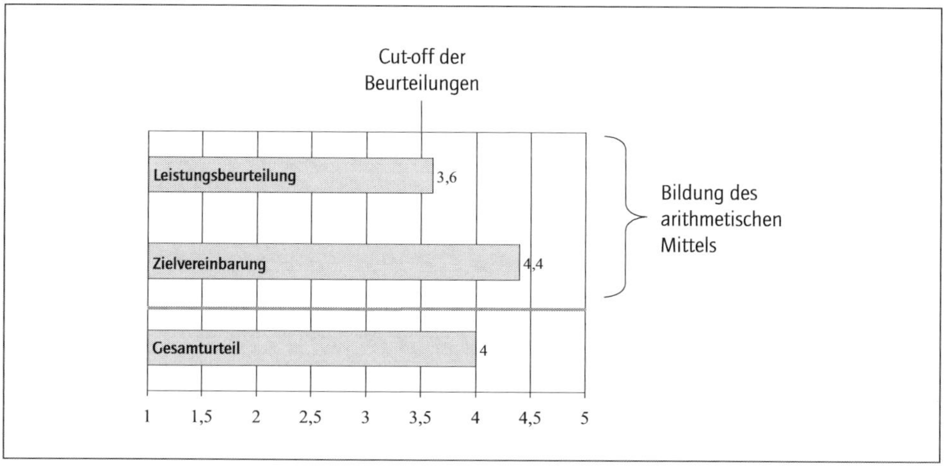

Abbildung 8-4: Berechnung des Gesamturteils

8.5.1 Modell A: fixer Prämientopf

Im Modell A steht bereits zu Beginn des Beurteilungssystems die Höhe der insgesamt auszuschüttenden Prämie fest (beispielsweise 100.000,-- Euro für die gesamte Belegschaft). Nun wäre es ein Leichtes, die Gesamturteile der prämienberechtigten Mitarbeiter aufzuaddieren und durch die Höhe des Prämientopfes zu dividieren. Beispielsweise könnten 20 Mitarbeiter infrage kommen, die allesamt eine Leistungsbeurteilung und, sofern vereinbart, eine Zielerreichung von mindestens 3,5 erreicht haben. Diese 20 Beschäftigten haben im Durchschnitt ein Gesamturteil (als Durchschnittswert von Leistungsbeurteilung und Zielerreichung) von 4,0 erzielt, was einen Gesamtbeurteilungswert von 80 ergibt (20 Mitarbeiter x 4,0). Bei einem Prämientopf von 100.000,-- Euro entspräche ein Gesamturteil eines Mitarbeiters von 3,5 einer Bonusausschüttung von 4.375,-- Euro (100.000 Euro/80 x 3,5), ein Gesamturteil von 4,5 einer Bonusausschüttung von gerundet 5.625,-- Euro (100.000 Euro/80 x 4,5). Hierbei wird der Prämientopf durch den Gesamtbeurteilungswert dividiert und mit dem individuellen Gesamturteil multipliziert (siehe auch Abbildung 8-5).

Beispielrechnung:

- Prämientopf: 100.000,-- Euro
- 20 Mitarbeiter sind prämienberechtigt (Beurteilung oberhalb der Cut-offs)
- durchschnittliches Gesamturteil aller prämienberechtigten Beschäftigten: 4,0
- Gesamtbeurteilungswert: 20 Mitarbeiter x 4,0 = 80
- 1 Punktwert der Leistungsbeurteilung entspricht 1.250,-- Euro (100.000 Euro/80)
- Gesamturteil eines bestimmten Mitarbeiters: 3,5
- Höhe der Ausschüttung des Mitarbeiters:
  100.000,-- Euro/80 x 3,5 = 4.375,-- Euro

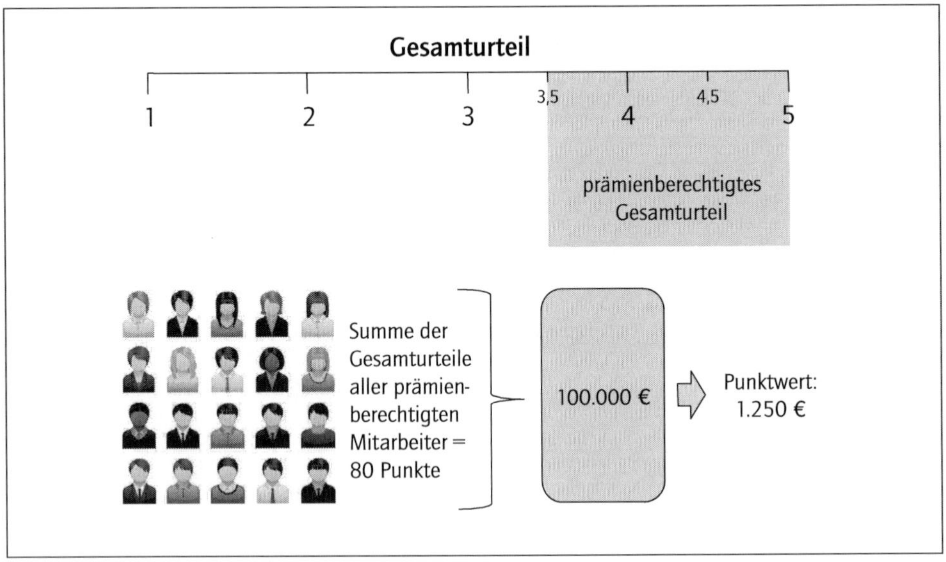

Abbildung 8-5: Modell A

Dieses Modell hat für das Unternehmen den großen Vorteil, dass im Vorfeld bereits der Prämientopf festgelegt werden kann und dem Unternehmen keine unwägbaren Personalaufwendungen bevorstehen. Damit ließe sich theoretisch für Jahre im Voraus ein fester Prämientopf festlegen, der als gesetzte Aufwendungen bereits in die zukunftsgerichteten Planungen eingerechnet werden kann.

Was für die Unternehmensführung von Vorteil ist, muss aber nicht auch für die Mitarbeiter gelten. Wo das Unternehmen die zusätzlichen Personalaufwendungen im Voraus planen kann, entfällt eben diese Sicherheit für die Mitarbeiter. Bis zur Ausschüttung weiß kein Beschäftigter, wie viel seine Bewertung letztendlich in Euro wert ist, da sich die tatsächliche Ausschüttung an der jeweils aktuellen Leistungserbringung der Kollegen im Beurteilungszeitraum orientiert. Je mehr Mitarbeiter eine überdurchschnittliche Leistung erzielen und damit in den Genuss eines Gehaltsbonus gelangen, desto weniger bleibt für jeden einzelnen Zulageberechtigten übrig. Bildlich gesprochen bleibt der Kuchen gleich groß, und je mehr Kollegen ein Stück abbekommen (prämienberechtigt sind), desto kleiner müssen logischerweise die Kuchenstücke ausfallen. Eine übermäßig motivierte Belegschaft würde sich bei diesem Modell quasi selbst im Wege stehen. Am stärksten würde ein sehr guter Mitarbeiter in einer eher mittelmäßig bis schwach ausgeprägten Leistungskultur profitieren, da er mit weniger Mitkonkurrenten zu rechnen hätte. In sehr leistungsorientierten Unternehmen würde aber ein fixer Prämientopf dazu führen, dass sich der leistungsmotivationale Anreiz schnell verflüssigen dürfte, weil zu viele einen Teilbetrag des Prämientopfes erhalten würden.

Zudem wirkt sich der Anreiz eines fixen Geldbetrages nicht auf alle Mitarbeiter gleich stark aus: Für einen einfachen Angestellten ist eine leistungsbezogene Prämie von beispielsweise 4.000,-- Euro sicherlich sehr viel Geld. Je höher man in einem Konzern die Karriereleiter empor steigt, desto geringer dürfte der (zu versteuernde) Anreiz von 4.000,-- Euro Prämie ausfallen. Insbesondere die Führungskräfte direkt unter oder innerhalb der Geschäftsleitung kann man mit diesem Modell nicht mehr sonderlich beeindrucken. Je höher also das Grundgehalt eines Mitarbeiters beträgt, desto geringer fällt bei diesem Modell der motivationspsychologische Anreiz einer leistungsbezogenen Gratifikation aus. Um aber für die gesamte Belegschaft ein attraktives Entgeltsystem aufzustellen, dürfen die grundlegenden Gehaltsunterschiede der Beschäftigten nicht gänzlich missachtet werden.

8.5.2 Modell B: variabler Prämientopf

Es dürfte aufgrund der guten Planbarkeit der Personalaufwendungen nicht verwunderlich sein, wenn sich Unternehmen für ein Gratifikationssystem nach dem Modell A entscheiden sollten. Ein variabler Prämientopf birgt natürlich zunächst einmal eine unternehmerische Unwägbarkeit.

Wie eingangs jedoch bereits besprochen wurde, dient eine leistungsorientierte Vergütung primär der Motivation der Belegschaft, über sich hinaus zu wachsen und mit Akribie und Ausdauer anspruchsvolle Ziele zu erreichen und die anfallenden Aufgaben des täglichen Geschäfts bestmöglich zu erledigen. Dazu ist es unabdingbar, ein für alle Beteiligten attraktives leistungsbezogenes Entgeltsystem einzuführen. Andernfalls läuft man Gefahr, die höher dotierten Mitarbeiter auf diesem Weg zu verlieren, da für sie der Ausschüttungsbetrag in einem unrentablen Verhältnis zum damit verbundenen Mehraufwand stehen würde.

Aus diesem Grund schlagen wir ein alternatives Modell B vor, das im Gegensatz zum Modell A aus einem variablen Prämientopf besteht. Dem Unternehmer mag natürlich sofort der Nachteil der schlechter zu kalkulierenden Personalaufwendungen ins Auge fallen, die je nach Leistungserbringung der Belegschaft im Beurteilungszeitraum tatsächlich anfallen werden. Ganz bodenlos ist dieser Prämientopf aber auch nicht, wie sich im Folgenden zeigen lässt.

Der Vorteil dieses Modells B mit variablem Prämientopf besteht in der festen Kalkulierbarkeit für die Belegschaft: Bereits im Vorfeld kann verbindlich festgelegt werden, für welche Gesamtbeurteilung es welchen Ausschüttungsbetrag geben wird. Im Modell A hingegen hängt der tatsächliche Euro-Betrag von der Leistungserbringung der gesamten Belegschaft ab. Um wieder bildlich zu sprechen: Die Größe des Kuchenstückes liegt beim Modell B bereits im Vorfeld für eine entsprechende Leistungsbewertung fest, und zwar unabhängig davon, wie viele am Ende ein Stück Kuchen auf ihrem Teller vorfinden werden. Das bedeutet natürlich, dass der Kuchen in jedem Beurteilungszeitraum unterschiedlich groß gebacken werden muss, damit die im Vorhinein zugesagte Größe des Kuchenstücks auch für alle zuteilungsberechtigten Mitarbeiter gewährleistet werden kann.

Rein pragmatisch betrachtet gibt es hierbei zwei Berechnungsvarianten: Bei der Berechnungsvariante I würde man die Belegschaft in Berufscluster unterteilen, die sich beispielsweise aus der Anforderungsanalyse ergeben haben (s. a. Abschnitt 6.3.1), um den Unterschieden in der Grundvergütung der Mitarbeiter Rechnung zu tragen. Bei der Berechnungsvariante II umgeht man die Unterteilung der Belegschaft in Berufscluster, indem man direkt mit den Jahresbruttogehältern der prämienberechtigten Mitarbeiter arbeitet.

Zunächst einmal soll die Verrechnungsvariante I dargestellt werden. Wie auch beim Modell A sind in beiden Verrechnungsvarianten von Modell B alle Mitarbeiter prämienberechtigt, die ein überdurchschnittliches Gesamturteil von beispielsweise 3,5 erhalten haben. Laut Anforderungsanalyse kann jeder Mitarbeiter einem bestimmten Berufscluster zugeordnet werden. Zudem kann man den Beurteilungskorridor zwischen 3,5 und 5,0 in sinnvolle Leistungsbereiche unterteilen. Beispielsweise könnte eine Dreiteilung zu folgenden Leistungsbereichen führen: Alle Mitarbeiter, die ein Gesamturteil zwischen 3,5 und 3,9 erhalten haben, bekommen einen fixen Eurobetrag, der für diesen Beurteilungskorridor I innerhalb ihres Berufsclusters festgesetzt wurde. Dasselbe gilt für die Gesamturteile zwischen 4,0 und 4,4 (Beurteilungskorridor II) sowie die Gesamturteile zwischen 4,5 und 5,0 (Beurteilungskorridor III). Abbildung 8-6 verdeutlicht die Zuteilung der Leistungsprämien grafisch.

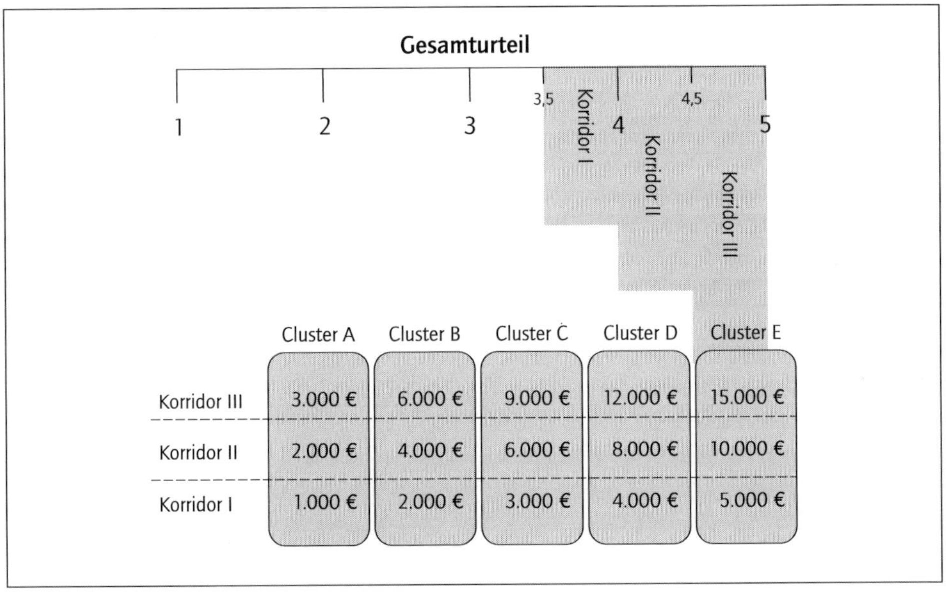

Abbildung 8-6: Modell B - Berechnungsvariante I

Beispielrechnung:

- Bildung von fünf Berufsclustern (A bis E)
- Festlegung von beispielsweise drei Beurteilungskorridoren:
  - Korridor I: 3,5 bis 3,9
  - Korridor II: 4,0 bis 4,4
  - Korridor III: 4,5 bis 5,0

- Festlegung der Ausschüttungsbeträge je Beurteilungskorridor innerhalb jedes Berufsclusters
- Ein Mitarbeiter des Berufsclusters C, der prämienberechtigt ist (Beurteilung oberhalb der Cut-offs), erhält bei einem Gesamturteil von 3,5 den Bonusbetrag des ersten Beurteilungskorridors seines Berufsclusters C, also beispielsweise 3.000,-- Euro.

Mit dieser Methode kann im Vorhinein festgelegt werden, wie viel Geld man innerhalb eines Berufsclusters bei einem bestimmten Gesamturteil ausgezahlt bekommt. Je anspruchsvoller das jeweilige Berufscluster und je höher der Beurteilungskorridor liegt, desto mehr Geld muss verständlicherweise als Anreiz in Aussicht gestellt werden.

Die zweite Möglichkeit innerhalb des Modells B ist sicherlich die fairste Verteilungsvariante. Sie macht die Gruppierung der Mitarbeiter in einzelne Berufscluster entbehrlich. Bei dieser Alternativlösung orientiert sich das Unternehmen am Jahresbruttogehalt des Mitarbeiters und legt je Beurteilungskorridor einen bestimmten Prozentsatz an Gratifikation fest. Diese Vorgehensweise ist insbesondere in Unternehmen mit breiten Berufsclustern empfehlenswert, in denen sich Mitarbeiter mit sehr unterschiedlichem Grundgehalt in einem Cluster wiederfinden würden. Was für den einen eine reizvolle Gratifikationshöhe darstellt, ist für den anderen mit dem höheren Jahresbruttogehalt die damit verbundenen Mehranstrengungen über den Beurteilungszeitraum nicht wert. Eine Orientierung am Jahresbruttogehalt ist dort sicherlich Anreiz stiftender (siehe auch Abbildung 8-7).

Beispielrechnung:
- Festlegung der Beurteilungskorridore:
  - Korridor I: 3,5 bis 3,9
  - Korridor II: 4,0 bis 4,4
  - Korridor III: 4,5 bis 5,0
- Festlegung der prozentualen Leistungsprämie zum Jahresbruttogehalt je Beurteilungskorridor:
  - Korridor I: 5 % des Jahresbruttogehalts
  - Korridor II: 10 % des Jahresbruttogehalts
  - Korridor III: 15 % des Jahresbruttogehalts
- Ein Mitarbeiter, der prämienberechtigt ist (Beurteilung oberhalb der Cut-offs), erhält bei einem Gesamturteil von 3,5 die prozentuale Leistungsprämie des ersten Beurteilungskorridors (5 %) bezogen auf sein Jahresbruttogehalt von 50.000,-- Euro, also 2.500,-- Euro.

Bei beiden Berechnungsvarianten I und II des Modells B ist der tatsächlich zur Ausschüttung kommende Prämientopf im Vorhinein ungewiss. Eine Maximalkalkulation ist für das Unternehmen dennoch möglich: Bei der ersten Berechnungsvariante mit den Berufsclustern muss die Anzahl der Mitarbeiter je Berufscluster mit dem Ausschüttungsbetrag des dritten Beurteilungskorridors multipliziert werden. Das ist je Berufscluster der maximale Betrag, der ausgeschüttet werden muss, wenn sämtliche

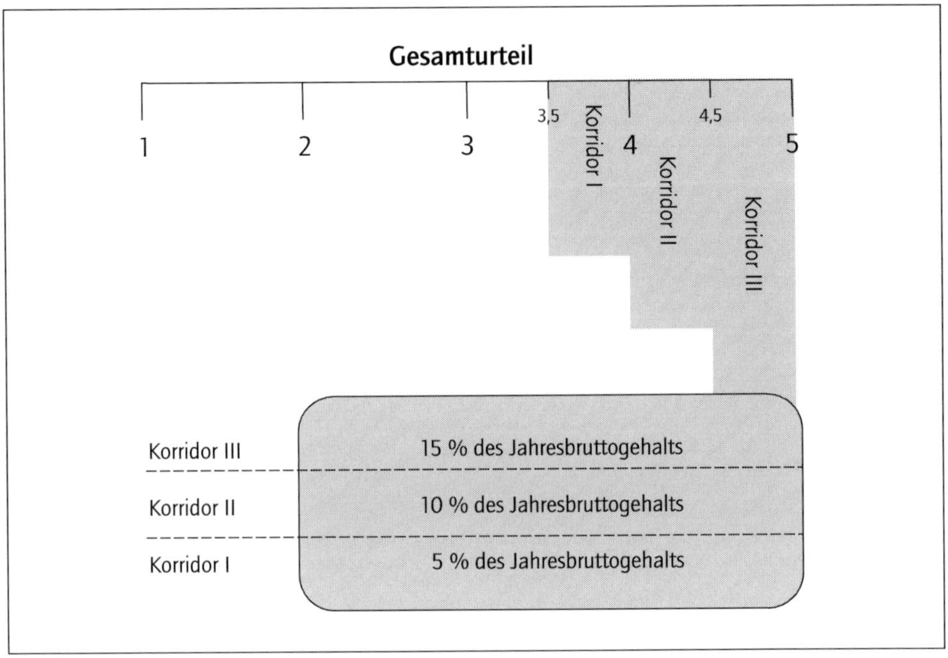

Abbildung 8-7: Modell B - Berechnungsvariante II

Mitarbeiter des Berufsclusters die Spitzenbeurteilung ab 4,5 erhalten sollten (was recht unwahrscheinlich sein dürfte).

Bei der zweiten Berechnungsvariante ist die Maximalkalkulation noch simpler: Auf die Summe aller Jahresbruttogehälter der Angestellten wird der prozentuale Anteil des dritten Beurteilungskorridors aufgeschlagen (also beispielsweise 15 %), der anfallen würde, wenn sämtliche Mitarbeiter des Unternehmens die Spitzenbeurteilung ab 4,5 erhalten sollten. Im Laufe der Zeit dürfte sich ein realistischer Ausschüttungsbetrag auch bei diesem Modell B mit prinzipiell variablem Prämientopf herauskristallisieren, sodass die eingangs genannte Unwägbarkeit der anfallenden Personalaufwendungen gut approximiert werden dürfte.

Das Modell B hat bei beiden Berechnungsvarianten den großen Vorteil, dass bereits vor Beginn der Mitarbeiterbeurteilung die maximale Ausschüttungshöhe je Mitarbeiter feststeht, die sich aus dem dritten Beurteilungskorridor ergibt (entweder als fixer Geldbetrag des jeweiligen Berufsclusters oder als Prozentsatz des Jahresbruttogehalts). Dadurch besitzt dieses Modell die maximale Transparenz der zu erwartenden Leistungsprämie. Zudem kann bei Verwendung der Berechnungsvariante II eine maximale Fairness der Prämienhöhe erreicht werden, weil hier die unterschiedlichen Mitarbeitergehälter am genauesten berücksichtigt werden. Dadurch dürfte der monetäre Anreiz für alle Gehaltsklassen der Belegschaft annähernd gleich groß sein.

Demgegenüber steht ein zunächst einmal ein unkalkulierbarer Prämientopf, da die individuelle Prämienausschüttung für alle Mitarbeiter bereits im Vorfeld monetär festgelegt wird und nicht in Relation zur Anzahl an weiteren prämienberechtigten Mitarbeitern steht. Wenn also theoretisch die gesamte Belegschaft eines Unternehmens eine überaus beeindruckende Leistung gezeigt hat, würden alle Mitarbeiter mit dem jeweiligen Spitzensatz ihres Berufsclusters bzw. ihres Jahresbruttogehalts belohnt werden. Umgekehrt könnte es auch passieren, dass in einem Beurteilungszeitraum nur sehr wenige Mitarbeiter eine überdurchschnittliche Gesamtbeurteilung erhalten. Dementsprechend gering würden auch die variablen Personalaufwendungen ausfallen. Wie aber bereits besprochen wurde, dürfte nach Einführung eines solchen leistungsbezogenen Entgeltmodells relativ schnell ersichtlich werden, wie viel Geld realistisch bereitgestellt werden muss. Nach drei oder vier Jahren können die durchschnittlichen Prämienausschüttungen der vergangenen Jahre die Prämienhöhe des Folgejahres gut vorhersagen, sodass ein variabler Prämientopf nicht wirklich unkalkulierbar hoch ausfällt.

8.6 Fazit

Leistungsbezogene Entgeltsysteme dienen der Motivation aller Mitarbeiter, ein sogenanntes Extra-Rollenverhalten zu zeigen, das positiv zum Organisationsergebnis beiträgt und bisher weder gefordert noch belohnt wurde. Dieses Extra an Leistungserbringung soll direkt honoriert werden über ein leistungsbezogenes Entgeltsystems mit kurzfristig variabler Komponente. Ein erfolgsbezogenes Entgeltsystem mit langfristiger variabler Komponente wäre hingegen nur für die oberen Führungskräfte geeignet, die für den wirtschaftlichen Erfolg des Unternehmens mit ihren Entscheidungen maßgeblich Verantwortung tragen.

Um alle Beschäftigten für die Teilnahme an einem leistungsbezogenen Entgeltsystem gewinnen zu können, sind in Abschnitt 8.5.2 zwei verschiedene Modelle einer leistungsbezogenen Prämienvergabe vorgestellt worden, wobei entweder die Höhe des Prämientopfes von Anfang an feststeht und die individuelle leistungsbezogene Zuteilung je nach Gesamtleistung der Belegschaft variiert, oder die erreichbare Prämienhöhe für jeden Mitarbeiter im Vorhinein feststeht, der Prämientopf dafür aber variabel ausfallen muss. Beide Modelle sind mit Beispielrechnungen erklärt und mit ihren Vor- und Nachteilen diskutiert worden.

Obwohl ein fixer Prämientopf für das Controlling besser zu verrechnen sein dürfte, sprechen aus motivationspsychologischer Perspektive die Erfolg versprechenden Argumente für ein leistungsbezogenes Entgeltsystem mit variablem Prämientopf, weil nur hierbei die individuellen Unterschiede in den Jahresbruttogehältern der Beschäftigten mit berücksichtigt werden können. Denn was für den einen Mitarbeiter einen attraktiven Leistungsansporn darstellt, sind für den Kollegen aus der Führungsetage lediglich »Peanuts«.

8.7 Vertiefende Literatur

Hofbauer, H. & Winkler, B. (2010). Das Mitarbeitergespräch als Führungsinstrument: Handbuch für Führungskräfte und Personalverantwortliche. München: Carl Hanser Verlag.

Nerdinger, F.W. (2006). Motivierung. In: H. Schuler (Hrsg.). Lehrbuch Personalpsychologie. Göttingen: Hogrefe, S. 385-407.

Schmidt, K.-H. & Kleinbeck, U. (2006). Führen mit Zielvereinbarung. Göttingen: Hogrefe.

Schuler, H. (Hrsg.). (2004). Beurteilung und Förderung beruflicher Leistung. Göttingen: Hogrefe.

9. Führungskräfteschulung

Vor dem praktischen Einsatz eines jeden Leistungsbeurteilungssystems sollten die Personen, die das Instrument anwenden, geschult werden. Das sind in der Regel die Führungskräfte einer Organisation. Nur auf diese Weise kann ein angemessener Umgang mit dem Verfahren gewährleistet werden (Felfe, 2009; Lohaus, 2009). Die direkten Vorgesetzten kennen ihre Mitarbeiter am besten, sind mit ihren Fähigkeiten und Kompetenzen, aber auch mit ihren Entwicklungswünschen vertraut. Daher können sie die Leistung ihrer Mitarbeiter am besten beurteilen.

In Kapitel 5 (Abschnitt 5.6) wurde die Relevanz der Führungskraft für den gesamten Prozess der Leistungsbeurteilung deutlich gemacht. Führungskräfte sind von Anfang an durch die Clusterung der Arbeitsplätze bis zum Ende durch die Evaluation des Leistungsbeurteilungssystems involviert (s. auch Abbildung 5-9). Während bei den meisten Schritten die Beteiligung über verschiedene Arbeits- und Projektgruppen zustande kommt, bewerkstelligt die Führungskraft die Beurteilung ihrer Mitarbeiter und die im Anschluss laufende Rückmeldung der Ergebnisse alleine. Daher müssen die Führungskräfte besonders in Bezug auf diese zwei Schritte geschult und gut vorbereitet sein.

Als Teil der Leistungsbeurteilung sind darüber hinaus psychologische Grundlagen der sozialen Urteilsbildung, Personenwahrnehmung und die daraus resultierenden Verzerrungen zu betrachten. Ebenso wichtig ist es, Einblicke in die Gesprächsführung, Gesprächsfehler und ihre Vermeidung zu gewinnen (Muck & Schuler, 2004). Neben der Theorie soll in entsprechenden Schulungen aber auch ausreichend Möglichkeit zum praktischen Ausprobieren eingeräumt werden.

Neben der Vermittlung von theoretischen Inhalten und deren Erprobung erfüllt die Führungskräfteschulung noch weitere wichtige Funktionen. So verfolgt sie das Ziel, die Führungskräfte von der Sinnhaftigkeit des (neuen) Instruments zu überzeugen und dadurch ihre Akzeptanz zu erhöhen. In jeder Organisation gibt es Mitglieder, die generell gegen Veränderungen sind. Nur wenn eine Führungskraft hinter dem Verfahren steht, kann dieses auch erfolgreich in die Organisation eingeführt werden. Führungskräfte haben eine Vorbildfunktion und sollen durch ihr Verhalten Multiplikatoren der Leistungsbeurteilung sein.

9.1 Inhalte der Schulung

Im Folgenden stellen wir die Schulung zur Leistungsbeurteilung vor, die wir in einer großen Kreisverwaltung durchgeführt haben. Die Präsentation zur Schulung kann dem Downloadangebot zu diesem Buch entnommen werden (Zugangscode vorne im Buch).

Der Aufbau der Schulung ist durch zwei inhaltliche Blöcke gekennzeichnet (Abbildung 9-1, siehe Führungskräfteschulung Folie 2 im Download). Jeder von ihnen besteht aus einem Theorie- und einem Praxisteil. Im ersten Block liegt der Schwerpunkt auf dem Leistungsbeurteilungssystem und auf den Beurteilungsfehlern im Beurteilungsprozess. Im zweiten Block wird das Ziel verfolgt, die Führungskräfte mit dem Feedbackgespräch vertraut zu machen und einige zentrale Kommunikationstechniken einzuüben.

INHALT	ZEIT
Begrüßung und Vorstellung	09:00 – 09:15
I. Leistungsbeurteilung	
1. Das Leistungsbeurteilungssystem	09:15 – 10:00
2. Beurteilungsfehler	10:00 – 11:00
3. Praxis-Übung	11:00 – 12:00
Mittagspause	12:00 – 13:00
II. Feedbackgespräch	
1. Ablauf	13:00 – 13:15
2. Gesprächsführungstechniken	13:15 – 14:00
3. Praxis-Übung	14:00 – 17:00

Abbildung 9-1: Zeitplan der Führungskräfteschulung

9.1.1 Leistungsbeurteilungssystem

Die Schulung beginnt mit einem Überblick über die unterschiedlichen Mitarbeitergruppen (Cluster), die einer Beurteilung unterzogen werden (Download-Folie 5). In unserem Beispielfall wurden 16 voneinander unabhängige Cluster gebildet. Für jede Mitarbeitergruppe gibt es einen eigenen Beurteilungsbogen mit für diese Gruppe spezifisch definierten Leistungskriterien. Abbildung 9-2 zeigt eine Zusammenfassung der Cluster und der dazugehörigen Leistungsdimensionen (s. auch Download-Folie 6).

Es fällt sofort auf, dass weder die Leistungskriterien noch ihre Anzahl in den Clustern identisch sind. Dieser Umstand ist durch die Heterogenität der Anforderungen in den Clustern zu erklären (s. Kapitel 7).

Eine andere Darstellung der erfassten Leistungskriterien bietet die Dimension-Cluster-Matrix an (Abbildung 9-3, Download-Folie 7). Daraus wird auch die Häufigkeit ersichtlich, mit der jedes Kriterium im Leistungsbeurteilungssystem vertreten ist. Einige Leistungskriterien sind nur für eine einzige Gruppe relevant (beispielsweise »Gesamtverantwortung« für das Cluster der Facheinheitsleiter), während andere (Konfliktverhalten, Fachwissen) eine Bedeutung für die gesamte Belegschaft haben.

Dimensionen pro Cluster

5 bis 8 Beurteilungsdimensionen pro Cluster

Cluster 1	Cluster 2	Cluster 3	Cluster 4 & 5	Cluster 6
Führungsverhalten Gesamtverantwortung Außendarstellung Planungskompetenz Teamorientierung Konfliktverhalten Fachwissen	Führungsverhalten KundInnenorientierung Teamorientierung Konfliktverhalten Lösungsorientierung Außendarstellung Fachwissen	Engagement Diplomatisches Geschick Einfühlungsvermögen Lösungsorientierung Konfliktverhalten Rhetorik Fachwissen	Teamfähigkeit Selbstmanagement Gewissenhaftigkeit Kommunikation/ Konfliktverhalten Fachwissen	KlientInnenorientierung Teamfähigkeit Planungsorientierung Einfühlungsvermögen Konfliktverhalten Lösungsorientierung Fachwissen
Cluster 7	**Cluster 8**	**Cluster 9**	**Cluster 10**	**Cluster 11**
KlientInnenorientierung Einfühlungsvermögen Planungskompetenz Konfliktverhalten Selbstmanagement Teamfähigkeit Fachwissen	KlientInnenorientierung Teamfähigkeit Konfliktverhalten Lösungsorientierung Planungskompetenz Gewissenhaftigkeit Einfühlungsvermögen Fachwissen	PatientInnen- und KundInnenorientierung Einfühlungsvermögen Konfliktverhalten Gewissenhaftigkeit Teamfähigkeit Lösungsorientierung Fachwissen	KlientInnenorientierung Konfliktverhalten Gewissenhaftigkeit Einfühlungsvermögen Teamfähigkeit Lösungsorientierung Fachwissen	Planungskompetenz Gewissenhaftigkeit Lösungsorientierung Teamfähigkeit Konfliktverhalten BürgerInnenorientierung Fachwissen
Cluster 12	**Cluster 13**	**Cluster 14**	**Cluster 15**	**Cluster 16**
Gewissenhaftigkeit Lösungsorientierung Planungskompetenz Teamfähigkeit Konfliktverhalten Fachwissen	Engagement Gewissenhaftigkeit KundInnenenorientierung Einfühlungsvermögen Konfliktverhalten Lösungsorientierung Teamfähigkeit Fachwissen	Arbeitsorganisation Gewissenhaftigkeit/ Engagement Konfliktverhalten KlientInnenorientierung Teamfähigkeit Fachwissen	KundInnenorientierung Einfühlungsvermögen Konfliktverhalten Lösungsorientierung Gewissenhaftigkeit Teamfähigkeit Fachwissen	Beratungsverhalten Einfühlungsvermögen Konfliktverhalten Lösungsorientierung Flexibilität Gewissenhaftigkeit Fachwissen

Abbildung 9-2: Leistungskriterien in den unterschiedlichen Clustern

Dimensionen	1	2	3	4	5	6	7	8	9	10	11	12	13	14	15	16
KundInnenorientierung		x					x	x					x		x	
KlientInnenorientierung						x				x				x		
BürgerInnenorientierung											x					
PatientInnen- und KundInnenorientierung									x							
Beratungsverhalten																x
Einfühlungsvermögen			x			x	x	x	x	x			x		x	x
Konfliktverhalten	x	x	x	x	x	x	x	x	x	x	x	x	x	x	x	x
Teamorientierung	x	x														
Teamfähigkeit				x	x	x	x	x	x	x	x	x	x	x	x	
Führungsverhalten	x	x														
Außendarstellung	x	x														
Diplomatisches Geschick			x													
Rhetorik			x													
Verhandlungsgeschick								x								
Lösungsorientierung		x	x			x			x	x	x	x	x		x	x
Planungskompetenz	x					x	x	x			x	x				
Arbeitsorganisation														x		
Selbstmanagement				x	x		x									
Flexibilität																x
Gesamtverantwortung	x															
Gewissenhaftigkeit								x	x	x	x	x	x	x	x	x
Engagement			x										x	x		
Sorgfalt				x	x											
Fachwissen	x	x	x	x	x	x	x	x	x	x	x	x	x	x	x	x

Abbildung 9-3: Dimension-Cluster-Matrix

Nach dieser Übersicht steigen wir in die Tiefe des Beurteilungsinstruments ein und schauen uns den Beurteilungsbogen im Detail an. Um die Vorteile des neuen Systems hervorzuheben, bietet sich eine Gegenüberstellung des alten und neuen Verfahrens an. Zuerst stellen wir den alten Beurteilungsbogen mit seinen Schwächen vor (Abbildung 9-4, Download-Folie 8).

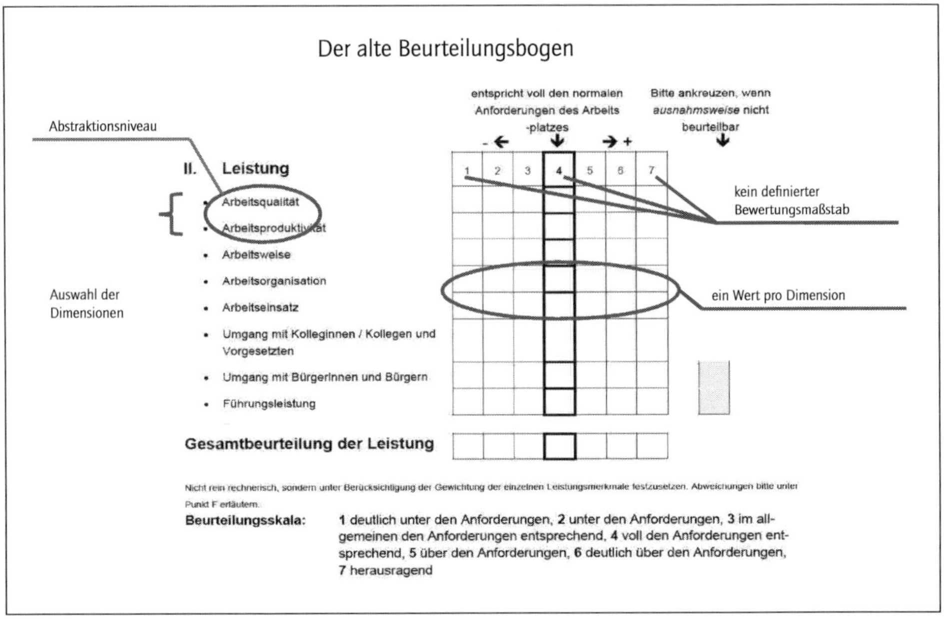

Abbildung 9-4: Negativ-Beispiel für ein Leistungsbeurteilungssystem

Die Auswahl der Leistungskriterien in unserem Negativ-Beispiel erfolgte auf theoretischer Basis. Diese Kriterien erscheinen auf den ersten Blick plausibel. Sie haben mit einem konkreten Arbeitsplatz allerdings nur wenig zu tun. Im Grunde genommen sind sie so allgemein, dass sie für jede Organisation und jeden Arbeitsplatz angewendet werden könnten. Im Gegensatz hierzu sind die Kriterien im neuen Leistungsbeurteilungssystem empirisch abgeleitet und für jede Mitarbeitergruppe spezifisch definiert.

Einen weiteren Nachteil stellt das hohe Abstraktionsniveau der Leistungskriterien dar. Dadurch, dass nicht näher definiert wird, wie beispielsweise Arbeitsqualität oder Arbeitsweise zu verstehen sind, hat die Führungskraft einen enormen Spielraum bei der Interpretation dieser Kriterien. Die Leistung eines Mitarbeiters wird daher abhängig vom jeweiligen Verständnis der Führungskraft unterschiedlich bewertet. Im neuen Beurteilungssystem wird jedes Kriterium explizit definiert (s. Abbildung 9-5, Download-Folie 9).

Die Bewertungsskala weist dieselbe Problematik auf wie die Leistungskriterien. Zwar wissen die Führungskräfte, dass ein Punkt dann vergeben werden soll, wenn die Leistung eines Mitarbeiters »*deutlich unter den Anforderungen*« liegt, dennoch müssen sie selbst festlegen, wann dies der Fall ist und wann nicht. Dadurch wird erneut keine objektive Bewertung ermöglicht. Im neuen System sind den einzelnen Punktwerten konkrete Verhaltensweisen zugeordnet, was eine einheitliche Einschätzung ermöglicht (Abbildung 9-5).

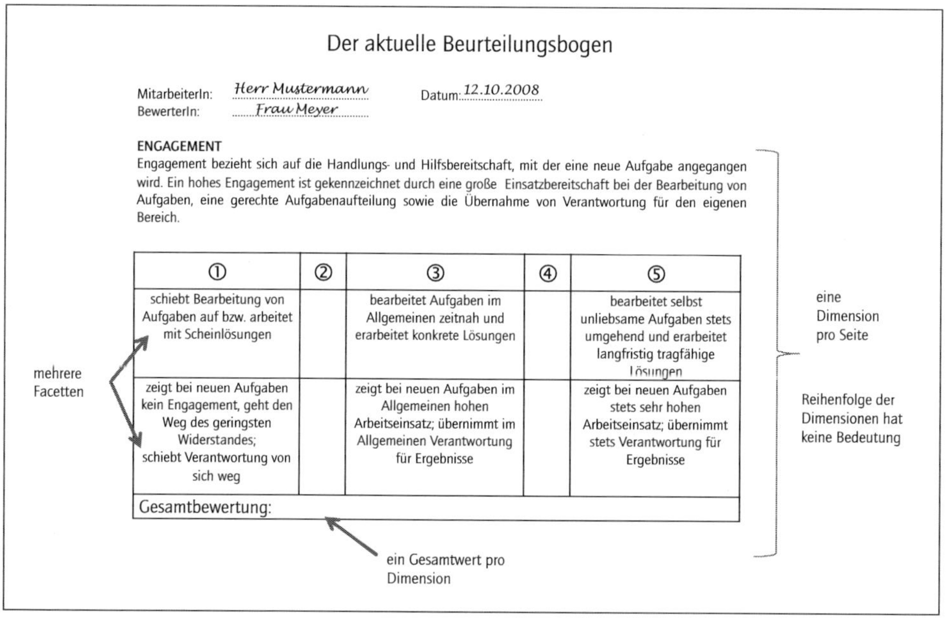
Der aktuelle Beurteilungsbogen

MitarbeiterIn: Herr Mustermann Datum: 12.10.2008
BewerterIn: Frau Meyer

ENGAGEMENT
Engagement bezieht sich auf die Handlungs- und Hilfsbereitschaft, mit der eine neue Aufgabe angegangen wird. Ein hohes Engagement ist gekennzeichnet durch eine große Einsatzbereitschaft bei der Bearbeitung von Aufgaben, eine gerechte Aufgabenaufteilung sowie die Übernahme von Verantwortung für den eigenen Bereich.

①	②	③	④	⑤
schiebt Bearbeitung von Aufgaben auf bzw. arbeitet mit Scheinlösungen		bearbeitet Aufgaben im Allgemeinen zeitnah und erarbeitet konkrete Lösungen		bearbeitet selbst unliebsame Aufgaben stets umgehend und erarbeitet langfristig tragfähige Lösungen
zeigt bei neuen Aufgaben kein Engagement, geht den Weg des geringsten Widerstandes; schiebt Verantwortung von sich weg		zeigt bei neuen Aufgaben im Allgemeinen hohen Arbeitseinsatz; übernimmt im Allgemeinen Verantwortung für Ergebnisse		zeigt bei neuen Aufgaben stets sehr hohen Arbeitseinsatz; übernimmt stets Verantwortung für Ergebnisse
Gesamtbewertung:				

Abbildung 9-5: Auszug aus dem neuen Leistungsbeurteilungssystem

Ungünstig ist ebenfalls der Umstand, dass jede Leistungsdimension nur einmal erfasst wird. Die Führungskraft gibt beispielsweise ein einziges Urteil bezüglich der »Arbeitsproduktivität« ab. Jede einzelne Beurteilung ist mit einem Messfehler behaftet (vgl. Kapitel 2 und 7). Muss die Führungskraft jedoch pro Dimension mehrere Urteile abgeben und anschließend einen Durchschnittswert berechnen, können diese Messfehler reduziert werden. Aus diesem Grund muss die Führungskraft im neuen Beurteilungssystem im Hinblick auf jeder Dimension mindestens drei Einschätzungen abgeben (Abbildung 9-5).

Manchmal wird in der Praxis am Ende der Beurteilung ein Gesamtwert über alle Dimensionen gebildet (s. Abbildung 9-4). Dieser Vorgang würde nur dann einen Sinn ergeben, wenn die Beurteilung zum Zweck der leistungsbezogenen Vergütung herangezogen wird. In allen übrigen Fällen ist dieser Rechenschritt kontraproduktiv für die Funktion der Leistungsbeurteilung. Einzelne Stärken und Schwächen des Mitarbeiters kompensieren sich wechselseitig, sodass dies ein differenziertes Feedback unmöglich macht.

Nachdem sich die Schulungsteilnehmer mit dem neuen System vertraut gemacht und seine Vorteile kennengelernt haben, können sie sich dem eigentlichen Bewertungsprozess zuwenden. Dabei dienen die folgenden fünf Schritte zur Orientierung (s. auch Download-Folie 10).

BEWERTUNGSSCHRITTE
1. Definition und Bewertungsskalen durchlesen
2. Schlüsselwörter identifizieren
3. sich an der Skalenmitte orientieren (extreme Werte nur wenn wirklich nötig vergeben)
4. einzelne Facetten mit ganzen Noten bewerten
5. Gesamtwert auf halbe Noten (auf 0,5) runden

Abbildung 9-6: Bewertungsschritte

Die Definition sowie die Beurteilungsskalen legen die Inhalte des Leistungskriteriums fest.

Im zweiten Schritt sollen die Teilnehmer der Schulung wichtige Schlüsselwörter in den Bewertungsskalen identifizieren (Download-Folie 11). Dabei geht es darum, herauszufinden, worin der Unterschied zwischen den Punktwerten 1 und 3 bzw. 3 und 5 liegt.

Als Ausgangspunkt einer jeden Bewertung soll die Mitte der Skala dienen (Schritt 3). Sie repräsentiert eine gute Leistung des Mitarbeiters. Ausgehend von der Skalenmitte exploriert die Führungskraft die Skala in beide Richtungen und wählt den jeweils zutreffenden Punktwert aus.

In den einzelnen Zeilen der neuen Beurteilungsskala dürfen nur ganze Punktwerte vergeben werden (Schritt 4). Die Zulassung halber Punktwerte würde bedeuten, dass die fünfstufige Skala zu einer neunstufigen Skala umgewandelt wird. Aus methodischen Gründen ist dies weder sinnvoll noch bringt es eine zusätzliche Differenzierung der Urteile mit sich (s. Kapitel 7).

Sobald die Führungskraft alle Facetten bewertet hat, kann sie einen Gesamtwert bilden und diesen auf 0,5 runden (Schritt 5). Falls sich mathematisch ein Wert ergibt, der genau in der Mitte zwischen zwei halben Zahlen liegt (z. B. 2,75), muss die Führungskraft den Wert entsprechend der Leistung der Mitarbeiters auf- oder abrunden.

Als Nächstes wird im Training erklärt, wie die undefinierten Skalenstufen (die 2 und die 4) bewertet werden (Abbildung 9-7, Download-Folie 12). Die Regel ist sehr einfach. Eine 2 ist zu vergeben, wenn der Mitarbeiter nicht alle beschriebenen Inhalte des Skalenstufe 3 erfüllt, wohl aber deutlich über dem Leistungsniveau liegt, das bei Skalenstufe 1 beschrieben wird. Analog verhält es sich bei der Vergabe des Punktwertes 4.

Wenn die Führungskraft alle Punktwerte vergeben hat, muss sie die Dimensionswerte auf ein Profilblatt übertragen. Durch Verbinden der einzelnen Punkte entsteht eine Leistungskurve – das sog. *Leistungsprofil* eines Mitarbeiters (Abbildung 9-8, Download-Folie 14). Aus dem Profil sind die Stärken und Schwächen des gezeigten

Arbeitsverhaltens für den Mitarbeiter leicht zu erkennen. Auf der Basis des Leistungsprofils erfolgt später die Rückmeldung im Feedbackgespräch (s. Abschnitt 9.1.5). Mit Folie 14 ist die Vorstellung des Leistungsbeurteilungssystems vollendet. Wir wenden uns einem neuen Thema zu – den Beurteilungsfehlern.

①	②	③	④	⑤
schiebt Bearbeitung von Aufgaben auf bzw. arbeitet mit Scheinlösungen		bearbeitet Aufgaben im Allgemeinen zeitnah und erarbeitet konkrete Lösungen		bearbeitet selbst unliebsame Aufgaben stets umgehend und erarbeitet langfristig tragfähige Lösungen
zeigt bei neuen Aufgaben kein Engagement, geht den Weg des geringsten Widerstandes; schiebt Verantwortung von sich weg		zeigt bei neuen Aufgaben im Allgemeinen hohen Arbeitseinsatz; übernimmt im Allgemeinen Verantwortung für Ergebnisse		zeigt bei neuen Aufgaben stets sehr hohen Arbeitseinsatz; übernimmt stets Verantwortung für Ergebnisse
Gesamtbewertung:				

Abbildung 9-7: Bewertung der undefinierten Skalenstufen

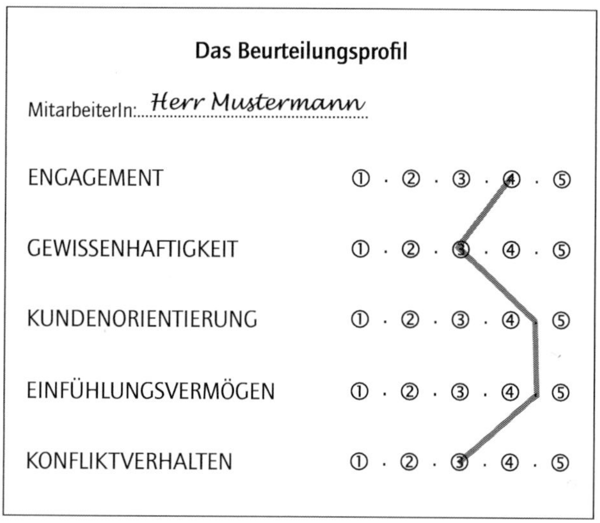

Abbildung 9-8: Leistungsprofil des Mitarbeiters

9.1.2 Beurteilungsfehler

Auch wenn den Führungskräften einer Organisation ein professionelles Leistungsbeurteilungssystem zur Verfügung steht, bleibt ein gewisser Spielraum für Verzerrungen bei der Leistungseinschätzung übrig. Dies liegt darin begründet, dass die Führungskräfte selbst Teil des Beurteilungsprozesses sind.

Beurteilungsfehler, besonders solche, die bewusst begangen werden, können eine unmittelbare Auswirkung beispielsweise auf die Akzeptanz oder die wahrgenommene Fairness der Leistungsbeurteilung haben.

In der Führungskräfteschulung betrachten wir zwei Arten von Beurteilungsfehlern – Beurteilungsverfälschungen und Wahrnehmungsverzerrungen. Von *Beurteilungsverfälschungen* sprechen wir, wenn die Führungskraft einen Mitarbeiter absichtlich anders bewertet, als sie ihn tatsächlich sieht. Hierbei handelt es sich um eine bewusste Verfälschung. Das Urteil selbst kann entweder nach oben oder nach unten abweichen. Insgesamt vier Formen derartiger Verfälschungen sind bekannt (Abbildung 9-9, Download-Folie 16).

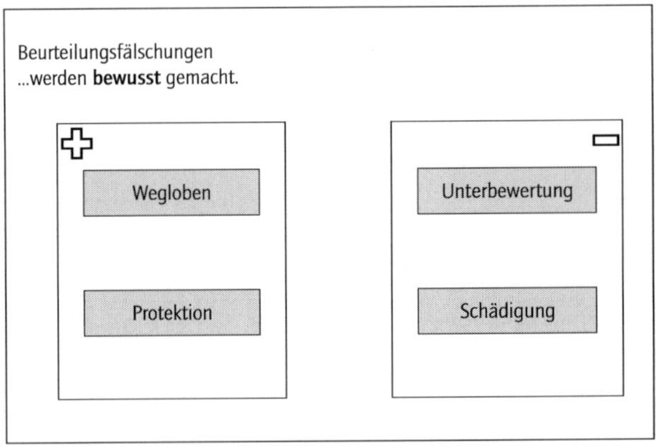

Abbildung 9-9: Mögliche Beurteilungsverfälschungen

Auf der Seite der positiv verzerrten Verfälschungen kann zwischen Wegloben und Protektion unterschieden werden. Beim *Wegloben* handelt es sich um eine Überbewertung der erbrachten Leistung von unbequemen Mitarbeitern, mit dem Ziel, diese loszuwerden. In der Hoffnung, dass die Mitarbeiter in eine andere Abteilung versetzt werden, vergibt die Führungskraft eine positivere Bewertung. Bei der *Protektion* werden Mitarbeiter ebenfalls begünstigt. Diesmal sind die Beweggründe jedoch anderer Natur. Möglicherweise ist die Verzerrung Ausdruck von Sympathie, oder aber die Führungskraft will der unangenehmen Situation ausweichen, dem Mitarbeiter ein negatives Feedback geben zu müssen.

Wenn die Leistungsbewertung eines Mitarbeiters absichtlich nach unten korrigiert wird, kann dies ein Fall von absichtlicher *Unterbewertung* sein. Ein Grund für derartiges Verhalten ist der Wunsch, einen Mitarbeiter in seiner jetzigen Position zu halten. Man denke an einen leistungsstarken Mitarbeiter, der für die Abteilung unverzichtbar ist. Unterbewertung kann aber auch durch die Angst ausgelöst werden, dass die eigene Position durch diesen Mitarbeiter gefährdet wird, wenn er nach einer Beförderung zum Konkurrenten wird

Schädigung ist die letzte Form von absichtlicher Beurteilungsverfälschung. Dabei wird ein Mitarbeiter schlicht aufgrund von Antipathie oder Rache benachteiligt.

Einige Gründe für eine bewusste Verfälschung der Urteile wurden bereits genannt. Ergänzend können auch verschiedene Ängste die Führungskraft dazu verleiten, sich dem Mitarbeiter gegenüber unfair zu verhalten. Beispielsweise kann die Führungskraft eine Konfrontation mit dem eigenen Vorgesetzten scheuen. Bei negativen Urteilen ist in der Regel mit Widerstand zu rechnen. Die Führungskraft würde dann unter Rechtfertigungsdruck geraten. Möglich ist ebenfalls die Sorge, den Mitarbeiter durch eine schlechte Bewertung zu verletzen oder zu demotivieren. In diesem Fall soll die Führungskraft erneut an die Funktionen der Leistungsbeurteilung erinnert werden. Sinn und Zweck einer Leistungsbeurteilung ist es, Stärken und Verbesserungspotenziale der Mitarbeiter aufzudecken und ihnen die Möglichkeit zu geben, ihr Verhalten zu optimieren und sich weiterzuentwickeln. Letztendlich können Rückmeldung unangenehmer Ergebnisse und die vermuteten Schwierigkeiten im Feedbackgespräch die Führungskraft dazu veranlassen, milder zu bewerten.

Im Gegensatz zu Verfälschungen laufen *Wahrnehmungsverzerrungen* unbewusst ab – umso wichtiger ist es, die Beurteiler für diese zu sensibilisieren und sich dagegen zu wappnen. Im Folgenden schauen wir uns Verzerrungseffekte an, die eine große Bedeutung für den Beurteilungsprozess besitzen (vgl. Download-Folie 17).

Die vielleicht bekannteste und in der Forschung am meisten untersuchte Verzerrung ist der sogenannte *Halo-Effekt* (Abbildung 9-10, Download-Folie 18; Kanning, 1999; Kanning et al., 2004).

Das Wort »Halo« kommt aus dem Englischen und bedeutet »Heiligenschein«. Der Effekt funktioniert folgendermaßen: Eine Person hat mehrere stärker oder minder ausgeprägte Persönlichkeitsmerkmale. Diese sind in Abbildung 9-10 durch die Punkte in der linken Figur dargestellt. In der Wahrnehmung des Beurteilers erzeugt ein einziges Merkmal (großer Punkt in der rechten Figur) einen bestimmten Eindruck und dieser überstrahlt wie ein Heiligenschein die gesamte Person. Die Bewertung der restlichen Merkmale findet in Folge nicht mehr unabhängig von der Bewertung dieses einen Merkmals statt. Mit anderen Worten, voneinander unabhängige Eigenschaften werden fälschlicherweise als zusammenhängend wahrgenommen. Besonders leicht zugängliche Informationen können den Halo-Effekt schnell auslösen. Das prominenteste Beispiel ist die physische Attraktivität. In den Augen des Betrachters werden physisch attraktive Menschen oft als intelligenter, sozial kompetenter oder teamfähiger angesehen. Aber auch ein negativer Halo-Effekt kann erzeugt werden, z. B. durch eine Behinderung.

Die nächste Wahrnehmungsverzerrung ist der *Erwartungs-Effekt*: Wenn uns bestimmte Informationen über eine Person vorliegen, bilden wir eine bestimmte Erwartung aus. Neue Informationen über die Person bewerten wir daraufhin in Übereinstimmung mit unserer Erwartung. Dieser Effekt kann mithilfe der Ergebnisse

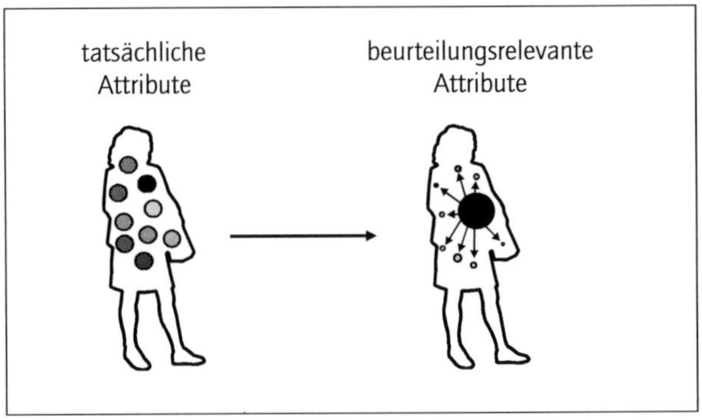

Abbildung 9-10: Der Halo-Effekt

einer Studie erklärt werden (Abbildung 9-11, Download- Folie 19; Kanning & Klinge, 2008).

Drei Personengruppen hatten die Aufgabe, einen fiktiven Bewerber in einem kurzen Video bezüglich der Persönlichkeitsmerkmale Teamfähigkeit, Einsatzbereitschaft und Auftreten einzuschätzen. Die erste Gruppe (Kontrollgruppe, grau) bekam keine Vorinformation über den Bewerber. Der zweiten Gruppe (weiß) wurde einen manipulierten Lebenslauf gegeben, aus dem deutlich ersichtlich war, dass es sich um einen mäßigen Bewerber handelte. Beispielsweise standen darin Informationen über ein abgebrochenes Studium, schlechte Noten, keine sozialen Engagements etc. Die dritte Gruppe (schwarz) bekam ebenfalls Informationen über den Bewerber. Diesmal weckten diese jedoch den Eindruck, dass die Person ein Überflieger sei – ein schnell abgeschlossenes Studium, überdurchschnittlich gute Noten, mehrere Praktika bei namhaften Unternehmen, viel soziales Engagement etc. Aus der Abbildung ist deutlich zu erkennen, dass die Probanden je nach Vorwissen unterschiedlich bewertet haben und zwar in Übereinstimmung mit ihren Erwartungen. Bei positiver Vorinformation wurde der Bewerber in Vergleich zur Kontrollgruppe besser eingeschätzt, bei negativer Vorinformation schlechter. Die Ergebnisse geben noch eine Besonderheit wieder, die aus der Forschung gut bekannt ist: Eine negative Information hat einen stärkeren Einfluss auf unser Urteil als eine positive.

Im Fall der Leistungsbeurteilung kennen die Führungskräfte ihre Mitarbeiter selbstverständlich gut. Sie sollten trotzdem darauf achten, dass eine vorgefertigte Meinung oder für die Beurteilung irrelevante Informationen bei ihrer Bewertung keine Rolle spielen. Genau so wenig sollten sie sich vom Ergebnis der letzten Leistungsbeurteilung beeinflussen lassen.

Wenn die Führungskraft die Leistung eines Mitarbeiters einschätzt, berücksichtigt sie den gesamten Zeitraum, für den die Beurteilung gilt. Wenn dies jedoch nicht der Fall ist und die kurz zurückliegende Leistung überbewertet wird, weil die Führungskraft sich besser an sie erinnern kann, handelt es sich um einen *Nikolaus-Effekt* (s. Download-Folie 20). Der Effekt verdankt seinen Namen dem Verhalten kleiner Kinder in der Vorweihnachtzeit. In den Tagen vor Weihnachten sind diese besonders brav, damit sie ihre Geschenke bekommen. In der Forschung ist dieser auch unter dem Namen *Recency-Effekt* bekannt.

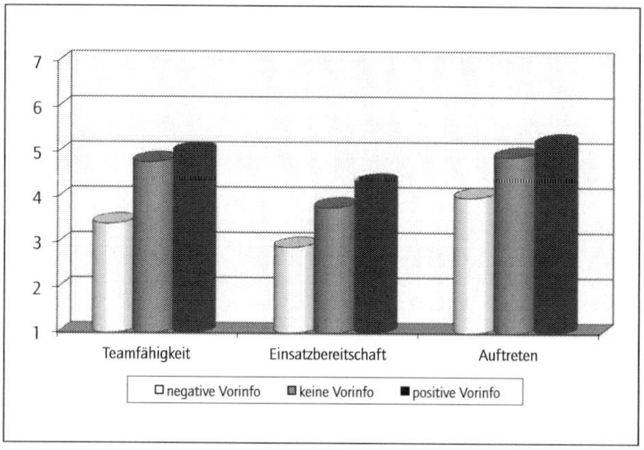

Abbildung 9-11: Der Erwartungs-Effekt

Die letzte Wahrnehmungsverzerrung, die wir in dieser Schulung behandeln, ist der sogenannte *Hierarchie-Effekt* (Download-Folie 20). Er liegt vor, wenn die Führungskraft dazu tendiert, Mitarbeiter der oberen Hierarchiestufen systematisch positiver zu bewerten als Mitarbeiter der unteren Hierarchiestufen. Dahinter steckt die Fehlannahme dass Personen, die höher in der Hierarchie stehen, zwangsläufig mehr Leistung erbringen.

Neben den unterschiedlichen Wahrnehmungsverzerrungen stellt der Umgang mit der Bewertungsskala eine weitere Gefahrenquelle dar. Wenn die Führungskraft einen falschen Maßstab bei der Bewertung eines Mitarbeiters ansetzt, spricht man von *Maßstabsfehlern* (Download-Folien 21-23). Charakteristisch dafür ist, dass die Führungskraft sich nur eines Teils der gesamten Skala bedient. Je nachdem in welchem Teil der Skala die meisten Bewertungen einer Führungskraft liegen, kann zwischen einer Tendenz zur Strenge (unterer Skalenbereich), Tendenz zur Mitte (mittlerer Skalenbereich) und Tendenz zur Milde (oberer Skalenbereich) differenziert werden. Für das Auftreten jeder Tendenz können unterschiedlichen Gründe verantwortlich sein.

Tendenz zur Strenge bedeutet, dass die Führungskraft vorzugsweise am unteren Ende der Skala beurteilt. Ein Grund für ihre strenge Bewertung kann ein hohes Anspruchsniveau sein. Die Führungskraft erwartet von ihren Mitarbeitern nur Spitzenleistungen. Da in der Regel dieser Anspruch nicht befriedigt werden kann, spiegelt sich das »Scheitern« der Mitarbeiter in den niedrigen Bewertungen ihrer Leistung wider.

Dagegen ist es bei der *Tendenz zur Mitte* eine Häufung der Urteile im mittleren Bereich der Skala zu beobachten. Es gibt mehrere Gründe für diese mangelnde Entschlossenheit der Führungskraft, die komplette Skala zu nutzen. Zum einen kann es an fehlender Information über einen Mitarbeiter liegen. Dies ist der Fall, wenn beispielsweise ein Mitarbeiter neu eingestellt wurde, eine Abteilung seit Kurzem gewechselt hat oder seine Leistung schwer zu beurteilen ist (z. B. Tätigkeit im Außendienst). Auch die Angst, Leistungsabweichungen offen anzusprechen, kann diese

Beurteilungstendenz auslösen. Denkbar wäre zudem, dass die Führungskraft eine mangelnde Entscheidungsbereitschaft an den Tag legt. In diesem Fall sollten die Schulungsteilnehmer daran erinnert werden, dass die Leistungsbeurteilung eine wichtige Führungsaufgabe ist und sie diese wahrnehmen müssen, auch wenn dies nicht immer leicht fällt. Letztendlich kann die Führungskraft einfach Bedenken haben, die extremen Skalenbereiche zu nutzen. Die negative Folge, die sich aus dieser Verzerrung ergibt, ist die Aufwertung wenig qualifizierter Mitarbeiter bzw. die Abwertung qualifizierter Mitarbeiter.

Bei der *Tendenz zur Milde* nutzen Führungskräfte ausschließlich den oberen Skalenbereich. Diesem Phänomen begegnet man am häufigsten bei Leistungsbeurteilungen. Im Gegensatz zur Tendenz zur Strenge besitzt die Führungskraft möglicherweise ein zu geringes Anspruchsniveau. Aber auch die Angst, sich rechtfertigen zu müssen oder den Mitarbeiter durch die schlechte Bewertung zu verletzen oder demotivieren, kann eine Tendenz zur Milde verursachen. Insbesondere positive persönliche Beziehungen zum Mitarbeiter können zu einem Mildeeffekt führen.

Der erste Theorieblock der Schulung endet mit dem Fazit, dass eine Reihe von Beurteilungsfehlern die Qualität der Leistungsbeurteilung mindern können (Download-Folie 24). Um sich davor zu schützen, stehen der Führungskraft dennoch diverse Strategien zur Verfügung. Zum Beispiel werden Fehler allein dadurch reduziert, dass ihre Quellen, Ursachen und Auswirkungen bekannt sind. Sinnvoll ist ebenfalls eine kritische Reflexion des eigenen Beurteilungsprozesses. Zuletzt sollte sich die Führungskraft möglichst genau an die festgelegten Leistungskriterien und verhaltensverankerten Skalen des Leistungsbeurteilungssystems halten.

9.1.3 Praxisteil zum Leistungsbeurteilungssystem

Im Anschluss an den Theorieblock findet die erste Praxis-Übung statt. Bei dieser Übung haben die Führungskräfte die Möglichkeit, sich mit dem Leistungsbeurteilungssystem noch besser vertraut zu machen. Zu diesem Zweck bekommt jede Führungskraft einen für sie passenden Bewertungsbogen mit dem Auftrag, einen Mitarbeiter hinsichtlich der Leistungskriterien zu beurteilen. Wichtig ist dabei, sich für einen »problematischen« Mitarbeiter zu entscheiden, bei dem auch Defizite in der Leistung festzustellen sind (s. u.).

Nachdem alle Teilnehmer mit der Bewertung fertig sind, diskutieren sie im Plenum ihr Vorgehen. Mögliche Ansatzpunkte wären:

- Schwierigkeiten bei der Bewertung
- Verständlichkeit (Eindeutigkeit) der Skalen und ggf. Änderungswünsche (wenn das Instrument neu eingeführt wird)
- »Ausnahme-Mitarbeiter«, die zwar zum jeweiligen Cluster gehören, sich aber aufgrund ihrer Tätigkeit schwer beurteilen lassen
- Überprüfen, ob die bisherigen Schulungsinhalte richtig verstanden wurden.

Mit dem Abschluss der Diskussion endet der erste Teil der Schulung. Nach der Mittagspause steigen wir in den zweiten inhaltlichen Block – das Feedbackgespräch – ein.

9.1.4 Feedbackgespräch

Das Feedbackgespräch ist »eine zentrale Komponente des Beurteilungssystems« (Lohaus, 2009, S. 108). Aus diesem Grund widmen wir ihm ein eigenes Kapitel in diesem Buch (Kapitel 10). Um Redundanzen zu vermeiden, sollen an dieser Stelle nur für die Durchführung der Führungskräfteschulung notwendige Inhalte angesprochen werden. Ansonsten wird auf die entsprechenden Abschnitte im nächsten Kapitel verwiesen.

Der zweite inhaltliche Block der Schulung ist wie der erste strukturiert. Wir beginnen zunächst mit einem Theorieteil, in dem der Ablauf des Feedbackgesprächs und verschiedene Gesprächsführungstechniken erläutert werden, gefolgt durch einen praktischen Teil.

Um die Führungskräfte für die Wichtigkeit des Feedbackgesprächs zu sensibilisieren, konfrontieren wir sie zu Beginn mit einer provokativen Phrase (Download-Folie 28): »Das Beurteilungsgespräch ist kein Verwaltungsakt, sondern eine wichtige Führungsaufgabe!« Interaktiv können die Teilnehmer dann ausarbeiten, welche Funktionen das Feedbackgespräch erfüllt (vgl. Abbildung 10-1, Kapitel 10). Dabei sollte sowohl die Perspektive der Führungskraft als auch die des Mitarbeiters berücksichtigt werden.

Als Nächstes wird der Ablauf des Feedbackgesprächs vorgestellt (Download-Folie 30). Dabei gehen wir auf alle drei Phasen ein: Vorbereitung, Durchführung und Nachbereitung. Auf der Folie sind nur die wichtigsten Punkte aufgenommen. Je nach Wissensstand der Teilnehmer und verfügbarer Zeit kann dieser Teil dennoch beliebig lang gestaltet werden. In Abschnitt 10.8 findet sich die entsprechende Beschreibung der drei Phasen.

Nach der Schilderung des Gesprächsablaufes befassen wir uns mit der Vermittlung bzw. Auffrischung einiger Gesprächsführungstechniken. Eine gute Kommunikation ist aufschlaggebend für das Gelingen des Feedbackgesprächs und »ein basaler Bestandteil der Führungskräfteentwicklung« (Felfe, 2009, S. 73). Dabei geht es auf der einen Seite darum, Informationen den Mitarbeitern richtig zu vermitteln, und auf der anderen Seite, Informationen richtig zu erfragen (Abbildung 9-12, Download-Folie 32).

Wenn die Führungskraft dem Mitarbeiter ein Feedback über seine Leistung gibt, sollte sie mehrere Regeln gleichzeitig beachten (Download-Folie 33). Wichtig hier ist die Gegenüberstellung des richtigen und falschen Verhaltens. Die Schulungsteilnehmer können für jede Regel selbst Beispiele aus ihrer Berufspraxis nennen. Auf diese Weise stellt der Trainier gleichzeitig fest, ob die Regeln richtig verstanden wurden.

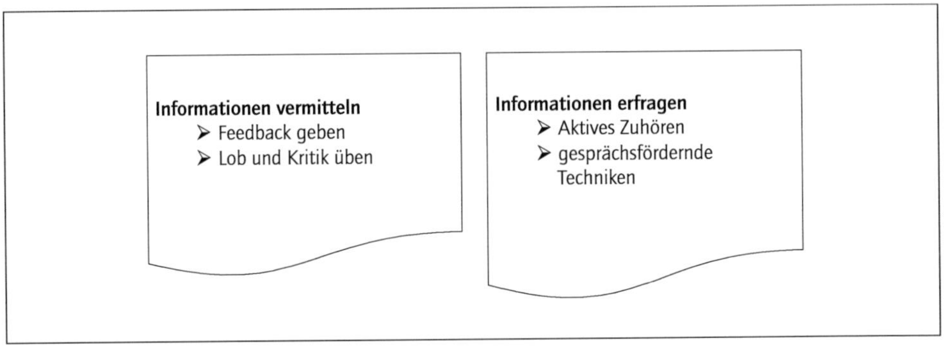

Abbildung 9-12: Gesprächsführungstechniken

Ein nützliches Werkzeug bei Geben einer Rückmeldung ist die sogenannte *Sandwich-Methode* (Download-Folie 33). So sollte die Führungskraft das Gespräch positiv eröffnen, um auf diese Weise eine angenehme Atmosphäre zu schaffen und ihren Gesprächspartner positiv auf das Feedback einzustimmen. Ebenso wichtig ist, das Gespräch positiv abzuschließen, um die zukünftige Zusammenarbeit mit und die Beziehung zum Mitarbeiter nicht zu beeinträchtigen. Mit anderen Worten, die negativen Aspekte der Rückmeldung werden zwischen positiven Inhalten eingebettet. Dies erinnert an die Struktur eines Sandwichs. Auch eine Häufung negativer Inhalte soll dadurch vermieden werden. Die Sandwich-Methode ist allerdings nicht so zu verstehen, dass sich kleine Sequenzen positiver und negativer Rückmeldung schnell nacheinander abwechseln. Dies würde die Gefahr mit sich bringen, dass weder Lob noch Kritik das nötige Gewicht hat und beide sich durch den Wechsel relativieren und gegenseitig aufheben.

Die Feedbackregeln sind allgemeiner Natur und gelten sowohl für positive als auch für negative Rückmeldung. Loben und Kritisieren sind allerdings zwei verschiedene Sachverhalte. Auf den folgenden Folien in der Präsentation (Download-Folie 34–37) wird darauf eingegangen (vgl. Abschnitt 10.6).

Wenn die Führungskraft eine Rückmeldung gibt, macht sie dies nicht nur durch das gesprochene Wort. Auch auf der paraverbalen und nonverbalen Ebene drückt die Führungskraft ihre Zustimmung oder Ablehnung gegenüber dem Mitarbeiter aus. Abbildung 9-13 (Download-Folie 38) veranschaulicht einige der Elemente, die zu diesen zwei Kommunikationsebenen gehören. An dieser Stelle können die Schulungsteilnehmer selbst die unterschiedlichen Elemente benennen und Beispiele dafür generieren, wie sie durch Variation Lob oder Kritik ausdrücken können.

Ebenso wichtig wie das Feedbackgeben ist das Erhalten von Informationen. Dabei konzentrieren wir uns nur darauf, wie die Führungskraft aktiv Informationen vom Mitarbeiter einholt. Eine wirkungsvolle Technik, den Gesprächspartner zum Sprechen zu ermuntern, ist das *aktive Zuhören* (Download-Folie 39). Aktives Zuhören ist erheblich mehr als dem Mitarbeiter zuzuhören. Es geht dabei darum, Wichtiges vom Unwichtigen zu unterscheiden und das Wesentliche einer Aussage zu erkennen. Da-

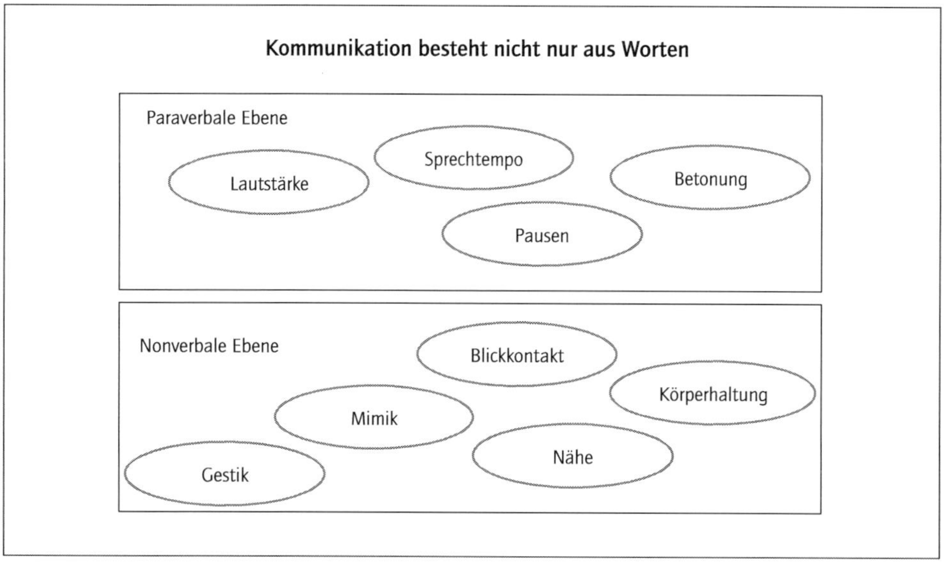

Abbildung 9-13: Paraverbale und nonverbale Ebene der Kommunikation

durch schafft die Führungskraft nicht nur eine positive Gesprächsatmosphäre, sondern bringt dem Mitarbeiter auch ihre Wertschätzung entgegen. Die Führungskraft soll versuchen, sich in den Mitarbeiter einzufühlen und beim Gespräch mitzudenken, d. h. auch auf das einzugehen, was der Mitarbeiter zwischen den Zeilen zum Ausdruck bringt. In nonverbalen Signalen wie Tonfall, Stimmlage oder Gesichtsausdruck lassen sich beispielsweise die Gefühle oder die Einstellung des Mitarbeiters zu unterschiedlichen Themen erkennen. Aktives Zuhören dient auch zur Überprüfung, ob wichtige Aussagen tatsächlich richtig verstanden wurden. Zu diesem Zwecke kann die Führungskraft die Aussage mit eigenen Wörtern wiedergeben (*Paraphrasieren*) und sich anschließend absichern, ob das Gesagte korrekt ist. Studien zeigen, dass aktives Zuhören seitens der Führungskraft einen Einfluss auf die Zufriedenheit mit dem Feedbackgespräch und auf die Bereitschaft für eine Verhaltensänderung des Mitarbeiters ausübt (Cawley, Keeping, & Levy, 1998).

Um aktives Zuhören zu zeigen, stehen der Führungskraft unterschiedliche Werkzeuge zur Verfügung (Download-Folie 40). Durch den Blickkontakt und eine offene sowie zugewandte Körperhaltung kann sie beispielsweise dem Mitarbeiter ihre ungeteilte Aufmerksamkeit zeigen. Dasselbe würden auch körpersprachliche Signale der Zustimmung und des Interesses sowie gelegentliche Kurzäußerungen (die sogenannte Telefonlauten: »hm«, »ja« etc.) erreichen. Mithilfe des Paraphrasierens können Missverständnisse vermieden werden. Durch Ich-Botschaften unterstreicht die Führungskraft zusätzlich, dass es sich um ihre persönlichen Beobachtungen und Gedanken handelt.

Neben dem aktivem Zuhören kann sich die Führungskraft verschiedener Fragetechniken bedienen, um den Verlauf des Gesprächs zu steuern (Download-Folie 41). *Offene Fragen* beispielsweise erlauben dem Mitarbeiter eine freie Assoziation innerhalb seiner Antwort. Solche Fragen eignen sich hervorragend, um den Gesprächspartner in seinem Redeverhalten zu verstärken und Informationen zu erfragen. Das sind in der Regel alle W-Fragen (wer, warum, was, wann, wo). Dagegen können *geschlossene Fragen* meist nur mit »Ja« oder »Nein« beantwortet werden. Sie fixieren den Mitarbeiter auf eine kurze Antwort. Diese Fragen sind sinnvoll, wenn es darum geht, das Gespräch in eine bestimmte Richtung zu lenken oder sich schnell zu vergewissern, dass eine Botschaft richtig verstanden wurde. Auch *Sprechpausen* finden ihre Anwendung im Feedbackgespräch. Sie bringen den Mitarbeiter in »Zugzwang«, weiter zu sprächen. Auf diese Weise regen sie den Informationsfluss an. Sie dienen aber auch dazu, das Gesagte zu verarbeiten und den Gesprächsverlauf gedanklich neu zu strukturieren. Die Führungskraft sollte dennoch darauf achten, dass keine allzu langen Pausen entstehen.

9.1.5 Praxisteil zum Feedbackgespräch

Nach diesem theoretischen Block werden die Führungskräfte in Kleingruppen von bis zu fünf Personen aufgeteilt. Jede Gruppe bekommt einen eigenen Raum und wird von einem Trainer geleitet. In den Kleingruppen bekommen die Schulungsteilnehmer die Aufgabe, die Ergebnisse der Leistungsbeurteilung im Rahmen eines Rollenspiels einem Mitarbeiter mitzuteilen. Dabei »spielt« die Führungskraft sich selbst, während der Mitarbeiter durch einen Kollegen dargestellt wird. Jede Führungskraft kommt einmal als Vorgesetzter und einmal in der Rolle des Mitarbeiters an der Reihe. Als Grundlage für das Gespräch nutzen die Teilnehmer ihre Bewertungen aus der ersten praktischen Übung am Vormittag. Da aus Zeitgründen das komplette Gespräch nicht simuliert werden kann, wird nur ein Ausschnitt gespielt. Dieser beinhaltet jedoch die gesamte Struktur des Feedbackgesprächs: Eröffnung, Hauptteil mit der Rückmeldung der Ergebnisse und Abschluss. Dabei soll sich jede Führungskraft zwei Leistungsdimensionen aussuchen, die sie rückmelden möchte. Wichtig ist, dass es sich dabei um einen positiven und einen negativen Aspekt handelt. Daher sollen die Führungskräfte einen Mitarbeiter beurteilen, der auch Defizite aufweist. Der Gedanke dahinter ist, dass die Schulungsteilnehmer möglichst viele Inhalte der Schulung ausprobieren und sowohl Lob als auch Kritik im Rollenspiel ansprechen. Das Rollenspiel dauert ca. 10-15 Minuten.

Die restlichen Teilnehmer, die gerade nicht am Rollenspiel beteiligt sind, nehmen zusammen mit dem Trainier die Rolle des Beobachters ein. Ihre Aufgabe ist es, im Anschluss an das Gespräch ihre Eindrücke mitzuteilen. Für diesen Zweck bekommt jeder Teilnehmer einen Feedbackbogen als Orientierungshilfe (s. im Download-Formblatt Feedbackbogen).

Nachdem das Rollenspiel beendet ist, soll die Führungskraft, die das Feedbackgespräch geführt hat, ihr Verhalten reflektieren. Sie kann sich an dem Feedbackbogen orientieren, aber durchaus auch weitere Inhalte ansprechen: Ob sie mit der Gesprächsstruktur zufrieden ist, ob sie alle beabsichtigten Inhalte angesprochen hat, was ihr schwierig gefallen ist etc. Anschließend bekommt der Kollege das Wort, der den Mitarbeiter gespielt hat. Er teilt ebenfalls seine Eindrücke mit, z.B. wie er sich während des Gesprächs gefühlt hat, ob er ernst genommen wurde, ob auf seine Belange eingegangen wurde, ob er ausreichend Gesprächsanteile hatte. Danach geben auch die restlichen Teilnehmer eine Rückmeldung über das Rollenspiel. Die Feedbackrunde schließt mit dem Feedback des Trainers ab. Bei Bedarf können Elemente aus dem Rollenspiel ein zweites Mal gespielt werden, um einen besseren Lerneffekt zu erzielen. Nachdem alle Teilnehmer das Rollenspiel absolviert haben, ist der praktische Teil zu Ende.

Denkbar sind unterschiedliche Verläufe des Feedbackgesprächs. Empfehlenswert ist es dennoch, zunächst auf Basis des Leistungsprofils einen groben Überblick über die Bewertung zu geben und sich erst dann die konkreten Leistungskriterien anzuschauen. Da in der Realität eine bis anderthalb Stunden für das ganze Gespräch zur Verfügung stehen, ist es ratsam, wenn die Führungskraft nicht jeden Aspekt einzeln mit dem Mitarbeiter durchgeht, sondern sich auf die wichtigsten Punkte konzentriert.

Ebenso wichtig ist es, sich zu Beginn des Gesprächs zu vergewissern, dass das Instrument und die Leistungskriterien dem Mitarbeiter bekannt sind. Noch mehr, der Mitarbeiter soll verstehen, wie die verhaltensverankerten Skalen kalibriert sind und wo auf der Skala eine gute Leistung verortet ist – nämlich bei drei Punkten und nicht bei fünf. Es ist die Aufgabe der Führungskraft, all dies, falls nötig, zu erklären. Darüber hinaus soll die Führungskraft um Verständnis und Akzeptanz für das neue Leistungsbeurteilungssystem werben. Das ist nur möglich, wenn die Führungskraft selbst hinter dem Verfahren steht. Daher hat sie eine Vorbildfunktion und präsentiert durch ihr Verhalten die Organisation.

Schwierigkeiten können oft bei der Rückmeldung von negativen Inhalten auftreten. In solchen Fällen bedienen sich Führungskräfte oft einer der zwei Strategien: Entweder relativieren sie ihre Kritik vor dem Mitarbeiter, indem sie schnell danach etwas Positives nachschieben oder sie zeigen einen sehr hohen Redeanteil, um den Mitarbeiter daran zu hindern, Widerstand zu äußern. In solchen Fällen sollten Führungskräfte üben, diese für sie unangenehme Situation auszuhalten. Für weitere Details bei der Gesprächsführung wird auf das nächste Kapitel verwiesen.

9.2 Fazit

Die Schulung der Führungskräfte im Umgang mit dem Leistungsbeurteilungssystem ist ein wesentlicher Teil des Leistungsbeurteilungsprozesses. Dabei sollen die Trainer über die bloße Vermittlung von theoretischen Inhalten hinaus darauf achten, dass die Teilnehmer ausreichend Gelegenheit zum Einüben der neuen Kenntnisse haben. Darüber hinaus erfüllt die Führungskräfteschulung weitere wichtige Funktionen. So sollen die Führungskräfte vom Nutzen des Verfahrens überzeugt und ihre Akzeptanz für das Instrument erhöht werden. Die Schulung soll sie zudem für ihre Rolle als Multiplikatoren in die Organisation sensibilisieren. Nur auf diese Weise ist eine erfolgreiche Etablierung des Leistungsbeurteilungssystems in der Organisation möglich.

9.3 Vertiefende Literatur

Felfe, J. (2009). Mitarbeiterführung. Göttingen: Hogrefe.

Kanning, U. P. (1999). Die Psychologie der Personenbeurteilung. Göttingen: Hogrefe.

Kanning, U. P., Hofer, S. & Schulze Willbrenning, B. (2004). Professionelle Personenbeurteilung: Eine Trainingsmanual. Göttingen: Hogrefe.

Kolev, N. & Möller, J. H. (2009). Entwicklung und Einführung eines Leistungsbeurteilungssystems am Beispiel einer Kreisverwaltung. In: T. Brandenburg & M. T. Thielsch (Hrsg.), Praxis der Wirtschaftspsychologie. Themen und Fallbeispiele für Studium und Anwendung. Münster: MV Wissenschaft, S. 193-207.

Lohaus, D. (2009). Leitungsbeurteilung. Göttingen: Hogrefe.

10. Feedbackgespräch

Nachdem die Führungskraft die Leistung eines Mitarbeiters eingeschätzt hat, muss sie ihn über die Ergebnisse ihrer Beurteilung in Kenntnis setzen. Dies geschieht in aller Regel in einem gesonderten Gespräch – dem Feedbackgespräch. In der Praxis lassen sich für dieses Gespräch auch andere Bezeichnungen finden, wie z. B. »Beurteilungsgespräch« (Lohaus, 2009; Muck & Schuler, 2004). In manchen Organisationen wird das Feedbackgespräch zudem mit anderen Inhalten wie etwa der Zielvereinbarung kombiniert.

Das vorliegende Kapitel beginnt zunächst mit einer Begriffsdefinition. Danach werden die verschiedenen Funktionen des Feedbackgesprächs erläutert. Anschließend legen wir den Schwerpunkt auf einige Kommunikationsaspekte (Gesprächsformen und -stile etc.). Bevor das Kapitel mit der Darstellung des Ablaufs eines Feedbackgesprächs abschließt, stellen wir wichtige Feedbackregeln vor und erklären mögliche Reaktionen, die eine Rückmeldung bei den Gesprächspartnern auslösen kann.

10.1 Begriffsbestimmung

Das Feedbackgespräch ist ein Führungsinstrument: Es darum, einerseits dem Mitarbeiter seine Leistung aus einem vergangenen Zeitraum zurückzumelden und andererseits auf der Basis der Ergebnisse geeignete Maßnahmen für die Zukunft abzuleiten. Fiege, Muck und Schuler (2006) charakterisieren das Mitarbeitergespräch im Allgemeinen wie folgt:

Ein institutionalisiertes Gespräch mit spezifischer Zielsetzung, das aufgrund eines formalen Anlasses fest terminiert wird, ein größeres Zeitbudget erfordert und von beiden Seiten ausreichend vorbereitet werden kann. (S. 484)

Mehrere Charakteristika des Mitarbeitergesprächs und insbesondere des Feedbackgesprächs können dieser Definition entnommen werden. Durch die Institutionalisierung des Gesprächs wird zunächst deutlich, dass es sich um ein Instrument handelt, das seine Anwendung flächendeckend in der Organisation findet. Weder den Führungskräften noch den Mitarbeitern selbst wird die Entscheidung überlassen, ob sie ein Feedbackgespräch geben bzw. erhalten möchten. Eine einheitliche Vorgehensweise, beispielsweise durch einen Leitfaden, ist hierbei zusätzlich empfehlenswert. Dieser gewährleistet nicht nur eine Vergleichbarkeit zwischen den einzelnen Gesprächen, sondern hilft ebenfalls dabei, dass wichtige Punkte nicht vergessen werden bzw. das Gespräch nicht ausufert (Felfe, 2009). Das Thema (»spezifische Zielsetzung«) des Feedbackgesprächs ist von vornherein beiden Gesprächspartnern klar, ebenso der Zeitpunkt, zu dem das Gespräch stattfindet. Auch eine ausführliche Vorbereitung von beiden Seiten findet in der Definition ihren Platz. Zuletzt wird hervorgehoben, dass ein solches Gespräch – nicht zuletzt aufgrund seiner Bedeutung als Führungsinstrument – ein nennenswertes Zeitbudget erfordert.

Im Feedbackgespräch wirft man hauptsächlich einen Blick zurück in die Vergangenheit. Aber auch auf Zukunftsaspekte gehen die Gesprächspartner ein. Dabei können Entwicklungsperspektiven, Veränderungspotenziale u. Ä. diskutiert werden. Überwiegen derartige Inhalte, so würde man eher die Bezeichnung Personalentwicklungsgespräch (Fiege, Muck & Schuler, 2006) wählen. Einem Personalentwicklungsgespräch muss jedoch keinesfalls zwangsläufig eine formalisierte Leistungsbeurteilung vorausgehen.

10.2 Funktionen des Feedbackgesprächs

Die Leistungsbeurteilung erfüllt mehrere Funktionen. Sie ist zum einen ein Führungsinstrument, zum anderen kann sie zu Personalentwicklungs- und Personalplanungszwecken eingesetzt werden. Zudem dient sie ggf. als Motivations- und Sanktionsmittel sowie als Grundlage für eine leistungsbezogene Vergütung (Felge, 2009). Allerdings kann sich die Zielrichtung eines Feedbackgesprächs aus Sicht der beiden Gesprächspartner durchaus unterscheiden. In Abbildung 10-1 werden die verschiedenen Aufgaben, die ein Feedbackgespräch aus beiden Perspektiven erfüllen kann, zusammengefasst. Dabei sollte der Führungskraft daran gelegen sein, die Ziele beider Seiten möglichst weitgehend unter einen Hut zu bekommen. Das Feedbackgespräch dient immer auch dazu, die Beziehung beider Gesprächspartner zu verbessern bzw. zu vertiefen.

Aus Sicht der Führungskraft
• Einschätzung der Leistung mitteilen und erklären • Erwartungen an den Mitarbeiter mitteilen • Unstimmigkeiten klären (z. B. in Bezug auf die Arbeitsaufgaben des Mitarbeiters) • Gründe über Verhalten erfahren, die sonst in der formellen Alltagskommunikation versteckt bleiben • Steuerung des Mitarbeiterverhaltens • Identifikation von Personalentwicklungsbedarf • Motivation und Zufriedenheit des Mitarbeiters steigern • Potenzialfeststellung für Beförderung • Ökonomische Ergebnisse für das Unternehmen erzielen
Aus Sicht des Mitarbeiters
• Feedback zu eigener Leistung, zum beruflichen Verhalten und zur Wirkung auf andere erhalten (Stärken und Qualifizierungsbedarf) • Erkennen von positiven/negativen Leistungsänderungen über längere Zeit • Eigene Meinung zu den Sachverhalten äußern • Sich an der Definition der Tätigkeitsanforderungen und Zielsetzung beteiligen • Vorstellungen bzw. Wünsche über eigene Weiterentwicklung (Fördermaßnahmen) äußern • Gehaltsverbesserung und Beförderung ansprechen

Abbildung 10-1: Funktionen eines Feedbackgesprächs (zusammengefasst nach Felge, 2009; Lohaus, 2009; Muck & Schuler, 2004)

10.3 Gesprächsformen

Abhängig vom Strukturierungsgrad eines Gesprächs können drei Gesprächsformen unterschieden werden: das freie, das teilstrukturierte und das vollstrukturierte Gespräch (Muck & Schuler, 2004). In der Regel legt die Führungskraft fest, welche Form das Gespräch annehmen wird.

Bei dem *freien Gespräch* verläuft die Konversation eher assoziativ. Der Vorteil bei dieser Gesprächsform ist, dass auch Themen, die von vorneherein nicht eingeplant waren, angesprochen werden können. Ein Nachteil ist oft in der mangelnden Zielgerichtetheit zu sehen. Unangenehme Themen könnten dabei bewusst oder unbewusst vermieden werden.

Das Gegenteil des freien Gesprächs ist das *vollstrukturierte Gespräch*. Entsprechend könnte man die Vor- und Nachteile der freien Form umkehren: Alle wichtigen Themen werden von beiden Seiten angesprochen und aufgrund der Struktur ist eine gute Vergleichbarkeit zwischen verschiedenen Gesprächen gewährleistet. Auf der anderen Seite werden Inhalte, die sich erst während des Gesprächs als wichtig erweisen, nicht weiter berücksichtigt. Es liegt auf der Hand, dass sich beide Gesprächsformen wenig für ein Feedbackgespräch eignen.

Die dritte Form, das *teilstrukturierte Gespräch*, ist eine Mischung aus den ersten zwei und vereinbart deren Vorteile. Alle relevanten Inhalte können besprochen werden, auch solche, die sich erst während des Gesprächs ergeben.

10.4 Gesprächsstile

Je nachdem, inwieweit die Führungskraft auf der einen Seite das Gespräch kontrolliert und auf der anderen Seite auf die Belange des Mitarbeiters eingeht, können fünf unterschiedliche Verläufe eines Gesprächs gegenübergestellt werden (Neumann, 2003). Abbildung 10-2 stellt diese grafisch dar.

Dominierte die Führungskraft das Gespräch stark und berücksichtigt kaum die Sichtweise des Mitarbeiters, so handelt es sich um einen *direktiven Gesprächsstil* (unten rechts in Abbildung 10-2). Typisch für diese Art von Gesprächen ist der hohe Redeanteil der Führungskraft. Sie unterbricht den Mitarbeiter oft und stellt geschlossene Fragen, sodass nur kurze Antworten von Seite des Mitarbeiters erfolgen. Zwar können Ziele bei diesem Stil klar benannt werden, dennoch eignet sich dieser kaum, um bei dem Mitarbeiter Commitment oder Zufriedenheit zu erzeugen.

Bei dem entgegengesetzten, *nondirektiven Gesprächsstil* (oben links) hat die Führungskraft die Gesprächssteuerung an den Mitarbeiter abgegeben und befindet sich in der Rolle des Zuhörers. Solche Gespräche eignen sich besonders gut, um heikle Themen anzusprechen. Auch das daraus resultierende Commitment und die Zufriedenheit des Mitarbeiters sind hoch. Allerdings wird dem Mitarbeiter selbst überlassen, relevante Themen im Gespräch anzusprechen oder nicht.

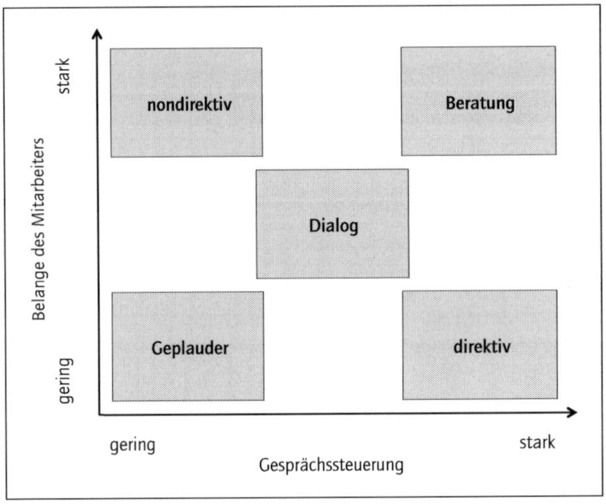

Abbildung 10-2: Gesprächsstile (nach Neumann, 2003)

Wenn die Gesprächssteuerung durch die Führungskraft gering ist und gleichzeitig vom Mitarbeiter keine wichtigen Punkte thematisiert werden, handelt es sich laut Neumann (2003) um *Geplauder* (unten links). Dieser Gesprächsstil ist für beide Parteien angesichts der Funktionen des Feedbackgesprächs nicht sinnvoll.

Bei einer mittleren Ausprägung der Gesprächssteuerung und der Berücksichtigung der Belange des Mitarbeiters durch die Führungskraft spricht man vom *Dialog* (Mitte). Mithilfe dieses Stils kann die Führungskraft gute Ergebnisse erzielen, weil der Mitarbeiter sich durch die gleichen Redeanteile ernst genommen fühlt und als gleichwertiger Gesprächspartner agiert (Lohaus, 2009).

Der letzte Gesprächsstil ist die *Beratung* (oben rechts). Charakteristisch für diese Kommunikationsführung ist einerseits die starke Gesprächssteuerung durch die Führungskraft und gleichzeitig das Eingehen auf die Sichtweisen des Mitarbeiters. Dieser Stil ist besonders gut geeignet, wenn die Führungskraft Feedback gibt oder Entwicklungsmöglichkeiten thematisiert werden.

Kein Gesprächsstil ist optimal. Es kommt auf die Situation und das Ziel des Gesprächs an. Auch können innerhalb eines Gesprächs mehrere Stile kombiniert oder abhängig von der Persönlichkeit des Mitarbeiters angepasst werden. Im Gespräch mit einem Mitarbeiter, der sich nur wenig traut, seine Meinung zu äußern, kann ein nondirektiver Stil nützlich sein. Bei einem anderen Mitarbeiter, lohnt es sich, mehr Struktur ins Gespräch zu bringen, damit Ziel und Zweck nicht aus den Augen verloren gehen. Auch zwischen den unterschiedlichen Teilen im Ablauf des Gesprächs könnte die Führungskraft den Stil wechseln. Beispielsweise kann am Anfang des Gesprächs beim Small Talk etwas »geplaudert« werden, um eine angenehme Gesprächsatmosphäre zu schaffen. Im nächsten Schritt, wenn Ablauf, Ziele und Inhalt des Gesprächs erläutert werden, wäre ein direktiver Stil sinnvoller (Lohaus, 2009).

Die Verbreitung mancher Gesprächsstile in der Praxis ist teilweise fraglich und kann mit gewissen Problemen verbunden sein. So merken Muck und Schuler (2004) an, dass es sich bei dem nondirektiven Gesprächsstil um eine eher theoretische Form handelt. Dies liegt daran, dass die Machtverteilung im realen Berufsleben von vornherein asymmetrisch ist und die Führungskraft die größeren Redeanteile besitzt. Ferner wird bei diesem Stil eine gute Beziehung zwischen den beiden Gesprächspartnern als entscheidend vorausgesetzt. Allerdings wird der Mitarbeiter potenzielle Probleme oder Schwierigkeiten bei der Erledigung seiner Arbeit nicht offen thematisieren. Sogar negative Konsequenzen sind denkbar. Dies ist der Fall, wenn bei dem Mitarbeiter der Eindruck entsteht, dass sein Redeanteil nur deshalb so hoch ist, weil die Führungskraft eventuelle Schwächen aufdecken möchte.

Dennoch soll der Mitarbeiter unbedingt die Möglichkeit haben, die eigene Meinung zu äußern. Dies führt zu einer größeren Zufriedenheit sowohl mit dem Feedbackgespräch selbst als auch mit dem Leistungsbeurteilungssystem als Instrument. Zudem steig die Motivation, das eigene Verhalten zu ändern bzw. sich zu verbessern (Cawley et al., 1998).

10.5 Feedback

Beim Feedback gibt die Führungskraft einem Mitarbeiter Informationen über dessen Arbeitsergebnisse und -verhaltensweisen in der Vergangenheit. Darüber hinaus können ggf. Ziele für die Zukunft gesetzt werden (Muck & Schuler, 2004). Den besten Effekt auf den Mitarbeiter erzielt ein Feedback, welches ein ausgewogenes Verhältnis zwischen positiven (Lob) und negativen Aspekten (Kritik) aufweist.

Mehrere Faktoren können das Ergebnis des Feedbackgesprächs beeinflussen. So wirkt sich beispielsweise eine gute Beziehung zwischen Führungskraft und Mitarbeiter günstig auf die Atmosphäre im Gespräch aus. Dabei kann der Mitarbeiter in stärkerem Maße den Verlauf des Gespräches beeinflussen. Problematisch wäre allerdings, wenn aufgrund von Sympathieeffekten die Führungskraft weniger beriet ist, mangelnde Leistung zu kritisieren. Solche Verzerrungen werden durch ein genaues Definieren der Leistungskriterien sowie durch eine Standardisierung des Beurteilungsprozesses weitgehend reduziert (vgl. Kapitel 5 und Kapitel 7).

Die Führungskraft sollte in den Augen des Mitarbeiters als glaubwürdig gelten. Die Glaubwürdigkeit hängt zum einen davon ab, inwieweit die Führungskraft als kompetent erscheint. Verfügt sie z. B. über ausreichend Informationen über die Tätigkeit des Mitarbeiters? Auch der formale Status der Führungskraft spielt hierbei eine Rolle. Wenn der Mitarbeiter die Führungskraft letzten Endes nicht als glaubwürdig betrachtet, wird er auch weniger bereit sein, das Feedback anzunehmen bzw. sein Verhalten zu ändern.

Die Persönlichkeit des Mitarbeiters übt letztlich ebenfalls einen Einfluss darauf aus, wie das Feedback angenommen wird. Gewissenhafte Mitarbeiter sollten eher nach einer Rückmeldung suchen. Auch andere Persönlichkeitsmerkmale wie Extraversion,

Offenheit für Erfahrung, Verträglichkeit und wahrgenommene Selbstwirksamkeit bestimmen die Wirkung des Feedbacks mit. Auf diese Merkmale wird in Absatz 10.7 noch einmal eingegangen.

Das leistungsbezogene Feedback erfüllt vier Funktionen: Informations-, Lern-, Motivations- und soziale Funktion (Neuberger, 2004). Die *Informationsfunktion* sorgt für eine Klärung von Aufgaben und Anforderungen und dient dem sachlichen Austausch über die Leistung des Mitarbeiters. Anhand einer Soll-Ist-Analyse kann festgestellt werden, an welchen Aufgaben bzw. Verhaltensweisen der Mitarbeiter arbeiten soll. Durch Lob und Kritik kann die Führungskraft darüber hinaus ein bestimmtes Verhalten bei dem Mitarbeiter verstärken bzw. abschwächen (*Lernfunktion*). In diesem Zusammenhang ist besonders wichtig, dass nicht nur unerwünschtes Verhalten abgebaut wird, sondern dass die Führungskraft dem Mitarbeiter ggf. Verhaltensalternativen aufzeigt (Muck & Schuler, 2004). Wenn Kritik verdient ist, darf die Führungskraft nicht versuchen, diese zu vermeiden, auch wenn negatives Feedback für beide Seiten unangenehm ist. Durch Lob und Kritik wird automatisch die Wahrscheinlichkeit erhöht, ein bestimmtes Verhalten in der Zukunft noch häufiger zu zeigen oder ganz zu unterlassen (*Motivationsfunktion*). Zuletzt beeinflusst das Feedback das Selbstbild des Mitarbeiters (*soziale Funktion*). Zum Beispiel kann durch (unangemessene oder schlecht dosierte) Kritik das Selbstvertrauen des Mitarbeiters sinken.

Lob und Kritik richtig zu üben ist essenziell für ein gelungenes Feedbackgespräch. Deshalb werden im Folgenden einige Regeln dargelegt, die diesen Prozess für die Führungskraft erleichtern sollen.

10.6 Lob und Kritik

Lob erfolgt durch den direkten Vorgesetzten. Diese Aufgabe darf nicht delegiert werden. Dabei soll deutlich erkennbar sein, was genau gelobt wird. Hilfreich ist es ferner, wenn die Führungskraft möglichst konkret und differenziert in ihren Ausführungen ist und sich nicht allgemeiner Floskeln bedient. Das Lob soll nach Möglichkeit zeitnah – und nicht nur im Rahmen eines jährlich stattfindenden Feedbackgesprächs – erfolgen.

Ein weiterer Punkt ist die Entscheidung, welches Verhalten bzw. welche Ergebnisse überhaupt eine Anerkennung verdienen. Laut Muck und Schuler (2004) soll der Mitarbeiter nicht nur für herausragende Leistungen gelobt werden, sondern auch, wenn er über längere Zeit eine gute Leistung bringt. Darüber hinaus sind freiwillige, vom Arbeitsvertrag nicht vorgesehene Leistungen anzuerkennen.

Die Anerkennung soll in der Regel nicht öffentlich erfolgen, da ein öffentliches Lob nicht selten Neid und Missgunst hervorruft (Muck & Schuler, 2004).

Kritik zu üben ist in der Regel schwieriger als jemanden zu loben. Deshalb versuchen Führungskräfte oft, ihre kritischen Bemerkungen zu rechtfertigen bzw. zu relativieren. Ebenso wie Lob ist Kritik ein zentrales Führungsinstrument. Die folgenden Regeln helfen, kritische Bemerkungen effektiv zu vermitteln.

Eine gründliche Vorbereitung ist unerlässlich. Die Führungskraft sollte konkret argumentieren und den Sachverhalt genau begründen können. Dabei werden Tatsachen und nicht etwa Gerüchte präsentiert. Das Gespräch soll sachlich und konstruktiv verlaufen. Idealerweise versieht die Führungskraft ihre Kritik mit Verbesserungsvorschlägen, die dem Mitarbeiter dabei helfen, sein Verhalten in der Zukunft zu ändern. Dabei sollte die Führungskraft den Mitarbeiter ermutigen. Zum Beispiel kann sie hervorheben, dass Fehler ein Teil des Lernprozesses sind oder dass durch erhöhte Bemühungen die erwünschten Ergebnisse das nächste Mal erreicht werden können. Nicht zu vergessen ist, dass das Verhalten des Mitarbeiters bzw. die erbrachten Ergebnisse im Mittelpunkt stehen, und nicht seine Person. Die Beziehung zwischen der Führungskraft und dem Mitarbeiter bleibt durch das Ausüben von Kritik möglichst unberührt. Dem Mitarbeiter soll ferner die Möglichkeit zur Stellungnahme eingeräumt werden. Dies ist nicht zuletzt deshalb von Bedeutung, weil Gründe für das Fehlverhalten manchmal auch außerhalb der Verantwortung des Mitarbeiters liegen.

Ähnlich wie beim Lob sollte die Leistung des Mitarbeiters zeitnah und unter vier Augen kritisiert werden. Die folgende Tabelle 10-1 fasst die wichtigsten Feedbackregeln zusammen, die eine Führungskraft bei Lob und Kritik berücksichtigen sollte.

richtig	falsch
persönlich mitteilen	delegieren
beschreibend	interpretierend
konkret & verhaltensbezogen	allgemein & charakterbezogen
richtig dosiert	zu viel auf einmal
mit Verbesserungsvorschlägen	destruktiv & zurechtweisend
unter vier Augen	öffentlich

Tabelle 10-1: Feedbackregeln

Abschließend wird erneut betont, dass sowohl Lob aus auch Kritik möglichst spezifisch sein sollten. Die Notizen, die sich eine Führungskraft im Laufe des Beurteilungszeitraums macht, sind später während des Gesprächs eine wertvolle Erinnerungsstütze. Wenn die Führungskraft in ihren Äußerungen abstrakt bleibt, hat das Feedback für den Mitarbeiter nur einen geringen Informationswert. Aussagen wie »Ihre Leistung ist für mich ganz in Ordnung« oder »Bei dem nächsten Projekt sollten Sie sich mehr anstrengen« bringen keine Erkenntnisse für den Mitarbeiter.

10.7 Reaktionen auf das Feedback

Unabhängig von individuellen Besonderheiten in der Persönlichkeitsstruktur bewirkt das Feedback unterschiedliche Reaktionen auf drei Ebenen: Der emotionalen, der kognitiven und der Verhaltensebene (Farr, 1991).

Die erste Ebene ist die *emotionale Ebene*. Je nachdem, ob die Führungskraft den Mitarbeiter lobt oder kritisiert, löst das Feedback positive oder negative Gefühle in ihm aus. Es ist schwierig, die Emotionen vorauszusehen und abzuschätzen. Dies ist insbesondere der Fall bei den negativen Gefühlen, weil sie viel heterogener sind. So kann beispielsweise ein bestimmter Mitarbeiter mit Frustration und Wut, ein anderer auf dieselbe Kritik mit Angst und wiederrum ein dritter mit Scham reagieren.

Die zweite Ebene ist die der Gedanken (*kognitive Ebene*). Der Mitarbeiter versucht, die ihm gegebene Information zu analysieren und zu verarbeiten. Dabei können die Gedanken die Gefühle beeinflussen. Nehmen wir an, dass ein Mitarbeiter die rückgemeldete schlechte Leistung auf externe Umstände zurückführt und sich dafür nicht verantwortlich sieht. Er würde dann sehr wahrscheinlich mit Wut und Frust auf das Feedback reagieren. Aber auch der umgekehrte Schluss ist möglich: Je nachdem, ob das Feedback positive oder negative Emotionen auslöst, wird die gegebene Information unterschiedlich interpretiert (Lohaus, 2009). Oft kann es passieren, dass der Mitarbeiter negatives Feedback eher durch äußere Umstände zu erklären versucht und nicht durch eigene Leistungsdefizite. Bei der Führungskraft kann genau der umgekehrte Schluss beobachtet werden: Leistungseinbußen führt sie eher auf die Person des Mitarbeiters und nicht auf Umwelteinflüsse zurück (Muck & Schuler 2004).

Die dritte Ebene ist die *Verhaltensebene*. Hier hat der Mitarbeiter zwei Möglichkeiten: Er kann entweder sein Verhalten quantitativ oder aber qualitativ verändern. Eine *quantitative* Veränderung würde vorliegen, wenn der Mitarbeiter z. B. für die Aufbereitung eines bestimmten Falls oder eines Prozessschritts zu wenig Zeit eingeplant hat und daher nicht rechtzeitig die Aufgabe abschließen konnte. In Zukunft würde er einfach mit der Bearbeitung früher anfangen bzw. längere Zeit einplanen. Bei der Ausführung selbst ändert sich zunächst einmal nichts. Bei der *qualitativen* Veränderung hingegen ändert der Mitarbeiter seine Strategie. So könnte er z. B. nach der Rückmeldung, in seinen Berichten würden Details fehlen, einen anderen Kollegen zur Hilfe rufen oder alternative Methoden zur Recherche in Betracht ziehen. Die Art und das Ausmaß der Verhaltensänderung des Mitarbeiters hängen von zwei Faktoren ab: Wie zeitnah er die Rückmeldung über ein bestimmtes Verhalten bekommt und wie groß die Differenz zwischen seiner eigenen Einschätzung und der Einschätzung der Führungskraft in Bezug auf das Verhalten ist (Lohaus, 2009). Je unmittelbarer das Feedback erfolgt und je kleiner die Differenz zwischen Selbst- und Fremdeinschätzung ist, desto ernster wird das Feedback genommen und desto wahrscheinlicher ist eine Verhaltensänderung. Da das Feedbackgespräch höchstens einmal jährlich stattfindet, gelten hierbei dieselben Regeln wie bei Lob und Kritik: Im Feedbackgespräch thematisierte Inhalte sollten für den Mitarbeiter »nur« eine Wiederholung früherer, zeitnah erfolgter Rückmeldung darstellen und keine völlig neuen Informationen.

Inwieweit ein Mitarbeiter bereit ist, sein Verhalten nach dem Feedbackgespräch tatsächlich zu ändern, hängt zum Teil von seiner Persönlichkeitsstruktur ab. Personen, die eher offen für neue Erfahrungen sowie extravertiert sind und sich dabei durch eine hohe Verträglichkeit auszeichnen, werden mit größerer Wahrscheinlichkeit bereit sein, ihr Verhalten zu ändern. Im Gegensatz würden sich Personen, die leicht kränkbar, introvertiert und wenig nachsichtig sind, an die gewohnten Verhaltensweisen halten (Muck & Schuler, 2004).

Aber nicht nur auf der Verhaltensebene machen sich interindividuelle Unterschiede in der Persönlichkeitsstruktur der Mitarbeiter bemerkbar. Auch die Reaktionen auf den anderen zwei Ebenen können davon betroffen sein. Eine Persönlichkeitseigenschaft, die dabei eine Rolle spielt, ist die *Selbstwirksamkeit*. Darunter versteht man die Erwartung eines Menschen, ausreichend Kompetenzen zu haben, um bestimmte Handlungen erfolgreich ausführen zu können (Bandura, 1977). Mitarbeiter mit einer hohen Selbstwirksamkeit reagieren auf Kritik gelassener und lassen sich durch das Feedback nicht entmutigen. Dagegen trauen sich Mitarbeiter mit einer geringen Selbstwirksamkeit nach Tadeln noch weniger zu und werden in Zukunft noch vorsichtiger und passiver (Lohaus, 2009).

Nicht nur der Mitarbeiter ist von der Leistungsbeurteilung und der anschließenden Rückmeldung betroffen. Das Feedbackgespräch kann ebenfalls die Führungskraft und ihre Einstellung zu den (künftigen) Gesprächen beeinflussen. Unangenehme Erfahrungen oder eine schlechte Schulung über Leistungsbeurteilung und -feedback können dazu führen, dass die Führungskraft beispielsweise wenig Interesse an der Durchführung solcher Gespräche zeigt. Ferner könnte die Führungskraft den Mitarbeiter gar nicht mehr kritisieren, um sich derartigen Situationen nicht stellen zu müssen (Muck & Schuler, 2004). Im nächsten Abschnitt schauen wir uns an, wie ein Feedbackgespräch in der Praxis idealerweise ablaufen soll.

10.8 Ablauf des Feedbackgesprächs

Damit ein Feedbackgespräch tatsächlich gelingt, sollen zum einen die Führungskräfte entsprechend geschult werden, zum anderen ist eine gründliche Vorbereitung auf das Gespräch von beiden Seiten unerlässlich. Da über das Training im vorhergegangenen Kapitel (Kapitel 9) ausführlich berichtet wurde, lenken wir unsere Aufmerksamkeit nun auf die Vorbereitung des Gesprächs und auf die sich daran anschließenden Durchführung und Nachbereitung.

Um eine gute Vorbereitung auf das Gespräch zu ermöglichen, sollte der Termin frühzeitig festgelegt werden. Es ist wichtig, dass sowohl die Führungskraft als auch der Mitarbeiter ausreichend Zeit haben. Idealerweise befinden sich die Beurteilungsbögen im Intranet der Organisation, sodass sie jederzeit von den Mitarbeitern heruntergeladen werden können. Die Mitarbeiter sollen sich genau wie ihre Vorgesetzten Gedanken in Bezug auf die einzelnen Leistungskriterien machen. Zum Beispiel kann sich ein Mitarbeiter fragen, wo die eigenen Stärken und Schwächen liegen oder wo er sich in

Bezug auf die einzelnen Leistungsdimensionen sieht. Empfehlenswert wäre es, wenn der Mitarbeiter selbst die Skalen durchgeht und seine Leistung einschätzt. Dies wird ggf. ausdrücklich durch die Führungskraft unterstützt und gefördert (Felfe, 2009). Die gründliche Vorbereitung seitens des Mitarbeiters soll nicht dazu dienen, eine gute Verhandlungsbasis zu schaffen. Die Beurteilung ist und bleibt die Aufgabe der Führungskraft. Dennoch soll die Führungskraft die Möglichkeit haben, die Beurteilung entsprechend zu korrigieren, falls dies begründet ist. Große Diskrepanzen zwischen Selbst- und Fremdeinschätzung deuten darauf hin, dass unterschiedliche Maßstäbe bei der Beurteilung verwendet wurden. Dies kann daran liegen, dass es nicht klar ist, welche Erwartungen die Führungskraft an den Mitarbeiter stellt oder dass sie diese nicht klar kommuniziert hat. Möglich ist es auch, dass das Leistungsbeurteilungssystem unterschiedlich verstanden und die Leistungskriterien anders interpretiert werden. Solche Missverständnisse soll die Führungskraft ggf. aus dem Weg räumen (Felfe, 2009).

Beide Gesprächspartner sollen sich über die Ziele im Gespräch im Klaren sein. Da die Führungskraft und der Mitarbeiter möglicherweise unterschiedliche Ziele verfolgen, ist es sinnvoll, zu Beginn des Gesprächs den Verlauf festzulegen. Die Führungskraft muss ausreichend Zeit reservieren und für Störungsfreiheit sorgen. Derartige Vorbereitungen vermitteln den Mitarbeiter den Eindruck, dass die Führungskraft ihre Aufgabe ernst nimmt und sorgen für eine positive Gesprächsatmosphäre (Muck & Schuler, 2004).

Nach Möglichkeit sollte das Gespräch nicht am Schreibtisch der Führungskraft stattfinden, sondern in einem Besprechungsraum. Auf diese Weise werden Statusunterschiede nicht unnötig stark betont. Das Büro des Vorgesetzten würde eventuell dafür sorgen, dass der Mitarbeiter etwas zurückhaltend ist und Regeln einhält, die er normalerweise in anderen Interaktionen verfolgt, die für den Zweck dieses Gesprächs allerdings eher kontraproduktiv wären (Muck & Schuler, 2004). Es kann durchaus nützlich sein, wenn innerhalb der Organisation standardisierte Checklisten existieren, die die Vorbereitung auf das Feedbackgespräch für beide Seiten erleichtern. Dabei ist es sinnvoll, wenn die Führungskraft dem Mitarbeiter bereits im Vorfeld des Gesprächs Themenbereiche mitteilt, die reflektiert werden sollen. Es kann sich beispielsweise um Tätigkeitsberichte, Zuständigkeiten, Vereinbarungen, Stärken des Mitarbeiters, fachliche Interessen, Verbesserungsvorschläge, Entwicklungsmaßnahmen etc. handeln (Muck & Schuler, 2004). Die Liste lässt sich beliebig fortsetzen. Nach einer gründlichen Vorbereitung kann das eigentliche Feedbackgespräch beginnen.

Muck und Schuler (2004) schlagen bei der Durchführung von Feedbackgesprächen eine Struktur vor, die aus acht Phasen besteht (s. Abbildung 10-3). Nicht für jede Organisation ergibt jede Phase einen Sinn. Daher soll dieses Schema eher als Orientierung dienen.

Bei der *Begrüßung* verfolgt die Führungskraft das Ziel, eine angenehme Atmosphäre für den weiteren Verlauf des Gesprächs herzustellen. Dabei können Eisbrecherfragen oder ein Small Talk verwendet werden. Diese Phase sollte allerdings nicht zu lange dauern, weil dadurch bei dem Mitarbeiter Spannung und Misstrauen entstehen können. Er kann sich etwa fragen, warum die Führungskraft dermaßen um eine positive Atmosphäre bemüht ist und ob sie dadurch eine schlechte Leistungsbeurteilung abschwächen will. Nach der Begrüßung erklärt die Führungskraft den Zweck des Feedbackgesprächs. Dabei geht sie kurz auf die zum Einsatz kommenden Unterlagen ein, etwas die Beurteilungsbögen. Auch die Gesprächsstruktur soll hier dargelegt werden. Es ist sehr wichtig, den Dialogcharakter des Gesprächs explizit zu betonen.

1. Begrüßung und Einleitung
2. Bestandsaufnahme der Arbeitstätigkeit
3. Arbeitsergebnisse/Zielerreichung
4. Leistungsbezogene Beurteilung
5. Vereinbarung ergebnisbezogener Ziele
6. Vereinbarung entwicklungsbezogener Ziele
7. Vereinbarung von Maßnahmen
8. Gesprächsabschluss

Abbildung 10-3: Struktur eines Feedbackgesprächs (nach Muck & Schuler, 2004)

Im zweiten Schritt stellen die beiden Gesprächspartner die *Arbeitsaufgaben* des Mitarbeiters klar. Dazu zählen auch Sonderaufgaben oder spezielle Projekte, die der Mitarbeiter im Laufe des vergangenen Zeitraums wahrgenommen hat. Aber auch besondere Rahmenbedingungen wie eine längere Krankheit würden darunter fallen.

Die dritte und vierte Phase sind die eigentliche *Rückmeldung* der Leistungsbeurteilungsergebnisse. Dabei bietet es sich an, die durch die Unterlagen vorgegebene Reihenfolge der Leistungskriterien beizubehalten und diese als Struktur für das Feedback zu nutzen. So wechseln sich in der Regel positive und negative Aspekte ab. Dieser Ablauf wird zum einen vom Mitarbeiter als natürlich empfunden, zum anderen verhindert dies eine Häufung von Kritik, was die Stimmung im Gespräch kippen könnte (s. Sandwich-Methode, Kapitel 9).

Vereinbarte *Ziele* vom letzten Gespräch werden hier mit den erreichten Ergebnissen verglichen (Soll-Ist-Vergleich). Wenn im letzten Gespräch keine Zielvereinbarung erfolgt hatte, werden nur die Ergebnisse festgehalten. Danach folgt die verhaltensbezogene Leistungsbeurteilung (Phase 4) anhand des Leistungsbeurteilungssystems. Zu Beginn ist es empfehlenswert, die Bedeutung der einzelnen Leistungskriterien noch einmal zu verdeutlichen, um ein gemeinsames Verständnis abzusichern. Es folgt die Einschätzung der Führungskraft. An dieser Stelle soll der Mitarbeiter ebenfalls die Möglichkeit haben, seine Sichtweise darzustellen. Ein Vorteil der Selbsteinschätzung ist darin begründet, dass diese viel detaillierter ist im Vergleich zur Fremdeinschätzung. Unterschiede zwischen den beiden Bewertungen sollen dann diskutiert und geklärt werden. Möglicherweise wird die Führungskraft eine Bewertung revidieren müssen aufgrund neuer Informationen, die ihr bis jetzt nicht zur Verfügung standen.

Analog zu Phase 3 und 4 stehen die Phasen 5 und 6: Je nachdem, wie der Soll-Ist-Vergleich ausfällt, werden neue (ergebnisbezogene) *Ziele definiert*. Ein Beispiel könnte die Übernahme eines speziellen Projekts sein. Aus dem Ergebnis der Leistungsbeurteilung ergibt sich die *Vereinbarung der entwicklungsbezogenen Ziele* (Phase 6). Dabei ist es wichtig, nicht zu jedem Leistungskriterium nach Verbesserungsmöglichkeiten zu suchen, sondern sich nur auf die größten Abweichungen zu konzentrieren. So kann zur Förderung der Teamfähigkeit beispielsweise eine engere Arbeit mit einer relevanten Abteilung angestrebt werden. Die Zielvereinbarung im Rahmen des Feedbackgesprächs darf nur als eine Initiierung betrachtet werden. Eine Zielsetzung findet nicht nur einmal im Jahr statt und außerdem können sich zu einem späteren Zeitpunkt neue Ziele ergeben. Auch bereits festgelegte Ziele können sich im Laufe der Zeit verändern oder werden konkreter. Die Zielsetzung ist mithin als ein kontinuierlicher Prozess aufzufassen.

Sofern Ziele vereinbart wurden, sollen auch *Maßnahmen* (Phase 7) festgelegt werden, welche die Zielerreichung fördern. Solche Maßnahmen können beispielsweise eine bestimmte Schulung, Mentoring oder eine stärkere Unterstützung durch den Vorgesetzten sein.

In der letzten Phase des Feedbackgesprächs (Phase 8) werden wichtige Beschlüsse noch einmal zusammengefasst. Die Führungskraft soll hier vor allem einen durch positive Stimmung gekennzeichneten *Abschluss* anstreben. Das ist aus dem Grund wichtig, weil der Selbstwert des Mitarbeiters durch die Leistungsbeurteilung beeinflusst und in manchen Fällen sogar verletzt werden kann. Ein positiver Abschluss erhält das positive Klima aufrecht und fördert eine effektive Zusammenarbeit in der Zukunft.

Neben einer gründlichen Vorbereitung und den verschiedenen Phasen sollte die Führungskraft noch einige Gesprächsregeln beachten, damit das Feedbackgespräch tatsächlich gelingt. Auch wenn die Führungskraft bemüht ist, ausreichend Zeit für das Feedbackgespräch einzuplanen, werden beide Gesprächspartner nicht alles Relevante ansprechen und ausdiskutieren können. Daher ist die Setzung von inhaltlichen Schwerpunkten sinnvoll. Auch wenn dadurch einige Themen vielleicht wegfallen, soll die Führungskraft darauf achten, die Informationsmenge richtig zu dosieren. Jeder Mensch hat nur eine begrenzte Informationsverarbeitungskapazität. In solchen Fällen gilt: »Weniger ist manchmal mehr«. Genauso empfehlenswert sind die Zusammenfassung und das Wiederholen von wichtigen Punkten und Beschlüssen.

Bei der *Nachbereitung des Gesprächs* stehen vor allem zwei Ziele im Fokus. Zum einen soll das Feedbackgespräch an sich evaluiert werden. Dabei wird die Führungskraft rekapitulieren, ob sie alle eingeplanten Punkte angesprochen und alle Ziele erreicht hat. Wodurch kann der Gesprächsablauf in Zukunft noch verbessert werden? Welche Strategien und Gesprächstechniken erwiesen sich als hilfsreich und welche nicht? Zum anderen dient die Nachbereitung einer gründlichen Ausdifferenzierung der geplanten Ziele und (Entwicklungs-)Maßnahmen. Dabei ist der Mitarbeiter genau so gefragt wie die Führungskraft (Muck & Schuler, 2004). Die zeitnahe und genaue Umsetzung der getroffenen Vereinbarungen steigert zusätzlich die Glaubwürdigkeit der Führungskraft und führt zu einer höheren Zufriedenheit bei dem Mitarbeiter (Lohaus, 2009).

10.9 Fazit

Mit dem Feedbackgespräch schließt der Leistungsbeurteilungsprozess ab. In diesem wird die Leistung des Mitarbeiters für die vergangene Periode rückgemeldet und neue Ziele und Maßnahmen werden festgelegt. Das Feedbackgespräch ist ein wichtiges Führungsinstrument und hat eine Auswirkung nicht nur auf die Motivation und Zufriedenheit des Mitarbeiters, sondern auch auf die Wahrnehmung der Leistungsbeurteilung und insbesondere des Leistungsbeurteilungssystems. Richtig durchgeführt, erbringen Feedbackgespräche einen enormen Gewinn für die Organisation und ihre Mitarbeiter.

10.10 Vertiefende Literatur

Felfe, J. (2009). Mitarbeiterführung. Göttingen: Hogrefe.

Kolev, N. & Möller, J. H. (2009). Entwicklung und Einführung eines Leistungsbeurteilungssystems am Beispiel einer Kreisverwaltung. In: T. Brandenburg & M. T. Thielsch (Hrsg.), Praxis der Wirtschaftspsychologie. Themen und Fallbeispiele für Studium und Anwendung. Münster: MV Wissenschaft S. 193-207.

Lohaus, D. (2009). Leitungsbeurteilung. Göttingen: Hogrefe.

Schuler, H. (Hrsg.). (2004). Beurteilung und Förderung beruflicher Leistung (2. Aufl.). Göttingen: Hogrefe.

11. Evaluation und Optimierung

Die psychologische Forschung liefert zahlreiche Hinweise darauf, wie effektive Leistungsbeurteilungssysteme zu entwickeln sind. Ob und inwieweit ein konkretes System die erzeugten Erwartungen de facto erfüllt, zeigt sich erst in den Ergebnissen einer systematischen Evaluation. Im Folgenden beschreiben wir zunächst die grundlegenden methodischen Prinzipien, nach denen eine solche Evaluation ablaufen sollte, ehe in einem zweiten Schritt die praktische Umsetzung skizziert wird. Der dritte Abschnitt liefert schließlich ein konkretes Praxisbeispiel.

11.1 Prinzipien

Ziel der Evaluation eines Leistungsbeurteilungssystems ist es, dessen Funktion zu hinterfragen und Hinweise auf mögliche Defizite des Verfahrens zu erhalten. Die Evaluation bietet somit die Basis für diverse Bemühungen um eine Optimierung des Systems. Die Ansatzpunkte können dabei vielfältig sein. Möglicherweise vergeben die Führungskräfte überwiegend Spitzenbenotungen und führen somit das gesamte System ad absurdum. Aus der Sicht der Mitarbeiter könnte zu beklagen sein, dass die Leistungskriterien nicht nachvollziehbar sind, der Führungskraft viel Platz für Willkürentscheidungen lassen oder der eigene Arbeitsplatz in seiner Besonderheit nicht hinreichend berücksichtigt wird. Weitere Schwachstellen verbergen sich ggf. in der Durchführung der Feedbackgespräche, in denen die Führungskraft mit jedem Mitarbeiter das Ergebnis der Bewertung bespricht. Werden die Bewertungen nachvollziehbar begründet? Hat jeder Mitarbeiter die Gelegenheit sich zu erklären? Bietet die Führungskraft Unterstützung bei der Überwindung von Leistungsdefiziten? Dies sind nur einige Fragen, die sich im Rahmen einer Evaluation stellen könnten.

In Kapitel 5 sind wir bereits kurz auf die Prinzipien einer aussagekräftigen Evaluation eingegangen. Dies soll hier noch einmal aufgegriffen werden. Im Kern der Evaluation geht es darum, dass man die betroffenen Personen fragt, welche Erfahrungen sie mit dem neuen Leistungssystem gemacht haben. Dies geschieht nachdem ein Beurteilungszyklus komplett durchlaufen wurde, die Beurteilung durch die Vorgesetzten also erfolgt und die Feedbackgespräche abgeschlossen sind. Die Befragung richtet sich dabei sowohl an die Mitarbeiter als auch an die Führungskräfte. Darüber hinaus kann man sich anschauen, welche Punktwerte die Vorgesetzten vergeben haben. Hier interessiert insbesondere die Häufigkeit extrem positiver Bewertungen, die bei einem durchdachten Beurteilungssystem eigentlich nur sehr selten auftreten dürften. Beides zusammengenommen – die Befragung der Betroffenen sowie die Erfassung der vergebenen Punktwerte – wird nachfolgend als *Datenerhebung* bezeichnet. Die soeben skizzierte Untersuchung entspricht dem *Untersuchungsdesign A* in Abbildung 11-1. Sofern in der Praxis überhaupt Evaluationsstudien durchgeführt werden, folgen sie meist dieser sehr einfachen Struktur. Der Vorteil liegt vor allem darin, dass man sich auch kurzfristig für eine solche Untersuchung entscheiden kann, beispielsweise, wenn man nach zwei Jahren den diffusen Eindruck hat, das neue Beurteilungssystem weise Schwächen auf. Der Aufwand hält sich im Vergleich zu anderen Untersuchungsplänen (s. u.) deutlich in Grenzen. Eine solch einfach angelegte Evaluationsstudie ist besser als gar keine Studie. Doch es geht noch deutlich besser.

Schauen wir uns im Vergleich das *Untersuchungsdesign B* an (Abbildung 11-1). Hier treffen wir auf zwei Datenerhebungen. Eine erfolgt vor der Implementierung des Leistungsbeurteilungssystems, eine zweite unmittelbar danach. Der Grund für den größeren Aufwand mag auf den ersten Blick ein wenig spitzfindig erscheinen. Beschränkt man sich wie beim Design A auf eine Datenerhebung nach der Durchführung der Leistungsbeurteilung, kann man nicht ganz sicher sein, ob die gewonnenen Ergebnisse tatsächlich eine Folge des Leistungsbeurteilungssystems darstellen. Es könnte beispielsweise sein, das die befragten Mitarbeiter grundsätzlich dazu neigen, in jedweder Befragung ein besonders positives Bild zu zeichnen, da es in ihrem Unternehmen keine Kultur der konstruktiven Kritik gibt. Sie haben ganz einfach gelernt, dass man den wenigsten Ärger bekommt, wenn man alles schönredet. Umgekehrt könnte man sich aber auch in einem Umfeld des Jammern und Meckerns bewegen, in den es zum guten Ton gehört, immer alles in dunklen Farben zu malen. Beschränkt man sich auf eine Datenerhebung nach der Durchführung der Leistungsbeurteilung, so können sich derartige Effekte ungehindert auf die Bewertung des Beurteilungssystems auswirken. Im ersten Fall würde man z. B. zu dem Ergebnis kommen, dass das Beurteilungssystem ganz hervorragend bei den Betroffenen ankommt, während man im zweiten Fall eigentlich sofort wieder in die Phase der Neukonstruktion eintreten möchte. Führt man hingegen eine Voruntersuchung durch, so kann man sich gegen entsprechende Fehlschlüsse zum Teil wappnen. Hierzu bildet man einfach die Differenz zwischen der ersten und zweiten Datenerhebung und rechnet damit gewissermaßen die verzerrenden Effekte heraus. Richten sich die Fragen vor der Einführung des neuen Beurteilungssystems auf ein älteres System, so zeigt die Differenz zwischen beiden Datenerhebungen den tatsächlichen Effekt auf, der durch das neue Leistungsbeurteilungssystem erzielt wurde.

Nun könnte man einwenden, dass auch dieses Untersuchungsdesign Mängel aufweist. Nehmen wir einmal an, der Vergleich zwischen Vor- und Nachuntersuchung ergibt ein positives Ergebnis für das neue Leistungsbeurteilungssystem. Wissen wir nun aber auch, ob eine weitere Variante eines solchen Beurteilungssystems nicht deutlich besser abgeschnitten hätte? Nein, das können wir nicht wissen. Will man diesbezüglich ganz sicher gehen, muss die Studie entsprechend ausgeweitet werden. *Untersuchungsdesign C* gibt hierfür ein Beispiel. An die Seite des uns primär interessierenden Beurteilungssystems X tritt das Beurteilungssystem Y, das ebenfalls wie in Untersuchungsdesign B beschrieben analysiert wird. Nach Abschluss der Datenerhebungen sind nun zwei Vergleiche möglich. Zum einen vergleicht man jeweils die Ergebnisse von Vor- und Nachtest. Auf diesem Weg erfährt man etwas über die absolute Bewertung des jeweiligen Systems. Zum anderen vergleicht man die beiden Systeme untereinander und kann somit eine Aussage über den relativen Effekt des neuen Beurteilungssystems treffen. Es ist offensichtlich, dass der Untersuchungsplan C einen erheblichen Mehraufwand zur Folge hat. In der Praxis wird man ihn bestenfalls in Großunternehmen realisieren können, wenn beispielsweise an unterschiedlichen Standorten verschiedene Beurteilungssysteme nebeneinander existieren.

Die vorgestellten Untersuchungspläne sind nur Beispiele für eine bunte Vielfalt diverser Experimentaldesigns (vgl. Bungard, Holling & Schulz-Gambard, 1996). Die meisten dieser Pläne lassen sich jedoch nur mit relativ großem Aufwand realisieren. Dabei gilt das Prinzip, je mehr Aufwand man betreibt, desto eindeutiger sind die Ergebnisse zu interpretieren.

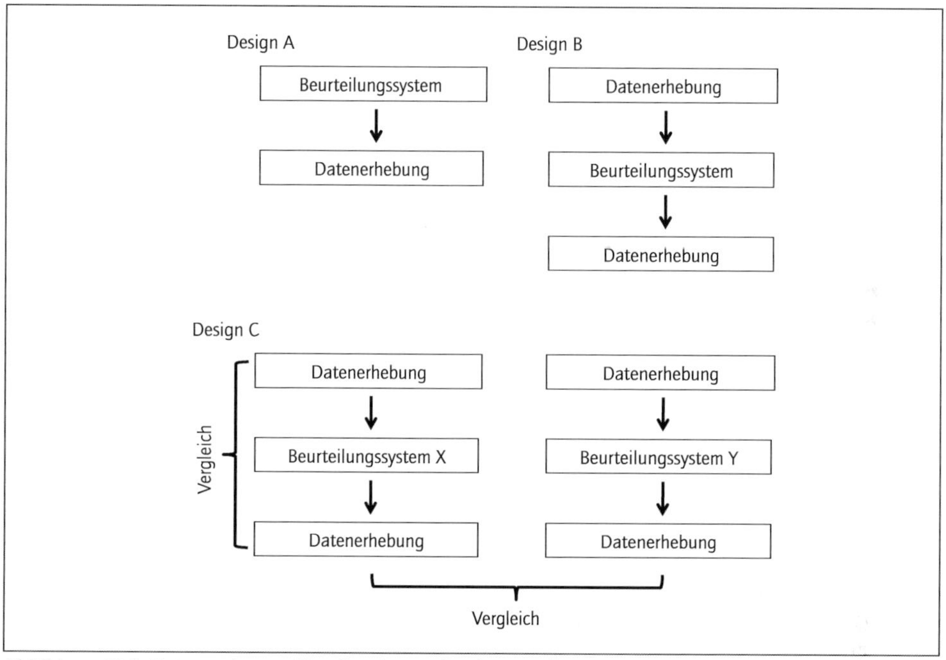

Abbildung 11-1: Untersuchungspläne für eine Evaluationsstudie

11.2 Umsetzung

Die Datenbasis einer aussagekräftigen Evaluation bieten nicht vereinzelte Gespräche, die man mit Betroffenen geführt hat, sondern eine repräsentative Umfrage unter allen Beteiligten. In der Regel strebt man dabei eine Befragung aller betroffenen Mitarbeiter. In Großunternehmen mit mehreren zehn- oder hunderttausend Mitarbeitern könnte man aus Gründen der Kosteneinsparung auch eine *repräsentative Stichprobe* ziehen. In der Regel wird man sich aber auch hier für eine *Kompletterhebung* entscheiden, um damit gegenüber den Beschäftigten zu demonstrieren, wie sehr man an der Meinung jedes Einzelnen interessiert ist. Dabei ist zu bedenken, dass nahezu alle Führungskräfte selbst auch eine Position als Mitarbeiter gegenüber ihren eigenen Vorgesetzten einnehmen. Auch sie müssen daher den Mitarbeiterfragebogen ausfüllen. Lediglich die oberste Führungsebene ist hiervon ausgenommen. Interessiert man sich neben der Perspektive der Mitarbeiter auch noch für die Sichtweise derjenigen, die eine Bewertung vornehmen, so ist hierfür eine zusätzliche Befragung anzusetzen. Für die meisten Führungskräfte bedeutet dies, dass sie zweimal befragt werden. Einmal bezieht sich die Befragung auf ihre Rolle als Führungskraft, die Bewertungen ihrer Mitarbeiter vornimmt, ein zweites Mal auf ihre Rolle als Mitarbeiter, der von seinem Vorgesetzten beurteilt wird.

Handelt es sich nicht um ein Kleinunternehmen mit weniger als 20 Mitarbeitern, ist damit bereits eine Entscheidung für die bevorzugte Methode getroffen. Interviews scheiden aufgrund des großen Aufwandes aus. An ihre Stelle tritt ein *Fragebogen*, der – wenn möglich – per Intra- oder Internet appliziert wird. Dies hat den Vorteil, dass man keine Papierfragebögen verteilen und einsammeln muss und anschließend auch die mitunter mühsame Eingabe tausender Einzeldaten in den Computer entfällt. Die Mitarbeiter erhalten stattdessen per Mail eine Einladung zur Befragung, füllen den Bogen am Computer aus und senden die Daten in eine Datenbank. Vor hier aus werden sie später direkt in ein Statistikprogramm eingelesen und ausgewertet. Verschiedene kommerzielle Anbieter von Software zur Mitarbeiterbefragung stellen eigene Auswertungsmodule zur Verfügung, mit deren Hilfe auch statistisch Ungeübte grundlegende Auswertungen vornehmen können. Mitunter ergeben sich nach der Auswertung spezifischere Fragen, die dann ggf. im Rahmen von Interviews mit einer kleineren Stichprobe von Menschen beantwortet werden können.

Die Entwicklung des Fragebogens erfolgt prinzipiell durch die *Projektgruppe* zur Einführung des Leistungsbeurteilungssystems (vgl. Kapitel 5). Liegen hier keine hinreichenden Kompetenzen im Bereich der empirischen Sozialforschung vor, empfiehlt sich die Hinzuziehung *externer Experten*. Als Basis für die eigene Befragung könnte man auch auf den weiter unten vorgestellten Evaluationsfragebogen zurückgreifen. Wichtig ist, dass man sich im Vorfeld genau überlegt, welche Fragen man mithilfe der Evaluation beantworten möchte und nicht einfach durch freies Assoziieren eine Vielzahl von Fragen erzeugt, die den Fragebogen unnötig aufblähen und später dann doch nicht sinnvoll ausgewertet werden können. Steht das fertige Messinstrument, empfiehlt sich ein kleiner Vortest. Hierzu gibt man den Fragebogen einer Stichprobe von maximal zehn Personen zur Bearbeitung und fragt diese anschließend, ob alles verständlich war bzw. ob ihnen etwas negativ aufgefallen ist. Ersteres ist nur dann sinnvoll, wenn man auf Mitarbeiter mit geringem Bildungsniveau zurückgreift. Ist für sie der Fragebogen verständlich, dürften bei Mitarbeitern mit höherem Bildungsniveau ebenfalls keine Probleme auftreten.

Die Dauer des Ausfüllens eines Fragebogens wird übrigens meist überschätzt. Wenn man pro Frage sechs Sekunden für das Lesen und Beantworten einplant, sollten damit die meisten Mitarbeiter auskommen. Kalkuliert man mit zehn Sekunden pro Frage dürften auch die langsameren Mitarbeiter hinreichend viel Zeit haben. Um nicht missverstanden zu werden, es geht nicht darum, den Probanden eine Maximalzeit für die Bearbeitung des Fragebogens vorzugeben, sondern allein um die Einschätzung, wie viele Fragen man den Mitarbeitern zumuten kann. Bei etwa 100 Fragen sollte die

Obergrenze liegen. Selbstverständlich darf jeder den Fragebogen so langsam bearbeiten, wie er möchte.

Bereits im Vorfeld des *Vortests* müssen die Mitarbeiter darüber informiert werden, dass eine Evaluation bevorsteht. Wurde die Einführung eines neuen Leistungsbeurteilungssystems durch Informationsveranstaltungen für die Mitarbeiter begleitet (vgl. Kapitel 5), ist dies ohnehin schon geschehen. Würde man auf eine Vorinformation verzichten, besteht die Gefahr, dass die Voruntersuchung sich informell herumspricht und für Unruhe sorgt. Da man nichts zu verbergen hat, und die Evaluation voll und ganz im Interesse der Beschäftigten liegt, kann man hier von Vornherein mit offenen Karten spielen.

Zu Beginn der eigentlichen Befragung werden die Mitarbeiter in einem *Anschreiben der Firmenleitung* um ihre Teilnehme gebeten. Dabei wird der Nutzen der Befragung kurz erläutert und eine Information über die Ergebnisse der Befragung angekündigt. Selbstverständlich ist es den Mitarbeitern erlaubt, den Fragebogen während der Arbeitszeit auszufüllen.

Der Zeitraum der Befragung sollte *eindeutig befristet* werden. Ansonsten läuft man Gefahr, dass viele Mitarbeiter das Ausfüllen weit nach hinten schieben und letztlich den Fragebogen überhaupt nicht ausfüllen. Ein offiziell angegebener Zeitraum von zehn bis vierzehn Tagen ist ausreichend. Ferienzeiten sind zu umgehen. Kurz vor Abschluss des Zeitraums verschafft man sich einen Überblick über die bislang eingegangenen Fragebögen und verlängert den Zeitraum um weitere zehn Tage. Hierzu wird eine Mail verschickt, in der man den Mitarbeitern, die den Bogen bereits ausgefüllt haben, für ihre Unterstützung dankt. Die Übrigen bittet man, sich trotz ihrer eng bemessenen Zeit einige Minuten für die Bearbeitung des Fragebogens zu nehmen. Die ohnehin eingeplante Verlängerung des Zeitraums stellt man also als eine spontane Aktion dar, mit der man allen Mitarbeitern die Möglichkeit zur Teilnahme einräumen möchte. In aller Regel führt das noch einmal zu einem Schub eingehender Fragebögen. Nach Abschluss der zweiten Frist wird die Befragung beendet.

Zur *Analyse der Daten* stehen zahlreiche Möglichkeiten zur Verfügung. Meist beschränkt man sich auf deskriptivstatistische Analysen, schaut sich also die Mittelwerte, Streuungen und Häufigkeitsverteilungen der Daten an. Bei tiefer gehenden Analysen (Faktorenanalysen, Korrelationen, Regressionen, Clusteranalyen etc.) empfiehlt sich wiederum der Rückgriff auf externen Sachverstand. Generell ist es bei der Datenanalyse hilfreich, wenn man sich zuvor überlegt, welche Berechnungen in jedem Falle durchgeführt werden müssen, ehe man in einem zweiten Schritt nach der Sichtung der Ergebnisse zielgerichtet weiter in die Tiefe geht. Insbesondere große Datensätze mit vielfältigen Möglichkeiten zur Auswertung von Teilgruppenergebnissen bieten eine unüberschaubare Anzahl von Optionen. Wenn man hier nicht sehr überlegt vorgeht und stattdessen nahezu alles rechnet, was möglich ist, sieht man schon bald den Wald vor lauter Bäumen nicht mehr.

Neben der eigentlichen Datenanalyse kommt der *grafischen Aufbereitung* der Ergebnisse eine große Bedeutung zu. In Abschnitt 11-3 finden sich einige Beispiele. Die grafische Aufbereitung vermittelt einen besseren Überblick und hilft dabei, tiefer gehende Fragestellungen zu formulieren. Zudem ist sie ein unverzichtbares Mittel bei der

Präsentation der Ergebnisse. Die Ergebnisse der Evaluation sollten zunächst im Kreise der Projektgruppe inhaltlich analysiert werden, ehe man damit an die firmeninterne Öffentlichkeit geht. Zur Informierung der Mitarbeiter sowie der Führungskräfte sollte man Informationsveranstaltungen durchführen, bei denen die Ergebnisse erläutert und zudem Fragen beantwortet werden. Zusätzlich kann man die wichtigsten Ergebnisse zum Nachlesen ins Intranet stellen. Dies ist insbesondere für Mitarbeiter, die nicht der Informationsveranstaltung beiwohnen konnten, von Bedeutung.

Letztlich dient die Evaluation der *Ableitung notwendiger Folgemaßnahmen* zur Optimierung des Leistungsbeurteilungssystems. Auch dies ist eine Aufgabe der Projektgruppe. Mögliche Interventionen können z. B. in der Überarbeitung/Differenzierung der Leistungsbeurteilungsskalen oder der Nachschulung der Führungskräfte bestehen. Bei der Ableitung können Hinweise und Ideen aus den Informationsveranstaltungen hilfreich sein. Wurden erste Interventionsvorschläge bereits vor den Informationsveranstaltungen abgeleitet, so sollten sie in den Mitarbeiterveranstaltungen präsentiert und erläutert werden.

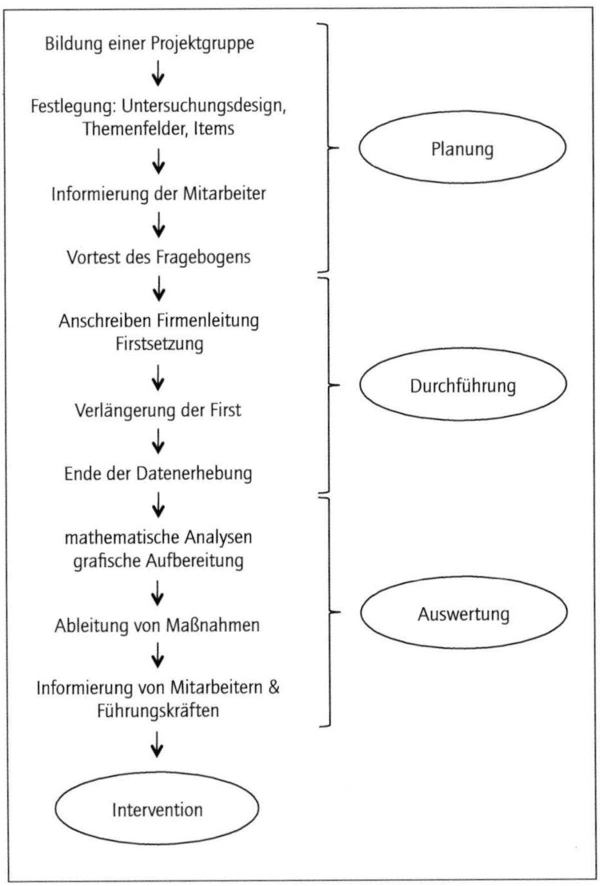

Abbildung 11-2: Prozess der Evaluation

Abbildung 11-2 bildet den Prozess der Planung, Durchführung und Auswertung einer Evaluationsstudie im Überblick ab. Abb. 11-3 fasst zudem die wichtigsten Empfehlungen zur Evaluation eines Leistungsbeurteilungssystems zusammen. Wer sich umfassend über die Durchführung von Mitarbeiterbefragungen informieren möchte, dem sei das Buch von Ingwer Borg (2000) ans Herz gelegt.

- Im Zentrum des Interesses steht die Sichtweise der Mitarbeiter, die von ihren Führungskräften hinsichtlich der Leistung beurteilt werden.
- Ergänzend wird die Perspektive der Führungskräfte untersucht.
- In aller Regel erfolgt eine Befragung aller Mitarbeiter (alternativ: repräsentative Stichprobe ziehen).
- Einsatz der Fragebogentechnik (ggf. ergänzend Interviews)
- Entwicklung des Fragebogens in der Projektgruppe ggf. unter Hinzuziehung externer Experten für empirische Sozialforschung
- Der Fragebogen sollte nicht mehr als 100 Fragen umfassen.
- Überprüfung der Verständlichkeit des Fragebogens anhand einer kleinen Stichprobe von Mitarbeitern mit geringem Bildungsniveau
- Befragung per Intra- oder Internet
- Die Mitarbeiter werden im Vorfeld darüber informiert, dass eine Befragung zur Evaluation des Leistungsbeurteilungssystems stattfinden wird.
- In einem Schreiben der Firmenleitung werden die Mitarbeiter zur Teilnahme motiviert.
- Die Datenerhebung erfolgt während der Arbeitszeit.
- Den Mitarbeitern wird eine überschaubare Zeit zur Bearbeitung des Fragebogens (10-14 Tage) eingeräumt. Danach erfolgt eine Verlängerung der Frist um etwa weitere 10 Tage.
- Die Datenanalyse erfolgt gezielt und ggf. unter Zuhilfenahme externen Sachverstandes.
- Die Ergebnisse werden grafisch aufbereitet und den Mitarbeitern in einer Informationsveranstaltung präsentiert sowie erläutert.
- Die wichtigsten Ergebnisse können im Intranet nachgelesen werden.
- Die Projektgruppe entwickelt ggf. Interventionsstrategien, die sich aus den Ergebnissen ableiten lassen (z. B. Nachschulung einzelner Führungskräfte, Überarbeitung der Beurteilungsskalen).

Abbildung 11-3: Empfehlungen zur Umsetzung eines Evaluationsprojektes

11.3 Praxisbeispiel

In folgenden Abschnitt wird ein Evaluationsprojekt vorgestellt, dass die Autoren des vorliegenden Buches durchgeführt haben. Die Darstellung gliedert sich in drei Schritte. Zunächst geht es um die Perspektive der Mitarbeiter, anschließend um die Perspektive ihrer Führungskräfte. In beiden Fällen erfolgt eine internetgestützte Befragung. Der dritte Abschnitt verdeutlicht darüber hinaus, wie man die von den Führungskräften im Zuge der Leistungsbeurteilung vergebenen Punktwerte zum Zwecke der Evaluation auswerten kann.

11.3.1 Perspektive der Mitarbeiter

Im Rahmen der Praxisprojekte, die unserem Buch zugrunde liegen, wurde u. a. ein Evaluationsfragebogen entwickelt, der nun auch anderen Nutzern zur Verfügung steht. Das Instrument wird nachfolgend beschrieben und steht dem Leser zum Download zur Verfügung (Evaluation).

Die durchgeführte Evaluation entspricht einem Eingruppenplan ohne Pretest (*Design a* in Abbildung 11-1). Auf die Einschränkungen, die mit einem solchen Design einhergehen, wurde weiter oben bereits hingewiesen. Leider war eine Kontrollgruppe in den kooperierenden Organisationen – eine Kreisverwaltung und eine Handwerkskammer – nicht zu ziehen, da die Einführung des neuen Leistungsbeurteilungssystems gleichzeitig flächendeckend für alle Arbeitsplätze erfolgte. Ein Pretest war nicht möglich, da der Auftrag zur Entwicklung des neuen Systems erst nach der zuletzt durchgeführten Beurteilungsrunde erging. Die Entwicklung des neuen Systems erfolgte somit wenige Monate nach Beginn eines Beurteilungszyklusses und wurde am Ende desselben erstmals eingesetzt.

In beiden Teilprojekten kommt derselbe Fragebogen zum Einsatz. Genau genommen wird er im Rahmen der Projekte neu konstruiert. Dabei folgen wir den üblichen Prinzipien der Entwicklung von Messinstrumenten in der Psychologie (vgl. Bühner, 2006): Am Anfang definiert man verschiedene Konzepte, deren Messung interessant erscheint. Hierzu zählt z. B. die Akzeptanz des Leistungsbeurteilungssystems durch die betroffenen Mitarbeiter. Zu jedem Konzept werden in einem zweiten Schritt mehrere Fragen formuliert, die unterschiedliche Facetten des Konzeptes abbilden. Anschließend lässt man den so entstandenen Fragebogen von einer großen Mitarbeiterzahl bearbeiten und wertet die Ergebnisse statistisch aus. Dabei kommen mehrere Verfahren zum Einsatz (z. B. Faktoren- und Reliabilitätsanalysen), mit deren Hilfe verschiedene mathematische Kennwerte (z. B. Faktorenladungen und Reliabilitätskoeffizienten) berechnet werden. Auf eine tiefer gehende Darstellung des Vorgehens soll an dieser Stelle verzichtet werden. Wichtig für den Anwender ist, dass am Ende dieses Prozesses jedes Konzept über mehrere Fragen erfasst wird, die gemeinsam eine zuverlässige Messung des Konzeptes ermöglichen.

Warum misst man nun aber jedes Konzept mit mehreren Fragen? Ist das nicht eine Verschwendung von Arbeitszeit? Schließlich müssen die Mitarbeiter später vielleicht 60 oder mehr Fragen beantworten, obwohl damit doch möglicherweise lediglich zehn Konzepte gemessen werden. Die Antwort auf diese Frage führt uns zu dem Phänomen des *Messfehlers*. Jede Messung – sei es nun eine psychologische Untersuchung mit einem Fragebogen, ein Einstellungsinterview, eine medizinische Untersuchung oder das Abwiegen eines Gewichtes auf der heimischen Küchenwaage – geht mit einem mehr oder minder großen Messfehler einher. Verdeutlichen wir uns dies am Beispiel der Küchenwaage. Angenommen, man müsste eine bestimmte Menge Mehl abwiegen und würde dabei fünf verschiedene Küchenwaagen einsetzen, so würde man feststellen, dass wahrscheinlich alle Messungen geringfügig voneinander abweichen. Letztlich ist nicht zu sagen, welche der Messungen den wahren Wert ergibt und welche eine Verzerrung desselben repräsentiert. Will man sich dem tatsächlichen Wert möglichst weit annähern, sollte man viele Messungen durchführen und anschließend den Mittelwert (arithmetisches Mittel) über alle Einzelmessungen berechnen. Durch dieses Vorgehen gleichen sich starke Überschätzungen und starke Unterschätzungen gegenseitig aus. Je mehr Einzelmessungen man dabei zugrunde legt, desto näher kommt man dem wahren Wert, da sich die Messfehler der einzelnen Messungen immer stärker gegenseitig aufheben. In Fachtermini ausgedrückt kann man sagen, dass die Zuverlässigkeit (»*Reliabilität*«) der Gesamtmessung (= Mittelwert) mit der Anzahl der Einzelmessungen ansteigt. Analog verhält es sich bei jedem Fragebogen. Erfasst man ein Konzept mit nur einer Frage, ist mit einem großen Messfehler zu rechnen. Je mehr Fragen man jedoch zur Messung des Konzeptes einsetzt, um anschließenden einen Mittelwert über die Einzelantworten zu berechnen, desto geringer fällt der Messfehler insgesamt betrachtet aus.

In der Psychologie hat sich bereits vor Jahrzehnten eine mathematische Kenngröße etabliert, die eine Schätzung des Messfehlers erlaubt (vgl. Bühner, 2006). Sie gilt für sämtliche Messinstrumente, also beispielsweise auch für Fragebögen und Testverfahren, die in der Personalauswahl Verwendung finden (vgl. Kanning, 2004). Die Kenngröße bewegt sich zwischen 0 und 1. Ein Wert von 0 würde bedeuten, dass das entsprechende Verfahren maximal durch Messfehler kontaminiert ist. Eine Untersuchung mit einem solchen Instrument wäre ohne jeden Aussagewert. Ebenso gut könnte man das Ergebnis der Untersuchung per Los festlegen, zu einem Pendel greifen oder den nächsten Kaffeesatz lesen. Ein Wert von 1 würde hingegen bedeuten, dass überhaupt keine Messfehler vorliegen. Solche Messinstrumente sind nur theoretisch denkbar. Sie existieren in der Praxis nicht. Als Konvention hat sich in der Psychologie durchgesetzt, dass der Reliabilitätskoeffizient mindestens einen Wert von .70 aufweisen sollte (Lienert & Raatz, 1998).

Auch wir haben die Reliabilität für die einzelnen Skalen des Evaluationsfragebogens berechnet bzw. die Fragen so ausgewählt, dass eine zufriedenstellende Reliabilität resultiert (vgl. Tabelle 11-3). Unter einer »*Skala*« versteht man in diesem Zusammenhang die einander zugehörigen Fragen, mit denen ein bestimmtes Konzept (z. B. Akzeptanz) erfasst wird.

Der Fragebogen umfasst 10 Skalen, von denen sich jeweils die Hälfte auf das Leistungsbeurteilungssystem bzw. auf das Feedbackgespräch beziehen, in dem die Führungskraft ihren Mitarbeitern das Ergebnis der Beurteilung mitteilt (vgl. Tabelle 11-1). Schauen wir uns diese Skalen einmal näher an:

(1) *Partizipation*; Die Items dieser Skalen beziehen sich auf die Frage, inwieweit die Mitarbeiter – vertreten durch den Betriebsrat – bei der Entwicklung des Leistungsbeurteilungssystems ihre Interessen einbringen konnten. Dabei geht es nicht um die objektiven Mitwirkungsmöglichkeiten, sondern um die subjektive Wahrnehmung der Befragten. Die Subjektivität ist an dieser Stelle wichtig, da es nicht ausreicht, die Mitarbeitervertretung »im Verborgenen« einzubinden. Man sollte in Informationsveranstaltungen zur Einführung des neuen Systems (s. o.) vielmehr deutlich darauf hinweisen, dass das Leistungsbeurteilungssystem ge-

meinsam mit den Vertretern des Betriebsrates erarbeitet wurde. Dies schafft von vornherein Vertrauen und trägt dazu bei, dass die Mitarbeiter das neue System erst einmal akzeptieren.

(2) *Transparenz der Entwicklung*; Die Entwicklung des neuen Leistungsbeurteilungssystems sollte durch eine intensive Aufklärung der Mitarbeiter begleitet werden. Dies kann z. B. in Form von Informationsveranstaltungen geschehen (vgl. Kapitel 5 & 12). Bei einem fundierten System gibt es nichts zu verheimlichen. Im Gegenteil, durch die Offenlegung des Vorgehens schafft man die Basis für Vertrauen und Akzeptanz. Beides ist wichtig, da man letztlich nicht gegen, sondern gemeinsam mit den Mitarbeitern an einer Optimierung der Arbeitsergebnisse arbeiten möchte. Die Fragen zur Transparenz der Entwicklung hinterfragen, ob und inwieweit die Mitarbeiter sich über die Entwicklung des Verfahrens hinreichend informiert fühlen.

(3) *Transparenz des Leistungsbeurteilungssystems*; Transparenz ist jedoch nicht nur bezogen auf die Entwicklungsphase, sondern auch im Hinblick auf das fertige Beurteilungsinstrument – also das Ergebnis des Entwicklungsprozesses – wichtig. Hierauf beziehen sich die Fragen zum dritten Konzept des Evaluationsfragebogens.

(4) *Akzeptanz*; Das vierte Konzept fragt nach der Bewertung des Leistungsbeurteilungssystems durch die Mitarbeiter. Dabei beziehen sich die Fragen sowohl auf die Gruppierung der Arbeitsplätze zu Clustern als auch auf die der Bewertung zugrunde gelegten Kriterien beruflicher Leistung.

(5) *Augenscheinvalidität*; Der Begriff der Validität bezieht sich in der Diagnostik auf die Frage, inwieweit ein Messinstrument in der Lage ist, ein bestimmtes Merkmal tatsächlich zu erfassen. Im Falle eines Einstellungsinterviews könnte man die Validität des Verfahrens z. B. untersuchen, indem man durch eine empirische Studie prüft, wie gut das Interview den beruflichen Erfolg der eingestellten Bewerber prognostizieren kann. Von Augenscheinvalidität spricht man, wenn diese Überprüfung nicht durch eine Studie, sondern lediglich »per Augenschein« erfolgt. So würde man beispielsweise bei einer Arbeitsprobe, mit deren Hilfe reale Situationen aus dem Berufsalltag simuliert werden, zu Recht davon ausgehen, dass hiermit berufsrelevante Informationen über einen Bewerber eingeholt werden. Bezogen auf unser Projekt bedeutet eine hohe Augenscheinvalidität, dass das Leistungsbeurteilungssystem in den Augen der befragten Mitarbeiter tatsächlich in der Lage ist, die berufliche Leistung eines Menschen objektiv abzubilden.

(6) *Differenziertes Feedback*; Die Ergebnisse der Leistungsbeurteilungen werden den Mitarbeitern in einem Feedbackgespräch mitgeteilt. Ziel dieses Gespräches ist es jedoch, die Ergebnisse nicht nur mitzuteilen – hierzu würde ggf. auch eine E-Mail ausreichen –, sondern auch zu erläutern und ggf. Perspektiven für die Zukunft zu entwickeln. Die sechste Skala des Fragebogens bezieht sich daher auf das Verhalten der Führungskraft im Feedbackgespräch. Einen hohen Wert erreicht die Führungskraft, wenn sie das Ergebnis der Beurteilung u. a. durch den Einsatz von Beispielen erläutert und zudem Anregungen gibt, wie der Mitarbeiter seine Leistung in der Zukunft verbessern kann.

(7) *Interaktivität*; Das Feedbackgespräch sollte dabei nicht den Charakter einer Einbahnstraße haben. Vielmehr geht es um einen wechselseitigen Austausch von Informationen. So könnte man z. B. gemeinsam darüber nachdenken, welche Rahmenbedingungen einer Entfaltung des vorhandenen Leistungspotenzials des Mitarbeiters im Wege stehen. Darüber hinaus werden insbesondere Mitarbeiter, deren Beurteilung nicht sehr positiv ausfällt, das Bedürfnis haben, sich zu erklären. Das Konzept der Interaktivität bezieht sich auf die Möglichkeit des Mitarbeiters, im Feedbackgespräch Fragen zu stellen und sich selbst einbringen zu können.

(8) *Sandwichmethode*; Die Sandwichmethode ist eine besondere Strategie zur Übermittlung negativer Botschaften im Feedbackgespräch. Dabei wird eine negative Botschaft von zwei positiven Botschaften umrahmt. Bezogen auf ein ganzes Gespräch würde dies bedeuten, dass die Führungskraft zunächst über ein oder zwei Leistungsdimensionen spricht, auf denen ein guter oder sehr guter Punktwert erzielt wurde, ehe man sich den defizitären Leistungsbereichen zuwendet. Zum Anschluss des Gespräches kommt man dann erneut auf positive Leistungsbereiche zu sprechen und gibt dem Gespräch einen insgesamt zuversichtlichen Abschluss. Durch die Einbettung der unangenehmen Information in positive Botschaften sollen sich die Mitarbeiter für eine Auseinandersetzung mit ihren Leistungsdefiziten öffnen. Der einzelne Mitarbeiter wird somit nicht von einer Flut negativer Bewertungen überrollt – was bei vielen Menschen Gegenwehr provoziert –, sondern erlebt eine ausgewogene Bewertung seiner Leistung. Sieht man einmal von extrem leistungsgeminderten Mitarbeitern ab, sollte die Sandwichmethode in nahezu jedem Fall glaubwürdig realisierbar sein. Mit insgesamt vier Fragen wird untersucht, inwieweit in den Feedbackgesprächen die Sandwichmethode eingesetzt wurde.

(9) *Respektvoller Umgang*; Grundsätzlich ist bei jedem Feedbackgespräch zu bedenken, dass es sich hierbei nicht um das Jüngste Gericht handelt. Auch hat man es nicht mit kleinen Kindern zu tun, die für eine Missetat zu bestrafen wären. Trotz ggf. erheblicher Minderleistung eines Mitarbeiters hat er es verdient, dass man ihn nicht beschimpft oder mit Vorwürfen überschüttet. Die neunte Skala erfasst, ob sich die Mitarbeiter im Feedbackgespräch von ihrer Führungskraft respektvoll behandelt gefühlt haben. Dies gilt unabhängig von der Leistung des jeweiligen Mitarbeiters.

(10) *Entwicklungsperspektiven*; Die Leistungsbeurteilung sollte nicht nur dazu dienen den Staus quo festzuhalten. Sie ist – richtig angewandt – auch ein Instrument der Mitarbeiterführung. Will man dies realisieren, muss man gemeinsam mit den Mitarbeitern über die Zeit nach der Leistungsbeurteilung nachdenken. Was muss sich verändern, damit der Mitarbeiter im nächsten Beurteilungszyklus besser abschneidet? Wie kann die Führungskraft den Mitarbeiter dabei unterstützen? Wie ist es um die mittelfristige Entwicklungsperspektive des Mitarbeiters im Unternehmen bestellt? Die Fragen des zehnten Konzeptes zielen darauf ab, inwieweit die Führungskraft dem Mitarbeiter im Feedbackgespräch derartige Entwicklungsperspektiven aufgezeigt hat.

Konzept	Items
Partizipation der Mitarbeiter an der Entwicklung des Leistungsbeurteilungssystems	Der Behindertenbeauftragte war Mitglied der Planungsgruppe. Diese Form der Einbindung in die Entwicklung des neuen Beurteilungssystems ist hinreichend.
	Die Gleichstellungsbeauftragte war Mitglied der Planungsgruppe. Diese Form der Einbindung in die Entwicklung des neuen Beurteilungssystems ist hinreichend.
	Der Personalrat war Mitglied der Planungsgruppe. Diese Form der Einbindung in die Entwicklung des neuen Beurteilungssystems ist hinreichend.
Transparenz der Entwicklung des Leistungsbeurteilungssystems	Mir ist klar, warum mein Arbeitsplatz in das entsprechende Cluster fällt.
	Mir ist klar, nach welchen Prinzipien im Vorfeld der Leistungsbeurteilung die Arbeitsplätze zu Clustern zusammengeführt wurden.
	Mir ist hinreichend klar, nach welchen Prinzipien die Bewertung meiner Leistung vorgenommen wird.
	Ich hatte den Eindruck, dass während der Entwicklung des Beurteilungssystems »mit offenen Karten gespielt wurde«.
Transparenz des Leistungsbeurteilungssystems	Ich wusste, was mich bei der Beurteilung erwartet.
	Ich wusste im Vorfeld des Gespräches, wie das Beurteilungssystem gestaltet sein würde.
	Ich hatte ausreichende Informationen über das Beurteilungssystem.
Akzeptanz der Methode	Das Beurteilungssystem erfasst die für meine Tätigkeit relevanten Kriterien.
	Die Kriterien des Beurteilungssystems waren eindeutig auf die Arbeitsinhalte meiner Stelle bezogen.
	Ich finde die Einteilung der einzelnen Arbeitsplätze in die Cluster ist hinreichend differenziert.
	Die der Beurteilung zugrunde liegenden Kriterien sind angemessen.
Augenscheinvalidität	Jemand, der in dieser Leistungsbeurteilung gut abschneidet, bringt im Berufsalltag auch tatsächlich gute Leistung.
	Ich glaube, dass die Leistungsbeurteilung bei allen Beschäftigten in der gleichen Weise durchgeführt wird.
	Das Leistungsbeurteilungssystem ermöglicht eine vorurteilsfreie Bewertung meiner Leistung.

Konzept	Items
Differenziertes Feedback	Meine Führungskraft hat mir konkrete Anregungen zur Verbesserung meiner Leistung gegeben.
	Meine Führungskraft hat mir hilfreiche Anregungen zur Verbesserung meiner Leistung gegeben.
	Meine Führungskraft untermauerte die Rückmeldung mit konkreten Beispielen.
	Meine Führungskraft hat ihre Beurteilung gut begründet.
Interaktivität im Feedbackgespräch	Ich hatte keine Hemmungen, Fragen über das Beurteilungssystem zu stellen.
	Ich hatte die Möglichkeit, mit meiner Führungskraft meine Beurteilung ausreichend zu besprechen.
	Ich konnte auf Nachfrage detaillierte Informationen zu meiner Bewertung erhalten.
	Ich hatte im Gespräch die Möglichkeit, zur Beurteilung Stellung zu nehmen.
Sandwichmethode	Meine Führungskraft hat mir zunächst positive Rückmeldung gegeben, bevor sie mir kritische Punkte nannte.
	Meine Führungskraft hat mir nicht nur ausschließlich negative Rückmeldungen gegeben.
	Meine Führungskraft hat mir nicht gleich von Beginn des Gespräches an negative Rückmeldung gegeben.
	Meine Führungskraft hat die Rückmeldung mit einem positiven Aspekt meiner Leistung abgeschlossen.
Respektvoller Umgang	Während des Beurteilungsgespräches war meine Führungskraft aufmerksam.
	Während des Beurteilungsgespräches hat meine Führungskraft mich mit Respekt behandelt.
	Ich war zufrieden, wie man mich behandelt hat.
	Meine Führungskraft hat meine Fragen während des Beurteilungsgespräches offen beantwortet.
	Ich wurde während des Beurteilungsgespräches höflich behandelt.
	Ich fühlte mich während des Beurteilungsgespräches ernst genommen.
	Ich habe mich im Beurteilungsgespräch fair behandelt gefühlt.
	Meine Führungskraft hat mich während des Beurteilungsgespräches wertschätzend behandelt.
	Meine Führungskraft war im Beurteilungsgespräch ehrlich zu mir.

Konzept	Items
Entwicklungsperspektive	Ich habe das Gefühl, dass das Beurteilungsgespräch mir dabei hilft, mich beruflich weiterzuentwickeln.
	Während des Beurteilungsgespräches stand meine berufliche Entwicklung genauso im Vordergrund wie die Leistungsrückmeldung.
	Während des Beurteilungsgespräches war stets klar, dass es auch um meine berufliche Weiterentwicklung geht.
	Während des Beurteilungsgespräches wurde stets klar, dass mir meine Leistung zurückgemeldet wird, um dies zukünftig noch stärker zu verbessern.
	Meine Führungskraft hat das Gespräch mit einer Zusammenfassung der Beurteilung und einem Ausblick auf weitere Schritte abgeschlossen.

Tabelle 11-1: Items zur Evaluation eines Leistungsbeurteilungssystems

Die einzelnen Skalen bündeln jeweils 3 bis 9 Fragen. Tabelle 11-1 gibt die Skalen sowie die zugehörigen Fragen wieder. Bei genauerer Betrachtung fällt auf, dass es sich – wie so oft bei psychologischen Fragebögen – eigentlich nicht um Fragen, sondern um Statements handelt.[2] Die Mitarbeiter werden jeweils mit einer Aussage konfrontiert und anschließend gebeten, auf einer fünfstufigen Zustimmungsskala anzugeben, inwieweit die Aussage auf sie zutrifft bzw. nicht zutrifft (vgl. Tabelle 11-2).

		stimme überhaupt nicht zu	stimme nicht zu	teils, teils	stimme zu	stimme völlig zu
1.	Das Beurteilungssystem erfasst die für meine Tätigkeit relevanten Kriterien.	1	2	3	4	5
2	Ich glaube, dass die Leistungsbeurteilung bei allen Beschäftigten in der gleichen Weise durchgeführt wird.	1	2	3	4	5

Tabelle 11-2: Beispiele für die Gestaltung der Antwortvorgaben

Tabelle 11-3 gewährt Einblick in die Reliabilität der zehn Skalen. Es ergeben sich durchweg zufriedenstellende Werte. Bisweilen erreicht die Reliabilität mit Werten $\geq .90$ sogar ein sehr hohes Niveau. Dies gilt ausnahmslos für Skalen, die sich auf die Feedbackgespräche beziehen: differenziertes Feedback, respektvoller Umgang, Entwicklungsperspektive.

2 Als Oberbegriff für Fragen, Statements oder Aufgaben, mit denen man in Studien die Probanden konfrontiert, wird in der Forschung der Begriff »Items« verwendet.

Konzept	Anzahl der Items	Reliabilität
Partizipation der Mitarbeiter an der Entwicklung des Leistungsbeurteilungssystems	3	.83
Transparenz der Entwicklung des Leistungsbeurteilungssystems	4	.81
Transparenz des Leistungsbeurteilungssystems	3	.81
Akzeptanz der Methode	4	.85
Augenscheinvalidität	3	.77
Differenziertes Feedback	4	.90
Interaktivität im Feedbackgespräch	4	.86
Sandwichmethode	4	.71
Respektvoller Umgang	9	.95
Entwicklungsperspektive	5	.91

Tabelle 11-3: Messgenauigkeit der Skalen des Evaluationsfragebogens

Neben der Reliabilität spielt bei der Entwicklung von Skalen deren *Validität* eine wichtige Rolle. Zur Überprüfung der Validität haben wir in unserer Untersuchung die Ergebnisse der zehn Skalen zu zwei Kriterien mathematisch in Beziehung gesetzt. Zum einen handelt es sich dabei um die Gesamtzufriedenheit der Mitarbeiter mit dem neuen Leistungsbeurteilungssystem inklusive Entwicklungs- und Feedbackphase, zum anderen geht es um die wahrgenommene Gerechtigkeit des neuen Systems. Es wird nun jeweils überprüft, ob sich zwischen einer Skala des Fragebogens und diesen beiden Kriterien ein signifikanter statistischer Zusammenhang belegen lässt. Dies geschieht durch die Berechnung von Korrelationskoeffizienten. Ein solcher Koeffizient kann einen Wert zwischen -1 und +1 annehmen. Ein Wert von 0 weist auf einen fehlenden statistischen Zusammenhang hin. Je weiter sich der Koeffizient von 0 entfernt, desto größer ist der Zusammenhang. Dabei ist allerdings das Vorzeichen zu berücksichtigen. Nehmen wir einmal an, man interessiert sich für den Zusammenhang zwischen zwei Variablen A und B. Bei einer positiven, signifikant von 0 abweichenden Korrelation gilt: »Je größer A, desto größer B,« bzw. »Je kleiner A, desto kleiner B.«

und umgekehrt. Im Falle einer signifikant negativen Korrelation gilt hingegen »Je größer A, desto kleiner B.« bzw. »Je kleiner A, desto größer B.« und umgekehrt.

In unserem Falle erwarten wir signifikant positive Korrelationen. Dies ist durchgängig bei allen zehn Skalen und in Bezug auf beide Validierungskriterien der Fall (vgl. Tabelle 11-4). So geht z. B. ein hohes Maß an Partizipation mit einer hohen Zufriedenheit der Mitarbeiter und einer hohen, erlebten Gerechtigkeit des Beurteilungssystems einher. Ganz offensichtlich erfasst der Fragebogen Konzepte, die allesamt wichtig für die Zufriedenheit sowie die Gerechtigkeitswahrnehmung der Mitarbeiter sind. Vor diesem Hintergrund sollten Organisationen, die ein neues Leistungsbeurteilungssystem einführen und selbiges mit dem vorliegenden Evaluationsfragebogen untersuchen, daran interessiert sein, in allen 10 Skalen einen möglichst hohen Wert zu erzielen. Je geringer die Werte ausfallen, desto größer ist der Bedarf, das Leistungsbeurteilungssystem bzw. die Feedbackgespräche zu verbessern. Unsere Berechnungen fußen auf einer Stichprobe von knapp 350 Mitarbeitern aus zwei voneinander unabhängigen Organisationen.

Konzept	Zufriedenheit mit dem Beurteilungssystem	Gerechtigkeit der Bewertung
Partizipation der Mitarbeiter an der Entwicklung des Leistungsbeurteilungssystems	.44	.34
Transparenz der Entwicklung des Leistungsbeurteilungssystems	.69	.60
Transparenz des Leistungsbeurteilungssystems	.42	.42
Akzeptanz der Methode	.63	.61
Augenscheinvalidität	.63	.67
Differenziertes Feedback	.69	.41
Interaktivität im Feedbackgespräch	.65	.41
Sandwichmethode	.51	.33
Respektvoller Umgang	.66	.38
Entwicklungsperspektive	.65	.44

Tabelle 11-4: Validität der Evaluationsskalen

Nun stellt sich die Frage, wie man den Evaluationsfragebogen auswerten kann. Die Auswertung ist vergleichsweise einfach. Hierzu nimmt man die Einzelwerte der Items, die zu einer gemeinsamen Skala gehören, und berechnet ganz einfach den Durchschnittswert (z. B. Item 1 + Item 2 + Item 3 dividiert durch 3). Dies kann entweder durch ein professionelles Statistikprogramm (z. B. SPSS) oder mit Hilfe von Excel geschehen. Anschließend stellt man die Ergebnisse zur besseren Veranschaulichung grafisch dar. Dabei kann es sinnvoll sein, die Befunde verschiedener Abteilungen oder Führungskräfte im Vergleich zueinander zu betrachten. Dies wiederum setzt voraus, dass man im Fragebogen zusätzlich abgefragt hat, aus welcher Abteilung die ausfüllenden Mitarbeiter stammen bzw. auf welche Führungskraft sich ihre Angaben zum Feedbackgespräch beziehen.

In Abbildung 11-4 wird beispielhaft dargestellt, wie ein solcher Vergleich aussehen könnte. In unserem Fall vergleichen wir nicht zwei Abteilungen, sondern zwei Organisationen miteinander. Neben der Darstellung der Mittelwerte wurde zusätzlich mithilfe eines mathematischen Verfahrens (Varianzanalyse) überprüft, ob sich beide Organisationen in den ermittelten Werten signifikant voneinander unterscheiden. Es fällt auf, dass Organisation A (Schwarze Säulen) in den ersten fünf Kriterien signifikant besser abschneidet als Organisation B (weiße Säulen). In den letzten fünf Kriterien ergeben sich hingegen keine signifikanten Unterschiede. Offenbar werden in beiden Organisationen in sehr ähnlicher Weise Feedbackgespräche geführt bzw. von den Mitarbeitern bewertet.

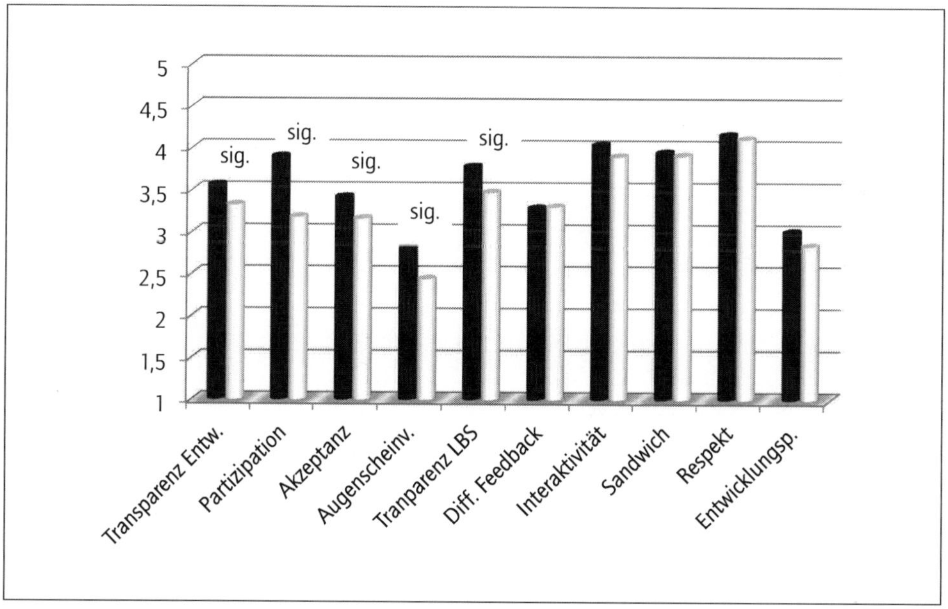

Abbildung 11-4: Vergleich zweier Leistungsbeurteilungssysteme mithilfe des Evaluationsfragebogens

Wie lassen sich aber die Unterschiede in den ersten fünf Skalen erklären? Die Unterschiede beziehen sich auf die Entwicklung des neuen Leistungsbeurteilungssystems sowie auf das Ergebnis dieser Entwicklung. Haben sich beide Organisationen in diesen Punkt deutlich voneinander unterschieden? Ja, so ist es. In Organisation A wurde größter Wert auf eine umfangreiche Information der Mitarbeiter gelegt. Hier wurden insgesamt sechs Informationsveranstaltungen durchgeführt. In Organisation B keine einzige. Mitarbeiter der Organisation A hatten die Möglichkeit, schon Monate vor der eigentlichen Beurteilung die für sie gültigen Beurteilungsskalen aus dem Intranet zu ziehen. Die Mitarbeiter der anderen Organisation bekamen die Beurteilungsskalen erstmals im Feedbackgespräch zu Gesicht. Bei der Bildung der Arbeitsplatzcluster wurde in Organisation A deutlich mehr Arbeit investiert als in der Vergleichsorganisation. Während man im ersten Fall 16 Cluster unterschied, waren es im Zweiten gerade einmal fünf. Alles in allem liegen mithin sehr deutliche Unterschiede vor, die sich in der Bewertung des Verfahrens durch die Mitarbeiter niederschlagen. Die Gleichbewertung der Feedbackgespräche führt dabei zu einer insgesamt unterschiedlichen Einschätzung beider Verfahren. Die Mitarbeiter der Organisation sind insgesamt signifikant weniger zufrieden und erleben das Verfahren als signifikant weniger gerecht als die Mitarbeiter der Organisation B. Hier zeichnet sich für die Organisation B ein deutlicher Nachbesserungsbedarf ab.

Bei Betrachtung der absoluten Höhe der Säulen fällt auf, dass die zwei Säulenpaare *Augenscheinvalidität* und *Aufzeigen der Entwicklungsperspektiven* nach unten hin abweichen. Sie liegen in beiden Organisationen knapp unter dem mittleren Punktwert der Skala von 3 Punkten. Auch hier deutet sich im Vergleich zu den übrigen acht Bereichen ein größerer Veränderungsbedarf ab. Die Augenscheinvalidität könnte man durch eine Überarbeitung der Bewertungskriterien bzw. eine bessere Aufklärung der Mitarbeiter verbessern. Bezogen auf das Feedbackgespräch könnte man die Führungskräfte in einer Nachschulung für das Entwicklungsthema sensibilisieren.

Analog würde man nun im Vergleich zwischen verschiedenen Abteilungen und Führungskräften vorgehen. Dabei mögen sich zum einen Interventionsmöglichkeiten bezogen auf das gesamte Verfahren, zum anderen Schulungsbedarf bei einzelnen Führungskräften abzeichnen. Gerade Letzteres ist nicht zu unterschätzen. Erfahrungsgemäß unterscheiden sich die Führungskräfte sehr deutlich darin, wie sehr sie als Promotor eines neuen Systems auftreten, sich Mühe mit der Leistungsbeurteilung geben sowie in ihren sozialen Kompetenzen, die zur Führung eines gelungenen Mitarbeitergespräches von Nöten sind.

11.3.2 Perspektive der Führungskräfte

Der vorgestellte Evaluationsfragebogen bezieht sich ausschließlich auf die Befragung derjenigen Menschen, die sich im Zuge der Leistungsbeurteilung einer Bewertung durch ihren Vorgesetzten unterziehen müssen. Dabei sind durchaus auch Mitarbeiter mit Führungspositionen einbezogen, sofern sie selbst von der ihnen überstellten Führungsebene in ihrer Leistung beurteilt werden. Darüber hinaus kann man sich im Zuge der Evaluation aber auch für die *Perspektive der Führungskräfte* interessieren. Dabei kann man die Führungskräfte zu denselben Konzepten befragen wie ihre Mitarbeiter; schließlich hat jede Führungskraft ihre eigene Sicht auf die Transparenz der Systementwicklung, die Augenscheinvalidität des Verfahrens oder den Ablauf des Feedbackgespräches. Zur Untersuchung dieser Perspektive müssen die Fragen aus dem Mitarbeiterfragenbogen ggf. nur leicht unterschiedlich formuliert werden (vgl. Tabelle 11-5). Ein solches Vorgehen ermöglicht später einen direkten Vergleich zwischen den Sichtweisen beider Parteien. Hierbei sind signifikante Abweichungen von besonderer Bedeutung. Sie können später ggf. in einer Nachschulung der Führungskräfte aufgegriffen werden. In unseren eigenen Studien zeigt sich, dass die Führungskräfte meist eine etwas positivere Sicht auf das Leistungsbeurteilungssystem und ihr eigenes Verhalten im Feedbackgespräch haben. Letzteres deckt sich mit allgemeinen Befunden zum Vergleich zwischen Selbst- und Fremdbild. Selbstbilder sind meist ein wenig schmeichelhafter als Fremdbilder (Kanning, 2000; Scherm & Sarges, 2002).

Konzept	Mitarbeiterfragebogen	Führungskräftefragebogen
Akzeptanz der Methode	Das Beurteilungssystem erfasst die für meine Tätigkeit relevanten Kriterien.	Das Beurteilungssystem erfasst die für die Tätigkeit meiner Mitarbeiter/innen relevanten Kriterien.
Differenziertes Feedback	Meine Führungskraft hat mir konkrete Anregungen zur Verbesserung meiner Leistung gegeben.	Ich habe meinen Mitarbeiter/innen konkrete Anregungen zur Verbesserung ihrer Leistung gegeben.
Interaktivität im Feedbackgespräch	Ich hatte im Gespräch die Möglichkeit, zur Beurteilung Stellung zu nehmen.	Meine Mitarbeiter/innen hatten im Gespräch die Möglichkeit, zur Beurteilung Stellung zu nehmen.
Sandwichmethode	Meine Führungskraft hat die Rückmeldung mit einem positiven Aspekt meiner Leistung abgeschlossen.	Ich habe die Rückmeldung mit einem positiven Aspekt zur Leistung der Mitarbeiter/innen abgeschlossen.

Tabelle 11-5: Beispiele für unterschiedliche Formulierungen im Mitarbeiter- und Führungskräftefragebogen

Führungskräfte werden durch ein Leistungsbeurteilungssystem in besonderer Weise in Anspruch genommen. Neben ihrer alltäglichen Arbeit müssen sie sich die Zeit für eine aussagekräftige Beurteilung der eigenen Mitarbeiter nehmen, sich auf jedes Gespräch vorbereiten und Selbiges im Nachhinein noch einmal kritisch reflektieren (vgl. Kapitel 5). All dies kostet nicht nur Zeit, sondern setzt auch entsprechende Kompetenzen voraus, die nicht bei jeder Führungskraft von vornherein vorhanden sind. Insbesondere wenn die Führungskräfte zuvor keine Leistungsbeurteilung vornehmen mussten oder Instrumente verwendet wurden, die der Willkür Tür und Tor öffnen (vgl. Kapitel 4), stellt die Einführung eines anspruchsvollen Leistungsbeurteilungssystems für die Führungskräfte eine Herausforderung dar. Auch zu diesem Themenkomplex können Fragen gestellt werden. In Tabelle 11-6 werden Beispiele für entsprechende Fragen gegeben, die in unseren Evaluationsprojekten Verwendung fanden. Die Reliabilität ist für beide der verwendeten Konzepte sehr zufriedenstellend (Schulung: .87; Praktikabilität: .81).

Konzept	Items
Schulung	Ich hatte ausreichend Gelegenheit, mich mit dem Beurteilungssystem auseinanderzusetzen.
	Die Schulung zum Beurteilungssystem hat mir alle nötigen Fertigkeiten vermittelt.
	Es gab ausreichend Schulung zum Beurteilungssystem.
	Die Schulung zum Beurteilungssystem war ausreichend lang.
	Bei der Schulung zum Beurteilungssystem hatte ich ausreichend Möglichkeiten, Unklarheiten zu klären.
Praktikabilität	Das Beurteilungssystem ist insgesamt praktikabel.
	Die Beurteilungsbögen sind gut zu handhaben.
	Die Zeit, die ich zur Beurteilung eines einzelnen Mitarbeiters aufwenden musste, war angemessen.
	Mithilfe des neuen Beurteilungssystems konnte ich die Beurteilung meiner Beschäftigten gut bewältigen.

Tabelle 11-6: Spezifische Fragen für Führungskräfte

11.3.3 Vergebene Leistungspunkte

Neben der Befragung der Mitarbeiter und Führungskräfte empfiehlt es sich, auch die *Bewertungsergebnisse der einzelnen Führungskräfte* unter die Lupe zu nehmen. Hierzu bedarf es keiner gesonderten Studie, da die vergebenen Punktwerte ohnehin in der Personalabteilung gesammelt werden. Ein grundlegendes Problem der Leistungsbeurteilung besteht darin, dass viele Führungskräfte zu gute Bewertungen vornehmen, weil sie sich hierdurch beispielsweise vor einem unangenehmen Feedbackgespräch drücken können (vgl. Kapitel 4). Wer nur sehr positive Bewertungen vergibt, muss sich gegenüber den Mitarbeitern nicht rechtfertigen und läuft auch nicht Gefahr, dass seine Verantwortung als Führungskraft für die etwaige Minderleistung der Mitarbeiter thematisiert wird.

Die von uns vorgeschlagenen verhaltensverankerten Beurteilungsskalen sind so aufgebaut, dass die mittlere Stufe (drei Punkte) eine gute Leistung repräsentiert. Wer drei Punkte erzielt, leistet damit das, wofür der Arbeitsgeber ihm ein Gehalt auszahlt. Die höchste Stufe (fünf Punkte) steht hingegen für ein extremes Leistungsniveau, dass nur selten erreicht werden kann. Durch die Verhaltensverankerung der Stufe 5 wird sichergestellt, dass realistisch betrachtet kaum ein Mensch auf mehreren Leistungsdimensionen den Maximalpunktwert erreichen kann. Durch dieses Prinzip wird gewährleistet, dass die eingesetzten Skalen auch noch im oberen Leistungsbereich differenzieren. Hält man sich diese Prinzipien vor Augen, so dürfte es eigentlich nicht sein, dass einzelne Führungskräfte in ihrer Abteilung nur Mitarbeiter haben, die auf nahezu allen Leistungsdimensionen fünf Punkte erzielen. Ein solches Ergebnis deutet auf eine deutliche Verzerrung hin. Entweder ist die Führungskraft mit der Beurteilungsaufgabe überfordert, oder aber sie hat absichtlich die Angaben verfälscht. Im ersten Fall könnte eine Nachschulung oder ggf. ein Coaching Abhilfe leisten. Im zweiten Fall ist Handlungsbedarf für die vorgesetzte Ebene geboten. Bei einem unserer Kooperationspartner gab es beispielsweise eine »Führungskraft«, die für mehrere Mitarbeiter auf der fünfstufigen Beurteilungsskala sechs (!) Punkte vergab. Hier ließe sich schon einmal über eine Abmahnung nachdenken.

In Abbildung 11-5 wird gezeigt, wie sich die Punktwerte auswerten lassen. Dargestellt wird die grafische Verteilung der Punktwerteverteilung. Auf der waagerechten Achse finden sich die Punktwerte der Beurteilungsskala. Da in diesem Leistungsbeurteilungssystem auch halbe Punkte vergeben werden konnten, treffen wir hier neben ganzzahligen auch halbzahlige Werte an. Die schwarzen Säulen beziehen sich auf die Gesamtorganisation. Alle Führungskräfte haben mithin insgesamt den Punktwert 4 in etwa 34 % der Fälle vergeben. Dies entspricht dem am häufigsten vergebenen Punktwert. Minderleistungen (Werte < 3) haben die Führungskräfte nur sehr selten ausgemacht – in weniger als 5 % der Fälle. Insgesamt ist die Verteilung also nach rechts verschoben, was eher für eine positiv verzerrte Bewertung der Mitarbeiter spricht. Dies kann einerseits darauf zurückzuführen sein, dass die Führungskräfte ihrer Aufgabe nicht hinreichend gerecht werden. Andererseits mögen die Formulierungen der Stufe 3 nicht anspruchsvoll genug sein. Beides muss vor dem erneuten Einsatz des Leistungsbeurteilungssystems im nächsten Beurteilungszyklus überprüft und durch eine weitere Schulung der Führungskräfte oder eine Überarbeitung der Beurteilungsskalen korrigiert werden.

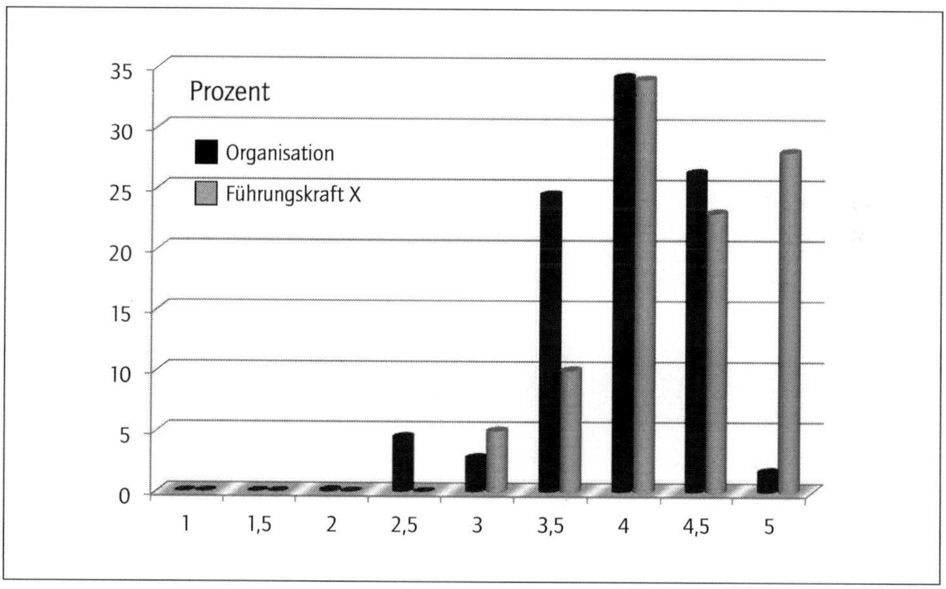

Abbildung 11-5: Verteilung der in einer Organisation vergebenen Leistungspunkte

Greifen wir nun im Vergleich hierzu eine bestimmte Führungskraft X heraus (graue Säulen) und stellen deren individuelle Punktevergabe der Verteilung aller Führungskräfte gegenüber, so zeigt sich eine extreme Verzerrung. Die Führungskraft vergibt in mehr als 25 % der Fälle die Extrempunktzahl von 5 Punkten. In weniger als 5 % der Fälle vergibt sie den Punktwert, der eine gute Leistung repräsentiert (= 3 Punkte). Das Ergebnis dürfte die Realität nicht korrekt widerspiegeln. In diesem Falle muss die Personalabteilung aktiv werden und das Gespräch mit der Führungskraft suchen. Das Ziel der Gespräche ist eine Reduzierung der Punkte um etwa 0,5. Dies wäre nur dann nicht notwendig, wenn die Abteilung dafür bekannt ist, dass in ihr viele massiv unterbezahlte Spitzenkräfte arbeiten. Mehr noch, wurden die Verhaltensanker der Stufe 5 hinreichend anspruchsvoll formuliert, so scheinen in dieser Abteilung Mitarbeiter am Werke zu sein, für die wohl eher die Bezeichnung »Superheld« angemessen sein dürfte. Ist dies de facto nicht der Fall, muss korrigierend eingegriffen werden, da ansonsten die einzelne Führungskraft durch ihr Verhalten das gesamte Leistungsbeurteilungssystem infrage stellt. Sehr schnell wird sich herumsprechen, dass in der Abteilung von Herrn X leicht hohe Punktwerte zu erzielen sind, was wiederum zu einer erhöhten Bonusausschüttung in der Abteilung und langfristig zu besseren Beförderungschancen der Mitarbeiter beiträgt. Zu Recht werden Mitarbeiter anderer Abteilungen ein solches Leistungssystem als ungerecht erleben. Zudem können sich andere Führungskräfte genötigt sehen, ihrerseits bei der nächsten Beurteilungsrunde bessere Punktwerte zu vergeben, damit den eigenen Mitarbeitern keine Nachteile erwachsen.

Die hier angeführten Auswertungsstrategien sind nur einige Beispiele dafür, wie eine empirisch fundierte Evaluation ablaufen kann. Eine Evaluation ist gerade bei der Einführung neuer Leistungsbeurteilungssysteme zwingend notwendig. Dabei empfiehlt es sich, nicht nur den erstmaligen Einsatz des neuen Instrumentariums zu untersuchen, sondern auch noch den zweiten und dritten Beurteilungszyklus in den Blick zu nehmen.

11.4 Fazit

Die Evaluation dient der Optimierung eines Leistungsbeurteilungssystems. Sie bietet sich insbesondere im Zuge der Neuentwicklung eines Beurteilungssystems an. Darüber hinaus kann sie aber auch ein schon etabliertes System hinterfragen.

Den Kern der Evaluation bildet der eingesetzte Fragebogen. Üblicherweise entwickelt man zu diesem Zwecke ein eigenes Instrumentarium. Das vorliegende Buch stellt im Download-Angebot einen fertigen Evaluationsfragebogen zur Verfügung. Dabei handelt es sich um zwei Varianten. Die erste Variante richtet sich an Mitarbeiter und umfasst die in Tabelle 11-1 aufgelisteten Fragen. Die Items wurden jedoch so vermischt, dass Fragen, die sich auf dasselbe Konzept beziehen, nicht unmittelbar hintereinander folgen. Variante 2 richtet sich an Führungskräfte, die aus ihrer Rolle als Führungskraft heraus das Leistungssystem sowie ihr Verhalten im Feedbackgespräch bewerten sollten. Zu Einsatz kommen ebenfalls die Items aus Tabelle 11-1, die allerdings – soweit notwendig – für den Perspektivenwechsel umformuliert wurden (vgl. Tabelle 11-5). Zusätzlich wird nach der Führungskräfteschulung sowie der Praktikabilität des Beurteilungssystems in der Anwendung gefragt (Items aus Tabelle 11-6). Für jeden dieser beiden Fragebögen existiert im Download-Angebot eine Anleitung zur Auswertung.

Selbstverständlich können die Fragebögen durch eigene Fragen noch ergänzt werden. Dies dürfte in der Regel sogar notwendig sein. Mögliche Ergänzungen beziehen sich z. B. auf Fragen zur Demografie der Untersuchungsteilnehmer, ihre Zugehörigkeit zu einer bestimmten Abteilung oder den Namen des Vorgesetzten, auf den sich die Fragen zum Feedbackgespräch beziehen. Generell gilt, je mehr derartiger Fragen man stellt, desto spezifischere Auswertungen lassen sich später vornehmen. So könnte man beispielsweise bezogen auf die Feedbackgespräche einen konkreten Weiterbildungsbedarf für einzelne Führungskräfte bestimmen. Auf der anderen Seite wird durch den Einsatz vieler derartiger Fragen die Anonymität der Probanden zunehmend infrage gestellt, was sich wiederum negativ auf deren Bereitschaft, offen und ehrlich zu antworten, auswirkt. Weitere Ergänzungen des Fragebogens, die diesbezüglich unproblematisch erscheinen, richten sich auf Konzepte, die in unserer Entwicklung des Fragebogens keine Berücksichtigung fanden.

Wie auch immer die Evaluation später im Einzelnen aussehen mag, das vorliegende Kapitel hat seine Leser hoffentlich dazu ermuntert, diese wichtige Aufgabe in Angriff zu nehmen. Der mögliche Nutzen einer Evaluation überwiegt sicherlich bei Weitem den nicht zu leugnenden Aufwand, der mit der Vorbereitung, Durchführung und Auswertung einer Evaluationsstudie einhergeht. Nicht zuletzt signalisiert eine fundierte Evaluation gegenüber allen Beteiligten – Mitarbeitern und Führungskräften – welche Bedeutung die Unternehmensleitung dem Thema Leistungsbeurteilung als zentralem Instrumentarium der Mitarbeiterführung beimisst.

11.5 Vertiefende Literatur

Borg, I. (2000). Führungsinstrument Mitarbeiterbefragung. Göttingen: Verlag für Angewandte Psychologie.

Bortz, J. & Döring, N. (2006). Forschungsmethoden und Evaluation. Heidelberg: Springer.

Wottawa, H. & Thierau, H. (2003). Lehrbuch Evaluation. Bern: Huber.

12. Umgang mit Widerständen

Viele geplante Veränderungen in Organisationen scheitern an den Widerständen der Organisationsmitglieder (Antoni, 2004; King & Anderson, 1995). Die Ursachen sind vielfältig. Manche profitieren von den bisherigen Regelungen und sehen ihre Privilegien schwinden. Andere haben schon zu oft erlebt, dass Veränderungen nicht die versprochenen Verbesserungen nach sich ziehen und sind daher unmotiviert. Wieder andere sind in ihrer Persönlichkeit grundsätzlich nicht offen für Veränderungen jedweder Art. Dies sind nur einige Gründe. Ist die betroffene Menschengruppe nur groß genug, finden sich leicht genügend Skeptiker, die zu einer einflussreichen Kraft gegen die geplante Veränderung anwachsen können. Inzwischen scheint es sich hierbei um ein weitverbreitetes gesellschaftliches Phänomen zu handeln. Kaum ein großes Bauprojekt, die Entlassung eines Theaterintendanten oder die Privatisierung städtischer Betriebe kann heute abgewickelt werden, ohne dass sich nach kurzer Zeit eine Bürgerinitiative gegen das Vorhaben bildet. Dies mag nicht zuletzt auch der voranschreitenden Emanzipation der Bürger von Autoritäten aller Art geschuldet sein. Obwohl man dieser Liberalisierung grundsätzlich viel Positives abgewinnen kann, bedeutet sie doch auch, dass mitunter sinnvolle und wichtige Entwicklungen verzögert, wenn nicht gar zum Stillstand gebracht werden.

Auch in Bezug auf ein neues Leistungsbeurteilungssystem ist mit Widerständen zu rechnen. Im Folgenden gehen wir der Frage nach, wie man ihnen begegnet kann. Vier Strategien erscheinen uns dabei besonders erfolgversprechend: Einbinden, Aufklären, Hilfestellung anbieten und Sanktionieren. Die ersten drei haben einen präventiven Charakter, versuchen also im Vorhinein etwaige Widerstände zu verhindern. Die letzte Strategie kommt bei denjenigen Organisationsmitgliedern zum Einsatz, bei denen die präventiven Maßnahmen ohne Wirkung geblieben sind. Allerdings sind Sanktionen nur dann notwendig, wenn das Verhalten der betreffenden Personen den Erfolg des Projektes ernsthaft gefährden kann. In der Regel dürfte dies nur für Führungskräfte gelten.

12.1 Einbinden

Wer ein neues, methodisch fundiertes Leistungsbeurteilungssystem entwickeln will, ist zwingend auf die praktische Mithilfe von Führungskräften und Mitarbeitern angewiesen. Ohne deren Mitwirkung lassen sich beispielsweise keine aussagekräftigen Anforderungsanalysen durchführen (vgl. Kapitel 5 & 6). Neben dieser rein fachlichen Überlegung spricht ein strategisches Argument für eine frühe Einbindung unterschiedlicher Interessengruppen der Organisation: Ein Verfahren, das irgendwo, scheinbar »im Verborgenen«, »im stillen Kämmerlein« entwickelt wird, muss geradezu die Skepsis der Betroffenen wecken. Von Beginn an sollte man daher verschiedene *Interessengruppen in das Projekt einbinden*. Dies geschieht am besten durch die Bildung einer Projektgruppe, in der sowohl Führungskräfte (sinnvollerweise auch aus der Personalabteilung) sowie Vertreter der Mitarbeiterschaft (Betriebsrat, Gleichstellungsstelle, Behindertenbeauftragter o. Ä.) zusammenarbeiten (vgl. Kapitel 5). Die Projektgruppe begleitet das Vorhaben über die gesamte Zeit, bis zur Evaluation des Verfahrens und fungiert als ein Entscheidungsgremium, in dem verbindliche Beschlüsse getroffen werden können. Sie signalisiert den verschiedenen Gruppen innerhalb der Organisation, dass sie ihre Interessen ganz unmittelbar einbringen können und informiert formell oder informell über den aktuellen Entwicklungsstand sowie die geplanten weiteren Schritte. Nach Abschluss der ersten Beurteilungsrunde mit dem neuen System stellt eine Evaluationsstudie sicher, dass wiederum jedes Organisationsmitglied sich mit seiner Sichtweise einbringen und ggf. zu einer Optimierung des Verfahrens beitragen kann (vgl. Kapitel 11).

12.2 Aufklären

Die Entwicklung eines guten Verfahrens muss die Kritik der betroffenen Führungskräfte und Mitarbeiter nicht scheuen. Im Gegenteil, da man die allerbesten Argumente auf seiner Seite weiß, besteht keinerlei Grund, sich gegenüber den unmittelbar Betroffenen abzuschotten. Neben den Informationen, die aus der Projektgruppe durchsickern und dann nach dem Prinzip »Stille Post« als Halbwahrheiten oder Gerüchte ihren unbestimmten Weg durch die Organisation antreten, sollten die Projektverantwortlichen von vornherein in die Offensive gehen und von Begin des Projektes an ein Maximum an Transparenz sicherstellen. Mehr noch, es geht darum, die Vorzüge des neuen Verfahrens durch eine aktive Aufklärungsarbeit im Unternehmen zu verbreiten. Dies geschieht insbesondere in Mitarbeiterversammlungen (vgl. Kapitel 5). Dort wird erläutert, warum ein neues Leistungsbeurteilungssystem sinnvoll ist, welche Vorteile der Einzelne sowie die Organisation als Ganzes hieraus zieht und wie man im Weiteren vorgehen wird. Zudem bietet jede dieser Mitarbeiterveranstaltungen auch die Möglichkeit, offene Fragen zu klären und Ängsten und Vorurteilen zu begegnen. Informationsveranstaltungen zu einem späteren Zeitpunkt präsentieren die fertigen Beurteilungsskalen oder stellen die Ergebnisse der Evaluation dar. Darüber hinaus könnte man auf einer eigenen Website im Intranet die wichtigsten Argumente dauerhaft platzieren und den aktuellen Entwicklungsstand der Arbeit dokumentieren.

Eine Schlüsselfunktion im neuen Leistungsbeurteilungssystem kommt den Führungskräften zu. Ein fundiertes Beurteilungssystem bedeutet für sie zunächst einmal, dass sie sich von alten Gewohnheiten verabschieden müssen. Gleichzeitig wird ihre Freiheit erheblich eingeschränkt, da die Leistungskriterien sowie die zu vergebenden Punktwerte verbindlich festgeschrieben sind. Auch ist mit deutlicher Mehrarbeit zu rechnen: Die Bewertungen sind umfassender und verlangen ein höheres Maß an Reflexion. Auf die neuen Feedbackgespräche muss man sich explizit vorbereiten, und man sollte auch jedes Gespräch im Nachhinein überdenken. Alles in allem ist somit verständlich, wenn viele Führungskräfte dem neuen Verfahren erst einmal mit Zurückhaltung begegnen. Mit einer gemeinsamen Informationsveranstaltung für Mitarbeiter und Führungskräfte ist es daher nicht getan. Jede Gruppe hat ihre eigenen Probleme und Befürchtungen, denen man jeweils spezifisch begegnen muss. Für die Führungskräfte sollten daher gesonderte Informationsveranstaltungen angeboten werden. Viele Führungskräfte überschätzen ihre Fähigkeiten zur objektiven Beurteilung ihrer Mitarbeiter. Sie wird man nur schwer davon überzeugen können, dass sie überhaupt ein elaboriertes Leistungsbeurteilungssystem benötigen, denn sie glauben, dass man durch Erfahrung, Intelligenz oder Menschenkenntnis alle anfallenden Probleme lösen kann. Wie naiv diese Sichtweise ist, zeigen unzählige Studien, die uns eindrucksvoll die Fehleranfälligkeit der menschlichen Urteilsbildung vor Augen führen (vgl. Kanning, 1999). Hier ist es hilfreich, wenn man die Führungskräfte im Rahmen von Übungen die Unzulänglichkeit der eigenen Urteilsbildung erfahren lässt. Anleitung und Materialien zu derartigen Übungen liefert das Buch von Kanning, Hofer & Schulze Willbrenning (2004). Wer auf diesem Wege dafür sensibilisiert wurde, dass die Leistungsbeurteilung eine besondere Herausforderung darstellt, wird mit größerer Wahrscheinlichkeit die Restriktionen des neuen Systems nicht als Bedrohung der eigenen Freiheit, sondern als unverzichtbare Hilfestellung begreifen. Erfahrungsgemäß sind jüngere Führungskräfte offener für derartige Innovationen als ihre erfahrenen Kollegen. Hier wirkt sich mangelnde Erfahrung positiv aus. Probleme werden nicht im Vertrauen auf das eigene Bauchgefühl ignoriert, sondern als solche erkannt. Viele unerfahrene Führungskräfte erleben ein neues Leistungsbeurteilungssystem somit schon ohne umfängliche Aufklärungsarbeit als nützliche Hilfestellung. Viele ältere Führungskräfte muss man hiervon erst überzeugen. Auch wenn diese Überzeugungsarbeit nicht in jedem Einzelfall sofort den gewünschten Erfolg zeigt, sollte es doch zumindest gelingen, die Personen in die Verantwortung für das Unternehmen einzubinden. In diesem Sinn wird so manche Führungskraft das neue System erst einmal anwenden, weil die Kollegen es auch müssen. Erst im zweiten Schritt erfolgt dann die Überzeugung. Hierbei hilft ein psychologisches Phänomen, das unter dem Begriff der Dissonanzreduzierung bekannt ist (Festinger, 1957). Hat man erst einmal eine Investition getätigt (Mehrarbeit durch die Anwendung des neuen Leistungsbeurteilungssystems), so neigt man dazu, vor sich selbst diese Investition zur rechtfertigen. Auf ein ggf. zwangsweise verändertes Verhalten folgt somit eine Einstellungsänderung, die man allein durch Worte nicht erreicht hätte. Hinzu kommt, dass das neue Leistungsbeurteilungssystem auch tatsächlich überzeugt, die Einstellungsänderung also nicht nur auf einem psychologischen Automatismus beruht, sondern die Realität widerspiegelt.

12.3 Hilfestellung bieten

Mit bloßer Aufklärung allein wird man allerdings hartnäckige Widerstände nicht bewältigen können. Die Anwendung des neuen Systems verlangt geradezu nach Hilfestellung. Daher sollte man für alle Führungskräfte verpflichtende Trainings anbieten, in denen der praktische Umgang mit dem neuen System eingeübt wird (Kapitel 9).

Dies betrifft gleichermaßen das Ausfüllen der Beurteilungsskalen, wie das Durchführen der Feedbackgespräche. Jenseits derartiger Trainings können weitere Hilfestellungen in der Umsetzungsphase der Leistungsbeurteilung angeboten werden. Eine zentrale Anlaufstelle in der Personalabteilung kann bei konkreten Problemen im Umgang mit den Beurteilungsskalen helfen. Überdies könnte man – die Zustimmung des jeweiligen Mitarbeiters vorausgesetzt – das Feedbackgespräch unter Supervision ablaufen lassen, sodass die Führungskraft das richtige Verhalten »on the job« lernt bzw. perfektioniert.

Es liegt in der Natur der Sache, dass Führungskraft und Mitarbeiter nicht immer einer Meinung sein werden, wenn es um die Beurteilung der Leistungen sowie der hinderlichen oder förderlichen Rahmenbedingungen geht. In der Regel sollte die Führungskraft in der Lage sein, diese Konflikte im Feedbackgespräch einvernehmlich zu lösen. Mitunter gelingt dies aber nicht, weil die Positionen zu weit auseinanderliegen oder das schwierige Ausgangsverhältnis beider Personen einer sachlichen Konfliktlösung im Wege steht. Für derartige Fälle sollte es in der Personalabteilung eine Anlaufstelle geben, bei der sich beide Seiten gemeinsam oder allein melden können und Unterstützung in Form einer Mediation finden (vgl. Kals & Ittner, 2008).

All diese Hilfestellungen dokumentieren gegenüber den Betroffenen, wie wichtig der Organisationsleitung das neue Leistungsbeurteilungssystem ist. Man fordert nicht nur eine bestimmte Leistung ein, sondern gestaltet die Bedingungen auch so, dass diese Leistung erbracht werden kann. Letztlich ist die Einführung eines neuen Leistungsbeurteilungssystems für die Betroffenen ein Entwicklungsprozess, der einer gezielten Unterstützung bedarf.

12.4 Sanktionieren

Durch Einbindung, Aufklärung und Hilfestellung wird leider nicht jede Führungskraft zur einer Zusammenarbeit zu bewegen sein. Stellt man beispielsweise fest, dass eine Führungskraft ohne Berücksichtigung der tatsächlichen Leistung ihrer Mitarbeiter überwiegend hohe Punktwerte vergibt und damit das Gelingen des gesamten Projektes infrage stellt (vgl. Kapitel 11), muss gehandelt werden. Zunächst einmal wird man natürlich das Gespräch suchen und um eine Erklärung bitten. Je nach Ergebnis dieses Gespräches ist dann über weitere Maßnahmen nachzudenken. In den meisten Fällen genügt sicherlich ein intensives Gespräch zwischen der Führungskraft, einem fachkompetenten Vertreter der Personalabteilung und dem nächsthöher gestellten Vorgesetzten. In schwierigeren Fällen wird man zu einer individuellen Nachschulung oder gar zu einem Coach greifen müssen, der den gesamten Prozess der Leistungsbeurteilung inklusive Feedbackgespräch mit der Führungskraft gemeinsam beratend durchläuft. Sollte dann – was unwahrscheinlich ist – keine Besserung eintreten, stellt sich analog zu gravierenden fachlichen Verfehlungen die Frage nach der prinzipiellen Eignung der Person für die Aufgaben einer Führungskraft. Das Arbeitsrecht liefert hier entsprechende Optionen.

12.5 Fazit

Wir sehen, die Möglichkeiten zum Umgang mit Widerständen sind vielgestaltig. Man ist immer gut beraten, das potenzielle Problem präventiv anzugehen, um eine Eskalation zu vermeiden. Wer ein fundiertes Leistungsbeurteilungssystem entwickelt, weiß gute Argumente auf seiner Seite und muss sich nicht hinter Geheimniskrämerei verstecken. Prinzipiell stellt die Expertise von Führungskräften und Mitarbeitern eine potenziell wertvolle Informationsquelle für die Entwicklung eines neuen Leistungsbeurteilungssystems dar. Darüber hinaus muss man aktiv werben, diverse Hilfestellungen leisten und darf im Extremfall auch nicht davor zurückschrecken, dasjenige durchzusetzen, das man als richtig erkannt hat.

12.6 Vertiefende Literatur

Borg, I. (2000). Führungsinstrument Mitarbeiterbefragung. Göttingen: Verlag für Angewandte Psychologie.
Kals, E. & Ittner, H. (2008). Wirtschaftsmediation. Göttingen: Hogrefe.
Kanning, U. P., Hofer, S. & Schule Willbrenning, B. (2004). Professionelle Personenbeurteilung: Ein Trainingsmanual. Göttingen: Hogrefe.

13. Rechtliche Aspekte der Leistungsbeurteilung

13.1 Was ist zu beachten?

Da die Einführung eines Leistungsbeurteilungssystems eine starke strukturelle Veränderung innerhalb einer Organisation herbeiführt, ist es umso entscheidender, dass bei der Entwicklung und Einführung eines solchen Systems vorhandene rechtliche Rahmenbedingungen des Gesetzgebers beachtet und einbezogen werden. Gerade wenn wir uns nochmals vor Augen führen, dass Leistungsbeurteilungen oft an Bonusausschüttungen, Beförderungen, Kündigungen oder andere Personalentscheidungen gekoppelt sind, ist es für Arbeitgeber unabdingbar, rechtliche Aspekte zu kennen und natürlich einzuhalten.

Vom Bundesministerium des Inneren wurde im Jahre 2006 ein Leitfaden zur Leistungsbeurteilung herausgegeben (online abrufbar als pdf-Dokument unter http://www.bmi.bund.de/cae/servlet/contentblob/122052/publicationFile/13239/LeitfadenLeistungsbewertung.pdf). Gemäß diesem Leitfaden gibt es bislang nur unzureichend verbindliche Rechtsprechung zum Thema Leistungsbeurteilung. Dabei beziehe sich die bereits vorhandene Rechtsprechung entweder auf Leistungsbeurteilungen innerhalb der öffentlichen Verwaltung oder auf Systeme in der freien Wirtschaft, *ohne* aber einen allgemeingültigen Rahmen zu schaffen.

Dem Leitfaden sind einige grundsätzliche Aspekte zu entnehmen, welche ein Leistungsbeurteilungssystem rechtlich absichern können (S. 29 ff.):

- Bewertungssysteme müssen geeignet sein, das Leistungsvermögen der Beschäftigten zu erfassen.
- Bewertungssysteme müssen inhaltlich transparent und verständlich sein.
- Bewertungen müssen aktuell sein, d. h. einem nahe zurückliegenden und genau umgrenzten Zeitraum entstammen.
- Bewertungskriterien müssen standardisiert, nicht jedoch für jeden Arbeitsplatz in gleicher Weise vorgeschrieben sein, sondern eine differenzierte Kriterienauswahl für einzelne Bewertungen ermöglichen. Leistungsbeurteilungssysteme sollten demnach individuell an einzelne Arbeitsplätze oder -cluster angepasst sein.
- Bewertungen müssen diskriminierungsfrei sein.

Für Zielvereinbarungen ergeben sich einige zusätzliche Aspekte.

1. Szenario: Es ist zu klären, welcher Anspruch einem Mitarbeiter zusteht, wenn er ein Ziel knapp verfehlt oder nicht vollständig erreicht. Erleichtert wird diese Klärung, wenn Zielerreichungsgrade klar quantifizier- und messbar vorliegen. In Streitfällen wird eine sog. abgestufte Darlegungs- und Beweislast angenommen. Zunächst muss der Mitarbeiter angeben, wie er seinen Anspruch begründet. Daraufhin muss der Arbeitgeber nachweisen, warum das Ziel nicht vollkommen erreicht wurde. Ist er dazu in der Lage, fällt die Beweislast wieder auf den Mitarbeiter zurück.
2. Szenario: Ist ein Ziel nicht mehr vorhanden und kann somit nicht mehr vom Mitarbeiter erreicht werden, sind Korrekturen der Zielvereinbarung einvernehmlich zwischen Mitarbeiter und Arbeitgeber möglich.

3. Szenario: Arbeitgeber und Mitarbeiter haben sich zwar für eine Zielvereinbarung entschieden, aber diese kommt nicht oder zu spät zustande. Hier ist dann zu klären, unter welchen Voraussetzungen dem Mitarbeiter eine finanzielle Vergütung zusteht und wie hoch diese ausfallen soll.

Ferner formuliert das Bundesministerium des Inneren in seiner Informationsbroschüre Hinweise zur Erstellung einer Dienstvereinbarung, die mit der Einführung eines Leistungsbeurteilungssystems in jedem Fall einhergehen sollte:
- Festlegung und Definition von Leistungsdimensionen für verschiedene Berufsgruppen.
- Festlegung und Definition von Bewertungsskalen.
- Notwendigkeit eines Abschlussgespräches zur Rückmeldung der Leistungsbeurteilung an den Mitarbeiter.
- Klärung von Verfahrensfragen, z. B. das Vorgehen bei Beschwerden von Mitarbeitern.
- ggf. Festlegung von Zweitbeurteilern.

Bei Dienstvereinbarungen zu Zielvereinbarungen ist darüber hinaus noch anderen Aspekten Rechnung zu tragen:
- Wer legt die Ziele fest?
- Wie sollten Ziele beschaffen sein?
- Was ist die Mindest- bzw. Maximalanzahl von Zielen?
- Was sind sinnvolle Zielerreichungsgrade?
- Zielerreichungsgespräche sollten vereinbart werden.
- Gibt es die Möglichkeit, Ziele anzupassen oder ggf. zu verändern?

Werden sowohl Zielvereinbarungen als auch eine systematische Leistungsbeurteilung eingesetzt, so muss in eine Dienstvereinbarung aufgenommen werden, ob Ergebnisse der Leistungsbeurteilung mit einer möglichen Zielerreichung verrechnet werden und wenn ja, wie diese Verrechnung gestaltet wird.

Nach Marcus und Schuler (2006; S. 463 ff.) ist als rechtliche Grundlage für Leistungsbeurteilungen vor allem das Betriebsverfassungsgesetz (BetrVG) heranzuziehen. In einzelnen Branchen sind zusätzlich spezifische Tarifverträge zu berücksichtigen. Wie bereits oben beschrieben regelt eine Dienst- oder Betriebsvereinbarung (§ 77 BetrVG), zumeist zwischen Betriebs-/Personalrat auf der einen Seite und dem Arbeitgeber auf der anderen Seite, die konkrete auf das Unternehmen zugeschnittene Ausgestaltung des Leistungsbeurteilungssystems. Es ist wichtig zu betonen, dass alleinig der Arbeitgeber die Entscheidung trifft, ob ein Leistungsbeurteilungssystem zum Tragen kommen soll oder nicht (§ 94 Abs. 2 BetrVG). Dem Betriebsrat stehen jedoch sehr wohl Informations- und Mitbestimmungsrechte bei der inhaltlichen Ausgestaltung zu (vgl. Breisig, 2005, für einen umfassenden Überblick). Eine Auflistung dieser Rechte bietet die Tabelle 13-1.

Recht (jeweils BetrVG)	Inhalt	Zweck
Allgemeiner Informationsanspruch (§ 80 Abs. 2)	Zeitnahe und detaillierte Aufklärung über Ziele, Kriterien und Verwendung der Leistungsbeurteilung	Einfluss auf die inhaltliche Ausgestaltung der Leistungsbeurteilung
Personalplanung (§ 92)	Zeitnahe Information, falls die Leistungsbeurteilung als Grundlage für Entlassungen, Beförderung, Personalentwicklung etc. dient	Einfluss auf Art und Umfang der Maßnahmen sowie Vermeidung von Härtefällen
Leistungs- und Verhaltenskontrolle (§ 87 Abs. 1 Nr. 6)	Mitbestimmung bei der technischen Erhebung und Speicherung von Leistungsdaten	Schutz der Persönlichkeitssphäre und des Datenschutzes
Beurteilungsgrundsätze (§ 94 Abs. 2)	Mitbestimmung bei der Festlegung der Leistungsdimensionen und Skalenstufen der Leistungsbeurteilung, der Auswertung der Beurteilung, der Aufbewahrung von Daten und dem Umgang mit Konflikten	Sachgerechte, arbeitsplatzspezifische Beurteilung/Schutz der Persönlichkeitssphäre
Zulagengestaltung (§ 87 Abs. 1, Nrn. 10 + 11)	Mitbestimmung bei Festlegung der Zulagenhöhe und Prinzipien der Ausschüttung	Gleichbehandlung
Personelle Einzelmaßnahmen (§ 99 und 102)	Zustimmung bzw. Anhörung, falls Leistungsdaten als Basis für Versetzungen oder Kündigungen dienen	Gleichbehandlung
Beschwerdeverfahren (§ 85)	Auseinandersetzung mit Beschwerden von Mitarbeitern über die Leistungsbeurteilung	Gleichbehandlung
Förderung der Berufsbildung (§ 96)	Sicherstellen, dass Mitarbeitergespräche ein Feedback für Mitarbeiter enthalten	Mitarbeiterförderung/ Personalentwicklung
Durchführung betrieblicher Berufsbildungsmaßnahmen (§ 98)	Mitbestimmung beim Training der Beurteiler (Inhalte, Dauer der Schulung etc.)	Mitarbeiterförderung/ Personalentwicklung
Inanspruchnahme von Sachverständigen	Auf Basis einer Vereinbarung mit dem Arbeitgeber kann der Betriebsrat Dritte bei der Entwicklung des Leistungsbeurteilungssystems hinzuziehen	Sachgerechte Einigungen erleichtern

Tabelle 13-1: Rechte des Betriebsrates (vgl. Breisig, 2005)

Nicht nur dem Betriebsrat stehen bestimmte Rechte zu, sondern auch dem einzelnen Mitarbeiter (vgl. Breisig, 2005). In der Tabelle 13-2 findet sich eine Zusammenfassung dieser Rechte.

Recht (jeweils BetrVG)	Inhalt	Zweck
Diskriminierungsverbot (§ 75 Abs. 1)	Die Leistungsbeurteilung darf bestimmte Personengruppen nicht benachteiligen.	Gleichbehandlung
Hinweispflicht des Arbeitgebers auf Arbeitsanforderungen (§ 81)	Mitarbeiter müssen vom Arbeitgeber so schnell wie möglich über Leistungsdimensionen und das Zustandekommen von Bewertungen informiert werden.	Fairer Umgang
Beschwerderecht (§§ 84 und 85)	Mitarbeiter dürfen sich beim Betriebsrat über in ihren Augen ungerechte Beurteilungen beschweren.	Fairer Umgang
Einsicht in die Personalakte (§ 83 Abs. 1und 2)	Mitarbeiter haben das Recht, ihre Personalakte einzusehen. Sie können eine Gegendarstellung zur Leistungsbeurteilung anfertigen und der Akte hinzufügen.	Fairer Umgang
Schutz der Persönlichkeit (§ 75 Abs. 2)	Leistungsbeurteilungssysteme haben Persönlichkeitsrechte und Würde des Mitarbeiters zu respektieren und achten. Leistungsdaten dürfen nicht veröffentlicht werden und die Leistungskriterien müssen einen Bezug zur Tätigkeit des Mitarbeiters haben.	Schutz der Persönlichkeit
Anhörung und Vorschlagsrecht bei Gestaltung von Arbeitsplatz und -ablauf (§ 82 Abs. 1)	Mitarbeiter haben das Recht, z. B. im Rahmen von Mitarbeitergesprächen, mit Führungskräften über ihre Leistung zu sprechen und Fragen oder Änderungsvorschläge zu äußern. Führungskräfte sind verpflichtet, auf diese Punkte einzugehen.	Wahrung von Mitarbeiterinteressen
Erörterung der Leistung und Entwicklungsmöglichkeiten (§ 82 Abs. 2)	Mitarbeiter haben das Recht, sich von ihrer Führungskraft die Beurteilung der eigenen Leistung oder Berechnung des Bonus erläutern und erklären zu lassen.	Wahrung von Mitarbeiterinteressen

Tabelle 13-2: Rechte der Mitarbeiter

13.2 Vertiefende Literatur

Breisig, T. (2005). Personalbeurteilung. Mitarbeitergespräche und Zielvereinbarungen regeln und gestalten (3. Auflage). Frankfurt am Main: Bund-Verlag.

Marcus, B., & Schuler, H. (2006). Leistungsbeurteilung. In H. Schuler (Hrsg.), Lehrbuch der Personalpsychologie (2. Auflage). Göttingen: Hogrefe, S. 433-465.

Glossar

Anforderungsanalyse
Die Anforderungsanalyse dient zur Definition derjenigen Merkmale (Einstellungen, Fähigkeiten und Fertigkeiten etc.) über die ein Arbeitsplatzinhaber verfügen muss, um die an ihn herangetragenen Aufgaben erfolgreich erfüllen zu können. Zur Durchführung stehen unterschiedliche Methoden wie z. B. standardisierte Fragebögen oder die Methode der Kritischen Ereignisse zur Verfügung.

Anforderungsprofil
Das Anforderungsprofil beschreibt mit Hilfe von Merkmalsdimensionen und Merkmalskategorien, über welche Merkmale ein Arbeitsplatzinhaber verfügen sollte. Es kann dabei sowohl die Minimalanforderungen als auch ein Ideal beschreiben. Hierzu bedient es sich sog. »Cut-off-Werte«. Das Anforderungsprofil ist das Ergebnis einer Anforderungsanalyse.

Augenscheinvalidität
Die Augenscheinvalidität gibt an, ob und inwieweit ein Messinstrument per Augenschein in der Lage ist, ein bestimmtes Merkmal zu messen. Im Gegensatz zu anderen Formen der (→) Validität wird bei der Ermittlung der Augenscheinvalidität kein mathematischer Kennwert berechnet.

Beurteilerfehler
Als Beurteilerfehler werden solche Störgrößen bezeichnet, welche die Güte einer Leistungsbeurteilung reduzieren. Ein besonders häufig auftretender Fehler dieser Art ist der (→) Halo-Effekt.

Bewertungsskala
Mittels einer Bewertungsskala kann eine Führungskraft die Leistung eines Mitarbeiters grafisch oder unter Zuhilfenahme von Verhaltensankern einschätzen. Zudem enthalten Bewertungsskalen im Idealfall verschiedene Skalenstufen, die wiederum unterschiedliche Ausprägung einer Leistungsdimension darstellen.

Cut-off
Der Cut-off-Wert definiert auf einer Anforderungsdimension bei welcher Merkmalsausprägung ein Bewerber als geeignet oder nicht geeignet gelten kann. Liegen mehrere Anforderungsdimensionen vor, so ergibt sich über die Festlegung der Cut-off-Werte ein Anforderungsprofil.

360°-Beurteilung
Bei der 360°-Beurteilung (synonym: »360°-Feedback«) wird ein Mitarbeiter – bevorzugt eine Führungskraft – gleichzeitig von mehreren Personengruppen hinsichtlich derselben Merkmalsbereiche eingeschätzt. Bei Führungskräften gehört zu einer solchen »Rundumbewertung« die Befragung von Vorgesetzten, Kollegen, Kunden und Mitarbeitern. Zusätzlich kann auch eine Selbsteinschätzung der Zielperson eingeholt werden.

Erwartungsgeleitete Urteilsbildung
Menschen neigen dazu, mit bestimmten Erwartungen (Hypothesen) auf andere Menschen oder Situationen zuzugehen. In ihrer Wahrnehmung gleichen sie die Realität häufig an ihre Erwartungen an und nehmen dadurch die Realität verzerrt wahr, ohne dies jedoch zu merken. Je häufiger eine Hypothese in der Vergangenheit als bestätigt erlebt wurde, desto größer ist die Wahrscheinlichkeit, dass sie auch in Zukunft verifiziert wird. Hierdurch wiederum erhöht sich die Wahrscheinlichkeit für eine verzerrte Urteilsbildung.

Evaluation
Der Begriff der Evaluation bezieht sich auf unterschiedliche Methoden, mit deren Hilfe die Qualität einer Maßnahme empirisch untersucht wird. Die Evaluation ist wichtig, um beispielsweise zu ermitteln, ob ein Personalauswahlverfahren tatsächlich in der Lage ist, die besten Mitarbeiter auszuwählen. Ebenso bedeutsam ist die Evaluation von Leistungsbeurteilungssystemen. Sie bildet die Grundlage zur Verbesserung der eingesetzten Maßnahmen.

Evaluationskriterium
Das Evaluationskriterium definiert, im Hinblick auf welches Merkmal die Qualität eines diagnostischen Verfahrens oder der Erfolg einer Entwicklungsmaßnahme bewertet werden soll. Beispielsweise könnte man sich fragen, ob ein bestimmtes Leistungsbeurteilungssystem von den betroffenen Mitarbeitern als gerecht erlebt wird. Zu einer umfassenden Einschätzung empfiehlt sich der Einsatz von mehreren Kriterien.

Feedback
Ein Feedback erfolgt nach der eigentlichen Leistungsbeurteilung. Dabei wird ein Mitarbeiter in Form eines Gespräches über seine individuellen Ergebnisse informiert. Überdies wird das Ergebnis erläutert und etwaige Entscheidungen, die aus dem Ergebnis erwachsen, begründet.

Halo-Effekt
(vom engl. halo = Heiligenschein). Systematischer Fehler der Personenbeurteilung, bei dem ein einzelnes Merkmal der Person die Bewertung der gesamten Person überstrahlt. So gelten z. B. attraktive Menschen häufig auch als besonders intelligent oder sozial verträglich.

Heuristik
Da die menschliche Verarbeitungskapazität bestimmten Einschränkungen unterworfen ist, z. B. die Anzahl von Informationen, welche bearbeitet werden kann, oder die Zeit, welche wir für eine Entscheidung haben, greifen wir oftmals auf einfache »Faustregeln« (Heuristiken) zurück. Ein Beispiel wäre: »Die Autoren dieses Buches sind studierte Personen. Was sie schreiben, muss stimmen.«

Inhaltsvalidität
Die Inhaltsvalidität ist ein Spezialfall der (→) Augenscheinvalidität, bei dem zur Bestimmung der Validität das Urteil von Experten eingeholt wird. Die Inhaltsvalidität ist vor allem dann gegeben, wenn im Zuge der Messung das interessierende Merkmal selbst erfasst wird, Messung und Kriterium also völlig deckungsgleich sind. In diesem Fall erübrigt sich die Berechnung weiterer Validitätsarten.

Innere Konsistenz
Die innere Konsistenz ist eine Form der (→) Reliabilität. Sie drückt aus, inwieweit die einzelnen Items eines Messinstrumentes (bzw. einer Skala des Instrumentes) untereinander zusammenhängen. Je höher der zugehörige Koeffizient ausfällt, desto höher ist auch die Reliabilität des Verfahrens.

Kompetenzen
Unter den Kompetenzbegriff fallen sowohl Fähigkeiten als auch Fertigkeiten und das Wissen eines Menschen. Kompetenzen werden im Laufe der Sozialisation in Ausbildungssituationen erworben. Häufig wird zwischen Fach-, Methoden-, Sozial- und Selbstkompetenzen unterschieden. Kompetenzen versetzen den Menschen in die Lage, zumindest potenziell bestimmte Aufgaben bewältigen zu können. Sie stellen jedoch keine Garantie dafür dar, dass die Aufgabenbewältigung auch immer und zu jeder Zeit befriedigend abläuft. Hierfür sind verschiedene Rahmenbedingungen verantwortlich, die neben den Kompetenzen auf das Verhalten eines Menschen in einer konkreten Situation einwirken (Gesundheit, Unterstützung durch andere, Arbeitswerkzeuge etc.). Im Rahmen der Personaldiagnostik interessiert man sich immer nur für einige wenige Kompetenzen, die für bestimmte berufliche Tätigkeiten von besonderer Relevanz sind.

Korrelation
Die Korrelation stellt ein sehr weit verbreitetes mathematisches Verfahren dar, das eine Aussage über den Zusammenhang zweier Variabeln (z. B. Merkmale oder Messinstrumente) ermöglicht. Dabei wird sowohl die Richtung des Zusammenhangs als auch seine Stärke ausgedrückt. Der berechnete Korrelationskoeffizient kann Werte zwischen –1.0 (»Je größer A, desto kleiner B.«) und +1.0 (»Je größer A, desto größer B.« bzw. »Je kleiner A, desto kleiner B.«) annehmen. Das Vorzeichen gibt die Richtung des Zusammenhangs an, während sich der Zahlenwert auf die Stärke des Zusammenhangs bezieht. Je größer der absolute Wert ausfällt, desto stärker ist auch der Zusammenhang zwischen den beiden Variablen.

Kriterienbezogene Validität
Bei der Berechnung der kriterienbezogenen Validität wird die Qualität eines Messinstrumentes über den Zusammenhang mit unterschiedlichen Kriterien berechnet (Korrelationen). Zu unterscheiden ist die innere und die äußere kriterienbezogene Validität. Bei Ersterer bildet das Kriterium ein anderes Messinstrument. Beispielsweise könnte man einen neuen Intelligenztest validieren, indem den Probanden neben dem neuen Verfahren ein anderer Intelligenztest vorgelegt wird. Ein positiver mathematischer Zusammenhang beider Messungen spricht für die Validität des neuen Verfahrens. Bei der Berechnung der äußeren Validität verlässt man den Bereich der psychologischen Messinstrumente und sucht ein anderes Kriterium.

Leistungsdimension
Bei einer systematischen Leistungsbeurteilung erfolgt eine Einschätzung der Mitarbeiterleistung zumeist anhand separater Leistungsdimensionen anstatt eine globale Einschätzung der Mitarbeiterleistung abzugeben. So könnte eine Dimension z. B. erfassen, wie der Mitarbeiter mit Kunden umgeht, und eine andere, wie er sich mit Kollegen im Team verhält.

Leistungskriterium
siehe Leistungsdimension

Leistungsprofil
Das Leistungsprofil veranschaulicht das Ergebnis der Leistungsbeurteilung in Bezug auf eine konkrete Person. Daraus ist die Ausprägung eines jeden Leistungskriteriums ersichtlich, die von dieser Person erreicht wurde.

Merkmalsdimensionen
Mit Hilfe von Merkmalsdimension werden die Eigenschaften eines Menschen (Persönlichkeitsmerkmale, Fertigkeiten etc.) auf einem Kontinuum abgebildet. Ein Merkmal kann demzufolge mehr oder weniger stark ausgeprägt werden. Das Kontinuum wird zur besseren Übersichtlichkeit in eine überschaubare Menge von Abschnitten eingeteilt, so das beispielsweise fünf oder neun Stufen einer Merkmalsausprägung unterschieden werden.

Merkmalskategorien
Im Gegensatz zu (→) Merkmalsdimensionen teilen Merkmalskategorien das Kontinuum in zwei Abschnitte und nehmen somit eine eher grobe Einteilung vor. Sinnvoll ist die z. B. wenn im Rahmen eines Anforderungsprofils lediglich unterschieden wird, ob ein Mitarbeiter eine bestimmte Zusatzausbildung besitzt oder nicht.

Messfehler
Unabhängig vom eingesetzten Verfahren ist jede Messung mit Fehlern behaftet. Je kleiner der Fehler ist, desto aussagekräftiger ist die Messung. Die Größe des Messfehlers wird durch die Reliabilität ausgedrückt.

Messinstrument
Ein Messinstrument dient der systematischen Erfassung von Personenmerkmalen, wie z. B. Leistung. Im Zuge der Messung werden die Personenmerkmale durch Zahlenwerte ausgedrückt (= Quantifizierung), sodass anschließend z. B. eine mathematische Verrechnung der Befunde möglich wird.

Messung
Im Zuge einer Messung wird den Merkmalen einer Person (z. B. soziale Kompetenz) eine Position auf einer oder mehreren Dimensionen zugeordnet und mit einem Zahlenwert versehen. Der Zahlenwert drückt dabei die Ausprägung des jeweils gemessenen Merkmals aus. Hierdurch besteht die Möglichkeit zu einer differenzierten Betrachtung des Einzelnen sowie zu einem differenzierten Vergleich zwischen unterschiedlichen Individuen.

Objektivität
Die Objektivität eines Messinstrumentes bezieht sich auf die Frage, inwieweit die Ergebnisse einer Messung durch das Verhalten des diagnostischen Personals verfälscht werden. Zu unterscheiden sind Durchführungs-, Auswertungs- und Interpretationsobjektivität. Im Gegensatz zu anderen Qualitätsmerkmalen (Reliabilität und Validität) gibt es keinen Koeffizienten, der das Ausmaß der Objektivität ausdrückt. Ein Messinstrument ist dann besonders objektiv, wenn die Durchführungsbedingungen für alle Probanden gleich sind, die Auswertung sowie die Interpretation der Ergebnisse nach verbindlichen Regeln abläuft. Die Untersuchung sowie ihr Ergebnis ist insgesamt als unabhängig von der Person des eingesetzten Diagnostiker. Zwei unterschiedliche Diagnostiker würden im selben Fall zu demselben Ergebnis gelangen.

Personalentwicklung
Oberbegriff für unterschiedlichste Methoden, die dazu dienen, die Qualifikation der Mitarbeiter so zu verändern, dass sie die Aufgaben ihres Arbeitsplatzes besser gewachsen sind. Hierzu gehören vor allem Trainingsmaßnahmen zur Vermittlung neuen Fachwissens sowie Verhaltenstrainings.

Personalplatzierung
Die Personalplatzierung ähnelt der Personalauswahl. Allerdings wird geht es nicht darum, aus einer größeren Menge von Bewerbern diejenigen herauszufiltern, der am besten zu einem bestimmten Arbeitplatz passen. Vielmehr geht es umgekehrt darum für einen bereits eingestellten Mitarbeiter einen möglichst passenden Arbeitsplatz zu finden.

Rangordnungstechnik
Bei einer Rangordnung werden Mitarbeiter im Hinblick auf ihre Leistung in eine Rangreihe gebracht. Rangplatz 1 markiert die beste, Ranglatz 2 die zweitbeste Merkmalsausprägung usw. Ein Problem der Rangordnung besteht darin, das man leicht die absolute Merkmalsausprägung aus dem Blick verliert. So könnte es z. B. sein, dass ein Bewerber zwar den Rangplatz 1 einnimmt, absolut betrachtet aber immer noch nicht hinreichend qualifiziert ist. Dies ist der Fall, wenn das Leistungsniveau der Bewerber insgesamt sehr niedrig ausfällt.

Reliabilität
Die Reliabilität drückt aus, inwieweit ein Messinstrument in der Lage ist, zuverlässig – also wenig beeinträchtigt durch etwaige Messfehler – ein bestimmtes Merkmal zu messen. Das Ausmaß der Reliabilität wird auf empirischem Wege ermittelt. Es wird ausgedrückt durch den Reliabilitätskoeffizienten.

Reliabilitätskoeffizient
Der Reliabilitätskoeffizient drückt das Ausmaß der Zuverlässigkeit eines Testverfahrens als Zahlenwert aus. Denkbar sind Werte zwischen 0 (völlig unzuverlässig) und 1 (hypothetisch größte Zuverlässigkeit). Bei gängigen Fragebögen oder Leistungstests sind Werte zwischen un-

gefähr 0.7 und 0.9 (für die → innere Konsistenz) üblich und auch ausreichend, um eine Anwendung in der Praxis zu rechtfertigen.

Retest-Reliabilität
Die Retest-Reliabilität drückt aus, inwieweit ein Messinstrument, das zweimal hintereinander den gleichen Personen vorgelegt wurde, jeweils zum gleichen Ergebnis führt. Die Berechnung der Retest-Reliabilität ist nur bei solchen Verfahren sinnvoll, die ein Merkmal messen, das sich nicht kurzfristig verändert. So ist sie z. B. bei Persönlichkeitsfragebögen ein wichtiger Indikator für die Zuverlässigkeit der Messung, nicht aber bei Fragebögen, welche die momentane Stimmung einer Person erheben sollen. Die Aussagekraft des Reliabilitätskoeffizienten ist im Falle der Retest-Reliabilität umso größer, je länger der Zeitraum zwischen der ersten und zweiten Messung ist. Die Dauer eines als sinnvoll zu bezeichnenden Zeitraumes ergibt sich aus der angenommenen Veränderbarkeit des gemessenen Merkmals. Je stabiler das Merkmal ist, desto größer sollte auch der überprüfte Zeitraum sein.

Selektive Aufmerksamkeit
Da wir immerzu einer schier unbegrenzten Anzahl an Reizen ausgesetzt sind und uns eine Beschäftigung mit allen jenen schlichtweg überfordern würde, bedienen wir uns in Form der selektiven Aufmerksamkeit eines Filters. Diesen passieren nur für uns (scheinbar) relevante Informationen.

Signifikant
Der Begriff »signifikant« kennzeichnet, inwieweit ein Forschungsergebnis nicht durch den Zufall zustande gekommen ist. So ist beispielsweise ein (→) Validitätskoeffizient nur dann ernst zu nehmen, wenn er auch signifikant von dem Wert 0 verschieden ist. Einer allgemein akzeptierten Konvention zufolge wird ein Ergebnis dann als signifikant bezeichnet, wenn es mit einer mindestens 95-prozentigen Wahrscheinlichkeit nicht durch Zufallseinflüsse zu erklären ist.

Split-half-Reliabilität
Die Split-half-Reliabilität stellt einen besonderen mathematischen Weg dar, auf dem der Zusammenhang der einzelnen Items eines Messinstrumentes überprüft wird. Sie weist große Verwandtschaft mit dem Maß der inneren (→) Konsistenz auf. Zur Berechnung werden die Items einer Skala in zwei Gruppen eingeteilt. Der berechnete Koeffizient gibt an, wie stark die beiden künstlich erzeugten Itemgruppen zusammenhängen. Je höher der Wert ausfällt, desto höher ist auch die Reliabilität des Verfahrens.

Standardisierung
Ein Messinstrument kann mehr oder minder standardisiert sein. Die Standardisierung drückt aus, inwieweit Durchführung, Auswertung, Befundintegration und Interpretation für das diagnostische Personal eindeutig und verbindlich festgelegt sind. Anzustreben ist ein möglichst hoher Grad an Standardisierung, damit alle Personen, die das Verfahren durchlaufen, den gleichen Bedingungen ausgesetzt sind und so ein Maximum an Vergleichbarkeit gewährleistet ist. Die Standardisierung reduziert den Einfluss systematischer Fehler der Urteilsbildung.

Validität
Die Validität gibt an, inwieweit ein Messinstrument tatsächlich das misst, was es messen soll. Es gibt verschiedene Formen der Validität. Meist wird sie über den sog. Validitätskoeffizienten ausgedrückt.

Validitätskoeffizient
Der Validitätskoeffizient drückt das Ausmaß der Validität eines diagnostischen Verfahrens in Form eines Zahlenwertes aus. Die Werte schwanken theoretisch zwischen – 1.0 und + 1.0. Je höher der absolute Zahlenwert ausfällt, desto höher ist auch die Validität. Negative Validitätskoeffizienten sind nur dann Ausdruck für die Qualität des Verfahrens, wenn hierdurch nach-

gewiesen wird, dass ein Messinstrument in einer negativen Beziehung zu konträren Merkmalen steht. Beispielsweise sollte sich zwischen der sozialen Kompetenz eines Polizisten und der Anzahl der gegen ihn eingereichten Beschwerden von Bürgern ein negativer Zusammenhang nachweisen lassen.

Verhaltensverankerte Skala
Die Verhaltensverankerte Skala ist eine Art (→) Bewertungsskala und stellt eine verhaltensorientierte Bewertung dar. Den einzelnen Skalenstufen werden konkrete, von Experten im Vorfeld bestimmte Verhaltensweisen zugeordnet. Diese verteilen sich über das gesamte Spektrum der zu erfassenden Dimension (Kompetenz). Die Bewertung erfolgt über einen Abgleich des von einer Person gezeigten relevanten Verhaltens mit den Verhaltensbeispielen in der Skala.

Zielsetzung
Als Zielsetzung wird die gemeinsam durch einen Mitarbeiter und seine Führungskraft vorgenommene Festlegung eines Ziels bezeichnet. Dabei sollte das Ziel sowohl für den Mitarbeiter einen persönlichen Anreiz darstellen als auch aber mit den übergeordneten Unternehmenszielen vereinbar sein.

Literatur

Adams, J. S. (1965). Inequity in social exchange. Advances in Experimental Social Psychology, 2, 267-299.
Antoni, C. (2004). A motivational perspective on change processes and outcomes. European Journal of Work and Organizational Psychology, 13, 197-216.
Argyle, M. (1996). Körpersprache und Kommunikation. Paderborn: Jungfernmann

Backhaus, K., Erichson, B., Plinke, W. & Weiber, R. (2006). Multivariate Analysemethoden. Berlin: Springer.
Bandura, A. (1977). Self-efficacy: Toward a unifying theory of behavioral change. Psychological Review, 84, 191-215.
Becker, F. G. & Kramarsch, M. H. (2006). Leistungs- und erfolgsorientierte Vergütung für Führungskräfte. Göttingen: Hogrefe.
Blanz, F., & Ghiselli, E. E. (1972). The mixed standard scale: A new rating system. Personnel Psychology, 25, 185-199.
Borg, I. (2000). Führungsinstrument Mitarbeiterbefragung. Göttingen: Verlag für Angewandte Psychologie.
Borman, W. C. (1991). Job behaviour, performance, and effectiveness. In: M. Dunnette & L. M. Hough (Hrsg.), Handbook of industrial and organizational psychology (2. ed, pp. 271-326). Palo Alto: Consulting Psychologists Press.
Bortz, J. (2005). Statistik für Human- und Sozialwissenschaftler. Heidelberg: Springer.
Bortz, J. & Döring, N. (2006). Forschungsmethoden und Evaluation. Heidelberg: Springer.
Brandstätter, H. (1970). Die Beurteilung von Mitarbeitern. In: A. Mayer & B. Herwig (Hrsg.), Handbuch der Psychologie: Betriebspsychologie (2. Aufl., S. 668-734). Göttingen: Hogrefe.
Breisig, T. (2005). Personalbeurteilung. Mitarbeitergespräche und Zielvereinbarungen regeln und gestalten (3. Auf.). Frankfurt am Main: Bund-Verlag.
Bühner, M. (2006). Einführung in die Test- und Fragebogenkonstruktion. München: Pearson.
Bungard, W., Holling, H. & Schultz-Gambard, J. (1996). Methoden der Arbeits- und Organisationspsychologie. Weinheim: Beltz.

Cascio, W. (1987). Applied psychology in personnel management (3. Ed.). Englewood Cliffs: Prentice Hall.
Cawley, B. D., Keeping, L. M. & Levy, P. E. (1998). Participation in the performance appraisal process and employee reactions: a meta-analytic review if field investigations. Journal of Applied Psychology, 83, 615-633.
Conway, J. M. & Huffcutt, A. I. (1997). Psychometric properties of multisource performance ratings: A meta-analysis of subordinate, supervisor, peer and self-ratings. Human Performance, 10, 331-360.

Dickinson, T. L. & Glebocki, G. G. (1990). Modifications in the Format of the Mixed Standard Scale. Organizational behaviour and human decision processes, 47, 124-137.
Dunckel, H. (1999). Handbuch psychologischer Arbeitsanalyseverfahren. Zürich: vdf.

Farr, J.L. (1991). Leistungsfeedback und Arbeitsverhalten. In: H. Schuler (Hrsg.), Beurteilung und Förderung beruflicher Leistung (S. 57-80). Stuttgart: Verlag für Angewandte Psychologie.
Felfe, J. (2009) Mitarbeiterführung. Göttingen: Hogrefe.
Festinger, L. (1957). A theory of cognitive dissonance. Stanford: University Press.
Fiege, R., Muck, P. M. & Schuler, H. (2006). Mitarbeitergespräche. In: H. Schuler (Hrsg.), Lehrbuch der Personalpsychologie (S. 471-522). Göttingen: Hogrefe.
Flanagan, J. C. (1954). The critical incident technique. Psychological Bulletin, 51, 327-358.
Fletcher, C. (2002). Appraisal: an individual psychological perspective. In: S. Sonntag (Hrsg.), Psychological Management of Individual Performance (S. 115-135). Chichester: Wiley & Sons.

Frieling, E. & Hoyos, C. Graf (Hrsg.). (1978). Der Fragebogen zur Arbeitsanalyse (FAA): Handbuch. Bern: Huber.
Frieling, E. & Sonntag, K. (1999). Lehrbuch Arbeitspsychologie. Bern: Huber.

Görlich, Y & Schuler, H. (2006). Personalentscheidungen, Nutzen und Fairness. In: H. Schuler (Hrsg.), Lehrbuch der Personalpsychologie (S. 797-840). Göttingen: Hogrefe.

Hackman, J.R. & Oldham, G.R. (1974). The Job Diagnostic Survey: An instrument for the diagnosis of jobs and the evaluation of job redesign projects. New Haven: Yale University.
Hackman, J. R., & Oldham, G. R. (1980). Work redesign. Reading, MA: Addison-Wesley.
Harris, M. M. & Schaubrieck, J. (1988). A meta-analysis of self-supervisor, self-peer, and peer-supervisor ratings. Personnel Psychology, 41, 43-62.
Hauenstein, N. M. A., Brown, R. D. & Sinclair, A. L. (2010). BARS and those mysterious, missing middle anchors. Journal of Business and Psychology, 25, 663-672.
Hossiep, R., Bittner, J. E. & Berndt, W. (2008). Mitarbeitergespräche. Göttingen: Hogrefe.
Hughes, G. L. & Prien, E. P. (1986). An evaluation of alternate scoring methods for the Mixed Standard Scale. Personnel Psychology, 39, 839-847.

Judge, T. A. & Piccolo, R. F. (2004). Transformational and transactional leadership: A meta-analytic test of their relative validity. Journal of Applied Psychology, 89, 755-768.
Judge, T. A., Piccolo, R. F. & Ilies, R. (2004). The forgotten ones? The validity of consideration and initiation structure in leadership research. Journal of Applied Psychology, 89, 36-51.

Kals, E. & Ittner, H. (2008). Wirtschaftsmediation. Göttingen: Hogrefe.
Kanning, U. P. (1999). Die Psychologie der Personenbeurteilung. Göttingen: Hogrefe.
Kanning, U. P. (2000). Selbstwertmanagement: Die Psychologie des selbstwertdienlichen Verhaltens. Göttingen: Hogrefe.
Kanning, U. P. (2004). Standards der Personaldiagnostik. Göttingen: Hogrefe.
Kanning, U. P. (2005). Soziale Kompetenz: Entstehung, Diagnose, Förderung. Göttingen: Hogrefe.
Kanning, U. P. (2012a). Führung. In: Kanning, U. P. & Staufenbiel, T. (Hrsg.), Organisationspsychologie (S. 241-264). Göttingen: Hogrefe.
Kanning, U. P. (2012b). Motivation. In: Kanning, U. P. & Staufenbiel, T. (Hrsg.), Organisationspsychologie (S. 157-179). Göttingen: Hogrefe.
Kanning, U. P., Hofer, S. & Schulze Willbrenning, B. (2004). Professionelle Personenbeurteilung: Eine Trainingsmanual. Göttingen: Hogrefe.
Kanning, U. P. & Klinge, K. (2005). Wenn zu viel Wissen in der Personalauswahl zum Problem wird – Wie Vorinformationen über Bewerber die Bewertung im Assessment Center verzerren können. Personalführung, 3, 64-67.
Kanning, U. P. & Holling, H. (Hrsg.). (2002). Handbuch personaldiagnostischer Instrumente. Göttingen: Hogrefe.
Kanning, U. P., Pöttker, J. & Klinge, K. (2008). Personalauswahl: Ein Leitfaden für die Praxis. Stuttgart: Schäffer-Poeschel.
Kanning, U. P., Pöttker, J. & Gelléri, P. (2007). Assessment Center Praxis in deutschen Großunternehmen – Ein Vergleich zwischen wissenschaftlichem Anspruch und Realität. Zeitschrift für Arbeits- und Organisationspsychologie, 51, 155-167.
Kanning, U. P., Rustige, J., Möller, J. H. & Kolev, N. (2011). Entwicklung und Evaluation von Leistungsbeurteilungssystemen. Mit vertretbarem Aufwand zu aussagekräftigen Skalen der Leistungsbeurteilung. Personalführung, 2, 30-36.
King, N. & Anderson, N. (1995). Innovation and change in organizations. New York: Routledge.
Kline, T. J. B. & Sulsky, L. M. (2009). Measurement and Assessment Issues in Performance Appraisal. Canadian Psychology, 3, 161-171.
Knauft, E. B. (1948). Construction and use of weighted check-list rating scales for two industrial situations. Journal of Applied Psychology, 1, 63-70.

Kolev, N. & Möller, J. H. (2009). Entwicklung und Einführung eines Leistungsbeurteilungssystems am Beispiel einer Kreisverwaltung. In: T. Brandenburg & M. T. Thielsch (Hrsg.), Praxis der Wirtschaftspsychologie. Themen und Fallbeispiele für Studium und Anwendung (S. 193-207). Münster: MV Wissenschaft.
KPMG (2009). Konfliktkostenstudie. Die Kosten von Reibungsverlusten in Industrieunternehmen. Zugriff am 25.03.2010 unter http://www.kpmg.de/Presse/11479.asp

Latham, G. P. & Wexley, K. N. (1977). Behavorial observation scales for performance appraisal purposes. Personnel Psychology, 30, 255-268.
Locke, E. A. & Latham, G. P. (1990). Work motivation: The high performance cycle. In: U. Kleinbeck, H.-H. Quast, H. Thierry & H. Hacker (Eds.), Work motivation. (pp. 3-25). Hillsdale: Lawrence Erlbaum.
Lienert, G. & Raatz, U. (1998). Testaufbau und Testanalyse. Weinheim: Beltz.
Lohaus, D. (2009). Leistungsbeurteilung. Göttingen: Hogrefe.
Luft, J. & Ingham, H. (1955). The Johari Window, a graphic model for interpersonal relations. University of California at Los Angeles, Extension Office, Proceedings of the Western Training Laboratory in group development.

Marcus, B., & Schuler, H. (2006). Leistungsbeurteilung. In: H. Schuler (Hrsg.), Lehrbuch der Personalpsychologie (2. Aufl.) (S. 433-465). Göttingen: Hogrefe.
Matiaske, W. & Weller, I. (2003). Extra-Rollenverhalten. In: Martin, A. (Hrsg.), Organizational Behaviour – Verhalten in Organisationen (S. 95-114). Stuttgart: Kohlhammer.
McCormick, E. J. & Jeanneret, P. R. (1988). Position Analysis Questionnaire (PAQ). In: S. Gael (Ed.), The job analysis handbook for business, industry, and government (pp. 825-842). New York, NY: Wiley.
Meyers, D. G. (2008). Psychologie. Heidelberg: Springer.
Muck, P. M. & Schuler, H. (2004). Beurteilungsgespräch, Zielsetzung und Feedback. In: H. Schuler, (Hrsg.). Beurteilung und Förderung beruflicher Leistung (2. Aufl., S. 255-289). Göttingen: Hogrefe.

Nerdinger, F. W. (2006). Motivierung. In: H. Schuler (Hrsg.), Lehrbuch der Personalpsychologie (S. 383-407). Göttingen: Hogrefe.
Nerdinger, F. W., Blickle, G. & Schaper, N. (2011). Arbeits- und Organisationspsychologie (2. Aufl.). Berlin: Springer.
Neuberger, O. (2004). Das Mitarbeitergespräch (6. Aufl.). Leonberg: Rosenberger Fachverlag.
Neumann, P. (2005). Gespräche mit Mitarbeitern effizient führen. In: L. von Rosenstiel, E. Regnet & M. Domsch (Hrsg.), Führung von Mitarbeitern: Handbuch für erfolgreiches Personalmanagement (5. Aufl., S. 253-268). Stuttgart: Schäffer-Poeschel.

Rodgers, R. & Hunter, J. E. (1991). Impact of management by objectives on organizational productivity. Journal of Applied Psychology, 76, 322-336.
Rosenstiel, L. v., Regnet, E. & Domsch, E. (2009). Führung von Mitarbeitern. Stuttgart: Schäffer-Poeschel.

Scherm, M. & Sarges, W. (2002). 360°-Feedback. Göttingen: Hogrefe.
Schmidt, K.-H. & Kleinbeck, U. (2006). Führen mit Zielvereinbarung. Göttingen: Hogrefe.
Schmidt, K.-H., Kleinbeck, U., Ottmann, W., & Seidel, B. (1985). Ein Verfahren zur Diagnose von Arbeitsinhalten: Der Job Diagnostic Survey (JDS). Psychologie und Praxis. Zeitschrift für Arbeits- und Organisationspsychologie, 29, 162–172.
Schuler, H. (Hrsg.). (2004). Beurteilung und Förderung beruflicher Leistung. Göttingen: Hogrefe.
Schuler, H. (Hrsg.). (2006). Beurteilung und Förderung beruflicher Leistung. Göttingen: Hogrefe.
Schuler, H. (2006). Arbeits- und Anforderungsanalyse. In: H. Schuler (Hrsg.), Lehrbuch der Personalpsychologie (S. 45–68). Göttingen: Hogrefe.
Schuler, H. (2007). Funktionen und Formen der Leistungsbeurteilung. In: H. Schuler & K. Sonn-

tag (Hrsg.), Handbuch der Arbeits- und Organisationspsychologie (S. 542–554). Göttingen: Hogrefe.
Schuler, H. & Funke, U. (1995). Diagnose beruflicher Eignung und Leistung. In: H. Schuler (Hrsg.), Lehrbuch Organisationspsychologie (S. 235–283). Bern: Huber.
Schuler, H.; Hell, B., Muck, P, Becker, K. & Diemand, A. (2003). Konzeption und Prüfung eines multimodalen Systems der Leistungsbeurteilung: Individualmodul. Zeitschrift für Personalpsychologie, 2, 29–39.
Schuler, H. & Stehle, W. (1983). Neuere Entwicklungen des Assessment-Center-Ansatzes – beurteilt unter dem Aspekt der sozialen Validität. Zeitschrift für Arbeits- und Organisationspsychologie, 27, 33–44.
Schulz-Hardt, S. & Brodbeck, F. C. (2007). Gruppenleistung und Führung. In: K. Jonas, W. Stroebe & M. Hewstone (Hrsg.), Sozialpsychologie – Eine Einführung (S. 443–486). Berlin: Springer.
Sisson, E. D. (1948). Forced choice: The new army rating. Personnel Psychology, 1, 365–381.
Smith, P. C. & Kendall, L. M. (1963). Retranslation of expectations: An approach to the construction of unambiguous anchors for rating scales. Journal of Applied Psychology, 47, 149–155.
Sundvik, L. & Lindemann, M. (1998). Acquaintance and the discrepancy between supervisor and self-assessment. Journal of Social Behavior and Personality, 13, 117–126.
Svoboda, M. (2002). Zielsicher zum Erfolg - Leistungs- und erfolgsabhängige Vergütung auf der Basis von Zielvereinbarungen in der Deutschen Bank. In: W. Bungard, W. & O. Kohnke (Hrsg.), Zielvereinbarungen erfolgreich umsetzen (S. 369–386). Wiesbaden: Gabler.

Thorndike, E. L. (1927). The law of effect. The American Journal of Psychology, 39, 212–222.

Ulich, E., Groskurth, P. & Bruggemann, A. (1973). Neue Formen der Arbeitsgestaltung. Frankfurt am Main: Europäische Verlagsanstalt.

Vroom, V.H.(1964). Work and Motivation. New York: Wiley.

Winkler, B. & Hofbauer, H. (2010). Das Mitarbeitergespräch als Führungsinstrument: Handbuch für Führungskräfte und Personalverantwortliche. München: Carl Hanser Verlag.
Wottawa, H. & Thierau, H. (2003). Lehrbuch Evaluation. Bern: Huber.

Register